矩阵理论

主　编　刘启明
副主编　刘立红　何江彦
主　审　周海云

国防工业出版社
·北京·

内 容 简 介

本书比较全面、系统地介绍了矩阵的理论、方法及其应用．全书共分七章，分别介绍了线性空间与线性变换、欧氏空间与酉空间理论、向量与矩阵的范数理论及应用、矩阵分析与应用、矩阵的分解与特征值的估计、广义逆矩阵、特殊矩阵等内容．附录部分包括一元多项式理论、多元函数理论、基于 MATLAB 的矩阵运算．各章配有一定数量的习题．

本书可作为工科院校高年级本科生和研究生的教材，也可作为相关专业的教师及工程技术人员的参考书．

图书在版编目(CIP)数据

矩阵理论 / 刘启明主编．—北京：国防工业出版社，2023. 3

ISBN 978 - 7 - 118 - 12854 - 3

Ⅰ．①矩…　Ⅱ．①刘…　Ⅲ．①矩阵论 - 高等学校 - 教材　Ⅳ．①O151. 21

中国国家版本馆 CIP 数据核字(2023)第 039587 号

※

国防工業出版社 出版发行

（北京市海淀区紫竹院南路 23 号　邮政编码 100048）

莱州市丰源印刷有限公司印刷

新华书店经售

*

开本 787 × 1092　1/16　**印张** 14　**字数** 302 千字

2023 年 3 月第 1 版第 1 次印刷　**印数** 1—1500 册　**定价** 43. 00 元

国防书店：(010)88540777　书店传真：(010)88540776

发行业务：(010)88540717　发行传真：(010)88540762

前 言

矩阵(Matrix)是一个按照长方阵列排列的复数或实数集合."矩阵"1935 年作为译名正式出现,1993 年原全国自然科学名词审定委员会(现更名为全国科学技术名词审定委员会)正式定义 Matrix 的中文为矩阵. 现今矩阵理论的形成,与矩阵理论的悠久的发展历史相关.

公元前我国就有了矩阵的萌芽. 东汉前期的《九章算术》中,已经用矩阵形式解方程组,但仅用它作为线性方程组系数的排列形式解决实际问题,没能形成独立的矩阵理论.

矩阵作为数学中的正式研究对象是在行列式的研究之后. 日本数学家关孝 1683 年与德国数学家莱布尼茨(Leibniz)1693 年独立地建立了行列式论.1750 年,瑞士数学家克莱姆(Cramer)发现了克莱姆法则.1850 年,英国数学家西尔维斯特(Sylvester)在研究方程的个数与未知量的个数不相同的线性方程组时,首先使用矩阵一词.

英国数学家凯莱(Cayley)被公认为矩阵理论的创立者,在研究线性变换下的不变量时引入了矩阵的概念. 他从 1858 年开始,发表了《矩阵论的研究报告》等一系列关于矩阵的论文,定义了零矩阵、单位阵等特殊矩阵,研究了矩阵相乘在内的矩阵的运算律,给出了矩阵的逆、转置和特征多项式方程等,并提出了凯莱-哈密尔顿定理,即将矩阵代入它的特征多项式得零矩阵,这与凯莱的"任何一个矩阵都会满足一个和它同阶的代数方程"的研究动机相合. 塔伯(Taber)定义了矩阵迹的概念并给出了一些有关结论.1871 年,法国数学家约当(Jordan)提出了 Jordan 标准形.

德国数学家弗洛比尼斯(Frobenius)对矩阵论的贡献功不可没.1878 年,他在论文中引入了 λ-矩阵的行列式因子、不变因子和初等因子等概念,证明了两个 λ-矩阵等价当且仅当它们有相同的不变因子和初等因子.1878 年,弗洛比尼斯提出了正交矩阵的正式定义,并对合同矩阵进行了研究.1879 年,他联系行列式引入矩阵秩、最小多项式等概念,至此,矩阵的理论体系基本建立.

1892 年,加拿大数学家梅茨勒(Metzler)引入了矩阵的超越函数的概念并将其写成幂级数的形式,矩阵级数理论得到发展.1920 年,美国数学家穆尔(Moore)提出任意矩阵的广义逆.1955 年,英国数学物理学家彭罗斯(Penrose)独立地提出了与 Moore 的定义等价的广义逆矩阵的概念. 广义逆矩阵目前得到长足的发展.

经过两个多世纪的发展,矩阵由最初作为一个工具到现在已经成为一门独立的数学分支——矩阵理论. 作为一种实用的数学工具,矩阵理论在数学学科与其他科学技术领域都有广泛的应用,如数值分析、优化理论、微分方程、函数论、概率统计、网络科学、运筹学、控制论、系统工程等学科,甚至在经济管理、社会科学等方面,矩阵论也都是不可缺少的数学工具，特别是在电子计算机及计算技术高度发展的今天，矩阵理论的作用就更显得重要了. 掌握矩阵的基本理论和方法，对于从事工程技术工作的工科研究生是至关重要的、不可或缺的.

本书以周海云等编著的《矩阵理论简明教程》(国防工业出版社，2011 年第一版)为蓝本，对内容重新进行优化与整合，主要修改或增加了一些定理、例题与习题，并对全书进行了较多的文字和叙述方式修改，增写了第 7 章，给出了全新的附录 B 与附录 C，以便于读者深入理解矩阵理论相关结论、进行矩阵的数值计算. 本书对于矩阵论的各个论题，力求做到全面系统、深入浅出、简明易懂、深度与广度适当. 注重概念的起源与背景，注重将抽象的概念通俗化、直观化，注重将一般理论应用于实际问题.

本书共分为七章，第 1 章介绍线性空间与线性变换；第 2 章介绍欧氏空间与酉空间理论；第 3 章介绍向量与矩阵的范数理论和计算方法；第 4 章介绍矩阵函数与函数微积分及其应用；第 5 章介绍矩阵的分解与特征值的估计；第 6 章介绍矩阵的广义逆与计算方法；第 7 章介绍几类特殊矩阵.

本书主要由陆军工程大学刘启明、刘立红、何江彦修订与编写，周海云教授对全书进行了主审. 本书得到了陆军工程大学石家庄校区、国防工业出版社的支持.

本书可作为工科院校研究生和高年级本科生教材，也可作为有关专业的教师及工程技术人员的参考书.

限于编者水平，书中难免有不妥之处，诚望国内同行与读者批评指正.

编 著 者

2022 年 11 月于陆军工程大学石家庄校区

符号说明

$\varnothing$	空集
$a \in S$	元素 a 属于集合 S
$a \notin S$	元素 a 不属于集合 S
$S_1 \subset S_2$	集合 S_1 包含于集合 S_2
$S_1 \cap S_2$	集合 S_1 与集合 S_2 的交
$S_1 \cup S_2$	集合 S_1 与集合 S_2 的并
$S_1 + S_2$	集合 S_1 与集合 S_2 的线性和
$S_1 \oplus S_2$	集合 S_1 与集合 S_2 的直和
$\sigma: K \to S$	σ 是集合 K 到集合 S 的映射
$\det \boldsymbol{A}$	矩阵 $\boldsymbol{A}$ 的行列式
$\mathrm{tr}\boldsymbol{A}$	矩阵 $\boldsymbol{A}$ 的迹
V^n	n 维线性空间
$\dim V^n$	V^n 的维数
$\mathrm{diag}(\lambda_1, \lambda_2, \cdots, \lambda_n)$	n 阶对角矩阵
$\mathrm{diag}(\boldsymbol{A}_1, \boldsymbol{A}_2, \cdots, \boldsymbol{A}_s)$	准对角矩阵
$\mathrm{adj}\boldsymbol{A}$	矩阵 $\boldsymbol{A}$ 的伴随矩阵
$V \cong U$	线性空间 V 与线性空间 U 同构
$\mathbf{R}$	实数域
$\mathbf{R}^n$	实 n 维向量空间
$\mathbf{R}^{m \times n}$	实 $m \times n$ 型矩阵空间
$\mathbf{R}_r^{m \times n}$	秩为 r 的实 $m \times n$ 型矩阵空间
$\mathbf{C}$	复数域
$\mathbf{C}^n$	复 n 维向量空间
$\mathbf{C}^{m \times n}$	复 $m \times n$ 型矩阵空间
$\mathbf{C}_r^{m \times n}$	秩为 r 的复 $m \times n$ 型矩阵空间
$\boldsymbol{e}_i$	n 维欧氏空间的第 i 个单位坐标向量
$R(\boldsymbol{A})$	矩阵 $\boldsymbol{A}$ 的值域, $\boldsymbol{A}$ 的列空间
$N(\boldsymbol{A})$	矩阵 $\boldsymbol{A}$ 的核空间, $\boldsymbol{A}$ 的零空间
$r(\boldsymbol{A})$	矩阵 $\boldsymbol{A}$ 的秩
$n(\boldsymbol{A})$	矩阵 $\boldsymbol{A}$ 的零度

$\boldsymbol{A} \sim \boldsymbol{B}$	矩阵 $\boldsymbol{A}$ 相似于矩阵 $\boldsymbol{B}$
$p_n(x) \mid q_m(x)$	多项式 $p_n(x)$ 整除 m 次多项式 $q_m(x)$
$\boldsymbol{J}$	矩阵的 Jordan 标准形
$\boldsymbol{J}_i(\lambda_i)$	矩阵的第 i 个 Jordan 块
$(\boldsymbol{x},\boldsymbol{y})$	向量 $\boldsymbol{x}$ 与向量 $\boldsymbol{y}$ 的内积
$\boldsymbol{x} \perp \boldsymbol{y}$	向量 $\boldsymbol{x}$ 与向量 $\boldsymbol{y}$ 正交(垂直)
$L(\boldsymbol{x}_1,\boldsymbol{x}_2,\cdots,\boldsymbol{x}_s)$	向量 $\boldsymbol{x}_1,\boldsymbol{x}_2,\cdots,\boldsymbol{x}_s$ 生成的子空间
$V^{\perp}$	子空间 V 的正交补
$\boldsymbol{A}^{\mathrm{T}}$	矩阵 $\boldsymbol{A}$ 的转置
$\boldsymbol{A}^{\mathrm{H}}$	矩阵 $\boldsymbol{A}$ 的共轭转置
$(\boldsymbol{A})_{ij}$	矩阵 $\boldsymbol{A}$ 的 (i,j) 元素
$\Vert \boldsymbol{A} \Vert$	矩阵 $\boldsymbol{A}$ 的任意范数
$\Vert \boldsymbol{A} \Vert_F$	矩阵 $\boldsymbol{A}$ 的 Frobenius 范数
$\rho(\boldsymbol{A})$	矩阵 $\boldsymbol{A}$ 的谱半径
$\mathrm{cond}(\boldsymbol{A})$	矩阵 $\boldsymbol{A}$ 的条件数
$\Vert \boldsymbol{x} \Vert_p$	向量 $\boldsymbol{x}$ 的 p - 范数, l_p 范数
$\boldsymbol{T}_{ij}$	平面 $[\boldsymbol{e}_i,\boldsymbol{e}_j]$ 中的旋转矩阵
$\sigma_i = \sqrt{\lambda_i}$	矩阵 $\boldsymbol{A}$ 的第 i 个奇异值
λ_i	矩阵 $\boldsymbol{A}$ 的第 i 个特征值
$\mathrm{Re}(\lambda)$	复数 λ 的实部
$\mathrm{Im}(\lambda)$	复数 λ 的虚部
G_i	矩阵 $\boldsymbol{A}$ 的第 i 个盖尔圆
R_i	矩阵 $\boldsymbol{A}$ 的第 i 个盖尔圆之半径
$\boldsymbol{A}^{+}$	矩阵 $\boldsymbol{A}$ 的 Moore - Penrose 逆
$\boldsymbol{A}^{-}$	矩阵 $\boldsymbol{A}$ 的 g 逆, $\{1\}$ - 逆
$\boldsymbol{A}_L^{-1}$	矩阵 $\boldsymbol{A}$ 的左逆
$\boldsymbol{A}_R^{-1}$	矩阵 $\boldsymbol{A}$ 的右逆
$\boldsymbol{A}_m^{-}$	矩阵 $\boldsymbol{A}$ 的极小范数 g 逆, $\{1,4\}$ - 逆
$\boldsymbol{A}_l^{-}$	矩阵 $\boldsymbol{A}$ 的最小二乘 g 逆, $\{1,3\}$ - 逆
$\exists$	存在
s. t.	使得,满足
$\forall$	对所有的
$\Rightarrow$	蕴含
$\Leftrightarrow$	当且仅当,充分必要
$\square$	证完

目　　录

第1章 线性空间与线性变换

线性空间及其作用于线性空间之间的线性变换是矩阵理论中的两个基本概念. 线性空间的概念是通常的 n 维向量空间概念的抽象和一般化,而线性变换的概念则是保持线性运算的一种特殊映射,它揭示了线性空间之间的联系,是矩阵理论的主要研究对象之一.

1.1 线性空间

定义1.1 设 $V \neq \varnothing$ 为一给定的集合, K 为一个数域. 在 V 中定义了一个加法运算, $\forall x,y \in V$, $\exists$ 唯一的 $x + y \in V$, s.t.

(1)结合律: $\forall x,y,z \in V$, 有 $x + (y + z) = (x + y) + z$.

(2)交换律: $\forall x,y \in V$, 有 $x + y = y + x$.

(3) $\exists$ 零元素 $0 \in V$, s.t. , $x + 0 = x$.

(4) $\exists$ 负元素,即 $\forall x \in V, \exists y \in V$, s.t. $x + y = 0$, 则称 y 为 x 的负元素,记为 $-x$, 于是有 $x + (-x) = 0$.

在 V 中定义了一个数乘运算,即 $\forall x \in V, \forall k \in K$, $\exists$ 唯一的 $kx \in V$, s.t.

(5)数因子分配律: $\forall k \in K, \forall x,y \in V$, 有 $k(x + y) = kx + ky$.

(6)分配律: $\forall k,l \in K, \forall x \in V$, 有 $(k + l)x = kx + lx$.

(7)结合律: $\forall k,l \in K, \forall x \in V$, 有 $k(lx) = (kl)x$.

(8) $1 \cdot x = x$.

则称 V 为数域 K 上的线性空间(Linear Space),记作 $(V,K; +, \cdot)$. 当 $K = \mathbf{R}$ 时, $(V,\mathbf{R}; +, \cdot)$ 称为实线性空间;当 $K = \mathbf{C}$ 时, $(V,\mathbf{C}; +, \cdot)$ 称为复线性空间, V 中的元素称为向量. 加法与数乘运算统称为线性运算.

线性空间是集合与运算二者的结合,线性运算是线性空间的本质,反映了集合中集合元素之间的某种代数结构.

注1.1 根据线性空间定义,线性空间具有如下性质.

(1)零元素唯一.

(2)任一元素的负元素唯一.

(3) $(-1) \cdot x = -x, 0 \cdot x = 0, k \cdot 0 = 0$.

(4)若 $k \cdot x = 0$, 则 $k = 0$ 或 $x = 0$.

(5)若 $k \cdot x + y = 0$, 且 $k \neq 0$, 则 $x = -\frac{y}{k}$.

证明:(1)设存在两个零元素 0_1 与 0_2,依据定义,$0_1 = 0_1 + 0_2 = 0_2 + 0_1 = 0_2$.

(2)设 x_1 与 x_2 均为元素 x 的负元素,依据定义 $x = x_1 + (x + x_2) = (x_1 + x) + x_2 = x_2$.

(3)由于 $x + (-1)\cdot x = 1\cdot x + (-1)\cdot x = (1-1)\cdot x = 0\cdot x = 0$,从而可得 $(-1)\cdot x = -x$;由于 $x + 0\cdot x = 1\cdot x + 0\cdot x = (1+0)\cdot x = 1\cdot x = x$,所以 $0\cdot x = 0$;由于 $k\cdot 0 = k\cdot[x + (-1)x] = k\cdot x + (-k)\cdot x = [k + (-k)]\cdot x = 0\cdot x = 0$,故 $k\cdot 0 = 0$.

(4)反证法.若 $k \neq 0$ 或 $x \neq 0$,则 $x = 1\cdot x = \left(\frac{1}{k}k\right)\cdot x = \frac{1}{k}(k\cdot x) = \frac{1}{k}\cdot 0 = 0$,这与 $x \neq 0$ 矛盾.

(5)设 $k\cdot x + y = 0$,则 $y + k\cdot x = 0$,于是 $k\cdot x = -y = (-1)\cdot y$,当 $k\neq 0$ 时,$\frac{1}{k}\mathrm{k}\cdot x = \frac{1}{k}(-1)\cdot y = -\frac{1}{k}\cdot y$,即 $x = -\frac{1}{k}\cdot y$.

例 1.1 $\mathbf{R}^n = \{(a_1, a_2, \cdots, a_n)^{\mathrm{T}} \mid a_i \in \mathbf{R}\}$;$\mathbf{C}^n = \{(\lambda_1, \lambda_2 \cdots \lambda_n)^{\mathrm{T}} \mid \lambda \in \mathbf{C}\}$.

按向量的加法与数乘运算分别构成数域 **R** 上与 **C** 上的实线性空间与复线性空间.

例 1.2 $\mathbf{R}^{m\times n} = \{(a_{ij})_{m\times n} \mid a_{ij} \in \mathbf{R}\}$;$\mathbf{C}^{m\times n} = \{(c_{ij})_{m\times n} \mid c_{ij} \in \mathbf{C}\}$.
依矩阵的加法与数乘运算分别构成数域 **R** 上与 **C** 上的实线性空间与复线性空间,称 $\mathbf{R}^{m\times n}$ 或 $\mathbf{C}^{m\times n}$ 为矩阵空间(Matrix Space).

仿照 n 维线性空间 $\mathbf{R}^n$ 或 $\mathbf{C}^n$ 中向量组的线性相关性,我们给出线性空间 V 中有限多个向量线性相关性的概念.

设 $\boldsymbol{x}, \boldsymbol{x}_1, \boldsymbol{x}_2, \cdots, \boldsymbol{x}_m \in V$,若 $\exists c_i \in K(i = 1,2,\cdots,m)$,s. t. $\boldsymbol{x} = \sum_{i=1}^{m} c_i \boldsymbol{x}_i$,则称 $\boldsymbol{x}$ 为向量组 $\boldsymbol{x}, \boldsymbol{x}_1, \boldsymbol{x}_2, \cdots, \boldsymbol{x}_m$ 的线性组合,或说 $\boldsymbol{x}$ 可由向量组 $\boldsymbol{x}, \boldsymbol{x}_1, \boldsymbol{x}_2, \cdots, \boldsymbol{x}_m$ 线性表示(出).若存在 $c_i \in K(i = 1,2,\cdots m)$,$c_i$ 不全为零使得 $\sum_{i=1}^{m} c_i \boldsymbol{x}_i = \mathbf{0}$,则称 $\boldsymbol{x}, \boldsymbol{x}_1, \boldsymbol{x}_2, \cdots, \boldsymbol{x}_m$ 线性相关,否则称其线性无关,即若 $\sum_{i=1}^{m} c_i \boldsymbol{x}_i = \mathbf{0}$,则 $c_i = 0(i = 1,2,\cdots m)$.

定义 1.2 线性空间 V 中线性无关向量组所含向量最大个数称为 V 的维数(Dimension).若 V 中最大无关组所含向量个数为 n,则称 V 的维数是 n,记作 $\dim V = n$,维数是 n 的线性空间称为数域 K 上的 n 维线性空间,记为 V^n,当 $n = +\infty$ 时称为无限(穷)维线性空间,矩阵论只研究有限维线性空间,而无穷维线性空间是泛函分析研究的对象.

例 1.3 $\dim \mathbf{R}^n = \dim \mathbf{C}^n = n$,而 $\dim \mathbf{R}^{m\times n} = \dim \mathbf{C}^{m\times n} = mn$.

例 1.4 $P_n[x] = \{$所有次数不超过 n 的实系数多项式全体$\} \cup \{$零多项式$\}$,按多项式的加法与数乘运算,$(P_n[x], \mathbf{R}; +, \cdot)$ 构成一个线性空间,则 $\dim P_n[x] = n + 1$,这是因为 $1, x, x^2, \cdots, x^n$ 是 $P_n[x]$ 的最大线性无关组.

例 1.5 设 $\mathbf{R}^+$ 为所有正实数组成的数集,其加法及数乘运算定义为

$$a \oplus b = ab, \quad a, b \in \mathbf{R}^+$$
$$k \circ a = a^k, k \in \mathbf{R}, a \in \mathbf{R}^+$$

则 $(\mathbf{R}^+, \mathbf{R}; \oplus, \circ)$ 是 **R** 上的线性空间.

证明:对加法封闭,设 $a,b \in \mathbf{R}^+$, 则有 $a \oplus b = ab \in \mathbf{R}^+$, 并且

(1) $a \oplus b = ab = ba = b \oplus a$.

(2) $(a \oplus b) \oplus c = (ab) \oplus c = abc = a \oplus (ba) = a \oplus (b \oplus c)$.

(3)1 是零元素,因为 $a \oplus 1 = a \cdot 1 = a$.

(4) a 的负元素是 $\frac{1}{a}$, 因为 $a \oplus \frac{1}{a} = a \cdot \frac{1}{a} = 1$.

对数乘封闭,设 $k \in \mathbf{R}, a \in \mathbf{R}^+$, 则有 $k \circ a = a^k \in \mathbf{R}^+$, 并且

(1) $k \circ (a \oplus b) = k \circ (ab) = (ab)^k = a^k b^k = (k \circ a) \oplus (k \circ b)$.

(2) $(\lambda + \mu) \circ a = a^{\lambda+\mu} = a^\lambda \oplus a^\mu = (\lambda \circ a) \oplus (\mu \circ a)$.

(3) $\lambda \circ (\mu \circ a) = \lambda \circ a^\mu = (a^\mu)^\lambda = a^{\lambda\mu} = (\lambda\mu) \circ a$.

(4) $1 \circ a = a^1 = a$.

因此, $\mathbf{R}^+$ 是实线性空间.

定义 1.3　设 $(V, K; +, \cdot)$ 为线性空间, $\boldsymbol{x}_1, \boldsymbol{x}_2, \cdots, \boldsymbol{x}_r (r \geqslant 1)$ 是 V 的 r 个向量,如果它们满足

(1) $\boldsymbol{x}_1, \boldsymbol{x}_2, \cdots, \boldsymbol{x}_r$ 是线性无关的.

(2) $\boldsymbol{x} \in V, \exists c_i \in K (i = 1, 2, \cdots, r)$, s. t. $\boldsymbol{x} = \sum_{i=1}^{r} c_i \boldsymbol{x}_i$.

则称 $\boldsymbol{x}_1, \boldsymbol{x}_2, \cdots, \boldsymbol{x}_r$ 为 V 的一个基底(Base),称 $\boldsymbol{x}_i (i = 1, 2, \cdots, r)$ 为 V 的基向量.

由此可知, $\dim V = r$ 为基向量的个数.

$\boldsymbol{e}_1 = (1, 0, \cdots, 0)^{\mathrm{T}}, \boldsymbol{e}_2 = (0, 1, \cdots, 0)^{\mathrm{T}}, \cdots, \boldsymbol{e}_n = (0, 0, \cdots, 1)^{\mathrm{T}}$ 为 $\mathbf{R}^n$ 或 $\mathbf{C}^n$ 的一个基底.

$\boldsymbol{E}_{ij} (i = 1, 2, \cdots, m; j = 1, 2, \cdots n)$ 为 $\mathbf{R}^{m \times n}$ 或 $\mathbf{C}^{m \times n}$ 的一个基底,其中 $\boldsymbol{E}_{ij} \in \mathbf{R}^{m \times n}$, $\boldsymbol{E}_{ij} = (e_{ij})_{m \times n}$, $e_{ij} = 1$, 其他元素为 0.

$1, x, x^2, \cdots, x^n$ 为 $P_n[x]$ 的一个基底.

齐次线性方程组 $\boldsymbol{A}\boldsymbol{x} = \mathbf{0}$ 的基础解系中所含向量即为其解空间 $N(\boldsymbol{A})$ 的一个基底.

需要注意:一个线性空间的基不是唯一的,线性空间 V 的任意一个最大线性无关组均可充当 V 的一个基底. 不过,通常人们选取最简单的那个最大线性无关组作为 V 的基底,这种基底俗称自然基,如上面提到的 $\mathbf{R}^n$ ($\mathbf{C}^n$)的自然基是 $\boldsymbol{e}_1, \boldsymbol{e}_2, \cdots, \boldsymbol{e}_n$; $\mathbf{R}^{m \times n}$ ($\mathbf{C}^{m \times n}$)的自然基是 $\boldsymbol{E}_{11}, \boldsymbol{E}_{12}, \cdots, \boldsymbol{E}_{1n}, \boldsymbol{E}_{21}, \boldsymbol{E}_{22}, \cdots, \boldsymbol{E}_{2n}, \cdots, \boldsymbol{E}_{m1}, \cdots, \boldsymbol{E}_{mn}$; $P_n[x]$ 的自然基是 $1, x, x^2, \cdots, x^n$.

定义 1.4　称线性空间 V^n 的一个基 $\boldsymbol{x}_1, \boldsymbol{x}_2, \cdots, \boldsymbol{x}_n$ 为 V^n 的一个坐标系(Coordinate System). 设 $\boldsymbol{x} \in V^n$, 它在该基下的线性表示为

$$\boldsymbol{x} = \sum_{i=1}^{n} \xi_i \boldsymbol{x}_i \tag{1-1}$$

则称 $\xi_1, \xi_2, \cdots \xi_n$ 为 $\boldsymbol{x}$ 在该坐标系中的坐标,记为

$$(\xi_1, \xi_2, \cdots \xi_n)^{\mathrm{T}} \tag{1-2}$$

定理 1.1　设 $\boldsymbol{x}_1, \boldsymbol{x}_2, \cdots, \boldsymbol{x}_n$ 是 V^n 的一个基, $\boldsymbol{x} \in V^n$, 则 $\exists$ 唯一 $(\xi_1, \xi_2, \cdots, \xi_n)^{\mathrm{T}} \in K^n$, s. t. $\boldsymbol{x} = \sum_{i=1}^{n} \xi_i \boldsymbol{x}_i$.

证明：设 $\boldsymbol{x}=\sum_{i=1}^{n}\xi_i\boldsymbol{x}_i=\sum_{i=1}^{n}\xi'_i\boldsymbol{x}_i$，则 $\sum_{i=1}^{n}(\xi'_i-\xi_i)\boldsymbol{x}_i=\boldsymbol{0}$. 由于 $\boldsymbol{x}_1,\boldsymbol{x}_2,\cdots,\boldsymbol{x}_n$ 线性无关，故 $\xi'_i=\xi_i(i=1,2,\cdots,n)$.

注意：维数与线性空间的数域 K 有关，如当复数域 $\mathbf{C}$ 是其自身上的线性空间时，$\dim\mathbf{C}=1$；当 $\mathbf{C}$ 为实数域 $\mathbf{R}$ 上的线性空间时，$\dim\mathbf{C}=2$，1 与 i 是 $(\mathbf{C};\mathbf{R})$ 的一个基，这是因为 1 与 i 线性无关，而 $\forall z\in\mathbf{C}$，$z=a+bi,a,b\in\mathbf{R}$.

定理 1.2 设 $\boldsymbol{x},\boldsymbol{x}_1,\boldsymbol{x}_2,\cdots,\boldsymbol{x}_r\in V^n$，$\boldsymbol{x}_1,\boldsymbol{x}_2,\cdots,\boldsymbol{x}_r$ 线性无关，但 $\boldsymbol{x}_1,\boldsymbol{x}_2,\cdots,\boldsymbol{x}_r,\boldsymbol{x}$ 线性相关，则 $\boldsymbol{x}$ 可被 $\boldsymbol{x}_1,\boldsymbol{x}_2,\cdots,\boldsymbol{x}_r$ 唯一地线性表出.

证明：因 $\boldsymbol{x}_1,\boldsymbol{x}_2,\cdots,\boldsymbol{x}_r,\boldsymbol{x}$ 线性相关，故存在不全为零的数组 $k_i\in K(i=1,2,\cdots,r+1)$，使得 $k_1\boldsymbol{x}_1+k_2\boldsymbol{x}_2+\cdots+k_r\boldsymbol{x}_r+k_{r+1}\boldsymbol{x}=\boldsymbol{0}$，从而 $k_{r+1}\neq0$. 若不然，$k_{r+1}=0$，则 $k_1\boldsymbol{x}_1+k_2\boldsymbol{x}_2+\cdots+k_r\boldsymbol{x}_r=\boldsymbol{0}$，由于 $\boldsymbol{x}_1,\boldsymbol{x}_2,\cdots,\boldsymbol{x}_r$ 线性无关，故 $k_i=0(i=1,2,\cdots,r)$，这与 k_i 不全为零矛盾.

既然 $k_{r+1}\neq0$，那么 $\boldsymbol{x}=-\frac{k_1}{k_{r+1}}\boldsymbol{x}_1-\frac{k_2}{k_{r+1}}\boldsymbol{x}_2-\cdots-\frac{k_r}{k_{r+1}}\boldsymbol{x}_r$.

设 $\boldsymbol{x}=\xi_1\boldsymbol{x}_1+\xi_2\boldsymbol{x}_2+\cdots+\xi_r\boldsymbol{x}_r$，则

$$\left(\xi_1+\frac{k_1}{k_{r+1}}\right)\boldsymbol{x}_1+\left(\xi_2+\frac{k_2}{k_{r+1}}\right)\boldsymbol{x}_2+\cdots+\left(\xi_r+\frac{k_r}{k_{r+1}}\right)\boldsymbol{x}_r=\boldsymbol{0}$$

由此推出 $\xi_i=-\frac{k_i}{k_{r+1}}(i=1,2,\cdots,r)$.

设 $\boldsymbol{x}_1,\boldsymbol{x}_2,\cdots,\boldsymbol{x}_n$ 是 V^n 的旧基，$\boldsymbol{y}_1,\boldsymbol{y}_2,\cdots,\boldsymbol{y}_n$ 为其新基，则由基的定义可得

$$\begin{cases}\boldsymbol{y}_1=c_{11}\boldsymbol{x}_1+c_{21}\boldsymbol{x}_2+\cdots+c_{n1}\boldsymbol{x}_n\\ \boldsymbol{y}_2=c_{12}\boldsymbol{x}_1+c_{22}\boldsymbol{x}_2+\cdots+c_{n2}\boldsymbol{x}_n\\ \quad\vdots\\ \boldsymbol{y}_n=c_{1n}\boldsymbol{x}_1+c_{2n}\boldsymbol{x}_2+\cdots+c_{nn}\boldsymbol{x}_n\end{cases}\tag{1-3}$$

记 $\boldsymbol{C}=(c_{ij})_{n\times n}$，则式(1-3)可写作

$$(\boldsymbol{y}_1,\boldsymbol{y}_2,\cdots,\boldsymbol{y}_n)=(\boldsymbol{x}_1,\boldsymbol{x}_2,\cdots,\boldsymbol{x}_n)\boldsymbol{C}\tag{1-4}$$

称 $\boldsymbol{C}$ 为由旧基改变为新基的过渡矩阵，而式(1-4)称为基变换公式.

命题 1.1 设 $\boldsymbol{x}_1,\boldsymbol{x}_2,\cdots,\boldsymbol{x}_n$ 是 n 维向量空间 V^n 的一组基，矩阵 $\boldsymbol{A}$ 与 $\boldsymbol{B}$ 是 n 阶方阵，若 $(\boldsymbol{x}_1,\boldsymbol{x}_2,\cdots,\boldsymbol{x}_n)\boldsymbol{A}=(\boldsymbol{x}_1,\boldsymbol{x}_2,\cdots,\boldsymbol{x}_n)\boldsymbol{B}$，则 $\boldsymbol{A}=\boldsymbol{B}$.

证明：设 $\boldsymbol{A}=(a_{ij})$，$\boldsymbol{B}=(b_{ij})$，由 $(\boldsymbol{x}_1,\boldsymbol{x}_2,\cdots,\boldsymbol{x}_n)\boldsymbol{A}=(\boldsymbol{x}_1,\boldsymbol{x}_2,\cdots,\boldsymbol{x}_n)\boldsymbol{B}$ 得

$$a_{1j}\boldsymbol{x}_1+a_{2j}\boldsymbol{x}_2+\cdots+a_{nj}\boldsymbol{x}_n=b_{1j}\boldsymbol{x}_1+b_{2j}\boldsymbol{x}_2+\cdots+b_{nj}\boldsymbol{x}_n\quad(j=1,2,\cdots,n)$$

从而

$$(a_{1j}-b_{1j})\boldsymbol{x}_1+(a_{2j}-b_{2j})\boldsymbol{x}_2+\cdots+(a_{nj}-b_{nj})\boldsymbol{x}_n=\boldsymbol{0}$$

由 $\boldsymbol{x}_1,\boldsymbol{x}_2,\cdots,\boldsymbol{x}_n$ 的线性无关性知 $a_{ij}=b_{ij},i=1,2,\cdots,n$，即 $\boldsymbol{A}=\boldsymbol{B}$.

定理 1.3 过渡矩阵 $\boldsymbol{C}$ 是非奇异的.

证明：设空间 V^n 的基 $(\boldsymbol{x}_1,\boldsymbol{x}_2,\cdots,\boldsymbol{x}_n)$ 到 $(\boldsymbol{y}_1,\boldsymbol{y}_2,\cdots,\boldsymbol{y}_n)$ 过渡矩阵为 $\boldsymbol{C}$，即

$$(\boldsymbol{y}_1,\boldsymbol{y}_2,\cdots,\boldsymbol{y}_n)=(\boldsymbol{x}_1,\boldsymbol{x}_2,\cdots,\boldsymbol{x}_n)\boldsymbol{C}$$

再设 $(\boldsymbol{x}_1,\boldsymbol{x}_2,\cdots,\boldsymbol{x}_n)=(\boldsymbol{y}_1,\boldsymbol{y}_2,\cdots,\boldsymbol{y}_n)\boldsymbol{B}$，则

$$(\boldsymbol{y}_1,\boldsymbol{y}_2,\cdots,\boldsymbol{y}_n) = (\boldsymbol{y}_1,\boldsymbol{y}_2,\cdots,\boldsymbol{y}_n)\boldsymbol{BC}$$

于是得 $\boldsymbol{BC} = \boldsymbol{E}$，这里 $\boldsymbol{E}$ 是单位矩阵，从而 $\boldsymbol{C}$ 可逆，是非奇异的.

设 $\boldsymbol{x} \in V^n, \boldsymbol{x} = \sum_{i=1}^{n} \xi_i \boldsymbol{x}_i = \sum_{i=1}^{n} \eta_i \boldsymbol{y}_i$，则

$$\boldsymbol{x} = (\boldsymbol{x}_1,\boldsymbol{x}_2,\cdots,\boldsymbol{x}_n)\begin{bmatrix}\xi_1\\ \xi_2\\ \vdots\\ \xi_n\end{bmatrix}$$

$$= (\boldsymbol{y}_1,\boldsymbol{y}_2,\cdots,\boldsymbol{y}_n)\begin{bmatrix}\eta_1\\ \eta_2\\ \vdots\\ \eta_n\end{bmatrix}$$

$$= (\boldsymbol{x}_1,\boldsymbol{x}_2,\cdots,\boldsymbol{x}_n)\boldsymbol{C}\begin{bmatrix}\eta_1\\ \eta_2\\ \vdots\\ \eta_n\end{bmatrix}$$

由于 $\boldsymbol{x}_1,\boldsymbol{x}_2,\cdots,\boldsymbol{x}_n$ 是线性无关的，故有

$$\begin{bmatrix}\xi_1\\ \xi_2\\ \vdots\\ \xi_n\end{bmatrix} = \boldsymbol{C}\begin{bmatrix}\eta_1\\ \eta_2\\ \vdots\\ \eta_n\end{bmatrix} \tag{1-5}$$

或者

$$\begin{bmatrix}\eta_1\\ \eta_2\\ \vdots\\ \eta_n\end{bmatrix} = \boldsymbol{C}^{-1}\begin{bmatrix}\xi_1\\ \xi_2\\ \vdots\\ \xi_n\end{bmatrix} \tag{1-6}$$

式(1-5)与式(1-6)给出了在基变换式(1-4)下向量坐标的变换公式(见图 1-1).

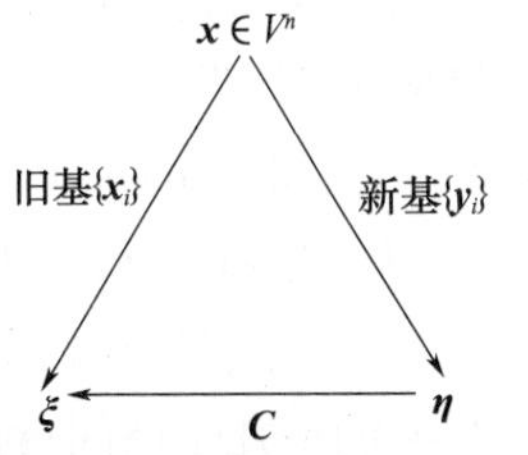

图 1-1　向量的坐标变换

例 1.6　已知矩阵空间 $\mathbf{R}^{2\times 2}$ 的两个基为

(Ⅰ) $\boldsymbol{A}_1 = \begin{bmatrix}1 & 0\\ 0 & 1\end{bmatrix}, \boldsymbol{A}_2 = \begin{bmatrix}1 & 0\\ 0 & -1\end{bmatrix}, \boldsymbol{A}_3 = \begin{bmatrix}0 & 1\\ 1 & 0\end{bmatrix},$

$\boldsymbol{A}_4 = \begin{bmatrix}0 & 1\\ -1 & 0\end{bmatrix}.$

(Ⅱ) $\boldsymbol{B}_1 = \begin{bmatrix}1 & 1\\ 1 & 1\end{bmatrix}, \boldsymbol{B}_2 = \begin{bmatrix}1 & 1\\ 1 & 0\end{bmatrix}, \boldsymbol{B}_3 = \begin{bmatrix}1 & 1\\ 0 & 0\end{bmatrix}, \boldsymbol{B}_4 = \begin{bmatrix}1 & 0\\ 0 & 0\end{bmatrix}.$

求由基(Ⅰ)改变为基(Ⅱ)的过渡矩阵.

解:引进 $\mathbf{R}^{2\times2}$ 的自然基

(Ⅲ) $\boldsymbol{E}_{11}=\begin{bmatrix}1&0\\0&0\end{bmatrix}, \boldsymbol{E}_{12}=\begin{bmatrix}0&1\\0&0\end{bmatrix}, \boldsymbol{E}_{21}=\begin{bmatrix}0&0\\1&0\end{bmatrix}, \boldsymbol{E}_{22}=\begin{bmatrix}0&0\\0&1\end{bmatrix}$.

由基(Ⅲ)改变为基(Ⅰ)的过渡矩阵为

$$\boldsymbol{C}_1=\begin{bmatrix}1&1&0&0\\0&0&1&1\\0&0&1&-1\\1&-1&0&0\end{bmatrix}$$

即 $(\boldsymbol{A}_1,\boldsymbol{A}_2,\boldsymbol{A}_3,\boldsymbol{A}_4)=(\boldsymbol{E}_{11},\boldsymbol{E}_{12},\boldsymbol{E}_{21},\boldsymbol{E}_{22})\boldsymbol{C}_1$.

由基(Ⅲ)改变为基(Ⅱ)的过渡矩阵为

$$\boldsymbol{C}_2=\begin{bmatrix}1&1&1&1\\1&1&1&0\\1&1&0&0\\1&0&0&0\end{bmatrix}$$

即 $(\boldsymbol{B}_1,\boldsymbol{B}_2,\boldsymbol{B}_3,\boldsymbol{B}_4)=(\boldsymbol{E}_{11},\boldsymbol{E}_{12},\boldsymbol{E}_{21},\boldsymbol{E}_{22})\boldsymbol{C}_2$.

故有 $(\boldsymbol{B}_1,\boldsymbol{B}_2,\boldsymbol{B}_3,\boldsymbol{B}_4)=(\boldsymbol{A}_1,\boldsymbol{A}_2,\boldsymbol{A}_3,\boldsymbol{A}_4)\boldsymbol{C}_1^{-1}\boldsymbol{C}_2$.

于是得由基(Ⅰ)改变为基(Ⅱ)的过渡矩阵

$$\boldsymbol{C}=\boldsymbol{C}_1^{-1}\boldsymbol{C}_2=\frac{1}{2}\begin{bmatrix}1&0&0&1\\1&0&0&-1\\0&1&1&0\\0&1&-1&0\end{bmatrix}\begin{bmatrix}1&1&1&1\\1&1&1&0\\1&1&0&0\\1&0&0&0\end{bmatrix}=\frac{1}{2}\begin{bmatrix}2&1&1&1\\0&1&1&1\\2&2&1&0\\0&0&1&0\end{bmatrix}$$

1.2 线性子空间

研究一个系统的常用方法是研究它的子系统,通过子系统来构造整个系统. 因此,为了研究线性空间,引入并研究它的子空间是必要的.

定义 1.5 设 $(V,K;+,\cdot)$ 为给定的线性空间, V_1 是 V 的一个非空子集,称 V_1 是 V 的(线性)子空间(Subspace),如果 V_1 关于 V 的加法与数乘运算是封闭的,即 $\forall \boldsymbol{x},\boldsymbol{y}\in V_1$, $\forall k,l\in K$, 有 $k\boldsymbol{x}+l\boldsymbol{y}\in V_1$.

显然, V 是它自身的子空间; $V_1=\{\boldsymbol{0}\}$ 是 V 的子空间,这两个子空间都是平凡的,称它们为 V 的平凡子空间;称 V 的其他子空间为 V 的非平凡子空间,有时也称 $V_1=\{\boldsymbol{0}\}$ 为 V 的零子空间.

定义 1.6 设 $\boldsymbol{x}_1,\boldsymbol{x}_2,\cdots,\boldsymbol{x}_m\in V$, 其所有可能的线性组合的集合

$$V_1=\{k_1\boldsymbol{x}_1+k_2\boldsymbol{x}_2+\cdots+k_m\boldsymbol{x}_m \mid k_i\in K,i=1,2,\cdots,m\}\neq\varnothing$$

且 V_1 关于 V 的线性运算是封闭的,因而 V_1 是 V 的一个线性空间,称此子空间为由 $\boldsymbol{x}_1,\boldsymbol{x}_2,\cdots$,

$\boldsymbol{x}_m$ 生成的子空间(Generated Subspace),记为 $L(\boldsymbol{x}_1,\boldsymbol{x}_2,\cdots,\boldsymbol{x}_m)$,本质上 $L(\boldsymbol{x}_1,\boldsymbol{x}_2,\cdots,\boldsymbol{x}_m)$ 由 $\boldsymbol{x}_1,\boldsymbol{x}_2,\cdots,\boldsymbol{x}_m$ 的一个最大无关组生成,即若 $\boldsymbol{x}_{i_1},\boldsymbol{x}_{i_2},\cdots,\boldsymbol{x}_{i_r}$ 是 $\boldsymbol{x}_1,\boldsymbol{x}_2,\cdots,\boldsymbol{x}_m$ 的一个最大无关组,则 $L(\boldsymbol{x}_1,\boldsymbol{x}_2,\cdots,\boldsymbol{x}_m) = L(\boldsymbol{x}_{i_1},\boldsymbol{x}_{i_2},\cdots,\boldsymbol{x}_{i_r})$,特别地,若 $\boldsymbol{x}_1,\boldsymbol{x}_2,\cdots,\boldsymbol{x}_n$ 是 n 维线性空间 V^n 的一个基,则 $V^n = L(\boldsymbol{x}_1,\boldsymbol{x}_2,\cdots,\boldsymbol{x}_n)$.

定义 1.7　设 $\boldsymbol{A} = (a_{ij}) \in \mathbf{C}^{m\times n}$, $\boldsymbol{A} = (\boldsymbol{\alpha}_1,\boldsymbol{\alpha}_2,\cdots,\boldsymbol{\alpha}_n)$,称子空间 $L(\boldsymbol{\alpha}_1,\boldsymbol{\alpha}_2,\cdots,\boldsymbol{\alpha}_n)$ 为矩阵 $\boldsymbol{A}$ 的值域(Range)(列空间(Column Space)),记为 $R(\boldsymbol{A}) = L(\boldsymbol{\alpha}_1,\boldsymbol{\alpha}_2,\cdots,\boldsymbol{\alpha}_n)$, $R(\boldsymbol{A}) \subset \mathbf{C}^m$ 是 $\mathbf{C}^m$ 的一个子空间,且 $r(\boldsymbol{A}) = \dim R(\boldsymbol{A})$. 可以验明:

$$R(\boldsymbol{A}) = \{\boldsymbol{A}\boldsymbol{x} \mid \boldsymbol{x} \in \mathbf{C}^n\}$$

事实上,设 $\boldsymbol{x} = (\xi_1,\xi_2,\cdots,\xi_n)^{\mathrm{T}} \in \mathbf{C}^n$,则

$$\begin{aligned}\boldsymbol{A}\boldsymbol{x} &= (\boldsymbol{\alpha}_1,\boldsymbol{\alpha}_2,\cdots,\boldsymbol{\alpha}_n)(\xi_1,\xi_2,\cdots,\xi_n)^{\mathrm{T}} \\ &= \xi_1\boldsymbol{\alpha}_1 + \xi_2\boldsymbol{\alpha}_2 + \cdots + \xi_n\boldsymbol{\alpha}_n \in R(\boldsymbol{A})\end{aligned}$$

反之,设 $\boldsymbol{y} = \xi_1\boldsymbol{\alpha}_1 + \xi_2\boldsymbol{\alpha}_2 + \cdots + \xi_n\boldsymbol{\alpha}_n$,则

$$\boldsymbol{y} = \boldsymbol{A}\boldsymbol{x}$$

$$R(\boldsymbol{A}) = \{\boldsymbol{y} \in \mathbf{C}^m \mid \exists \boldsymbol{x} \in \mathbf{C}^n, \text{s. t. } \boldsymbol{y} = \boldsymbol{A}\boldsymbol{x}\}$$

同样可以定义 $\boldsymbol{A}^{\mathrm{H}}$ 的值域(行空间(Row Space))为

$$R(\boldsymbol{A}^{\mathrm{H}}) = \{\boldsymbol{y} \in \mathbf{C}^n \mid \exists \boldsymbol{x} \in \mathbf{C}^m, \text{s. t. } \boldsymbol{y} = \boldsymbol{A}^{\mathrm{H}}\boldsymbol{x}\}$$

其中 $\boldsymbol{A}^{\mathrm{H}}$ 表示对 $\boldsymbol{A}$ 施行共轭转置运算,且有 $r(\boldsymbol{A}) = \dim R(\boldsymbol{A}) = \dim R(\boldsymbol{A}^{\mathrm{H}}) = r(\boldsymbol{A}^{\mathrm{H}})$.

定义 1.8　设 $\boldsymbol{A} = (a_{ij}) \in \mathbf{C}^{m\times n}$,称集合 $\{\boldsymbol{x} \mid \boldsymbol{A}\boldsymbol{x} = \mathbf{0}\}$ 为 $\boldsymbol{A}$ 的核空间(Kernel Space)(零空间),记为 $N(\boldsymbol{A})$,即 $N(\boldsymbol{A}) = \{\boldsymbol{x} \in \mathbf{C}^n \mid \boldsymbol{A}\boldsymbol{x} = \mathbf{0}\}$.

$N(\boldsymbol{A}) \subseteq \mathbf{C}^n$ 是 $\mathbf{C}^n$ 的一个子空间,它是齐次线性方程组 $\boldsymbol{A}\boldsymbol{x} = \mathbf{0}$ 的解空间.

$\boldsymbol{A}$ 的核空间 $N(\boldsymbol{A})$ 的维数称为 $\boldsymbol{A}$ 的零度(Nullity),记为 $n(\boldsymbol{A})$,即 $n(\boldsymbol{A}) = \dim N(\boldsymbol{A})$,它等于齐次线性方程组 $\boldsymbol{A}\boldsymbol{x} = \mathbf{0}$ 基础解系所含向量的个数,即 $n(\boldsymbol{A}) = \dim N(\boldsymbol{A}) = n - r(\boldsymbol{A})$,有 $n(\boldsymbol{A}) + r(\boldsymbol{A}) = n$,即 $\dim N(\boldsymbol{A}) + \dim R(\boldsymbol{A}) = n$——$\boldsymbol{A}$ 的列数,类似地, $n(\boldsymbol{A}^{\mathrm{H}}) + r(\boldsymbol{A}^{\mathrm{H}}) = m$——$\boldsymbol{A}^{\mathrm{H}}$ 的列数,故有

$$n(\boldsymbol{A}) - n(\boldsymbol{A}^{\mathrm{H}}) = n - m \tag{1-7}$$

例 1.7　已知 $\boldsymbol{A} = \begin{bmatrix}1 & 0 & 1\\ 0 & 1 & 1\end{bmatrix}$,求 $r(\boldsymbol{A})$ 与 $n(\boldsymbol{A})$.

解: $r(\boldsymbol{A}) = 2$, $n(\boldsymbol{A}) = 3 - 2 = 1$.

定理 1.4　设 V_1 是线性空间 $(V^n,K;+,\cdot)$ 的一个子空间, $\boldsymbol{x}_1,\boldsymbol{x}_2,\cdots,\boldsymbol{x}_m$ 是 V_1 的基,则在 V^n 中必可找到 $n-m$ 个向量 $\boldsymbol{x}_{m+1},\boldsymbol{x}_{m+2},\cdots,\boldsymbol{x}_n$,使得 $\boldsymbol{x}_1,\boldsymbol{x}_2,\cdots,\boldsymbol{x}_m,\boldsymbol{x}_{m+1},\cdots,\boldsymbol{x}_n$ 是 V^n 的一个基.

证明:对维数差 $n-m$ 作归纳,当 $n-m=0$ 时,不必证明,现假设 $n-m=k$ 时定理成立,考虑 $n-m=k+1$ 的情形,既然 $\boldsymbol{x}_1,\boldsymbol{x}_2,\cdots,\boldsymbol{x}_m$ 还不是 V^n 的基,它又是线性无关的,则存在 $\boldsymbol{x}_{m+1} \in V^n$, s. t. $\boldsymbol{x}_{m+1}$ 不能被 $\boldsymbol{x}_1,\boldsymbol{x}_2,\cdots,\boldsymbol{x}_m$ 线性表出,将 $\boldsymbol{x}_{m+1}$ 添加到 $\boldsymbol{x}_1,\boldsymbol{x}_2,\cdots,\boldsymbol{x}_m$ 中, $\boldsymbol{x}_1,\boldsymbol{x}_2,\cdots,\boldsymbol{x}_m,\boldsymbol{x}_{m+1}$ 必定是线性无关的(由定理 1.2 保证),子空间 $L(\boldsymbol{x}_1,\boldsymbol{x}_2,\cdots,\boldsymbol{x}_m,\boldsymbol{x}_{m+1})$ 是 $m+1$ 维的,因为 $n-(m+1) = (n-m)-1 = k+1-1 = k$,由归纳法假设知 $L(\boldsymbol{x}_1,\boldsymbol{x}_2,\cdots,$

$\boldsymbol{x}_m,\boldsymbol{x}_{m+1}$）的基 $\boldsymbol{x}_1,\boldsymbol{x}_2,\cdots,\boldsymbol{x}_m,\boldsymbol{x}_{m+1}$ 可以扩充为 V^n 的基．

定理 1.5 设 V_1，V_2 是线性空间（$V,K;+,\cdot$）的两个子空间，则 $V_1\cap V_2$ 也是 V 的子空间．

定义 1.9 设 V_1，V_2 都是线性空间（$V,K,+,\cdot$）的子空间，且 $\boldsymbol{x}\in V_1,\boldsymbol{y}\in V_2$，则所有 $\boldsymbol{x}+\boldsymbol{y}$ 这样的元素的集合称为 V_1 与 V_2 的和，记为 V_1+V_2，即

$$V_1+V_2=\{\boldsymbol{z}\mid\boldsymbol{z}=\boldsymbol{x}+\boldsymbol{y},\boldsymbol{x}\in V_1,\boldsymbol{y}\in V_2\}$$

定理 1.6 如果 V_1，V_2 都是线性空间（$V,K;+,\cdot$）的子空间，则它们的和 V_1+V_2 也是 V 的子空间．

注 1.2 （1）$V_1\cap V_2$（见图 1－2）是包含在 V_1、V_2 中的最大子空间；而 V_1+V_2（见图 1－3）是包含 V_1 及 V_2 的最小子空间．

（2）$V_1\cup V_2$ 不是 V 的子空间．

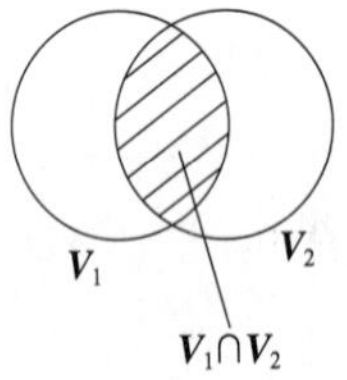

图 1－2 $V_1\cap V_2$ 是包含在 V_1、V_2 中的最大子空间

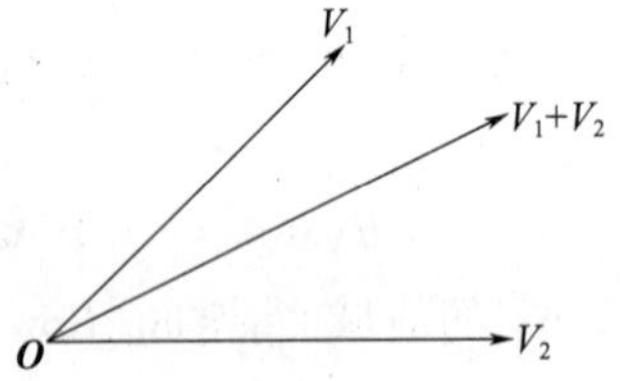

图 1－3 V_1+V_2 是包含 V_1 及 V_2 的最小子空间

定理 1.7（维数公式） 设 V_1，V_2 是线性空间 V 的子空间，则

$$\dim(V_1+V_2)=\dim V_1+\dim V_2-\dim(V_1\cap V_2)$$

值得指出的是，$\boldsymbol{z}\in V_1+V_2\Rightarrow\exists\boldsymbol{x}\in V_1$ 及 $\boldsymbol{y}\in V_2$，s. t. $\boldsymbol{z}=\boldsymbol{x}+\boldsymbol{y}$，但是，一般说来这种表示法不是唯一的，如在 $\mathbf{R}^3$ 中，有

$$V_1=L(\boldsymbol{x}_1,\boldsymbol{x}_2),\boldsymbol{x}_1=(1,0,0)^{\mathrm{T}},\boldsymbol{x}_2=(1,1,1)^{\mathrm{T}}$$

$$V_2=L(\boldsymbol{y}_1,\boldsymbol{y}_2),\boldsymbol{y}_1=(0,0,1)^{\mathrm{T}},\boldsymbol{y}_2=(3,1,2)^{\mathrm{T}}$$

则 $\mathbf{0}\in V_1+V_2$ 有两种表示法：$\mathbf{0}=\mathbf{0}+\mathbf{0}$；$\mathbf{0}=(2\boldsymbol{x}_1+\boldsymbol{x}_2)-(\boldsymbol{y}_2-\boldsymbol{y}_1)$．

定义 1.10 若 $\forall\boldsymbol{z}\in V_1+V_2$，$\exists$ 唯一 $\boldsymbol{x}\in V_1$，与 $\boldsymbol{y}\in V_2$，s. t. $\boldsymbol{z}=\boldsymbol{x}+\boldsymbol{y}$，则称 V_1+V_2 为 V_1 与 V_2 的直和，记作 $V_1\oplus V_2$．

定理 1.8 设 V_1，V_2 为线性空间 V 的子空间，则 V_1+V_2 是直和

$\Leftrightarrow$ 零向量 $\mathbf{0}\in V_1+V_2$ 表法唯一

$\Leftrightarrow V_1\cap V_2=\{\mathbf{0}\}$

$\Leftrightarrow\dim(V_1+V_2)=\dim V_1+\dim V_2$

$\Leftrightarrow\dim(V_1\cap V_2)=0$

推论 1.1 （1）若 V_1+V_2 为直和，$\boldsymbol{x}_1,\boldsymbol{x}_2,\cdots,\boldsymbol{x}_k$ 为 V_1 的基，$\boldsymbol{y}_1,\boldsymbol{y}_2,\cdots,\boldsymbol{y}_l$ 为 V_2 的基，则 $\boldsymbol{x}_1,\boldsymbol{x}_2,\cdots,\boldsymbol{x}_k,\boldsymbol{y}_1,\boldsymbol{y}_2,\cdots,\boldsymbol{y}_l$ 为 V_1+V_2 的基．

（2）设 V_1 是线性空间 V^n 的一子空间，则存在 V^n 的另一个子空间 V_2 使得 $V=V_1\oplus V_2$．

综上可知，子空间 $V_1+V_2+\cdots V_s$ 是直和

$\Leftrightarrow \forall \boldsymbol{z} \in V_1 + V_2 + \cdots + V_s$, $\exists$ 唯一 $\boldsymbol{x}_i \in V_i$, s. t. $\boldsymbol{z} = \boldsymbol{x}_1 + \boldsymbol{x}_2 + \cdots + \boldsymbol{x}_s$

$\Leftrightarrow V_1 \cap V_2 \cap \cdots \cap V_s = \{\boldsymbol{0}\}$

$\Leftrightarrow \dim(V_1 + V_2 + \cdots + V_s) = \dim(V_1) + \dim(V_2) + \cdots + \dim(V_s)$

$\Leftrightarrow$ 零向量 $\boldsymbol{0} \in V_1 + V_2 + \cdots + V_s$ 的表法唯一.

1.3　线性变换

1.3.1　线性变换的定义及其性质

定义 1.11　设 U,V 是数域 K 上的两个线性空间, $\sigma: U \to V$ 为一映射(Mapping),若 σ 满足条件: 对 $\forall k,l \in K$, $\forall \boldsymbol{x},\boldsymbol{y} \in U$ 有

$$\sigma(k\boldsymbol{x} + l\boldsymbol{y}) = k\sigma(\boldsymbol{x}) + l\sigma(\boldsymbol{y}) \tag{1-8}$$

则称 σ 为 U 到 V 中的线性算子(Linear Operator),特别地,若 $U = V$, 则称 σ 为 V 的一个线性变换(Linear Transformation).

记 $\mathrm{Hom}(U,V) = \{\sigma: U \to V$ 线性算子全体$\}$.

$\mathrm{Hom}(U) = \mathrm{Hom}(U,U)$.

注 1.3　线性变换 σ 保持线性运算,或者说线性组合的像等于像的线性组合.

注 1.4　一次线性函数 $f(x) = ax + b$ 为线性变换 $\Leftrightarrow b = 0$, 这表明当 $b \neq 0$ 时,平移变换 $f(x) = ax + b$ 不是线性的.

注 1.5　称两个线性变换 $\sigma,\tau \in \mathrm{Hom}(U,V)$ 相等,如果 $\forall \boldsymbol{x} \in U$, 则恒有 $\sigma(\boldsymbol{x}) = \tau(\boldsymbol{x})$.

性质 1.1　设 $\sigma \in \mathrm{Hom}(U,V)$, 则 $\sigma(\boldsymbol{0}) = \boldsymbol{0}$, $\sigma(-\boldsymbol{x}) = -\sigma(\boldsymbol{x})$.

性质 1.2　线性变换 σ 不改变向量组的相关性, 即设存在不全为 0 的数 k_i, s. t. $\sum\limits_{i=1}^{s} k_i \boldsymbol{x}_i = \boldsymbol{0}$, 则 $\sum\limits_{i=1}^{s} k_i \sigma(\boldsymbol{x}_i) = \boldsymbol{0}$.

例 1.8　将线性空间 $\mathbf{R}^2$ 的所有向量均绕原点旋转 θ 角的变换, $T_\theta: \mathbf{R}^2 \to \mathbf{R}^2$, $\boldsymbol{x} = (\xi_1, \xi_2)^{\mathrm{T}} \in \mathbf{R}^2$, $T_\theta \boldsymbol{x} = \begin{bmatrix} \cos\theta & \sin\theta \\ -\sin\theta & \cos\theta \end{bmatrix}\begin{bmatrix} \xi_1 \\ \xi_2 \end{bmatrix}$, 则 $T_\theta: \mathbf{R}^2 \to \mathbf{R}^2$ 是一个线性变换.

例 1.9　令 $V = P_n[x]$, 定义映射

$$D: V \to V \text{ 为 } Dp(x) = p'(x), \forall p(x) \in p_n[x]$$

则 $D: V \to V$ 是一个线性变换.

例 1.10　令 $V = C[0,1]$ 定义映射 $J: V \to V$ 为

$$J(x(t)) = \int_0^t x(s)\,\mathrm{d}s, \forall x(t) \in C[0,1]$$

则 $J: V \to V$ 是一个线性变换.

例 1.11 设 $\sigma:V\to V$ 是一个映射,定义 $\sigma(\boldsymbol{x}) = a\boldsymbol{x}$, $\forall \boldsymbol{x}\in V$, 则 $\sigma:V\to V$ 是一个线性变换,称为 V 上的位似变换(Homothetic Transformation)或数乘变换(Multiplication Transformation).

当 $a=1$ 时,位似变换为恒等变换(Identity Transformation),记作 T_e;当 $a=0$ 时,位似变换为零变换(Null Transformation),记作 T_0.

例 1.12 $\sigma:\mathbf{C}^{n\times n}\to K$ 为映射,定义为 $\forall \boldsymbol{A}\in\mathbf{C}^{n\times n}$, $\sigma(\boldsymbol{A}) = \det\boldsymbol{A} = |\boldsymbol{A}|$, 则依据行列式性质可知 $\sigma:\mathbf{C}^{n\times n}\to K$ 不是一个线性算子.

例 1.13 设 V_1, V_2 是线性空间 V 的两个子空间,且 $V=V_1\oplus V_2$, 则存在唯一线性算子 $P_{V_1}:V\to V_1$, $\forall \boldsymbol{x}\in V$, $\boldsymbol{x}=\boldsymbol{x}_1+\boldsymbol{x}_2$, $\boldsymbol{x}_i\in V_i(i=1,2)$, $P_{V_1}\boldsymbol{x}=\boldsymbol{x}_1$. 称 $\boldsymbol{P}_{V_1}$ 为 V 沿子空间 V_2 向 V_1 的投影算子(Projection Operator),如图 1-4 所示.

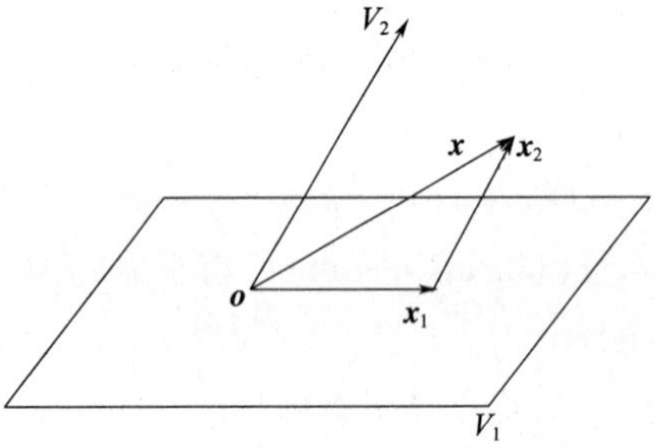

图 1-4 $\boldsymbol{P}_{V_1}$ 为 V 沿子空间 V_2 向 V_1 的投影算子

显然,投影算子具有性质 $\forall \boldsymbol{x}\in V_1$, $P_{V_1}\boldsymbol{x}=\boldsymbol{x}$; $\forall \boldsymbol{x}\in V_2$, $P_{V_1}\boldsymbol{x}=\boldsymbol{0}$.

定理 1.9 设 U, V 为两个线性空间, $\boldsymbol{x}_1,\boldsymbol{x}_2,\cdots,\boldsymbol{x}_n$ 是 U 的一组基, $\boldsymbol{\beta}_1,\boldsymbol{\beta}_2,\cdots,\boldsymbol{\beta}_n$ 是 V 的任意 n 个向量,则存在唯一 $\sigma\in\mathrm{Hom}(U,V)$, s. t. $\sigma(\boldsymbol{x}_i)=\boldsymbol{\beta}_i(i=1,2,\cdots,n)$.

证明: $\forall \boldsymbol{x}\in U,\boldsymbol{x}=\sum\limits_{i=1}^{n}\xi_i\boldsymbol{x}_i$, 按下式定义映射 $\sigma:U\to V$ 即可.

$$\sigma(\boldsymbol{x}) = \sum_{i=1}^{n}\xi_i\boldsymbol{\beta}_i \tag{1-9}$$

事实上,设 $\boldsymbol{x}'\in U,\boldsymbol{x}'=\sum\limits_{i=1}^{n}\xi'_i\boldsymbol{x}_i$, 则 $\forall k,l\in K$, $k\boldsymbol{x}+l\boldsymbol{x}'=\sum\limits_{i=1}^{n}(k\xi_i+l\xi'_i)\boldsymbol{x}_i$, 依定义有

$$\begin{aligned}\sigma(k\boldsymbol{x}+l\boldsymbol{x}') &= \sum_{i=1}^{n}(k\xi_i+l\xi'_i)\boldsymbol{\beta}_i\\ &= \sum_{i=1}^{n}k\xi_i\boldsymbol{\beta}_i+\sum_{i=1}^{n}l\xi'_i\boldsymbol{\beta}_i = k\sum_{i=1}^{n}\xi_i\boldsymbol{\beta}_i+l\sum_{i=1}^{n}\xi'_i\boldsymbol{\beta}_i = k\sigma(\boldsymbol{x})+l\sigma(\boldsymbol{x}')\end{aligned}$$

因此 $\sigma:U\to V$ 为线性算子. 又因为 $\boldsymbol{x}_i=0\cdot\boldsymbol{x}_1+0\cdot\boldsymbol{x}_2+\cdots+1\cdot\boldsymbol{x}_i+0\cdot\boldsymbol{x}_{i+1}+\cdots+0\cdot\boldsymbol{x}_n$, 所以 $\sigma(\boldsymbol{x}_i)=\boldsymbol{\beta}_i(i=1,2,\cdots,n)$.

下证唯一性.

假设另有一个线性算子 $\tau:U\to V$, s. t. $\tau(\boldsymbol{x}_i)=\boldsymbol{\beta}_i(i=1,2,\cdots,n)$, 则 $\forall \boldsymbol{x}\in U$, $\boldsymbol{x}=\sum\limits_{i=1}^{n}\xi_i\boldsymbol{x}_i$, 有 $\tau(\boldsymbol{x})=\sum\limits_{i=1}^{n}\xi_i\tau(\boldsymbol{x}_i)=\sum\limits_{i=1}^{n}\xi_i\boldsymbol{\beta}_i=\sum\limits_{i=1}^{n}\xi_i\sigma(\boldsymbol{x}_i)=\sigma(\boldsymbol{x})$, 这就证明了 $\tau=\sigma$.

定理 1.9 说明一个线性算子 σ 由该空间的基的像唯一确定.

定义 1.12　设 $\sigma \in \mathrm{Hom}(U,V)$, 称 $R(\sigma) = \{\sigma\boldsymbol{x} \in V \mid \boldsymbol{x} \in U\}$ 为 σ 的值域(像空间), 而 $\ker(\sigma) = \{\boldsymbol{x} \in U \mid \sigma(x) = \boldsymbol{0}\}$ 称为 σ 的核.

例 1.9 中的微分算子 D 的值域 $R(D) = P_{n-1}[x]$, D 的核 $\ker(D) = \mathbf{R}$.

例 1.10 中的积分算子 J 的值域 $R(J) = \{\int_0^t x(s)\mathrm{d}s \mid x(s) \in C[0,1]\}$ 是 $C[0,1]$ 的一个子集,而 J 的核 $\ker(J) = \{\boldsymbol{0}\}$.

定义 1.13　σ 的值域 $R(\sigma)$ 的维数 $\dim R(\sigma)$ 称为 σ 的秩,记作 $r(\sigma)$, 而 σ 的核 $\ker(\sigma)$ 的维数称为 σ 的零度,记作 $n(\sigma) = \dim\ker(\sigma)$.

定理 1.10　设 $\sigma \in \mathrm{Hom}(U,V)$, 则 $r(\sigma) + n(\sigma) = \dim U$.

证用扩充基的方法. 设 $\dim U = n$, $\dim\ker(\sigma) = s$, 因而只需证明 $\dim R(\sigma) = n - s$.

令 $\boldsymbol{x}_1,\boldsymbol{x}_2,\cdots,\boldsymbol{x}_s$ 为 $\ker(\sigma)$ 的基,将它扩充为 U 的基 $\boldsymbol{x}_1,\boldsymbol{x}_2,\cdots,\boldsymbol{x}_s,\boldsymbol{x}_{s+1},\cdots,\boldsymbol{x}_n$, $\forall \boldsymbol{x} \in U$, 有

$$\boldsymbol{x} = \sum_{i=1}^{n} \xi_i \boldsymbol{x}_i \tag{1-10}$$

从而

$$\sigma(\boldsymbol{x}) = \sum_{i=1}^{n} \xi_i \sigma(\boldsymbol{x}_i) = \sum_{i=s+1}^{n} \xi_i \sigma(\boldsymbol{x}_i) \tag{1-11}$$

式(1-11)表明 $R(\sigma) = L(\sigma(\boldsymbol{x}_{s+1}),\cdots,\sigma(\boldsymbol{x}_n))$.

下证 $\sigma(\boldsymbol{x}_{s+1}),\sigma(\boldsymbol{x}_{s+2}),\cdots,\sigma(\boldsymbol{x}_n)$ 是线性无关的.

设 $\sum\limits_{i=s+1}^{n} k_i\sigma(\boldsymbol{x}_i) = \boldsymbol{0}$, 则 $\sigma(\sum\limits_{i=s+1}^{n} k_i\boldsymbol{x}_i) = \boldsymbol{0}$, 故 $\sum\limits_{i=s+1}^{n} k_i\boldsymbol{x}_i \in \ker(\sigma)$, 从而它可由 $\ker(\sigma)$ 的基线性表出,即

$$\sum_{i=s+1}^{n} k_i\boldsymbol{x}_i = \sum_{i=1}^{s} l_i\boldsymbol{x}_i$$

这推得 $\sum\limits_{i=s+1}^{n} k_i\boldsymbol{x}_i - \sum\limits_{i=1}^{s} l_i\boldsymbol{x}_i = \boldsymbol{0}$, 但 $\boldsymbol{x}_1,\boldsymbol{x}_2,\cdots,\boldsymbol{x}_s,\boldsymbol{x}_{s+1},\cdots,\boldsymbol{x}_n$ 是线性无关的,故 $l_i = 0(i = 1, 2,\cdots,s)$, $k_i = 0(i = s+1,\cdots,n)$, 这表明 $\sigma(\boldsymbol{x}_{s+1}),\sigma(\boldsymbol{x}_{s+2}),\cdots,\sigma(\boldsymbol{x}_n)$ 是线性无关的,故 $\dim R(\sigma) = n - s$.

定义 1.14　设 $\sigma \in \mathrm{Hom}(U,V)$, 称 $\sigma:U \to V$ 为单射(Injection, One to One),如果 $\sigma(x) = \boldsymbol{0} \Rightarrow \boldsymbol{x} = \boldsymbol{0}$;称 $\sigma:U \to V$ 为满射(Surjection, Onto),如果 $\forall \boldsymbol{y} \in V$, 存在 $\boldsymbol{x} \in U$, s. t. $\sigma(\boldsymbol{x}) = \boldsymbol{y}$;称 $\sigma:U \to V$ 为双射(Bijection),如果 σ 既单且满,则称 $\sigma:U \to V$ 为同构映射(Isomorphism Mapping),而 U 和 V 称为同构的,记作 $U \cong V$.

定理 1.11　设 $\sigma \in \mathrm{Hom}(U,V)$, 则下列论断成立.

(1) σ 是单射 $\Leftrightarrow$ 算子方程 $\sigma(\boldsymbol{x}) = \boldsymbol{0}$ 只有零解 $\Leftrightarrow \ker(\sigma) = \{\boldsymbol{0}\} \Leftrightarrow n(\sigma) = 0$.

(2) σ 是满射 $\Leftrightarrow \forall \boldsymbol{y} \in V$, $\sigma(\boldsymbol{x}) = \boldsymbol{y}$ 至少有一个解 $\Leftrightarrow R(\sigma) = V \Leftrightarrow r(\sigma) = \dim V$.

(3) σ 是双射 $\Leftrightarrow \forall \boldsymbol{y} \in V$, $\sigma(\boldsymbol{x}) = \boldsymbol{y}$ 恰好有唯一解.

证明:(1) ~ (3)均可由定义直接验证.

对于线性空间的线性算子,定义它们的几种运算如下:

① 加法 设 $\sigma,\tau \in \mathrm{Hom}(U,V)$, 定义 σ 与 τ 的和为

$$(\sigma+\tau)\boldsymbol{x} = \sigma\boldsymbol{x} + \tau\boldsymbol{x}, \forall \boldsymbol{x} \in U$$

则易验证 $\sigma + \tau \in \mathrm{Hom}(U,V)$.

对 $\sigma \in \mathrm{Hom}(U,V)$, 定义 σ 的负算子 $-\sigma$ 为

$$(-\sigma)\boldsymbol{x} = -(\sigma\boldsymbol{x}),\ \forall \boldsymbol{x} \in U$$

则 $-\sigma \in \mathrm{Hom}(U,V)$.

② 数乘设 $k \in K$, $\sigma \in \mathrm{Hom}(U,V)$, 定义数 k 与 σ 乘积 $k\sigma$ 为

$$(k\sigma)\boldsymbol{x} = k(\sigma\boldsymbol{x}),\ \forall x \in U$$

则 $k\sigma \in \mathrm{Hom}(U,V)$.

按照上面所定义的加法与数乘运算, $\mathrm{Hom}(U,V)$ 构成一个线性空间,记作 $(\mathrm{Hom}(U,V),K;+,\cdot)$, 通常仍记为 $\mathrm{Hom}(U,V)$.

③ 线性算子的乘法　设 $\tau \in \mathrm{Hom}(U,V)$, $\sigma \in \mathrm{Hom}(V,W)$, 定义 σ 与 τ 的乘积 $\sigma\tau$ 为

$$(\sigma\tau)\boldsymbol{x} = \sigma(\tau\boldsymbol{x}),\ \forall \boldsymbol{x} \in U$$

则 $\sigma\tau \in \mathrm{Hom}(U,W)$.

④ 逆算子(Inverse Operator)设 $\sigma \in \mathrm{Hom}(U,V)$, 若存在 $\tau \in \mathrm{Hom}(V,U)$, s. t. $(\tau\sigma)\boldsymbol{x} = \boldsymbol{x}$, $\forall \boldsymbol{x} \in U$, 则称 τ 为 σ 的左逆算子,类似地,若存在 $\theta \in \mathrm{Hom}(V,U)$, s. t. $(\sigma\theta)\boldsymbol{x} = \boldsymbol{x}$, $\forall \boldsymbol{x} \in V$, 则称 θ 为 σ 的右逆算子.

若 $U=V$,且$(\tau\sigma)\boldsymbol{x}=(\sigma\tau)\boldsymbol{x}=\boldsymbol{x}$, $\forall \boldsymbol{x}\in U=V$,则称 τ 为 σ 的逆算子,记为 $\tau=\sigma^{-1}$.

注 1.6　σ 的逆算子 σ^{-1} 是线性算子.

注 1.7　σ 有左逆算子$\Leftrightarrow\sigma$ 是单射;σ 有右逆算子$\Leftrightarrow\sigma$ 是满射;σ 可逆$\Leftrightarrow\sigma$ 既单且满.

⑤ 线性变换的多项式

设 n 为自然数, $\sigma \in \mathrm{Hom}(V)$, 定义 σ 的 n 次幂为 $\sigma^n = \sigma\sigma\cdots\sigma$($n$ 个)

定义 σ 的零次幂为 $\sigma^0 = T_e$, 则有

$$\sigma^{m+n} = \sigma^m \cdot \sigma^n,\ (\sigma^m)^n = \sigma^{mn}$$

其中 $m,n \in N$.

当 σ 可逆时,定义 σ 的负整数次幂为

$$\sigma^{-n} = (\sigma^{-1})^n, n \in N$$

设 $p(t) = a_0t^m + a_1t^{m-1} + \cdots + a_{m-1}t + a_m$ 是纯量 t 的 m 次多项式, $\sigma \in \mathrm{Hom}(V)$, 则 σ 的多项式 $p(\sigma) = a_0\sigma^m + a_1\sigma^{m-1} + \cdots + a_{m-1}\sigma + a_mT_e \in \mathrm{Hom}(V)$.

若 $h(t)=f(t)g(t)$, $p(t)=f(t)+g(t)$, $f(t),g(t) \in P[t]$, 则 $h(\sigma)=f(\sigma)g(\sigma)$, $p(\sigma)=f(\sigma)+g(\sigma)$. 特别地, $f(\sigma)g(\sigma)=g(\sigma)f(\sigma)$, 这表明同一线性变换的多项式相乘是可交换的.

1.3.2　线性算子的矩阵表示

设线性算子 $\sigma \in \mathrm{Hom}(U,V)$, $\dim U = n$, $\dim V = m$, $\boldsymbol{x}_1,\boldsymbol{x}_2,\cdots,\boldsymbol{x}_n$ 是 U 的一组基, $\boldsymbol{y}_1$,

$\boldsymbol{y}_2,\cdots,\boldsymbol{y}_m$ 是 V 的一组基,则

$$\begin{aligned}\sigma(\boldsymbol{x}_1) &= a_{11}\boldsymbol{y}_1 + a_{21}\boldsymbol{y}_2 + \cdots + a_{m1}\boldsymbol{y}_m \\ \sigma(\boldsymbol{x}_2) &= a_{12}\boldsymbol{y}_1 + a_{22}\boldsymbol{y}_2 + \cdots + a_{m2}\boldsymbol{y}_m \\ &\vdots \\ \sigma(\boldsymbol{x}_n) &= a_{1n}\boldsymbol{y}_1 + a_{2n}\boldsymbol{y}_2 + \cdots + a_{mn}\boldsymbol{y}_m\end{aligned} \tag{1-12}$$

记

$$\sigma(\boldsymbol{x}_1,\boldsymbol{x}_2,\cdots,\boldsymbol{x}_n) = (\sigma(\boldsymbol{x}_1),\sigma(\boldsymbol{x}_2),\cdots,\sigma(\boldsymbol{x}_n))$$

$$\boldsymbol{A} = \begin{bmatrix} a_{11} & a_{12} & \cdots & a_{1n} \\ a_{21} & a_{22} & \cdots & a_{2n} \\ \vdots & \vdots & & \vdots \\ a_{m1} & a_{m2} & \cdots & a_{mn} \end{bmatrix}$$

则式(1-12)可写为

$$\sigma(\boldsymbol{x}_1,\boldsymbol{x}_2,\cdots,\boldsymbol{x}_n) = (\boldsymbol{y}_1,\boldsymbol{y}_2,\cdots,\boldsymbol{y}_n)\boldsymbol{A} \tag{1-13}$$

称 $\boldsymbol{A}$ 为 σ 在基 $\{\boldsymbol{x}_i\}$ 与 $\{\boldsymbol{y}_i\}$ 下的矩阵.

特别地,设线性变换 $\sigma \in \mathrm{Hom}(U)$, 若 $\sigma(\boldsymbol{x}_1,\boldsymbol{x}_2,\cdots,\boldsymbol{x}_n) = (\boldsymbol{x}_1,\boldsymbol{x}_2,\cdots,\boldsymbol{x}_n)\boldsymbol{A}$, 此时

$$\boldsymbol{A} = \begin{bmatrix} a_{11} & a_{12} & \cdots & a_{1n} \\ a_{21} & a_{22} & \cdots & a_{2n} \\ \vdots & \vdots & & \vdots \\ a_{n1} & a_{n2} & \cdots & a_{nn} \end{bmatrix}$$

称 $\boldsymbol{A}$ 为 σ 在基 $\{\boldsymbol{x}_i\}$ 下的矩阵.

定理 1.12　$\mathrm{Hom}(U,V) \cong K^{m\times n}$.

证明:令 $f:\mathrm{Hom}(U,V) \to K^{m\times n}$ 为 $f(\sigma) = \boldsymbol{A}$, $\sigma \in \mathrm{Hom}(U,V)$, $\boldsymbol{A}$ 为 σ 在基 $\{\boldsymbol{x}_i\}$ 与 $\{\boldsymbol{y}_i\}$ 下的矩阵,则 f 为同构映射.

事实上, $\forall \sigma \in \mathrm{Hom}(U,V)$, $\exists$ 唯一 $\boldsymbol{A} \in K^{m\times n}$, s. t. $f(\sigma) = \boldsymbol{A}$, $\forall \tau \in \mathrm{Hom}(U,V)$, $\exists$ 唯一 $\boldsymbol{B} \in K^{m\times n}$, s. t. $f(\tau) = \boldsymbol{B}$, 从而 $\forall \sigma,\tau \in \mathrm{Hom}(U,V)$, $\forall k,l \in K$, $f(k\sigma + l\tau) = k\boldsymbol{A} + l\boldsymbol{B} = kf(\sigma) + lf(\tau)$,故 f 为线性映射. 若 $f(\sigma) = \boldsymbol{O}$, 则 $\sigma = 0$(零变换),故 f 为单射. $\forall \boldsymbol{A} \in K^{m\times n}$, $\exists$ 唯一 $\sigma \in \mathrm{Hom}(U,V)$, s. t. $f(\sigma) = A$,故 f 为满射. 因此,f 为同构映射.

例 1.14　设线性变换 $\sigma \in \mathrm{Hom}(U,V)$, $\boldsymbol{A}$ 为 σ 在基 $\{\boldsymbol{x}_i\}$ 与 $\{\boldsymbol{y}_i\}$ 下的矩阵,则有如下公式成立: $\dim\ker(\sigma) = \dim N(\boldsymbol{A})$, $\dim R(\sigma) = \dim R(\boldsymbol{A})$.

证　$\forall \boldsymbol{x} \in U$, $\exists$ 唯一 $\boldsymbol{\xi} = (\xi_1,\xi_2,\cdots,\xi_n)^{\mathrm{T}} \in K^n$, s. t. $\boldsymbol{x} = \sum_{i=1}^{n} \xi_i \boldsymbol{x}_i$, 从而

$$\begin{aligned}\sigma(\boldsymbol{x}) &= \sum_{i=1}^{n} \xi_i \sigma(\boldsymbol{x}_i) = (\sigma(\boldsymbol{x}_1),\sigma(\boldsymbol{x}_2),\cdots,\sigma(\boldsymbol{x}_n))\begin{bmatrix} \xi_1 \\ \vdots \\ \xi_n \end{bmatrix} \\ &= (\boldsymbol{y}_1,\boldsymbol{y}_2,\cdots,\boldsymbol{y}_m)\boldsymbol{A}\begin{bmatrix} \xi_1 \\ \vdots \\ \xi_n \end{bmatrix}\end{aligned}$$

定义$f:R(\sigma)\to R(\boldsymbol{A})$为$f(\sigma\boldsymbol{x})=\boldsymbol{A\xi}$，则$f$为同构映射，故$\dim R(\sigma)=\dim R(\boldsymbol{A})$．定义$g:\ker(\sigma)\to N(\boldsymbol{A})$为$g(\boldsymbol{x})=\xi$，则$g$为同构映射，故$\dim\ker(\sigma)=\dim N(\boldsymbol{A})$．这样，为了计算$\dim R(\sigma)$与$\dim\ker(\sigma)$，只需计算$\sigma$在基$\{\boldsymbol{x}_i\}$与$\{\boldsymbol{y}_i\}$下的矩阵$\boldsymbol{A}$的秩与零度即可．

注 1.8　由例 1.14 知，设$\boldsymbol{A}\in\boldsymbol{C}^{m\times n}$，则$r(\boldsymbol{A})+n(\boldsymbol{A})=n$．该结论与定理 1.10 相对应.

例 1.15　设$\sigma,\tau\in\mathrm{Hom}(V^n)$，$\sigma$，$\tau$在基$\{\boldsymbol{x}_i\}$下的矩阵分别为$\boldsymbol{A}$，$\boldsymbol{B}$，则$\sigma+\tau$在基$\{\boldsymbol{x}_i\}$下的矩阵为$\boldsymbol{A}+\boldsymbol{B}$，$\sigma\tau$在基$\{\boldsymbol{x}_i\}$下的矩阵为$\boldsymbol{AB}$．

证明：因为$\sigma(\boldsymbol{x}_1,\boldsymbol{x}_2,\cdots,\boldsymbol{x}_n)=(\boldsymbol{x}_1,\boldsymbol{x}_2,\cdots,\boldsymbol{x}_n)\boldsymbol{A}$，$\tau(\boldsymbol{x}_1,\boldsymbol{x}_2,\cdots,\boldsymbol{x}_n)=(\boldsymbol{x}_1,\boldsymbol{x}_2,\cdots,\boldsymbol{x}_n)\boldsymbol{B}$，所以

$$\begin{aligned}(\sigma+\tau)(\boldsymbol{x}_1,\boldsymbol{x}_2,\cdots,\boldsymbol{x}_n)&=\sigma(\boldsymbol{x}_1,\boldsymbol{x}_2,\cdots,\boldsymbol{x}_n)+\tau(\boldsymbol{x}_1,\boldsymbol{x}_2,\cdots,\boldsymbol{x}_n)\\&=(\boldsymbol{x}_1,\boldsymbol{x}_2,\cdots,\boldsymbol{x}_n)\boldsymbol{A}+(\boldsymbol{x}_1,\boldsymbol{x}_2,\cdots,\boldsymbol{x}_n)\boldsymbol{B}=(\boldsymbol{x}_1,\boldsymbol{x}_2,\cdots,\boldsymbol{x}_n)(\boldsymbol{A}+\boldsymbol{B})\\\sigma\tau(\boldsymbol{x}_1,\boldsymbol{x}_2,\cdots,\boldsymbol{x}_n)&=\sigma(\boldsymbol{x}_1,\boldsymbol{x}_2,\cdots,\boldsymbol{x}_n)\boldsymbol{B}=(\boldsymbol{x}_1,\boldsymbol{x}_2,\cdots,\boldsymbol{x}_n)\boldsymbol{AB}\end{aligned}$$

例 1.16　设$\sigma\in\mathrm{Hom}(V^n)$，$\sigma^{-1}$存在，$\sigma$在基$\{\boldsymbol{x}_i\}$下的矩阵为$\boldsymbol{A}$，则$\sigma^{-1}$在基$\{\boldsymbol{x}_i\}$下的矩阵为$\boldsymbol{A}^{-1}$．

证明：设$\sigma^{-1}(\boldsymbol{x}_1,\boldsymbol{x}_2,\cdots,\boldsymbol{x}_n)=(\boldsymbol{x}_1,\boldsymbol{x}_2,\cdots,\boldsymbol{x}_n)\boldsymbol{B}$，则

$$(\boldsymbol{x}_1,\boldsymbol{x}_2,\cdots,\boldsymbol{x}_n)=\sigma(\boldsymbol{x}_1,\boldsymbol{x}_2,\cdots,\boldsymbol{x}_n)\boldsymbol{B}$$

因为$\sigma(\boldsymbol{x}_1,\boldsymbol{x}_2,\cdots,\boldsymbol{x}_n)=(\boldsymbol{x}_1,\boldsymbol{x}_2,\cdots,\boldsymbol{x}_n)\boldsymbol{A}$，故

$$(\boldsymbol{x}_1,\boldsymbol{x}_2,\cdots,\boldsymbol{x}_n)=(\boldsymbol{x}_1,\boldsymbol{x}_2,\cdots,\boldsymbol{x}_n)\boldsymbol{AB}$$

因此$\boldsymbol{AB}=\boldsymbol{I}_n$，又$(\boldsymbol{x}_1,\boldsymbol{x}_2,\cdots,\boldsymbol{x}_n)=\sigma^{-1}(\boldsymbol{x}_1,\boldsymbol{x}_2,\cdots,\boldsymbol{x}_n)\boldsymbol{A}$，故

$$(\boldsymbol{x}_1,\boldsymbol{x}_2,\cdots,\boldsymbol{x}_n)=(\boldsymbol{x}_1,\boldsymbol{x}_2,\cdots,\boldsymbol{x}_n)\boldsymbol{BA}$$

这推得$\boldsymbol{BA}=\boldsymbol{I}_n$，从而$\boldsymbol{B}=\boldsymbol{A}^{-1}$．

例 1.17　设$f(t)=a_0t^m+a_1t^{m-1}+\cdots+a_{m-1}t+a_m$是纯量$t$的$m$次多项式，$\sigma\in\mathrm{Hom}(V^n)$且$\sigma$在$V^n$的基$\{\boldsymbol{x}_i\}$下的矩阵为$\boldsymbol{A}$，则线性变换$f(\sigma)$在基$\{\boldsymbol{x}_i\}$下的矩阵为

$$f(\boldsymbol{A})=a_0\boldsymbol{A}^m+a_1\boldsymbol{A}^{m-1}+\cdots+a_{m-1}\boldsymbol{A}+a_m\boldsymbol{I}\tag{1-14}$$

称式(1-14)为方阵$\boldsymbol{A}$的多项式(Polynomial).

例 1.18　设$V^n=V_1\oplus V_2$，P_{V_1}为V沿子空间V_2向V_1的投影算子，P_{V_1}在V任何一组基$\{\boldsymbol{x}_i\}$下的矩阵$\boldsymbol{A}$称为投影矩阵，则矩阵$\boldsymbol{A}$为投影矩阵$\Leftrightarrow$矩阵$\boldsymbol{A}$为幂等矩阵$\boldsymbol{A}^2=\boldsymbol{A}$．

证明：($\Rightarrow$)既然P_{V_1}投影算子，则依据投影算子定义，$\forall\boldsymbol{x}\in V^n$，有$P_{V_1}(P_{V_1}\boldsymbol{x})=P_{V_1}\boldsymbol{x}$．

$\forall\boldsymbol{x}=\sum\limits_{i=1}^{n}\xi_i\boldsymbol{x}_i\in V^n$，则有

$$P_{V_1}\boldsymbol{x}=(\boldsymbol{x}_1,\boldsymbol{x}_2,\cdots,\boldsymbol{x}_n)\boldsymbol{A}\begin{bmatrix}\xi_1\\\xi_2\\\vdots\\\xi_n\end{bmatrix},\ P_{V_1}(P_{V_1}\boldsymbol{x})=(\boldsymbol{x}_1,\boldsymbol{x}_2,\cdots,\boldsymbol{x}_n)\boldsymbol{A}^2\begin{bmatrix}\xi_1\\\xi_2\\\vdots\\\xi_n\end{bmatrix}$$

于是$\boldsymbol{A}^2\begin{bmatrix}\xi_1\\ \xi_2\\ \vdots\\ \xi_n\end{bmatrix}=\boldsymbol{A}\begin{bmatrix}\xi_1\\ \xi_2\\ \vdots\\ \xi_n\end{bmatrix}$，于是$\boldsymbol{A}^2=\boldsymbol{A}$.

$(\Leftarrow)$假设P_{V_1}在V一组基$\{x_i\}$下的矩阵$\boldsymbol{A}$为幂等矩阵，即$\boldsymbol{A}^2=\boldsymbol{A}$.

$\forall \boldsymbol{x}=\sum\limits_{i=1}^{n}\xi_i\boldsymbol{x}_i\in V^n$，有

$$P_{V_1}\boldsymbol{x}=(\boldsymbol{x}_1,\boldsymbol{x}_2,\cdots,\boldsymbol{x}_n)\boldsymbol{A}\begin{bmatrix}\xi_1\\ \xi_2\\ \vdots\\ \xi_n\end{bmatrix}\in R(P_{V_1})$$

且$(\boldsymbol{x}_1,\boldsymbol{x}_2,\cdots,\boldsymbol{x}_n)\boldsymbol{A}^2\begin{bmatrix}\xi_1\\ \xi_2\\ \vdots\\ \xi_n\end{bmatrix}=(\boldsymbol{x}_1,\boldsymbol{x}_2,\cdots,\boldsymbol{x}_n)\boldsymbol{A}\begin{bmatrix}\xi_1\\ \xi_2\\ \vdots\\ \xi_n\end{bmatrix}$，所以$P_{V_1}(P_{V_1}\boldsymbol{x})=P_{V_1}\boldsymbol{x}$.

令

$$\boldsymbol{x}=(\boldsymbol{x}_1,\boldsymbol{x}_2,\cdots,\boldsymbol{x}_n)\boldsymbol{A}\begin{bmatrix}\xi_1\\ \xi_2\\ \vdots\\ \xi_n\end{bmatrix}+(\boldsymbol{x}_1,\boldsymbol{x}_2,\cdots,\boldsymbol{x}_n)(\boldsymbol{I}-\boldsymbol{A})\begin{bmatrix}\xi_1\\ \xi_2\\ \vdots\\ \xi_n\end{bmatrix}$$

因为

$$P_{V_1}\left((\boldsymbol{x}_1,\boldsymbol{x}_2,\cdots,\boldsymbol{x}_n)(\boldsymbol{I}-\boldsymbol{A})\begin{bmatrix}\xi_1\\ \xi_2\\ \vdots\\ \xi_n\end{bmatrix}\right)=(\boldsymbol{x}_1,\boldsymbol{x}_2,\cdots,\boldsymbol{x}_n)(\boldsymbol{A}-\boldsymbol{A}^2)\begin{bmatrix}\xi_1\\ \xi_2\\ \vdots\\ \xi_n\end{bmatrix}=\boldsymbol{0}$$

所以

$$(\boldsymbol{x}_1,\boldsymbol{x}_2,\cdots,\boldsymbol{x}_n)(\boldsymbol{I}-\boldsymbol{A})\begin{bmatrix}\xi_1\\ \xi_2\\ \vdots\\ \xi_n\end{bmatrix}\in N(P_{V_1})$$

于是$V^n=R(P_{V_1})+N(P_{V_1})$.

$\forall \boldsymbol{z}\in R(P_{V_1})\cap N(P_{V_1})$，$\boldsymbol{z}\in R(P_{V_1})$，$\exists \boldsymbol{u}=\sum\limits_{i=1}^{n}\eta_i\boldsymbol{x}_i\in V^n$使得$P_{V_1}\boldsymbol{u}=\boldsymbol{z}$. $\boldsymbol{z}\in N(P_{V_1})$，$\boldsymbol{z}=P_{V_1}\boldsymbol{u}=P_{V_1}(P_{V_1}\boldsymbol{u})=P_{V_1}\boldsymbol{z}=0$，所以$R(P_{V_1})\cap N(P_{V_1})=\{\boldsymbol{0}\}$. 于是$V^n=R(P_{V_1})\oplus N(P_{V_1})$. 因此$P_{V_1}$为$V^n$沿子空间$N(P_{V_1})$向$R(P_{V_1})$的投影算子，从而矩阵$\boldsymbol{A}$为

投影矩阵.

定理 1.13 设 $\sigma \in \mathrm{Hom}(V^n)$, σ 在 V^n 的基 $\{\boldsymbol{x}_i\}$ 下的矩阵为 $\boldsymbol{A} = (a_{ij})_{n\times n} \in K^{n\times n}$, 向量 $\boldsymbol{x} \in V^n$ 在基 $\{\boldsymbol{x}_i\}$ 下的坐标是 $\boldsymbol{\xi} = (\xi_1,\xi_2,\cdots,\xi_n)^{\mathrm{T}} \in K^n$, 则 $\sigma(\boldsymbol{x})$ 在基 $\{\boldsymbol{x}_i\}$ 下的坐标是 $\boldsymbol{\eta} = (\eta_1,\eta_2,\cdots,\eta_n)^{\mathrm{T}} \in K^n$ 可按公式

$$\boldsymbol{\eta} = \boldsymbol{A}\boldsymbol{\xi} \tag{1-15}$$

计算.

证明:由假设 $\boldsymbol{x} = (\boldsymbol{x}_1,\boldsymbol{x}_2,\cdots,\boldsymbol{x}_n)\begin{bmatrix}\xi_1\\ \xi_2\\ \vdots\\ \xi_n\end{bmatrix}$, $\sigma(\boldsymbol{x}_1,\boldsymbol{x}_2,\cdots,\boldsymbol{x}_n) = (\boldsymbol{x}_1,\boldsymbol{x}_2,\cdots,\boldsymbol{x}_n)\boldsymbol{A}$,

故有

$$\sigma(\boldsymbol{x}) = \sigma(\boldsymbol{x}_1,\boldsymbol{x}_2,\cdots,\boldsymbol{x}_n)\begin{bmatrix}\xi_1\\ \vdots\\ \xi_n\end{bmatrix} = (\boldsymbol{x}_1,\boldsymbol{x}_2,\cdots,\boldsymbol{x}_n)\boldsymbol{A}\begin{bmatrix}\xi_1\\ \vdots\\ \xi_n\end{bmatrix}$$

另外, $\sigma(\boldsymbol{x}) = (\boldsymbol{x}_1,\boldsymbol{x}_2,\cdots,\boldsymbol{x}_n)\begin{bmatrix}\eta_1\\ \eta_2\\ \vdots\\ \eta_n\end{bmatrix}$, 故得 $\boldsymbol{\eta} = \boldsymbol{A}\boldsymbol{\xi}$ (见图 1-5).

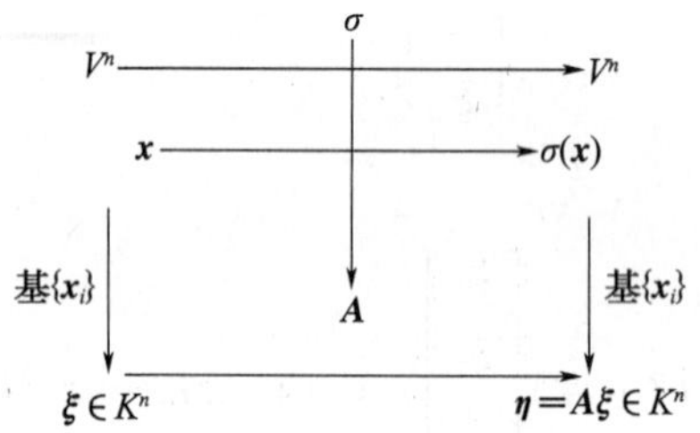

图 1-5　坐标转化关系图

定理 1.14 设 $\sigma \in \mathrm{Hom}(V^n)$, σ 在 V^n 的基 $\{\boldsymbol{x}_i\}$ 与 $\{\boldsymbol{y}_i\}$ 下的矩阵分别为 $\boldsymbol{A}$ 与 $\boldsymbol{B}$, 则 $\boldsymbol{B} = \boldsymbol{C}^{-1}\boldsymbol{A}\boldsymbol{C}$, 其中 $\boldsymbol{C}$ 是由基 $\{\boldsymbol{x}_i\}$ 改变为基 $\{\boldsymbol{y}_i\}$ 的过渡矩阵,即

$$(\boldsymbol{y}_1,\boldsymbol{y}_2,\cdots,\boldsymbol{y}_n) = (\boldsymbol{x}_1,\boldsymbol{x}_2,\cdots,\boldsymbol{x}_n)\boldsymbol{C}$$

证明:由假设知

$$\sigma(\boldsymbol{x}_1,\boldsymbol{x}_2,\cdots,\boldsymbol{x}_n) = (\boldsymbol{x}_1,\boldsymbol{x}_2,\cdots,\boldsymbol{x}_n)\boldsymbol{A},$$
$$\sigma(\boldsymbol{y}_1,\boldsymbol{y}_2,\cdots,\boldsymbol{y}_n) = (\boldsymbol{y}_1,\boldsymbol{y}_2,\cdots,\boldsymbol{y}_n)\boldsymbol{B}$$

由于

$$\begin{aligned}\sigma(\boldsymbol{y}_1,\boldsymbol{y}_2,\cdots,\boldsymbol{y}_n) &= \sigma(\boldsymbol{x}_1,\boldsymbol{x}_2,\cdots,\boldsymbol{x}_n)\boldsymbol{C}\\ &= (\boldsymbol{x}_1,\boldsymbol{x}_2,\cdots,\boldsymbol{x}_n)\boldsymbol{A}\boldsymbol{C}\\ &= (\boldsymbol{y}_1,\boldsymbol{y}_2,\cdots,\boldsymbol{y}_n)\boldsymbol{C}^{-1}\boldsymbol{A}\boldsymbol{C}\end{aligned}$$

故 $\boldsymbol{B}=\boldsymbol{C}^{-1}\boldsymbol{AC}$.

定理 1.14 表明线性变换 $\sigma\in\mathrm{Hom}(V^n)$ 在 V^n 的不同基下的矩阵是相似的.

定理 1.15　设 $f(t)$ 是数域 K 上的多项式,如果存在可逆阵 $\boldsymbol{P}$, s. t. $\boldsymbol{B}=\boldsymbol{P}^{-1}\boldsymbol{AP}$, 则矩阵多项式 $f(\boldsymbol{B})$ 与 $f(\boldsymbol{A})$ 相似,即 $f(\boldsymbol{B})=\boldsymbol{P}^{-1}f(\boldsymbol{A})\boldsymbol{P}$.

证明: $\forall$ 自然数 $k\geqslant 1$, $\boldsymbol{B}^k=\boldsymbol{P}^{-1}\boldsymbol{A}^k\boldsymbol{P}$,

令 $f(t)=a_0t^m+a_1t^{m-1}+\cdots+a_{m-1}t+a_m$, 则有

$$\begin{aligned}f(\boldsymbol{B})&=a_0\boldsymbol{B}^m+a_1\boldsymbol{B}^{m-1}+\cdots+a_{m-1}\boldsymbol{B}+a_m\boldsymbol{I}\\&=a_0(\boldsymbol{P}^{-1}\boldsymbol{A}^m\boldsymbol{P})+a_1(\boldsymbol{P}^{-1}\boldsymbol{A}^{m-1}\boldsymbol{P})+\cdots+a_{m-1}(\boldsymbol{P}^{-1}\boldsymbol{AP})+a_m(\boldsymbol{P}^{-1}\boldsymbol{IP})\\&=\boldsymbol{P}^{-1}(a_0\boldsymbol{A}^m+a_1\boldsymbol{A}^{m-1}+\cdots+a_{m-1}\boldsymbol{A}+a_m\boldsymbol{I})\boldsymbol{P}\\&=\boldsymbol{P}^{-1}f(\boldsymbol{A})\boldsymbol{P}\end{aligned}$$

既然线性算子与矩阵形成一种同构关系,用 $\boldsymbol{A}:\mathbf{C}^n\rightarrow\mathbf{C}^m$ 表示 $\sigma(\boldsymbol{x})=\boldsymbol{A}x:\mathbf{C}^n\rightarrow\mathbf{C}^m$ 的线性算子,由定理 1.11 可得如下推论.

定理 1.16　设 $\boldsymbol{A}\in\mathbf{C}^{m\times n}$, 则下列论断成立.

(1) $\boldsymbol{A}:\mathbf{C}^n\rightarrow\mathbf{C}^m$ 为单射 $\Leftrightarrow$ 方程组 $\boldsymbol{Ax}=\mathbf{0}$ 只有零解 $\Leftrightarrow N(\boldsymbol{A})=\{\mathbf{0}\}\Leftrightarrow\dim N(\boldsymbol{A})=\mathbf{0}\Leftrightarrow r(\boldsymbol{A})=n$.

(2) $\boldsymbol{A}:\mathbf{C}^n\rightarrow\mathbf{C}^m$ 为满射 $\Leftrightarrow$ 方程组 $\boldsymbol{Ax}=\boldsymbol{b}$, $\forall\boldsymbol{b}\in\mathbf{C}^m$ 至少有一个解 $\Leftrightarrow R(\boldsymbol{A})=C^m\Leftrightarrow r(\boldsymbol{A})=m$.

(3) $\boldsymbol{A}:\mathbf{C}^n\rightarrow\mathbf{C}^m$ 是双射 $\Leftrightarrow$ 方程组 $\boldsymbol{Ax}=\boldsymbol{b}$, $\forall\boldsymbol{b}\in\mathbf{C}^m$ 恰好有唯一解 $\Leftrightarrow r(\boldsymbol{A})=m=n$.

证明:(1) 只需验证 $dim\ N(\boldsymbol{A})=0\Leftrightarrow r(\boldsymbol{A})=n$, 这是线性代数中熟知的结论: $\dim N(\boldsymbol{A})=n-r(\boldsymbol{A})=0$.

(2) 只需验证由 $R(\boldsymbol{A})=\mathbf{C}^m\Leftrightarrow r(\boldsymbol{A})=m$. " $\Rightarrow$ "部分显然,下面证明" $\Leftarrow$ "部分成立. 一方面, $R(\boldsymbol{A})\in\mathbf{C}^m$;另一方面, $\dim R(\boldsymbol{A})=r(\boldsymbol{A})=m=\dim\mathbf{C}^m$, 故必有 $R(\boldsymbol{A})=\mathbf{C}^m$.

(3) 由(1)与(2)即知.

推论 1.2　设 $\boldsymbol{A}\in\mathbf{C}^{m\times n}$, 则下列结论成立.

(1) $r(\boldsymbol{A})=m\Leftrightarrow$ 存在 $\boldsymbol{R}\in\mathbf{C}^{n\times m}$, s. t. $\boldsymbol{AR}=\boldsymbol{I}_m$.

(2) $r(\boldsymbol{A})=n\Leftrightarrow$ 存在 $\boldsymbol{L}\in\mathbf{C}^{n\times m}$, s. t. $\boldsymbol{LA}=\boldsymbol{I}_n$.

证明:(1) 由定理 1.16 知, $r(\boldsymbol{A})=m\Leftrightarrow\forall\boldsymbol{b}\in\mathbf{C}^m$, 方程 $\boldsymbol{Ax}=\boldsymbol{b}$ 至少有一个解 $\boldsymbol{x}\in\mathbf{C}^n$.

($\Rightarrow$) $r(\boldsymbol{A})=m$, 则对于 $\boldsymbol{e}_1,\boldsymbol{e}_2,\cdots,\boldsymbol{e}_m\in\mathbf{C}^m$, 存在 $\boldsymbol{\alpha}_1,\boldsymbol{\alpha}_2,\cdots,\boldsymbol{\alpha}_m\in\mathbf{C}^n$, s. t. $\boldsymbol{A\alpha}_i=\boldsymbol{e}_i(i=1,2,\cdots,m)$, 其中 $\boldsymbol{e}_i=(0,0,\cdots,0,1,0,\cdots,0)\in\mathbf{C}^m$. 令 $\boldsymbol{R}=(\boldsymbol{\alpha}_1,\boldsymbol{\alpha}_2,\cdots,\boldsymbol{\alpha}_m)$, 则 $\boldsymbol{R}\in\mathbf{C}^{n\times m}$ 且 $\boldsymbol{AR}=\boldsymbol{I}_m$.

($\Leftarrow$) 假设存在 $\boldsymbol{R}\in\mathbf{C}^{n\times m}$, s. t. $\boldsymbol{AR}=\boldsymbol{I}_m$, $\forall\boldsymbol{b}\in\mathbf{C}^m$, $\boldsymbol{ARb}=\boldsymbol{b}$, 这表明 $\forall\boldsymbol{b}\in\mathbf{C}^m$, 方程组 $\boldsymbol{Ax}=\boldsymbol{b}$ 至少有一解 $\boldsymbol{x}=\boldsymbol{Rb}\in C^n$, 故 $\boldsymbol{A}:\mathbf{C}^n\rightarrow\mathbf{C}^m$ 为满射.

(2) 由于 $r(\boldsymbol{A}^{\mathrm{H}})=r(\boldsymbol{A})=n$, $\boldsymbol{A}^{\mathrm{H}}\in C^{n\times m}$, 由(1)知存在 $\boldsymbol{R}\in C^{m\times n}$, $\boldsymbol{A}^{\mathrm{H}}\boldsymbol{R}=\boldsymbol{I}_n$, 从而 $\boldsymbol{R}^{\mathrm{H}}\boldsymbol{A}=\boldsymbol{I}_n$, 取 $\boldsymbol{L}=\boldsymbol{R}^{\mathrm{H}}$, 则有 $\boldsymbol{LA}=\boldsymbol{I}_n$.

定义 1.15　设 $\boldsymbol{A}\in\mathbf{C}^{m\times n}$, 若 $r(\boldsymbol{A})=m$, 存在 $\boldsymbol{R}\in C^{n\times m}$, s. t. $\boldsymbol{AR}=\boldsymbol{I}_m$, 则 $\boldsymbol{R}$ 称为 $\boldsymbol{A}$ 的右逆(Right – Inverse),记为 $\boldsymbol{A}_R^{-1}$;若 $r(\boldsymbol{A})=n$, 存在 $\boldsymbol{L}\in C^{n\times m}$, s. t. $\boldsymbol{LA}=\boldsymbol{I}_n$, 则 $\boldsymbol{L}$ 称为 $\boldsymbol{A}$

的左逆(Left - Inverse),记为 A_L^{-1} .

显然,对于 $A \in C^{m\times n}$, 若 A 既有左逆且有右逆,必然有 $r(A) = m = n$, 则 A 必然是方阵且可逆.

注 1.9 设 $A \in C^{m\times n}$, 则 A 可逆 $\Leftrightarrow A$ 有左逆 $\Leftrightarrow A$ 有右逆.

证明:只需证明 A 有右逆 $\Leftrightarrow A$ 有左逆. 若 A 有右逆 $\Leftrightarrow$ 存在 $B \in \mathbf{C}^{n\times n}$, s. t. ,$AB = I_n \Leftrightarrow r(A) = n \Leftrightarrow A$ 有左逆,此时,A 必可逆.

定理 1.17 设 $A \in C^{m\times n}$, 则

(1) $N(A^{\mathrm{H}}A) = N(A)$;(2) $N(AA^{\mathrm{H}}) = N(A^{\mathrm{H}})$;(3) $r(A^{\mathrm{H}}A) = r(A^{\mathrm{H}}) = r(A)$.

证明:(1)显然 $N(A^{\mathrm{H}}A) \subseteq N(A)$, 现证 $N(A) \subseteq N(A^{\mathrm{H}}A)$. $\forall x \in N(A^{\mathrm{H}}A)$, 则 $A^{\mathrm{H}}Ax = \mathbf{0}$, 进而 $x^{\mathrm{H}}A^{\mathrm{H}}Ax = 0$, 即 $(Ax)^{\mathrm{H}}Ax = 0$. 于是 $|Ax|^2 = 0$, 即 $Ax = \mathbf{0}$, 所以 $x \in N(A)$.

(2)在(1)中以 A^{H} 替代 A 即得.

(3)因为 $r(A) + n(A) = n$, 结合(1)得

$$r(A^{\mathrm{H}}A) = n - n(A^{\mathrm{H}}A) = n - n(A) = r(A)$$

再以 A^{H} 替代 A, 即得 $r(A^{\mathrm{H}}A) = r(A^{\mathrm{H}}) = r(A)$.

定理 1.18 设 $A \in C^{m\times n}$, 则下列结论成立.

(1) $r(A) = m \Rightarrow$ 存在 $A_R^{-1} = A^{\mathrm{H}}(AA^{\mathrm{H}})^{-1}$.

(2) $r(A) = n \Rightarrow$ 存在 $A_L^{-1} = (A^{\mathrm{H}}A)^{-1}A^{\mathrm{H}}$.

证明:(1)若 $r(A) = m$, 则 AA^H 为 m 阶满秩方阵,故有 $AA^{\mathrm{H}}(AA^{\mathrm{H}})^{-1} = I_m$, 由定义 1.15 可知 $A_R^{-1} = A^{\mathrm{H}}(AA^{\mathrm{H}})^{-1}$.

(2)若 $r(A) = n$, 则 $A^{\mathrm{H}}A$ 为 n 阶满秩方阵,故有 $(A^{\mathrm{H}}A)^{-1}A^{\mathrm{H}}A = I_n$, 由定义 1.15 可知 $A_L^{-1} = (A^{\mathrm{H}}A)^{-1}A^{\mathrm{H}}$.

注 1.10 一般情况下,一个矩阵 $A \in C^{m\times n}$ 的左逆与右逆未必存在,即使存在也未必唯一.

例如

$$A_2 = \begin{bmatrix} 4 & 8 \\ 5 & -7 \\ -2 & 3 \end{bmatrix}, L_2 = \begin{bmatrix} \frac{7}{68} & \frac{2}{17} & 0 \\ 0 & 2 & 5 \end{bmatrix}, L_3 = \begin{bmatrix} 0 & 3 & 7 \\ 0 & 2 & 5 \end{bmatrix}$$

则 $r(A) = 2$, $L_2A_2 = L_3A_2 = I_2$, L_2 与 L_3 均为 A 的左逆,但是 A 无右逆. 利用矩阵的转置性质可知, L_2^{T} 与 L_3^{T} 均为 A^{T} 的右逆,但是 A^{T} 无左逆.

注 1.11 矩阵 $A \in \mathbf{C}^{m\times n}$ 右逆、左逆的意义在于线性方程组 $Ax = b$ 的解的表示.

当 $r(A) = m$ 时,如果对某个 $b \in \mathbf{C}^m$, 方程组 $Ax = b$ 有解,则由于 $A(A_R^{-1}b) = (AA_R^{-1})b = b$, 所以 $x = A_R^{-1}b$ 是方程组 $Ax = b$ 的一个解.

当 $r(A) = n$ 时,如果对某个 $b \in \mathbf{C}^m$, 方程组 $Ax = b$ 有解,则其解必唯一,设为 x, 且有 $x = (A_L^{-1}A)x = A_L^{-1}(Ax) = A_L^{-1}b$, 所以 $x = A_L^{-1}b$ 是方程组 $Ax = b$ 的唯一解.

由此可知,如果方程组 $Ax = b$, $\forall b \in \mathbf{C}^m$ 有唯一解,则有 $x = A_R^{-1}b = A_L^{-1}b$, 此时 $A_R^{-1} = A_L^{-1} = A^{-1}$.

1.3.3　线性变换 $\sigma \in \mathrm{Hom}(V^n)$ 的特征值与特征向量

下面将讨论如何选择线性空间的基，使线性变换在该基下的矩阵形状最简单．为此，引入线性变换的特征值与特征向量的概念，它们对于线性变换的研究扮演着十分重要的角色．

特征值与特征向量的概念在法国数学家达郎贝尔（D'Alembert）1743 年研究二阶微分方程组的过程中萌芽孕育，特征方程的概念则在瑞士大数学家欧拉（Euler）的二次型研究中开始出现．矩阵论的特征值问题不仅具有十分重要的理论意义，而且具有广泛的应用价值．二次型化为标准形、线性方程组的代数解及其迭代求法、微分方程组解的性态等都和矩阵的特征值问题相关．

定义 1.16　设 $\sigma:(V^n,K;+,\cdot)\to(V^n,K;+,\cdot)$ 为线性变换，且对 K 中某一数 λ_0，存在非零向量 $\boldsymbol{x}\in V^n$，s. t.

$$\sigma(\boldsymbol{x})=\lambda_0\boldsymbol{x}\tag{1-16}$$

成立，则称 λ_0 为 σ 的特征值（Eigenvalue），而 $\boldsymbol{x}$ 为 σ 的属于 λ_0 的特征向量（Eigenvector）.

注 1.12　如果 $\boldsymbol{x}$ 是 σ 的属于特征值 λ_0 的特征向量，则 $\forall k\neq 0,\ k\in K$，有 $\sigma(k\boldsymbol{x})=k\sigma(\boldsymbol{x})=k\lambda_0\boldsymbol{x}=\lambda_0(k\boldsymbol{x})$，这表明 $k\boldsymbol{x}$ 是 σ 的属于特征值 λ_0 的特征向量，因此属于同一特征值的特征向量有无穷个．

注 1.13　一个特征向量只能属于一个特征值，事实上，设 $\boldsymbol{x}$ 是 σ 的特征向量，λ_1,λ_2 是 σ 的两个特征值，满足 $\sigma(\boldsymbol{x})=\lambda_i\boldsymbol{x}(i=1,2)$，则 $(\lambda_1-\lambda_2)\boldsymbol{x}=\boldsymbol{0}$，但 $\boldsymbol{x}\neq\boldsymbol{0}$，故 $\lambda_1=\lambda_2$.

设 $\boldsymbol{x}_1,\boldsymbol{x}_2,\cdots,\boldsymbol{x}_n$ 是线性空间 V^n 的基，$\sigma\in\mathrm{Hom}(V^n)$，$\sigma$ 在基 $\{\boldsymbol{x}_i\}$ 下的矩阵为 $\boldsymbol{A}=(a_{ij})$，令 λ_0 是 σ 的特征值，属于 λ_0 的特征向量 $\boldsymbol{x}=\sum_{i=1}^{n}\xi_i\boldsymbol{x}_i$，则 $\sigma(\boldsymbol{x})$ 与 $\lambda_0\boldsymbol{x}$ 的坐标分别为 $\boldsymbol{A\xi},\lambda_0\boldsymbol{\xi}$，由 $\sigma(\boldsymbol{x})=\lambda_0\boldsymbol{x}$，得

$$\boldsymbol{A\xi}=\lambda_0\boldsymbol{\xi}\tag{1-17}$$

其中 $\boldsymbol{\xi}=(\xi_1,\xi_2,\cdots,\xi_n)^{\mathrm{T}}\in K^n$.

式（1-17）表明 $\boldsymbol{\xi}$ 满足齐次线性方程组

$$(\lambda_0\boldsymbol{I}-\boldsymbol{A})\boldsymbol{\xi}=\boldsymbol{0}\tag{1-18}$$

由于 $\boldsymbol{x}\neq\boldsymbol{0}$，故 $\boldsymbol{\xi}\neq\boldsymbol{0}$，即方程组（1-18）有非零解，从而有

$$\det(\lambda_0\boldsymbol{I}-\boldsymbol{A})=\begin{vmatrix}\lambda_0-a_{11} & -a_{12} & \cdots & -a_{1n}\\ -a_{21} & \lambda_0-a_{22} & \cdots & -a_{2n}\\ \vdots & \vdots & & \vdots\\ -a_{n1} & -a_{n2} & \cdots & \lambda_0-a_{nn}\end{vmatrix}=0$$

定义 1.17　设 $\boldsymbol{A}=(a_{ij})\in K^{n\times n},\lambda\in K$，$\boldsymbol{A}$ 的特征矩阵（Eigenmatrix）$\lambda\boldsymbol{I}-\boldsymbol{A}$ 的行列式 $\det(\lambda\boldsymbol{I}-\boldsymbol{A})$ 称为矩阵 $\boldsymbol{A}$ 的特征多项式（Eigenpolynomial）.

以上分析表明，如果 λ_0 是线性变换 σ 的特征值，那么 λ_0 必是矩阵 $\boldsymbol{A}$ 的特征值；反之，

如果 λ_0 是矩阵 $\boldsymbol{A}$ 的一个特征值,那么齐次线性方程组(1-18)就有非零解 $\boldsymbol{\xi}=(\xi_1,\xi_2,\cdots,\xi_n)^{\mathrm{T}}\in K$, 于是非零向量 $\boldsymbol{x}=\sum_{i=1}^{n}\xi_i\boldsymbol{x}_i$ 满足 $\sigma(\boldsymbol{x})=\lambda_0\boldsymbol{x}$, 事实上,有

$$\begin{aligned}\sigma(\boldsymbol{x})=\sum_{i=1}^{n}\xi_i\sigma(\boldsymbol{x}_i)&=\sigma(\boldsymbol{x}_1,\boldsymbol{x}_2,\cdots,\boldsymbol{x}_n)\begin{bmatrix}\xi_1\\ \vdots\\ \xi_n\end{bmatrix}\\&=(\boldsymbol{x}_1,\boldsymbol{x}_2,\cdots,\boldsymbol{x}_n)\boldsymbol{A}\begin{bmatrix}\xi_1\\ \vdots\\ \xi_n\end{bmatrix}\\&=(\boldsymbol{x}_1,\boldsymbol{x}_2,\cdots,\boldsymbol{x}_n)\lambda_0\begin{bmatrix}\xi_1\\ \vdots\\ \xi_n\end{bmatrix}\\&=\lambda_0(\boldsymbol{x}_1,\boldsymbol{x}_2,\cdots,\boldsymbol{x}_n)\begin{bmatrix}\xi_1\\ \vdots\\ \xi_n\end{bmatrix}\\&=\lambda_0\boldsymbol{x}\end{aligned}$$

因此,λ_0 是 σ 的特征值,$\boldsymbol{x}$ 是 σ 的属于 λ_0 的特征向量,这样,求解线性变换 $\sigma\in\mathrm{Hom}(V^n)$ 的特征值问题,可以转化为求解矩阵的特征值问题.具体步骤如下:

(1)取定数域 K 上的线性空间 V^n 的一个基,写出线性变换 σ 在该基下的矩阵 $\boldsymbol{A}$;

(2)求出矩阵 $\boldsymbol{A}$ 的特征多项式 $f(\lambda)=\det(\lambda\boldsymbol{I}-\boldsymbol{A})$ 在数域 K 上的全部根,它们就是 σ 的全部特征值;

(3)将求得的特征值逐个代入方程组(1-18),解出矩阵 $\boldsymbol{A}$ 的属于每个特征值的全部线性无关的特征向量.

(4)以 $\boldsymbol{A}$ 的属于每个特征值的特征向量为 V^n 中取定基下的坐标,即得 σ 的相应特征向量.

矩阵的特征值与特征向量具有明显几何意义.一般说来,一个 n 阶方阵作用于一个非零的 n 维向量后得到的新向量与原向量可以线性相关,也可以线性无关.如果它们是线性相关的,则这样的一个向量就是矩阵的特征向量,而其相关系数就是矩阵的特征值.特征向量与矩阵作用下的像向量总是共线的,当其特征值大于零的时候,它们的方向一致;当特征值小于零的时候,它们的方向相反.而特征值从数量上表达了特征向量与像向量的长度的伸缩率.当矩阵的特征值的模大于1时,矩阵的作用是把特征向量拉长;当矩阵的特征值的模小于1时,矩阵的作用是把特征向量缩短.

例 1.19 设线性变换 $\sigma\in\mathrm{Hom}(\mathbf{R}^3)$ 在基 $\boldsymbol{x}_1,\boldsymbol{x}_2,\boldsymbol{x}_3$ 下的矩阵为 $\boldsymbol{A}=\begin{bmatrix}1&2&2\\2&1&2\\2&2&1\end{bmatrix}$,求 σ 的特征值和特征向量.

解：$\boldsymbol{A}$ 的特征多项式是

$$f(\lambda) = \det(\lambda \boldsymbol{I} - \boldsymbol{A}) = \begin{vmatrix} \lambda-1 & -2 & -2 \\ -2 & \lambda-1 & -2 \\ -2 & -2 & \lambda-1 \end{vmatrix} = (\lambda+1)^2(\lambda-5)$$

因此 σ 特征值是 $\lambda_1 = -1$（二重），$\lambda_2 = 5$.

特征方程 $(\lambda_1 \boldsymbol{I} - \boldsymbol{A})\boldsymbol{\xi} = \boldsymbol{0}$ 的一个基础解系为

$$\boldsymbol{p}_1 = (1,0,-1)^{\mathrm{T}}, \boldsymbol{p}_2 = (0,1,-1)^{\mathrm{T}}$$

故 σ 的属于 λ_1 的两个线性无关的特征向量为

$$\boldsymbol{y}_1 = \boldsymbol{x}_1 - \boldsymbol{x}_3, \boldsymbol{y}_2 = \boldsymbol{x}_2 - \boldsymbol{x}_3$$

从而 σ 的属于 λ_1 的全体特征向量为

$$k_1\boldsymbol{y}_1 + k_2\boldsymbol{y}_2\ (k_1, k_2 \in K \text{不同时为零})$$

特征方程 $(\lambda_2 \boldsymbol{I} - \boldsymbol{A})\boldsymbol{\xi} = \boldsymbol{0}$ 的一个基础解系为

$$\boldsymbol{p}_3 = (1,1,1)^{\mathrm{T}}$$

故 σ 的属于 λ_2 的特征向量为 $\boldsymbol{y}_3 = \boldsymbol{x}_1 + \boldsymbol{x}_2 + \boldsymbol{x}_3$，从而 σ 的属于 λ_2 的全体特征向量为

$$k_3\boldsymbol{y}_3 (k_3 \in K, k_3 \neq 0)$$

定义 1.18　设 $\sigma \in \mathrm{Hom}(V^n)$，$\lambda_0$ 是 σ 的一个特征值，$V_{\lambda_0} = \{\boldsymbol{x} \in V^n \mid \sigma\boldsymbol{x} = \lambda_0\boldsymbol{x}\}$ 称为 σ 的属于 λ_0 的特征子空间(Eigensubspace)．$\dim V_{\lambda_0}$ 称为特征值 λ_0 的几何重数(Geometric Multiplicity)，它是属于 λ_0 的线性无关特征向量的最大数目．

例如，例 1.19 的线性变换 σ 有两个特征子空间 $V_{-1} = L(\boldsymbol{y}_1, \boldsymbol{y}_2)$，$V_5 = L(\boldsymbol{y}_3)$，而且 $\dim V_{-1} = 2$，$\dim V_5 = 1$，由此可知，$\dim V_{\lambda_0}$ 就是特征方程 $(\lambda_0 \boldsymbol{I} - \boldsymbol{A})\boldsymbol{\xi} = 0$ 的基础解系所含向量的数目．

由行列式的展开法则可得 n 阶矩阵 $\boldsymbol{A} = (a_{ij})$ 的特征多项式

$$f(\lambda) = \det(\lambda \boldsymbol{I} - \boldsymbol{A}) = \lambda^n - \left(\sum_{i=1}^{n} a_{ii}\right)\lambda^{n-1} + \cdots + (-1)^n \det \boldsymbol{A} \tag{1-19}$$

由多项式因式分解定理，$f(\lambda) = (\lambda - \lambda_1)^{m_1}(\lambda - \lambda_2)^{m_2}\cdots(\lambda - \lambda_s)^{m_s}$，$\lambda_i$ 互异，$\sum_{i=1}^{s} m_i = n$，m_i 称为特征值 λ_i 的代数重数(Algebraic Multiplicity)．

如果 $\boldsymbol{A}$ 有 n 个特征值 $\lambda_1, \lambda_2, \cdots, \lambda_n$（可能相同），则由式(1-19)知

$$\sum_{i=1}^{n} \lambda_i = \sum_{i=1}^{n} a_{ii}, \quad \lambda_1\lambda_2\cdots\lambda_n = \det \boldsymbol{A}$$

引入记号

$$\mathrm{tr}(\boldsymbol{A}) = \sum_{i=1}^{n} a_{ii} \tag{1-20}$$

称为矩阵 $\boldsymbol{A}$ 的迹．

定理 1.19　设 $\boldsymbol{A} = (a_{ij})_{n\times n}$，$\boldsymbol{B} = (b_{ij})_{n\times n}$，则 $\mathrm{tr}(\boldsymbol{AB}) = \mathrm{tr}(\boldsymbol{BA})$．

证明：令 $\boldsymbol{AB}=(u_{ij})$，$\boldsymbol{BA}=(v_{ij})$，则有

$$u_{ij}=\sum_{k=1}^{n}a_{ik}b_{kj},\quad v_{ij}=\sum_{l=1}^{n}b_{il}a_{lj}$$

故

$$\operatorname{tr}(\boldsymbol{AB})=\sum_{i=1}^{n}u_{ii}=\sum_{i=1}^{n}\sum_{k=1}^{n}a_{ik}b_{ki}=\sum_{k=1}^{n}\sum_{i=1}^{n}b_{ki}a_{ik}=\sum_{k=1}^{n}v_{kk}=\operatorname{tr}(\boldsymbol{BA})$$

定理 1.20 相似矩阵有相同的迹．

证明：设 $\boldsymbol{A}\sim\boldsymbol{B}$，则存在可逆阵 $\boldsymbol{P}$，s.t. $\boldsymbol{B}=\boldsymbol{P}^{-1}\boldsymbol{AP}$，由定理 1.19 知，$\operatorname{tr}(\boldsymbol{B})=\operatorname{tr}(\boldsymbol{P}^{-1}\boldsymbol{AP})=\operatorname{tr}(\boldsymbol{AP}^{-1}\boldsymbol{P})=\operatorname{tr}(\boldsymbol{A})$．

定理 1.21 相似矩阵有相同的特征多项式，因此也有相同的特征值．

证设 $\boldsymbol{B}=\boldsymbol{P}^{-1}\boldsymbol{AP}$，则

$$\begin{aligned}\det(\lambda\boldsymbol{I}-\boldsymbol{B})&=\det(\lambda\boldsymbol{I}-\boldsymbol{P}^{-1}A\boldsymbol{P})\\&=\det(\boldsymbol{P}^{-1}(\lambda\boldsymbol{I}-\boldsymbol{A})\boldsymbol{P})\\&=\det\boldsymbol{P}^{-1}\det(\lambda\boldsymbol{I}-\boldsymbol{S})\det\boldsymbol{P}\\&=\det(\lambda\boldsymbol{I}-\boldsymbol{A})\end{aligned}$$

定理 1.21 表明，线性变换的矩阵的特征多项式与基的选择无关，它直接被线性变换所决定．同时，也依此可知相似矩阵有相同的迹．

定理 1.22（Sylvester 定理） 设 $\boldsymbol{A}\in\mathbf{C}^{m\times n}$，$\boldsymbol{B}\in\mathbf{C}^{n\times m}$，记 $\varphi_{\boldsymbol{AB}}(\lambda)$ 为矩阵 $\boldsymbol{AB}$ 的特征多项式，$\varphi_{\boldsymbol{BA}}(\lambda)$ 为矩阵 $\boldsymbol{BA}$ 的特征多项式，则

$$\lambda^{n}\varphi_{\boldsymbol{AB}}(\lambda)=\lambda^{m}\varphi_{\boldsymbol{BA}}(\lambda)\tag{1-21}$$

证明：需要证明 $\lambda^{m}\det(\lambda\boldsymbol{I}_n-\boldsymbol{BA})=\lambda^{n}\det(\lambda\boldsymbol{I}_m-\boldsymbol{AB})$．注意

$$\begin{bmatrix}\boldsymbol{I}_m&\boldsymbol{O}\\-\boldsymbol{B}&\boldsymbol{I}_n\end{bmatrix}\begin{bmatrix}\boldsymbol{I}_m&\boldsymbol{A}\\\boldsymbol{O}&\lambda\boldsymbol{I}_n\end{bmatrix}\begin{bmatrix}\lambda\boldsymbol{I}_m-\boldsymbol{AB}&\boldsymbol{O}\\\boldsymbol{B}&\boldsymbol{I}_n\end{bmatrix}$$

$$=\begin{bmatrix}\lambda\boldsymbol{I}_m&\boldsymbol{A}\\\boldsymbol{O}&\lambda\boldsymbol{I}_n-\boldsymbol{BA}\end{bmatrix}=\begin{bmatrix}\boldsymbol{I}_m&\boldsymbol{O}\\-\boldsymbol{B}&\boldsymbol{I}_n\end{bmatrix}\begin{bmatrix}\lambda\boldsymbol{I}_m&\boldsymbol{A}\\\lambda\boldsymbol{B}&\lambda\boldsymbol{I}_n\end{bmatrix}$$

取行列式，得 $\lambda^{n}\varphi_{\boldsymbol{AB}}(\lambda)=\lambda^{m}\varphi_{\boldsymbol{BA}}(\lambda)$．

注 1.14 定理 1.22 给出了矩阵 $\boldsymbol{AB}$ 与 $\boldsymbol{BA}$ 的特征多项式的关系．可知矩阵 $\boldsymbol{AB}$ 与 $\boldsymbol{BA}$ 有相同的非零特征值．

注 1.15 由本定理容易推出定理 1.19.

例 1.20 设 $\boldsymbol{A}\in\mathbf{R}^{n\times n}$，$r(\boldsymbol{A})=1$，试求 $f(\lambda)=\det(\lambda\boldsymbol{I}_n-\boldsymbol{A})$．

解：因为 $r(\boldsymbol{A})=1$，所以由《线性代数》（同济大学出版社，第四版）习题 18 知

$$\boldsymbol{A}=\boldsymbol{xy}^{\mathrm{T}}=\begin{bmatrix}x_1\\x_2\\\vdots\\x_n\end{bmatrix}(y_1,y_2,\cdots,y_n)\triangleq\boldsymbol{A}_1\boldsymbol{A}_2$$

应用定理 1.22 得

$$\begin{aligned} f(\lambda) = \det(\lambda \boldsymbol{I}_n - \boldsymbol{A}) &= \det(\lambda \boldsymbol{I}_n - \boldsymbol{A}_1\boldsymbol{A}_2) \\ &= \lambda^{n-1}\det(\lambda - \boldsymbol{A}_2\boldsymbol{A}_1) \\ &= \lambda^{n-1}\left(\lambda - \sum_{i=1}^{n} x_i y_i\right) \end{aligned}$$

定理 1.23　设 $\boldsymbol{A} \in \mathbf{C}^{n\times n}$，则 ∃ 可逆阵 $\boldsymbol{P}$，s. t. $\boldsymbol{P}^{-1}\boldsymbol{A}\boldsymbol{P}$ 为上三角阵，即任意 n 阶方阵与上三角阵相似 .

证明：设 $\boldsymbol{A}$ 为 n 阶方阵，它的特征多项式为

$$f(\lambda) = \det(\lambda \boldsymbol{I} - \boldsymbol{A}) = (\lambda - \lambda_1)(\lambda - \lambda_2)\cdots(\lambda - \lambda_n)$$

其中 λ_i 可能有相同的，对矩阵的阶数 n 归纳 .

当 $n = 1$ 时，$\boldsymbol{A} = (a)$，取 $\boldsymbol{P} = (1)$，则 $\boldsymbol{P}^{-1}\boldsymbol{A}\boldsymbol{P} = (a)$.

假设对 $n - 1$ 阶矩阵定理成立，往证对 n 阶矩阵定理也成立 . 由代数基本定理知，在复数域 C 内 $f(\lambda) = 0$ 至少有一根 λ_1，从而存在非零向量 $\boldsymbol{x}_1 \in \mathbf{C}^n$，s. t. $\boldsymbol{A}\boldsymbol{x}_1 = \lambda_1\boldsymbol{x}_1$，将 $\boldsymbol{x}_1$ 扩充为 $\mathbf{C}^n$ 的一组基，记为 $\boldsymbol{x}_1, \boldsymbol{x}_2, \cdots, \boldsymbol{x}_n$，令 $\boldsymbol{P}_1 = (\boldsymbol{x}_1, \boldsymbol{x}_2, \cdots, \boldsymbol{x}_n)$ 则有

$$\begin{aligned} \boldsymbol{A}\boldsymbol{P}_1 &= \boldsymbol{A}(\boldsymbol{x}_1, \boldsymbol{x}_2, \cdots, \boldsymbol{x}_n) \\ &= (\boldsymbol{A}\boldsymbol{x}_1, \boldsymbol{A}\boldsymbol{x}_2, \cdots, \boldsymbol{A}\boldsymbol{x}_n) \\ &= (\lambda_1\boldsymbol{x}_1, \boldsymbol{A}\boldsymbol{x}_2, \cdots, \boldsymbol{A}\boldsymbol{x}_n) \end{aligned} \tag{1-22}$$

因为 $\boldsymbol{A}\boldsymbol{x}_i \in \mathbf{C}^n$，故 $\boldsymbol{A}\boldsymbol{x}_i$ 可由 $\mathbf{C}^n$ 的基 $\boldsymbol{x}_1, \boldsymbol{x}_2, \cdots, \boldsymbol{x}_n$ 唯一地线性表示，即

$$\boldsymbol{A}\boldsymbol{x}_i = b_{1i}\boldsymbol{x}_1 + b_{2i}\boldsymbol{x}_2 + \cdots + b_{ni}\boldsymbol{x}_n \quad (i = 1, 2, \cdots, n) \tag{1-23}$$

将式(1 - 23)代入式(1 - 22)得

$$\begin{aligned} \boldsymbol{A}\boldsymbol{P}_1 &= (\lambda_1\boldsymbol{x}_1, \boldsymbol{A}\boldsymbol{x}_2, \cdots, \boldsymbol{A}\boldsymbol{x}_n) \\ &= (\boldsymbol{x}_1, \boldsymbol{x}_2, \cdots, \boldsymbol{x}_n)\begin{bmatrix} \lambda_1 & b_{12} & \cdots & b_{1n} \\ 0 & b_{22} & \cdots & b_{2n} \\ \vdots & \vdots & & \vdots \\ 0 & b_{n2} & \cdots & b_{nn} \end{bmatrix} \end{aligned}$$

即

$$\boldsymbol{P}_1^{-1}\boldsymbol{A}\boldsymbol{P}_1 = \begin{bmatrix} \lambda_1 & b_{12}\cdots b_{1n} \\ 0 & \\ \vdots & \boldsymbol{A}_1 \\ 0 & \end{bmatrix} \tag{1-24}$$

由归纳假设对 $n - 1$ 阶矩阵 $\boldsymbol{A}_1$，∃ 可逆阵 $\boldsymbol{Q}$，s. t.

$$\boldsymbol{Q}^{-1}\boldsymbol{A}_1\boldsymbol{Q} = \begin{bmatrix} \lambda_2 & & * \\ & \ddots & \\ & & \lambda_n \end{bmatrix} \tag{1-25}$$

记 $\boldsymbol{P}_2 = \begin{bmatrix} 1 & \boldsymbol{0}^{\mathrm{T}} \\ \boldsymbol{0} & \boldsymbol{Q} \end{bmatrix}$，$\boldsymbol{P} = \boldsymbol{P}_1\boldsymbol{P}_2$，则有

$$
\begin{aligned}
\boldsymbol{P}^{-1}\boldsymbol{A}\boldsymbol{P} &= (\boldsymbol{P}_1\boldsymbol{P}_2)^{-1}\boldsymbol{A}(\boldsymbol{P}_1\boldsymbol{P}_2) \\
&= \boldsymbol{P}_2^{-1}\boldsymbol{P}_1^{-1}\boldsymbol{A}\boldsymbol{P}_1\boldsymbol{P}_2 \\
&= \boldsymbol{P}_2^{-1}\begin{bmatrix} \lambda_1 & b_{12}\cdots b_{1n} \\ 0 & \\ \vdots & \boldsymbol{A}_1 \\ 0 & \end{bmatrix}\boldsymbol{P}_2 \\
&= \begin{bmatrix} 1 & \boldsymbol{0}^{\mathrm{T}} \\ \boldsymbol{0} & \boldsymbol{Q}^{-1} \end{bmatrix}\begin{bmatrix} \lambda_1 & \boldsymbol{B}_1 \\ \boldsymbol{0} & \boldsymbol{A}_1 \end{bmatrix}\begin{bmatrix} 1 & \boldsymbol{0}^{\mathrm{T}} \\ \boldsymbol{0} & \boldsymbol{Q} \end{bmatrix} \\
&= \begin{bmatrix} \lambda_1 & * \\ \boldsymbol{0} & \boldsymbol{Q}^{-1}\boldsymbol{A}_1\boldsymbol{Q} \end{bmatrix} = \begin{bmatrix} \lambda_1 & & & * \\ & \lambda_2 & & \\ & & \ddots & \\ & & & \lambda_n \end{bmatrix}
\end{aligned}
$$

其中 $\boldsymbol{B}_1 = (b_{12}, b_{13}, \cdots, b_{1n}) \in \mathbf{C}^{1\times(n-1)}$.

注1.16 若 $\boldsymbol{A} \in \mathbf{C}^{n\times n}$ 与上三角阵相似,则 $\boldsymbol{A}^{\mathrm{T}} \in \mathbf{C}^{n\times n}$ 与下三角阵相似,因此 $\boldsymbol{A} \in \mathbf{C}^{n\times n}$ 与三角阵相似.

定理 1.24 (Cayley – Hamilton 定理) 设 $\boldsymbol{A}$ 是 n 阶方阵, $f(\lambda) = \det(\lambda\boldsymbol{I} - \boldsymbol{A})$ 是 $\boldsymbol{A}$ 的特征多项式,则 $f(\boldsymbol{A}) = \boldsymbol{O}$.

证明:设 $\boldsymbol{A}$ 的特征多项式为 $f(\lambda) = \prod_{i=1}^{n}(\lambda - \lambda_i)$, 由定理 1.23, ∃ 可逆阵 $\boldsymbol{P}$,

$$
\text{s. t. } \boldsymbol{P}^{-1}\boldsymbol{A}\boldsymbol{P} = \begin{bmatrix} \lambda_1 & & & * \\ & \lambda_2 & & \\ & & \ddots & \\ & & & \lambda_n \end{bmatrix}
$$

于是

$$
\begin{aligned}
f(\boldsymbol{P}^{-1}\boldsymbol{A}\boldsymbol{P}) &= (\boldsymbol{P}^{-1}\boldsymbol{A}\boldsymbol{P} - \lambda_1\boldsymbol{I})(\boldsymbol{P}^{-1}\boldsymbol{A}\boldsymbol{P} - \lambda_2\boldsymbol{I})\cdots(\boldsymbol{P}^{-1}\boldsymbol{A}\boldsymbol{P} - \lambda_n\boldsymbol{I}) \\
&= \begin{bmatrix} 0 & * & \cdots & * \\ & \lambda_2 - \lambda_1 & \ddots & \vdots \\ & & \ddots & * \\ & & & \lambda_n - \lambda_1 \end{bmatrix}\begin{bmatrix} \lambda_1 - \lambda_2 & * & \cdots & * \\ & 0 & & \vdots \\ & & \ddots & * \\ & & & \lambda_n - \lambda_2 \end{bmatrix} \\
&\quad \cdots\begin{bmatrix} \lambda_1 - \lambda_n & * & \cdots & * \\ & \lambda_2 - \lambda_n & & \vdots \\ & & \ddots & * \\ & & & 0 \end{bmatrix}
\end{aligned}
$$

$$
= \begin{bmatrix} 0 & 0 & * & \cdots & * \\ 0 & 0 & * & \cdots & * \\ \vdots & \vdots & & \ddots & \\ 0 & 0 & & & * \end{bmatrix} \cdots \begin{bmatrix} \lambda_1 - \lambda_n & * & \cdots & * \\ & \lambda_2 - \lambda_n & & \vdots \\ & & \ddots & * \\ & & & 0 \end{bmatrix}
$$

$$= \boldsymbol{O}$$

即 $f(\boldsymbol{P}^{-1}\boldsymbol{AP}) = \boldsymbol{P}^{-1}f(\boldsymbol{A})\boldsymbol{P} = \boldsymbol{O}$，故 $f(\boldsymbol{A}) = \boldsymbol{O}$.

Cayley - Hamilton 定理有广泛的应用，今举两例.

例 1.21　已知 $\boldsymbol{A} = \begin{bmatrix} 1 & 1 & -1 \\ 1 & 1 & 1 \\ 0 & -1 & 2 \end{bmatrix}$，求 $\boldsymbol{A}^{100} + 2\boldsymbol{A}^{50}$.

解：令 $g(\lambda) = \lambda^{100} + 2\lambda^{50}$，可求得 $\boldsymbol{A}$ 的特征多项式为

$$f(\lambda) = \det(\lambda\boldsymbol{I} - \boldsymbol{A}) = (\lambda - 1)^2(\lambda - 2)$$

用 $f(\lambda)$ 除 $g(\lambda)$，得

$$g(\lambda) = f(\lambda)q(\lambda) + b_0 + b_1\lambda + b_2\lambda^2$$

将 $\lambda = 1, \lambda = 2$ 分别代入上式，得

$$\begin{cases} b_0 + b_1 + b_2 = 3 \\ b_0 + 2b_1 + 4b_2 = 2^{100} + 2^{51} \end{cases}$$

对 $g(\lambda)$ 求导，得

$$g'(\lambda) = [2(\lambda - 1)(\lambda - 2) + (\lambda - 1)^2]q(\lambda) + f(\lambda)q'(\lambda) + b_1 + 2b_2\lambda$$

以 $\lambda = 1$ 代入上式，得

$$b_1 + 2b_2 = g'(1) = 200$$

从而得

$$b_0 = 2^{100} + 2^{51} - 400$$

$$b_1 = 606 - 2^{101} - 2^{52}$$

$$b_2 = -203 + 2^{100} + 2^{51}$$

故 $\boldsymbol{A}^{100} + 2\boldsymbol{A}^{50} = g(\boldsymbol{A}) = b_0\boldsymbol{I} + b_1\boldsymbol{A} + b_2\boldsymbol{A}^2$.

例 1.22　已知 $\boldsymbol{A} = \begin{bmatrix} -4 & 5 & 5 \\ -5 & 6 & 5 \\ -5 & 6 & 6 \end{bmatrix}$，求 $\boldsymbol{A}^{-1}$.

解：因 $\det(\lambda\boldsymbol{I} - \boldsymbol{A}) = \lambda^3 - 8\lambda^2 + 8\lambda - 1$，故 $\boldsymbol{A}$ 可逆，又

$$\boldsymbol{A}^3 - 8\boldsymbol{A}^2 + 8\boldsymbol{A} - \boldsymbol{I} = \boldsymbol{O}$$

两边乘以 $\boldsymbol{A}^{-1}$，得

$$\boldsymbol{A}^{-1} = \boldsymbol{A}^2 - 8\boldsymbol{A} + 8\boldsymbol{I} = \begin{bmatrix} 6 & 0 & -5 \\ 5 & 1 & -5 \\ 0 & -1 & 1 \end{bmatrix}$$

定义 1.19　设 $f(\lambda) \in P[\lambda]$，$\boldsymbol{A} \in \mathbf{C}^{n\times n}$，若 $f(\boldsymbol{A}) = \boldsymbol{O}$，则称 $f(\lambda)$ 为 $\boldsymbol{A}$ 的零化多项

式(Vanishing Polynomial). 次数最低的首 1 零化多项式称为 $\boldsymbol{A}$ 的最小多项式(Minimal Polynomial),常用 $m_A(\lambda)$ 表示.

$\boldsymbol{A}$ 的特征多项式 $f(\lambda) = \det(\lambda\boldsymbol{I} - \boldsymbol{A})$ 是 $\boldsymbol{A}$ 的一个零化多项式, $\boldsymbol{A}$ 的最小多项式 $m_A(\lambda)$ 肯定存在而且次数小于等于 $\boldsymbol{A}$ 的特征多项式的次数.

定理 1.25 矩阵 $\boldsymbol{A}$ 的最小多项式 $m_A(\lambda) \mid f(\lambda)$, 其中 $f(\lambda)$ 是 $\boldsymbol{A}$ 的任一零化多项式.

证明:用 $m_A(\lambda)$ 除 $f(\lambda)$, 得

$$f(\lambda) = m_A(\lambda)q(\lambda) + r(\lambda)$$

若 $r(\lambda) \neq 0$, 则 $r(\lambda)$ 的次数低于 $m_A(\lambda)$, 但 $0 = f(\boldsymbol{A}) = m_A(\boldsymbol{A})q(\boldsymbol{A}) + r(\boldsymbol{A}) = r(\boldsymbol{A})$, 这与 $m_A(\lambda)$ 是 $\boldsymbol{A}$ 的最小多项式矛盾.

定理 1.26 $\boldsymbol{A}$ 的最小多项式 $m_A(\lambda)$ 是唯一的.

证明:设 $\boldsymbol{A}$ 有两个最小多项式 $m_A(\lambda)$ 与 $n_A(\lambda)$, 则由定理 1.25 知 $m_A(\lambda) \mid n_A(\lambda)$ 且 $n_A(\lambda) \mid m_A(\lambda)$ 故 $m_A(\lambda) = n_A(\lambda)$.

定理 1.27 $m_A(\lambda)$ 与 $\det(\lambda\boldsymbol{I} - \boldsymbol{A})$ 有相同的零点(不计重数).

证明:因为 $m_A(\lambda) \mid \det(\lambda\boldsymbol{I} - \boldsymbol{A})$, 故 $m_A(\lambda) = 0 \Rightarrow \det(\lambda\boldsymbol{I} - \boldsymbol{A}) = 0$;反之,设 $\det(\lambda\boldsymbol{I} - \boldsymbol{A}) = 0$, 则存在 $\boldsymbol{x} \in \mathbf{C}^n$, $\boldsymbol{x} \neq \boldsymbol{0}$, s. t. $\boldsymbol{Ax} = \lambda\boldsymbol{x} \Rightarrow m_A(\boldsymbol{A})\boldsymbol{x} = m_A(\lambda)\boldsymbol{x}$, 因 $m_A(\boldsymbol{A}) = \boldsymbol{O}$, 故 $m_A(\lambda)\boldsymbol{x} = \boldsymbol{0} \Rightarrow m_A(\lambda) = 0$, 这就证明了我们的断言.

定理 1.28 若矩阵 $\boldsymbol{A}$ 与 $\boldsymbol{B}$ 相似,则 $m_A(\lambda) = m_B(\lambda)$.

证明:设 $\boldsymbol{B} = \boldsymbol{P}^{-1}\boldsymbol{AP}$, 则 $m_A(\boldsymbol{B}) = \boldsymbol{P}^{-1}m_A(\boldsymbol{A})\boldsymbol{P} = \boldsymbol{O}$, 这表明 $m_A(\lambda)$ 是 $\boldsymbol{B}$ 的一个零化多项式,故有 $m_B(\lambda) \mid m_A(\lambda)$, 同理 $m_A(\lambda) \mid m_B(\lambda)$, 因此 $m_A(\lambda) = m_B(\lambda)$.

注 1.17 由 $m_A(\lambda) = m_B(\lambda)$ 推不出 $\boldsymbol{A}$ 与 $\boldsymbol{B}$ 相似,例如

$$\boldsymbol{A} = \mathrm{diag}(2,3,3),\ \boldsymbol{B} = \mathrm{diag}(2,2,3)$$

则 $m_A(\lambda) = m_B(\lambda) = (\lambda - 2)(\lambda - 3)$, 但由于 $\boldsymbol{A}$ 与 $\boldsymbol{B}$ 的特征多项式不同, $\boldsymbol{A}$ 与 $\boldsymbol{B}$ 不相似.

定理 1.29 设矩阵 $\boldsymbol{A}$ 是一个准对角矩阵

$$\boldsymbol{A} = \begin{bmatrix} \boldsymbol{A}_1 & & & \\ & \boldsymbol{A}_2 & & \\ & & \ddots & \\ & & & \boldsymbol{A}_s \end{bmatrix}$$

并设 $\boldsymbol{A}_i$ 最小多项式是 $m_i(\lambda)(i = 1,2,\cdots,s)$, 那么 $\boldsymbol{A}$ 的最小多项式是 $m_i(\lambda)$ 的最小公倍式 $[m_1(\lambda), m_2(\lambda), \cdots, m_s(\lambda)]$.

证明:令 $m(\lambda) = [m_1(\lambda), m_2(\lambda), \cdots, m_s(\lambda)]$, 首先 $m(\boldsymbol{A}) = \boldsymbol{O}$, 所以 $m(\lambda)$ 可以被 $\boldsymbol{A}$ 的最小多项式整除. 其次,如果 $h(\lambda)$ 是 $\boldsymbol{A}$ 的一个零化多项式,那么

$$h(\boldsymbol{A}) = \begin{bmatrix} h(\boldsymbol{A}_1) & & & \\ & h(\boldsymbol{A}_2) & & \\ & & \ddots & \\ & & & h(\boldsymbol{A}_s) \end{bmatrix} = \boldsymbol{O}$$

所以 $h(\boldsymbol{A}_i) = 0$, 因而 $m_i(\lambda) \mid h(\lambda)(i = 1,2,\cdots,s)$, 于是 $m(\lambda) \mid h(\lambda)$. 这说明 $m(\lambda)$

是 $\boldsymbol{A}$ 的最小多项式.

例 1.23　求矩阵 $\boldsymbol{A}=\begin{bmatrix}3 & -3 & 2\\ -1 & 5 & -2\\ -1 & 3 & 0\end{bmatrix}$ 的最小多项式.

解: $\boldsymbol{A}$ 的特征多项式为 $f(\lambda)=(\lambda-2)^2(\lambda-4)$, 由定理1.27知道, $\boldsymbol{A}$ 的最小多项式为 $(\lambda-2)^2(\lambda-4)$ 或 $(\lambda-2)(\lambda-4)$, 可验证 $(\boldsymbol{A}-2\boldsymbol{I})(\boldsymbol{A}-4\boldsymbol{I})=\boldsymbol{O}$, 故 $m_A(\lambda)=(\lambda-2)(\lambda-4)$.

定理 1.30　设 λ_i 是矩阵 $\boldsymbol{A}$ 的全部特征值 $(i=1,2,\cdots,s)$ $\lambda_i\neq\lambda_j\ (i\neq j)$, V_{λ_i} 是 $\boldsymbol{A}$ 的属于 λ_i 的特征子空间,则 $V_{\lambda_1}+V_{\lambda_2}+\cdots+V_{\lambda_s}$ 是直和.

证明:只需证明零向量的表示唯一即可. 设

$$\boldsymbol{x}_1+\boldsymbol{x}_2+\cdots+\boldsymbol{x}_s=\boldsymbol{0} \tag{1-26}$$

其中 $\boldsymbol{x}_i\in V_{\lambda_i}(i=1,2,\cdots,s)$, 用 $\boldsymbol{A}$ 作用式(1-26)两边,得

$$\lambda_1\boldsymbol{x}_1+\lambda_2\boldsymbol{x}_2+\cdots+\lambda_s\boldsymbol{x}_s=\boldsymbol{0} \tag{1-27}$$

再用 $\boldsymbol{A}$ 作用式(1-27)两边,得

$$\lambda_1^2\boldsymbol{x}_1+\lambda_2^2\boldsymbol{x}_2+\cdots+\lambda_s^2\boldsymbol{x}_s=\boldsymbol{0} \tag{1-28}$$

$$\vdots$$

$$\lambda_1^{s-1}\boldsymbol{x}_1+\lambda_2^{s-1}\boldsymbol{x}_2+\cdots+\lambda_s^{s-1}\boldsymbol{x}_s=\boldsymbol{0} \tag{1-29}$$

将方程式(1-26)~式(1-29)联立,得

$$\begin{cases}\boldsymbol{x}_1+\boldsymbol{x}_2+\cdots+\boldsymbol{x}_s=\boldsymbol{0}\\ \lambda_1\boldsymbol{x}_1+\lambda_2\boldsymbol{x}_2+\cdots+\lambda_s\boldsymbol{x}_s=\boldsymbol{0}\\ \qquad\vdots\\ \lambda_1^{s-1}\boldsymbol{x}_1+\lambda_2^{s-1}\boldsymbol{x}_2+\cdots+\lambda_s^{s-1}\boldsymbol{x}_s=\boldsymbol{0}\end{cases} \tag{1-30}$$

式(1-30)可写成

$$(\boldsymbol{x}_1,\boldsymbol{x}_2,\cdots,\boldsymbol{x}_s)\begin{bmatrix}1 & \lambda_1 & \cdots & \lambda_1^{s-1}\\ 1 & \lambda_2 & \cdots & \lambda_2^{s-1}\\ \vdots & \vdots & & \vdots\\ 1 & \lambda_s & \cdots & \lambda_s^{s-1}\end{bmatrix}=\begin{bmatrix}0 & 0 & \cdots & 0\\ 0 & 0 & \cdots & 0\\ \vdots & \vdots & & \vdots\\ 0 & 0 & \cdots & 0\end{bmatrix}_{n\times s} \tag{1-31}$$

由范德蒙行列式 $\Delta_S=\begin{vmatrix}1 & \lambda_1 & \cdots & \lambda_1^{s-1}\\ 1 & \lambda_2 & \cdots & \lambda_2^{s-1}\\ \vdots & \vdots & & \vdots\\ 1 & \lambda_s & \cdots & \lambda_s^{s-1}\end{vmatrix}=\prod\limits_{1\leqslant i<j\leqslant s}(\lambda_j-\lambda_i)\neq 0$ 知 $\boldsymbol{x}_1=\boldsymbol{x}_2=\cdots=\boldsymbol{x}_s=\boldsymbol{0}$, 这就证明了 $V_{\lambda_1}+V_{\lambda_2}+\cdots+V_{\lambda_s}$ 是直和.

推论 1.3　如果 $\lambda_1,\lambda_2,\cdots,\lambda_s$ 是矩阵 $\boldsymbol{A}$ 的不同的特征值,而 $\boldsymbol{x}_{i_1},\boldsymbol{x}_{i_2},\cdots,\boldsymbol{x}_{i_{r_i}}$ 是属于 λ_i 的 r_i 个线性无关的特征向量 $(i=1,2,\cdots,s)$, 则向量组 $\boldsymbol{x}_{11},\boldsymbol{x}_{12},\cdots,\boldsymbol{x}_{1r_1},\cdots,\boldsymbol{x}_{s1},\cdots,\boldsymbol{x}_{sr_s}$ 也线性无关.

证明:不妨设 $\boldsymbol{x}_{i_1},\boldsymbol{x}_{i_2},\cdots,\boldsymbol{x}_{i_{r_i}}$ 为 V_{λ_i} 的最大线性无关组,则 $\dim V_{\lambda_i} = r_i(i = 1,2,\cdots,s)$,由定理 1.30 知

$$\begin{aligned}\dim(V_{\lambda_1} + V_{\lambda_2} + \cdots + V_{\lambda_s}) &= \dim V_{\lambda_1} + \dim V_{\lambda_2} + \cdots + \dim V_{\lambda_s} \\ &= r_1 + r_2 + \cdots + r_s\end{aligned}$$

故可选取 $\boldsymbol{x}_{11},\boldsymbol{x}_{12},\cdots,\boldsymbol{x}_{1r_1},\cdots,\boldsymbol{x}_{s1},\cdots,\boldsymbol{x}_{sr_s}$ 作为 $V_{\lambda_1} + V_{\lambda_2} + \cdots + V_{\lambda_s}$ 的一组基,因此,它们是线性无关的.

推论 1.4 如果 $\lambda_1,\lambda_2,\cdots,\lambda_s$ 是矩阵 A 的互不相同的特征值,$\boldsymbol{x}_1,\boldsymbol{x}_2,\cdots,\boldsymbol{x}_s$ 是分别属于它们的特征向量,则 $\boldsymbol{x}_1,\boldsymbol{x}_2,\cdots,\boldsymbol{x}_s$ 线性无关.

1.3.4 n 阶方阵 $A \in C^{n\times n}$ 可对角化的条件

对角矩阵是较简单的矩阵之一,本节讨论哪些线性变换在适当基下的矩阵是对角矩阵的问题.

定理 1.31 设 $\sigma \in \mathrm{Hom}(V^n)$,则 σ 在 V^n 的某组基下的矩阵 $\boldsymbol{A}$ 为对角矩阵 $\Leftrightarrow \sigma$ 有 n 个线性无关的特征向量.

证明:设 $\boldsymbol{x}_1,\boldsymbol{x}_2,\cdots,\boldsymbol{x}_s$ 是线性空间 V^n 的一组基,$\sigma(\boldsymbol{x}_1,\boldsymbol{x}_2,\cdots,\boldsymbol{x}_s) = (\boldsymbol{x}_1,\boldsymbol{x}_2,\cdots,\boldsymbol{x}_s)\boldsymbol{A}$,$\boldsymbol{A} = \mathrm{diag}(\lambda_1,\lambda_2,\cdots,\lambda_n)$,则 $\sigma\boldsymbol{x}_i = \lambda_i\boldsymbol{x}_i\,(i = 1,2,\cdots,n)$,因而 $\boldsymbol{x}_1,\boldsymbol{x}_2,\cdots,\boldsymbol{x}_n$ 就是 σ 的 n 个线性无关的特征向量. 反之,如果 σ 有 n 个线性无关的特征向量,即

$$\sigma\boldsymbol{x}_i = \lambda_i\boldsymbol{x}_i \quad (i = 1,2,\cdots,n)$$

则取 $\boldsymbol{x}_1,\boldsymbol{x}_2,\cdots,\boldsymbol{x}_n$ 为 V^n 的基,有

$$\sigma(\boldsymbol{x}_1,\boldsymbol{x}_2,\cdots,\boldsymbol{x}_n) = (\boldsymbol{x}_1,\boldsymbol{x}_2,\cdots,\boldsymbol{x}_n)\mathrm{diag}(\lambda_1,\lambda_2,\cdots,\lambda_n)$$

定理 1.32 n 阶方阵 $\boldsymbol{A} \in \mathbf{C}^{n\times n}$ 与对角矩阵相似 $\Leftrightarrow \boldsymbol{A}$ 有 n 个线性无关的特征向量.

证明:设 $\boldsymbol{A}$ 与对角矩阵 $\boldsymbol{\Lambda} = \mathrm{diag}(\lambda_1,\lambda_2,\cdots,\lambda_n)$ 相似,则存在可逆阵 $\boldsymbol{P}$, s. t. $\boldsymbol{P}^{-1}\boldsymbol{AP} = \boldsymbol{\Lambda}$,令 $\boldsymbol{P} = (\boldsymbol{x}_1,\boldsymbol{x}_2,\cdots,\boldsymbol{x}_n)$,则

$$\begin{aligned}\boldsymbol{AP} &= \boldsymbol{A}(\boldsymbol{x}_1,\boldsymbol{x}_2,\cdots,\boldsymbol{x}_n) \\ &= (\boldsymbol{Ax}_1,\boldsymbol{Ax}_2,\cdots,\boldsymbol{Ax}_n) \\ &= (\boldsymbol{x}_1,\boldsymbol{x}_2,\cdots,\boldsymbol{x}_n)\mathrm{diag}(\lambda_1,\lambda_2,\cdots,\lambda_n) \\ &= (\lambda_1\boldsymbol{x}_1,\lambda_2\boldsymbol{x}_2,\cdots,\lambda_n\boldsymbol{x}_n)\end{aligned}$$

$\Rightarrow \boldsymbol{Ax}_i = \lambda_i\boldsymbol{x}_i(i = 1,2,\cdots,n)$.

由于 $\boldsymbol{P}$ 可逆,故 $\boldsymbol{x}_1,\boldsymbol{x}_2,\cdots,\boldsymbol{x}_n$ 线性无关,从而 $\boldsymbol{x}_1,\boldsymbol{x}_2,\cdots,\boldsymbol{x}_n$ 为 $\boldsymbol{A}$ 的属于 λ_i 的特征向量,反之,如果 $\boldsymbol{A}$ 有 n 个线性无关的特征向量 $\boldsymbol{x}_1,\boldsymbol{x}_2,\cdots,\boldsymbol{x}_n$,即 $\boldsymbol{Ax}_i = \lambda_i\boldsymbol{x}_i \quad (i = 1,2,\cdots,n)$. 令 $\boldsymbol{P} = (\boldsymbol{x}_1,\boldsymbol{x}_2,\cdots,\boldsymbol{x}_n)$,则 $\boldsymbol{P}$ 可逆且

$$\begin{aligned}\boldsymbol{AP} &= \boldsymbol{A}(\boldsymbol{x}_1,\boldsymbol{x}_2,\cdots,\boldsymbol{x}_n) \\ &= (\boldsymbol{Ax}_1,\boldsymbol{Ax}_2,\cdots,\boldsymbol{Ax}_n) \\ &= (\lambda_1\boldsymbol{x}_1,\lambda_2\boldsymbol{x}_2,\cdots,\lambda_n\boldsymbol{x}_n) \\ &= (\boldsymbol{x}_1,\boldsymbol{x}_2,\cdots,\boldsymbol{x}_n)\mathrm{diag}(\lambda_1,\lambda_2,\cdots,\lambda_n) \\ &= \boldsymbol{P\Lambda}\end{aligned}$$

$\Rightarrow P^{-1}AP = \Lambda$.

推论 1.5　如果 n 阶矩阵 A 有 n 个互不相同的特征值,则 A 必与对角矩阵相似.

定义 1.20　若 n 阶方阵 $A \in C^{n\times n}$ 与某个对角矩阵相似,则称 A 可对角化(Diagonalization);若 n 阶方阵 $A \in C^{n\times n}$ 有 n 个线性无关的特征向量,则称 A 有完备的特征向量系(Completed Eigenvector System).

因此定理 1.32 可表述为:n 阶方阵 A 可对角化 $\Leftrightarrow$ A 有完备的特征向量系.

定理 1.33　n 阶方阵 $A \in C^{n\times n}$ 可对角化.

(1) $\Leftrightarrow$ 对 A 的任一特征值 $\lambda_i(i = 1,2,\cdots,s)$, λ_i 的几何重数 $\dim V_{\lambda_i} = m_i$, m_i 为 λ_i 的代数重数.

(2) $\Leftrightarrow$ A 的最小多项式 $m_A(\lambda)$ 无重根,即 $m_A(\lambda) = \prod_{i=1}^{s}(\lambda - \lambda_i)$.

(3) $\Leftrightarrow$ 对 A 的任一特征值 $\lambda_i(i = 1,2,\cdots,s)$, $r(\lambda_i I - A) = r((\lambda_i I - A)^2)$.

证明:(1) n 阶方阵 A 可对角化 $\Leftrightarrow$ A 有 n 个线性无关的特征向量

$$\Leftrightarrow n = \sum_{i=1}^{s}\dim V_{\lambda_i} = \sum_{i=1}^{s} m_i \Leftrightarrow \dim V_{\lambda_i} = m_i(i = 1,2,\cdots,s).$$

(2)设 $P^{-1}AP = \Lambda$,其中 $\Lambda = \mathrm{diag}(\lambda_1,\cdots,\lambda_1,\lambda_2,\cdots,\lambda_2,\cdots,\lambda_s,\cdots,\lambda_s)$, $\lambda_1,\lambda_2,\cdots,\lambda_s$ 互异,作多项式 $p(\lambda) = \prod_{i=1}^{s}(\lambda - \lambda_i)$,则 $p(\Lambda) = (\Lambda - \lambda_1 I)(\Lambda - \lambda_2 I)\cdots(\Lambda - \lambda_s I) = 0$,因此 $m_A(\lambda) = \prod_{i=1}^{s}(\lambda - \lambda_i)$ 是 A 的最小多项式.

反之,设 $m_A(\lambda) = \prod_{i=1}^{s}(\lambda - \lambda_i)$,要证明 A 可对角化. 由(1)知只需证 A 的任一特征值 λ_i 的代数重数 $m_i = \dim V_{\lambda_i}$ – λ_i 的几何重数. 记 $r_i = r(\lambda_i I - A)$,则只需证明

$$n = \sum_{i=1}^{s} m_i = \sum_{i=1}^{s}\dim V_{\lambda_i} = \sum_{i=1}^{s}[n - r(\lambda_i I - A)] = \sum_{i=1}^{s}[n - r_i] = ns - \sum_{i=1}^{s} r_i$$

即要证明 $\sum_{i=1}^{s} r_i = (s-1)n$,因为 $\dim V_{\lambda_i} \leqslant m_i$,故

$$\sum_{i=1}^{s}\dim V_{\lambda_i} = \sum_{i=1}^{s}(n - r_i) \leqslant \sum_{i=1}^{s} m_i = n$$

从而 $\sum_{i=1}^{s} r_i \geqslant (s-1)n$.

往证 $\sum_{i=1}^{s} r_i \leqslant (s-1)n$. 记 $A_i = A - \lambda_i I$,则 $O = m_A(A) = \prod_{i=1}^{s}(A - \lambda_i I) = \prod_{i=1}^{s} A_i$,由秩不等式,得

$$\begin{aligned} 0 = r(m_A(A)) &= r\left(\prod_{i=1}^{s} A_i\right) \\ &\geqslant r(A_1A_2\cdots A_{s-1}) + r(A_s) - n \\ &\geqslant r(A_1A_2\cdots A_{s-2}) + r_{s-1} + r_s - 2n \\ &\geqslant r_1 + r_2 + \cdots + r_s - (s-1)n \end{aligned}$$

因此有 $\sum_{i=1}^{s} r_i \leqslant (s-1)n$，由(1)知 $\boldsymbol{A}$ 可对角化.

(3)设 $\boldsymbol{A}$ 可对角化，由(2)知，$m_A(\lambda) = \prod_{i=1}^{s}(\lambda - \lambda_i)$ 无重根，$(\lambda-\lambda_i) \mid m_{\boldsymbol{A}}(\lambda)$，但 $(\lambda-\lambda_i)^2$ 不能整除 $m_{\boldsymbol{A}}(\lambda)$，故 $(\lambda-\lambda_i)^2$ 与 $m_{\boldsymbol{A}}(\lambda)$ 的最大公因式为 $\lambda-\lambda_i$，从而存在多项式 $p(\lambda)$ 和 $q(\lambda)$，s. t.

$$\lambda - \lambda_i = p(\lambda)(\lambda-\lambda_i)^2 + q(\lambda)m_{\boldsymbol{A}}(\lambda)$$

于是

$$\begin{aligned}\boldsymbol{A}-\lambda_i\boldsymbol{I} &= p(\boldsymbol{A})(\boldsymbol{A}-\lambda_i\boldsymbol{I})^2 + q(\boldsymbol{A})m_{\boldsymbol{A}}(\boldsymbol{A}) \\ &= p(\boldsymbol{A})(\boldsymbol{A}-\lambda_i\boldsymbol{I})^2\end{aligned}$$

推得 $r(\boldsymbol{A}-\lambda_i\boldsymbol{I}) \leqslant r((\boldsymbol{A}-\lambda_i\boldsymbol{I})^2)$.

另一方面，因 $N(\lambda_i\boldsymbol{I}-\boldsymbol{A}) \subseteq N((\lambda_i\boldsymbol{I}-\boldsymbol{A})^2)$，故有 $r((\boldsymbol{A}-\lambda_i\boldsymbol{I})^2) \leqslant r(\boldsymbol{A}-\lambda_i\boldsymbol{I})$，因此 $r(\boldsymbol{A}-\lambda_i\boldsymbol{I}) = r((\boldsymbol{A}-\lambda_i\boldsymbol{I})^2)$；反之，设 λ_i 为 $\boldsymbol{A}$ 的任一特征值，且 $r(\boldsymbol{A}-\lambda_i\boldsymbol{I}) = r((\boldsymbol{A}-\lambda_i\boldsymbol{I})^2)$，则 $m_{\boldsymbol{A}}(\lambda)$ 无重根．否则，设 $m_{\boldsymbol{A}}(\lambda) = (\lambda-\lambda_i)^2 g(\lambda)$，则 $(\boldsymbol{A}-\lambda_i\boldsymbol{I})^2 g(\boldsymbol{A}) = m_A(\boldsymbol{A}) = \boldsymbol{O}$，因 $(\lambda-\lambda_i)g(\lambda)$ 的次数比 $m_{\boldsymbol{A}}(\lambda)$ 的次数低，故 $(\boldsymbol{A}-\lambda_i\boldsymbol{I})g(\boldsymbol{A}) \neq \boldsymbol{O}$，从而 $\exists \boldsymbol{x} \in \mathbf{C}^n$，s. t.

$$(\boldsymbol{A}-\lambda_i\boldsymbol{I})g(\boldsymbol{A}) \neq \boldsymbol{O} \tag{1-32}$$

同时，由于 $N(\lambda_i\boldsymbol{I}-\boldsymbol{A}) \subseteq N((\lambda_i\boldsymbol{I}-\boldsymbol{A})^2)$，且 $r(\boldsymbol{A}-\lambda_i\boldsymbol{I}) = r((\boldsymbol{A}-\lambda_i\boldsymbol{I})^2)$，故 $N(\lambda_i\boldsymbol{I}-\boldsymbol{A}) = N((\lambda_i\boldsymbol{I}-\boldsymbol{A})^2)$，而 $(\boldsymbol{A}-\lambda_i\boldsymbol{I})^2 g(\boldsymbol{A})\boldsymbol{x} = \boldsymbol{0}$，故 $(\boldsymbol{A}-\lambda_i\boldsymbol{I})g(\boldsymbol{A})\boldsymbol{x} = \boldsymbol{0}$，这与式(1.32)矛盾，此矛盾表明 $m_{\boldsymbol{A}}(\lambda)$ 无重根，从而由(2)知 $\boldsymbol{A}$ 可对角化.

注 1.18 定理 1.33 给出了一个 n 阶方阵 $\boldsymbol{A}$ 可对角化的特征条件，据此，我们可以判定某些 n 阶方阵可对角化.

例 1.24 设 $\boldsymbol{A} \in \mathbf{C}^{n\times n}$，$\boldsymbol{A}^{\mathrm{H}} = \boldsymbol{A}$，(这里 H 表示共轭转置)，则对 $\boldsymbol{A}$ 的任一特征值 λ_i 有 $r((\boldsymbol{A}-\lambda_i\boldsymbol{I})^2) = r(\lambda_i\boldsymbol{I}-\boldsymbol{A})$，从而 $\boldsymbol{A}$ 可对角化.

证 $N(\lambda_i\boldsymbol{I}-\boldsymbol{A}) \subseteq N((\lambda_i\boldsymbol{I}-\boldsymbol{A})^2)$ 是明显的；反之，设 $\boldsymbol{x} \in N((\lambda_i\boldsymbol{I}-\boldsymbol{A})^2)$，则 $(\lambda_i\boldsymbol{I}-\boldsymbol{A})^2\boldsymbol{x} = \boldsymbol{0}$，从而 $\boldsymbol{x}^{\mathrm{H}}(\lambda_i I - A)^2\boldsymbol{x} = 0$，由于 $\boldsymbol{A}^{\mathrm{H}} = \boldsymbol{A}$ 可知 λ_i 为实数，从而

$$(\lambda_i\boldsymbol{I}-\boldsymbol{A})^{\mathrm{H}} = (\overline{\lambda_i}\boldsymbol{I}-\boldsymbol{A}^{\mathrm{H}}) = \lambda_i\boldsymbol{I}-\boldsymbol{A}$$

故

$$\boldsymbol{x}^{\mathrm{H}}(\lambda_i\boldsymbol{I}-\boldsymbol{A})^2\boldsymbol{x} = \boldsymbol{x}^{\mathrm{H}}(\lambda_i\boldsymbol{I}-\boldsymbol{A})^{\mathrm{H}}(\lambda_i\boldsymbol{I}-\boldsymbol{A})\boldsymbol{x} = 0$$

即 $[(\lambda_i\boldsymbol{I}-\boldsymbol{A})\boldsymbol{x}]^{\mathrm{H}}[(\lambda_i\boldsymbol{I}-\boldsymbol{A})\boldsymbol{x}] = 0$. 这推出 $(\lambda_i\boldsymbol{I}-\boldsymbol{A})\boldsymbol{x} = \boldsymbol{0}$，从而 $\boldsymbol{x} \in N(\lambda_i\boldsymbol{I}-\boldsymbol{A})$，因此 $N(\lambda_i\boldsymbol{I}-\boldsymbol{A}) = N((\lambda_i\boldsymbol{I}-\boldsymbol{A})^2)$. 于是

$$n - r(\lambda_i\boldsymbol{I}-\boldsymbol{A}) = n - r((\lambda_i\boldsymbol{I}-\boldsymbol{A})^2)$$

即 $r(\lambda_i\boldsymbol{I}-\boldsymbol{A}) = r((\lambda_i\boldsymbol{I}-\boldsymbol{A})^2)$，应用定理 1.33(3)知，$\boldsymbol{A}$ 可对角化.

例 1.25 设 $\boldsymbol{A} \in \mathbf{C}^{n\times n}$，$\boldsymbol{A}^2 = \boldsymbol{A}$，则 $\boldsymbol{A}$ 可对角化.

证明：$\varphi(\lambda) = \lambda(\lambda-1)$ 是 $\boldsymbol{A}$ 的一个零化多项式，故 $m_A(\lambda) = \lambda, \lambda-1$ 或 $\lambda(\lambda-1)$，由定理 1.33(2)知，$\boldsymbol{A}$ 可对角化.

例 1.26　设 $\boldsymbol{A} \in \mathbf{C}^{n\times n}$ 且 $\boldsymbol{A}^2 = \boldsymbol{I}$，则 $\boldsymbol{A}$ 可对角化.

证明：$\varphi(\lambda) = (\lambda+1)(\lambda-1)$ 为 $\boldsymbol{A}$ 的一个零化多项式，故 $m_A(\lambda) = \lambda+1, \lambda-1$ 或 $(\lambda+1)(\lambda-1)$，由定理 1.33(2) 知 $\boldsymbol{A}$ 可对角化.

1.3.5　不变子空间

本小节讨论子空间与线性变换的关系，为此，首先引入不变子空间的概念，从而进一步简化线性变换下的矩阵.

定义 1.21　设 $\sigma \in \mathrm{Hom}(V)$，$V_1$ 是 V 的子空间，若 $\forall x \in V_1, \sigma(x) \in V_1$，则称 V_1 是 σ 的不变子空间(Invariant Subspace).

例 1.27　$R(\sigma)$，$\ker(\sigma)$，V_{λ_i} 均为 σ 的不变子空间，整个线性空间 V 和零子空间对任何 $\sigma \in \mathrm{Hom}(V)$，都是 σ - 不变子空间，称为平凡不变子空间(Trivial Invariant Subspace).

注 1.19　σ 的任意有限多个不变子空间的交与和仍为 σ 的不变子空间.

定理 1.34　设 $\sigma \in \mathrm{Hom}(V)$，$V_i$ 是 σ 的不变子空间 $(i = 1,2,\cdots,s)$，且 $V^n = V_1 \oplus V_2 \oplus \cdots \oplus V_s$，在 V_i 中取基 $\boldsymbol{x}_{i1}, \boldsymbol{x}_{i2}, \cdots, \boldsymbol{x}_{in_i}$，将它们全并起来作为 V^n 的基，则 σ 在该基下的矩阵为 $\boldsymbol{A} = \mathrm{diag}\{\boldsymbol{A}_1, \boldsymbol{A}_2, \cdots, \boldsymbol{A}_s\}$，其中 $\boldsymbol{A}_i$ $(i = 1,2,\cdots,s)$ 为 σ 在 V_i 的基下的矩阵.

注 1.20　定理 1.34 之逆也是对的. 由此可知，矩阵分解为准对角矩阵与线性空间分解为不变子空间的直和是等价的.

推论 1.6　设 $\sigma \in \mathrm{Hom}(V^n)$，$\lambda_1, \lambda_2, \cdots, \lambda_s$ 是 σ 的不同的特征值，则 σ 在某组基下的矩阵为对角矩阵 $\Leftrightarrow \dim V_{\lambda_1} + \dim V_{\lambda_2} + \cdots + \dim V_{\lambda_s} = n$.

下面定理给出 n 维线性空间 V^n 可以分解为若干个不变子空间直和的一个充分条件.

定理 1.35　设 $\sigma \in \mathrm{Hom}(V^n)$，$V^n$ 是复数域 C 上的 n 维线性空间，取 V^n 的一个基，σ 在该基下的矩阵是 $\boldsymbol{A}$，$\boldsymbol{A}$ 的特征多项式可分解，因为

$$\varphi(\lambda) = (\lambda-\lambda_1)^{r_1}(\lambda-\lambda_2)^{r_2}\cdots(\lambda-\lambda_s)^{r_s} \tag{1-33}$$

这里 $\sum_{i=1}^{s} r_i = n$，λ_i 与 λ_j 互异 $(i \neq j)$. 则 V^n 可分解成不变子空间的直和

$$V^n = N_1 \oplus N_2 \oplus \cdots \oplus N_s$$

其中 $N_i = \{\boldsymbol{x} \mid (\sigma - \lambda_i T_e)^{r_i}\boldsymbol{x} = \boldsymbol{0}\}$ 是线性变换 $(\sigma - \lambda_i T_e)^{r_i}$ 的核子空间.

该方面内容的详细内容可参见文献[1].

如果给每个子空间 N_i 选一适当的基，则由定理 1.34 知，每个子空间的基合并起来即为 V^n 的基，且 σ 在该基下的矩阵必然是某一准对角矩阵

$$\boldsymbol{J} = \begin{bmatrix} \boldsymbol{A}_1 & & & \\ & \boldsymbol{A}_2 & & \\ & & \ddots & \\ & & & \boldsymbol{A}_s \end{bmatrix}$$

而由定理 1.14 知，σ 在不同基下的矩阵是相似的，从而矩阵 $\boldsymbol{A}$ 与准对角矩阵 $\boldsymbol{J}$ 相似.

1.3.6 Jordan 标准形

并非每个矩阵都与对角矩阵相似，但它能与一个形式上比对角矩阵稍复杂些的准对角矩阵即约当(Jordan)标准形 $\boldsymbol{J}$ 相似. 由于 Jordan 标准形的独特结构揭示了两个矩阵相似的本质关系，故在数学、力学和数值计算中有广泛的应用，特别地，Jordan 标准形理论是研究矩阵函数、矩阵级数以及求解矩阵微分方程的有力工具.

令

$$\boldsymbol{J}=\begin{bmatrix} \boldsymbol{J}_1(\lambda_1) & & & \\ & \boldsymbol{J}_2(\lambda_2) & & \\ & & \ddots & \\ & & & \boldsymbol{J}_s(\lambda_s) \end{bmatrix} \tag{1-34}$$

其中 $\boldsymbol{J}_i(\lambda_i)=\begin{bmatrix} \lambda_i & 1 & & \\ & \lambda_i & \ddots & \\ & & \ddots & 1 \\ & & & \lambda_i \end{bmatrix}_{m_i\times m_i} \quad (i=1,2,\cdots,s)$

定义 1.22 由(1.34)给出的矩阵 $\boldsymbol{J}$ 称为矩阵 $\boldsymbol{A}$ 的 Jordan 标准形(Jordan Canonical Form)，$\boldsymbol{J}_i(\lambda_i)$ 称为因子 $(\lambda-\lambda_i)^{m_i}$ 对应的 Jordan 块(Jordan Block).

例如

$$[1],\begin{bmatrix} i & 1 \\ & i \end{bmatrix},\begin{bmatrix} 2 & 1 & \\ & 2 & 1 \\ & & 2 \end{bmatrix},\begin{bmatrix} 0 & 1 & & \\ & 0 & 1 & \\ & & 0 & 1 \\ & & & 0 \end{bmatrix}$$

分别为 1 阶至 4 阶 Jordan 块；而

$$\begin{bmatrix} 1 & 1 & & & & & & \\ & 1 & & & & & & \\ & & 1 & 1 & & & & \\ & & & 1 & 1 & & & \\ & & & & 1 & & & \\ & & & & & 2 & 1 & \\ & & & & & & 2 & 1 \\ & & & & & & & 2 \end{bmatrix}$$

为某个 8 阶矩阵的 Jordan 标准形，其中因子 $(\lambda-1)^2$ 对应的 Jordan 块为

$$\begin{bmatrix} 1 & 1 \\ & 1 \end{bmatrix}$$

而因子 $(\lambda-1)^3$ 对应的 Jordan 块为

$$\begin{bmatrix}1 & 1 & \\ & 1 & 1\\ & & 1\end{bmatrix}$$

因子 $(\lambda-2)^3$ 对应的 Jordan 块为

$$\begin{bmatrix}2 & 1 & \\ & 2 & 1\\ & & 2\end{bmatrix}$$

特征值 $\lambda_1=\lambda_2=1$ 的代数重数为 5，几何重数为 2，特征值 $\lambda_3=2$ 的代数重数为 3，几何重数为 1，则

$$\boldsymbol{J}_1(\lambda_1)=\begin{bmatrix}1 & 1\\ & 1\end{bmatrix},\boldsymbol{J}_2(\lambda_2)=\begin{bmatrix}1 & 1 & \\ & 1 & 1\\ & & 1\end{bmatrix},\boldsymbol{J}_3(\lambda_3)=\begin{bmatrix}2 & 1 & \\ & 2 & 1\\ & & 2\end{bmatrix}$$

下面给出任何一个矩阵 $\boldsymbol{A}$ 与 Jordan 矩阵 $\boldsymbol{J}$ 相似的条件以及如何将一个矩阵 $\boldsymbol{A}$ 化为 Jordan 矩阵 $\boldsymbol{J}$ 的方法.

定理 1.36　如果矩阵 $\boldsymbol{A}\in\mathbf{C}^{n\times n}$ 有 s 个独立的特征向量，则存在 n 阶可逆矩阵 $\boldsymbol{P}$, s. t. $\boldsymbol{P}^{-1}\boldsymbol{AP}=\boldsymbol{J}$, 这里 $\boldsymbol{J}$ 如式(1-34)所述，这个 Jordan 标准形 $\boldsymbol{J}$ 除去其中 Jordan 块的排列次序外，是被 $\boldsymbol{A}$ 所唯一确定的.

关于此定理的证明方法通常有两种，如文献[1,2,4-7,9]等. 一种是使用 λ-矩阵多项式理论；另一种是通过构造矩阵 $\boldsymbol{A}$ 的 Jordan 基. 两种方法各有长短. 前一种比较透明，但涉及较多的多项式理论；后一种比较简捷，在定理 1.35 中，给每一个子空间 N_i 选适当的基，合并成 $\boldsymbol{V}^n$ 的基，使得 $\boldsymbol{\sigma}$ 在该基下的矩阵为 $\boldsymbol{J}$. 此基称为矩阵 $\boldsymbol{A}$ 的 Jordan 基，构造过程比较复杂. 这里不详细讨论这些问题，只给出求矩阵 $\boldsymbol{A}$ 的 Jordan 标准形 $\boldsymbol{J}$ 的方法. 为此目的，引入下面的概念.

定义 1.23　设 $a_{ij}(\lambda)(i,j=1,2,\cdots,n)$ 为数域 K 上的纯量 λ 的多项式，以 $a_{ij}(\lambda)$ 为元素的矩阵 $\boldsymbol{A}(\lambda)=(a_{ij}(\lambda))_{n\times n}$ 称为 λ-矩阵或多项式矩阵.

如 $\boldsymbol{A}$ 的特征矩阵 $\lambda\boldsymbol{I}-\boldsymbol{A}$ 就是一个 λ-矩阵.

定义 1.24　如果 λ-矩阵 $\boldsymbol{A}(\lambda)$ 中有一个 $r(r\geqslant 1)$ 阶子式不为零，而所有 $r+1$ 阶子式(如果有的话)全为零，则称 $\boldsymbol{A}(\lambda)$ 的秩为 r.

如 $\lambda\boldsymbol{I}-\boldsymbol{A}$ 的秩为 n (因为 $\det(\lambda\boldsymbol{I}-\boldsymbol{A})\neq 0$ (零多项式)).

定义 1.25　一个 n 阶 λ-矩阵 $\boldsymbol{A}(\lambda)$ 称为可逆的，如果有一个 n 阶 λ-矩阵 $\boldsymbol{B}(\lambda)$, s. t.

$$\boldsymbol{A}(\lambda)\boldsymbol{B}(\lambda)=\boldsymbol{B}(\lambda)\boldsymbol{A}(\lambda)=\boldsymbol{I}\tag{1-35}$$

则称 $\boldsymbol{B}(\lambda)$ 为 $\boldsymbol{A}(\lambda)$ 的逆矩阵，记作 $\boldsymbol{A}^{-1}(\lambda)$.

注 1.21　适合式(1-35)的矩阵 $\boldsymbol{B}(\lambda)$ 是唯一的，事实上，设 $\boldsymbol{B}_1(\lambda),\boldsymbol{B}_2(\lambda)$ 均满足式(1-35)，则

$$\boldsymbol{A}(\lambda)\boldsymbol{B}_1(\lambda)=\boldsymbol{A}(\lambda)\boldsymbol{B}_2(\lambda)=\boldsymbol{I}\Rightarrow\boldsymbol{A}(\lambda)[\boldsymbol{B}_1(\lambda)-\boldsymbol{B}_2(\lambda)]=\boldsymbol{O}$$
$$\Rightarrow|\boldsymbol{A}(\lambda)||\boldsymbol{B}_1(\lambda)-\boldsymbol{B}_2(\lambda)|=0$$

但 $|A(\lambda)||B_i(\lambda)| = 0(i = 1,2) \Rightarrow |A(\lambda)| \neq 0$，故有 $|B_1(\lambda) - B_2(\lambda)| = 0$，由 $|A(\lambda)||B_i(\lambda)| = 1(i = 1,2)$ 知 $|A(\lambda)|$ 与 $|A_i(\lambda)|(i = 1,2)$ 均为零次多项式,故 $|B_1(\lambda) - B_2(\lambda)|$ 仍为零次多项式，即 $|B_1(\lambda) - B_2(\lambda)| = c$（常数），但 $|B_1(\lambda) - B_2(\lambda)| = 0$，故 $c = 0$，即 $B_1(\lambda) = B_2(\lambda)$.

注 1.22 满秩的 λ - 矩阵未必是可逆的,如 $\lambda I - A$ 的秩为 n，但 $\lambda I - A$ 不是可逆的,因为我们有下面的定理.

定理 1.37 一个 n 阶 λ - 矩阵 $A(\lambda)$ 是可逆的 $\Leftrightarrow \det A(\lambda)$ 是一个非零的数.

证明:($\Rightarrow$) 设 $A(\lambda)$ 可逆,则存在 λ - 矩阵 $B(\lambda)$,s. t.

$$A(\lambda)B(\lambda) = B(\lambda)A(\lambda) = I$$

两边取行列式,得 $\det A(\lambda)\det B(\lambda) = 1$，故 $\det A(\lambda)$ 是一个非零常数.

($\Leftarrow$) 设 $d = \det A(\lambda) \neq 0$，则矩阵 $\frac{1}{d}A^*(\lambda)$ 也是一个 λ - 矩阵,而 $A(\lambda)\frac{1}{d}A^*(\lambda) = \frac{1}{d}A^*(\lambda)A(\lambda) = I$，故 $A(\lambda)$ 可逆.

定义 1.26 下面三种初等变换叫做 λ - 矩阵的初等变换.

(1)矩阵 $A(\lambda)$ 的两行(列)互换位置;

(2)矩阵 $A(\lambda)$ 的某一行(列)乘以非零的常数 c;

(3)矩阵 $A(\lambda)$ 某一行(列)加另一行(列)的 $g(\lambda)$ 倍，$g(\lambda) \in P[\Lambda]$.

与数字矩阵一样，λ - 矩阵的初等变换不改变 λ - 矩阵的秩,并且也用 λ - 矩阵的初等矩阵来体现初等变换. 对一个 $m \times n$ 的 λ - 矩阵 $A(\lambda)$ 作一次行初等变换需要左乘以一个 $m \times m$ 的初等矩阵,对一个 λ - 矩阵作一次列初等变换需要右乘以一个 $n \times n$ 的初等矩阵. 同时，λ - 矩阵的初等矩阵都是可逆的,其逆矩阵仍然是初等矩阵且对应着 λ - 矩阵的初等变换的逆变换,该逆变换也是初等变换.

任意 λ - 矩阵都可以经过有限次初等变换化为标准型矩阵.

定理 1.38 任一 n 阶 λ - 矩阵 $A(\lambda)$ 经过矩阵的初等变换均可化为 $A(\lambda)$ 的标准形

$$B(\lambda) = \begin{bmatrix} d_1(\lambda) & & & & & & \\ & d_2(\lambda) & & & & & \\ & & \ddots & & & & \\ & & & d_s(\lambda) & & & \\ & & & & 0 & & \\ & & & & & \ddots & \\ & & & & & & 0 \end{bmatrix}$$

其中 $d_1(\lambda)/d_2(\lambda), d_2(\lambda)/d_3(\lambda), \cdots, d_{s-1}(\lambda)/d_s(\lambda), s \leqslant n$，且 $d_i(\lambda)(i = 1,2,\cdots,s)$ 是首 1 多项式,称 $d_i(\lambda)$ 为 $A(\lambda)$ 的不变因子(Invariant Divisor). 称矩阵 $B(\lambda)$ 是矩阵 $A(\lambda)$ 的 Smith 标准型(Smith Canonical Form).

例 1.28 用初等变换化 λ - 矩阵

$$A(\lambda)=\begin{bmatrix}1-\lambda & 2\lambda-1 & \lambda\\ \lambda & \lambda^2 & -\lambda\\ 1+\lambda^2 & \lambda^2+\lambda-1 & -\lambda^2\end{bmatrix}$$

为标准形.

解:

$$A(\lambda)\xrightarrow[{[3+1]}]{}\begin{bmatrix}1-\lambda & 2\lambda-1 & 1\\ \lambda & \lambda^2 & 0\\ 1+\lambda^2 & \lambda^2+\lambda-1 & 1\end{bmatrix}\xrightarrow[{[3,1]}]{}\begin{bmatrix}1 & 2\lambda-1 & 1-\lambda\\ 0 & \lambda^2 & \lambda\\ 1 & \lambda^2+\lambda-1 & 1+\lambda^2\end{bmatrix}$$

$$\xrightarrow{[3-1]}\begin{bmatrix}1 & 2\lambda-1 & 1-\lambda\\ 0 & \lambda^2 & \lambda\\ 0 & \lambda^3-\lambda & \lambda^2+\lambda\end{bmatrix}\xrightarrow{[2-1(2\lambda-1)],[3+1(\lambda-1)]}\begin{bmatrix}1 & 0 & 0\\ 0 & \lambda^2 & \lambda\\ 0 & \lambda^2-\lambda & \lambda^2+\lambda\end{bmatrix}$$

$$\xrightarrow[{[2,3]}]{}\begin{bmatrix}1 & 0 & 0\\ 0 & \lambda & \lambda^2\\ 0 & \lambda^2+\lambda & \lambda^3-\lambda\end{bmatrix}\xrightarrow[{[3-2(\lambda)]}]{}\begin{bmatrix}1 & 0 & 0\\ 0 & \lambda & 0\\ 1 & \lambda^2+\lambda & -\lambda^2-\lambda\end{bmatrix}$$

$$\xrightarrow[{[3(-1)]}]{[3-2(\lambda+1)]}\begin{bmatrix}1 & 0 & 0\\ 0 & \lambda & 0\\ 0 & 0 & \lambda(\lambda^2+1)\end{bmatrix}=B(\lambda)$$

$d_1(\lambda)=1,d_2(\lambda)=\lambda,d_3(\lambda)=\lambda(\lambda^2+1)$.

定义 1.27　设 λ -矩阵 $A(\lambda)$ 的秩为 r, 对于正整数 $k(1\leqslant k\leqslant r)$, $A(\lambda)$ 中必有非零的 k 阶子式, $A(\lambda)$ 中全部 k 阶子式的最大公因式 $D_k(\lambda)$ 称为 $A(\lambda)$ 的 k 阶行列式因子 (Determinant Divisor).

如果 λ -矩阵 $A(\lambda)$ 经过初等变换化为 $B(\lambda)$, 则说 $A(\lambda)$ 与 $B(\lambda)$ 是等价的,因此任一 λ -矩阵 $A(\lambda)$ 均与其标准形等价. 可以证明: λ -矩阵的初等变换不改变行列式因子. 因此等价的矩阵具有相同的秩与相同的各阶行列式因子,为求 $A(\lambda)$ 的各阶行列式因子,只需求其标准形的各阶行列式因子即可. 设 $A(\lambda)$ 的 Smith 标准形为

$$\operatorname{diag}(d_1(\lambda),d_2(\lambda),\cdots,d_s(\lambda),0,\cdots,0)\tag{1-36}$$

其中 $d_i(\lambda)(i=1,2,\cdots,s)$ 是首 1 多项式,且 $d_i(\lambda)/d_{i+1}(\lambda)$. 易见,如果一个 k 阶子式包含的行标与列标不完全相同,则此子式一定为零,因此为了计算 k 阶行列式因子,只需考察由 $i_1,i_2,\cdots,i_n$ 行与 $i_1,i_2,\cdots,i_n$ 列 $(1\leqslant i_1<i_2<\cdots<i_n\leqslant r)$ 组成的 k 阶子式即可,而这个 k 阶子式等于 $d_{i_1}(\lambda)d_{i_2}(\lambda)\cdots d_{i_k}(\lambda)$, 所有这种 k 阶子式的最大公因式为

$$d_1(\lambda)d_2(\lambda)\cdots d_k(\lambda)=D_k(\lambda)\tag{1-37}$$

由此推出

$$d_k(\lambda)=\frac{D_k(\lambda)}{D_{k-1}(\lambda)}k=(1,2,\cdots,r)\tag{1-38}$$

置 $D_0(\lambda)=1$, 式(1-38)表明 $A(\lambda)$ 的标准形是由 $A(\lambda)$ 的行列式因子所唯一决定的.

如 $\lambda I-A$ 的秩为 n, $D_n(\lambda)=\det(\lambda I-A)$ 是 $\lambda I-A$ 的 n 阶行列式因子, $\lambda I-A$ 共

有 n 个行列式因子．$\lambda\boldsymbol{I}-\boldsymbol{A}$ 共有 n 个不变因子且 $\det(\lambda\boldsymbol{I}-\boldsymbol{A})=\prod_{i=1}^{n}d_i(\lambda)$．

定义 1.28 将 $\boldsymbol{A}(\lambda)$ 的每个次数大于零的不变因子 $d_i(\lambda)$ 分解为不可约因式的乘积，这样的不可约因式（连同它们的幂指数）称为 $\boldsymbol{A}(\lambda)$ 的一个初等因子（Elementary Divisor），初等因子的全体称为 $\boldsymbol{A}(\lambda)$ 的初等因子组（Set of Elementary Divisors）．

如例 1.26，$\boldsymbol{A}(\lambda)$ 的初等因子组是 $\lambda,\lambda,\lambda+1$．

例 1.29 设 n 阶矩阵的不变因子是

$$1,1,\cdots,1,(\lambda-1)^2,(\lambda-1)^2(\lambda+1),(\lambda-1)^2(\lambda+1)(\lambda^2+1)^2$$

则它的初等因子有 7 个，即

$$(\lambda-1)^2,(\lambda-1)^2,(\lambda-1)^2,\lambda+1,\lambda+1,(\lambda-i)^2,(\lambda+i)^2$$

其中 $(\lambda-1)^2$ 出现三次，$\lambda+1$ 出现两次．

在复数域 $\mathbf{C}$ 上求 n 阶方阵 $\boldsymbol{A}=(a_{ij})$ 的 Jordan 标准形的步骤如下：

（1）求出特征矩阵 $\lambda\boldsymbol{I}-\boldsymbol{A}$ 的初等因子组，设为 $(\lambda-\lambda_1)^{m_1},(\lambda-\lambda_2)^{m_2},\cdots,(\lambda-\lambda_s)^{m_s}$，其中 $\lambda_1,\lambda_2,\cdots,\lambda_s$ 可能有相同的，指数 $m_1,m_2,\cdots,m_s$ 也可能有相同的，但 $\sum_{i=1}^{s}m_i=n$．

（2）写出每个初等因子 $(\lambda-\lambda_i)^{m_i}(i=1,2,\cdots,s)$ 所对应的 Jordan 块，即

$$\boldsymbol{J}_i(\lambda_i)=\begin{bmatrix}\lambda_i & 1 & & \\ & \lambda_i & \ddots & \\ & & \ddots & 1 \\ & & & \lambda_i\end{bmatrix}\quad(i=1,2,\cdots,s)$$

（3）写出以上述 Jordan 块的构线的 Jordan 标准形，即

$$\boldsymbol{J}=\begin{bmatrix}\boldsymbol{J}_1(\lambda_1) & & & \\ & \boldsymbol{J}_2(\lambda_2) & & \\ & & \ddots & \\ & & & \boldsymbol{J}_S(\lambda_S)\end{bmatrix}_{n\times n}$$

例 1.30 求矩阵

$$\boldsymbol{A}=\begin{bmatrix}-1 & 1 & 0\\ -4 & 3 & 0\\ 1 & 0 & 2\end{bmatrix}$$

的 Jordan 标准形．

解：求出 $\lambda\boldsymbol{I}-\boldsymbol{A}$ 的初等因子组，由于

$$\lambda\boldsymbol{I}-\boldsymbol{A}=\begin{bmatrix}\lambda+1 & -1 & 0\\ 4 & \lambda-3 & 0\\ -1 & 0 & \lambda-2\end{bmatrix}\to\begin{bmatrix}-1 & 0 & 0\\ \lambda-3 & (\lambda+1)(\lambda-3)+4 & 0\\ 0 & -1 & \lambda-2\end{bmatrix}$$

$$\to\begin{bmatrix}1 & 0 & 0\\ 0 & (\lambda-1)^2 & 0\\ 0 & -1 & \lambda-2\end{bmatrix}\to\begin{bmatrix}1 & 0 & 0\\ 0 & (\lambda-2)^2 & (\lambda-2)(\lambda-1)^2\\ 0 & -1 & 0\end{bmatrix}$$

$$\rightarrow\begin{bmatrix}1 & 0 & 0\\0 & 1 & 0\\0 & 0 & (\lambda-2)(\lambda-1)^2\end{bmatrix}$$

故所求的初等因子组为 $\lambda-2,(\lambda-1)^2$，于是有

$$\boldsymbol{A}\sim\boldsymbol{J}=\begin{bmatrix}2 & 0 & 0\\0 & 1 & 1\\0 & 0 & 1\end{bmatrix}$$

有些场合只要知道一个矩阵 $\boldsymbol{A}$ 的标准型已足够了。但在某些场合下，还需要知道相似变换的变换矩阵 $\boldsymbol{P}$.

例 1.31　求下面矩阵 $\boldsymbol{A}$ 的 Jordan 标准型，并求变换矩阵 $\boldsymbol{P}$.

$$\boldsymbol{A}=\begin{bmatrix}0 & 0 & 0 & 4\\1 & 0 & 0 & -4\\0 & 1 & 0 & -3\\0 & 0 & 1 & 4\end{bmatrix}$$

解：矩阵 $\boldsymbol{A}$ 的特征多项式为

$$p(\lambda)=\lambda^4-4\lambda^3+3\lambda^2+4\lambda-4=(\lambda-2)^2(\lambda-1)(\lambda+1)$$

要确定 $\boldsymbol{A}$ 的 Jordan 标准型的结构，只要确定对应于特征值 $\lambda=2$ 的各阶 Jordan 块的数目．计算 $r(\boldsymbol{A}-2\boldsymbol{I})$ 得 3. 对应于 $\lambda=2$ 的特征向量只有 1 个，因此对应 $\lambda=2$ 的 Jordan 块只有 1 块，所以

$$\boldsymbol{P}^{-1}\boldsymbol{A}\boldsymbol{P}=\begin{bmatrix}2 & 1 & 0 & 0\\0 & 2 & 0 & 0\\0 & 0 & 1 & 0\\0 & 0 & 0 & -1\end{bmatrix}$$

即

$$\boldsymbol{A}\boldsymbol{P}=\boldsymbol{P}\begin{bmatrix}2 & 1 & 0 & 0\\0 & 2 & 0 & 0\\0 & 0 & 1 & 0\\0 & 0 & 0 & -1\end{bmatrix}$$

如果 $\boldsymbol{P}=[\boldsymbol{\alpha}_1,\boldsymbol{\alpha}_2,\boldsymbol{\alpha}_3,\boldsymbol{\alpha}_4]$，可得解 $\boldsymbol{\alpha}_1,\boldsymbol{\alpha}_2,\boldsymbol{\alpha}_3,\boldsymbol{\alpha}_4$ 的方程组为

$\boldsymbol{A}\boldsymbol{\alpha}_1=2\boldsymbol{\alpha}_1$，$\boldsymbol{A}\boldsymbol{\alpha}_2=2\boldsymbol{\alpha}_2+\boldsymbol{\alpha}_1$，$\boldsymbol{A}\boldsymbol{\alpha}_3=\boldsymbol{\alpha}_3$，$\boldsymbol{A}\boldsymbol{\alpha}_4=-\boldsymbol{\alpha}_4$，则

$$(\boldsymbol{A}-2\boldsymbol{E})\boldsymbol{\alpha}_1=0,\ (\boldsymbol{A}-2\boldsymbol{E})\boldsymbol{\alpha}_2=\boldsymbol{\alpha}_1,\ (\boldsymbol{A}-\boldsymbol{E})\boldsymbol{\alpha}_3=\boldsymbol{0},\ (\boldsymbol{A}+\boldsymbol{E})\boldsymbol{\alpha}_4=\boldsymbol{0}$$

计算 $\lambda=2$ 的特征向量时，有

$$\begin{bmatrix}-2 & 0 & 0 & 4\\1 & -2 & 0 & -4\\0 & 1 & -2 & -3\\0 & 0 & 1 & 2\end{bmatrix}\begin{bmatrix}x_1\\x_2\\x_3\\x_4\end{bmatrix}=\boldsymbol{0}$$

则

$$\begin{cases} -2x_1+4x_2=0 \\ x_1-2x_2-4x_4=0 \\ x_3+2x_4=0 \end{cases}$$

可解得 $x_1=2x_4$, $x_2=-x_4$, $x_3=-2x_4$, $\boldsymbol{\alpha}_1=(2,-1,-2,1)^{\mathrm{T}}$.

求 $\lambda=2$ 的广义特征向量为

$$\begin{bmatrix} -2 & 0 & 0 & 4 \\ 1 & -2 & 0 & -4 \\ 0 & 1 & -2 & -3 \\ 0 & 0 & 1 & 2 \end{bmatrix}\begin{bmatrix} x_1 \\ x_2 \\ x_3 \\ x_4 \end{bmatrix}=\begin{bmatrix} 2 \\ -1 \\ -2 \\ 1 \end{bmatrix}$$

可解得一个解 $\boldsymbol{\alpha}_2=(-1,0,1,0)^{\mathrm{T}}$

求 $\lambda=1$ 的特征向量,由

$$\begin{bmatrix} -1 & 0 & 0 & 4 \\ 1 & -1 & 0 & -4 \\ 0 & 1 & -1 & -3 \\ 0 & 0 & 1 & 3 \end{bmatrix}\begin{bmatrix} x_1 \\ x_2 \\ x_3 \\ x_4 \end{bmatrix}=\mathbf{0}$$

可得 $\boldsymbol{\alpha}_3=(4,0,-3,1)^{\mathrm{T}}$.

求 $\lambda=-1$ 时的特征向量,由

$$\begin{bmatrix} 1 & 0 & 0 & 4 \\ 1 & 1 & 0 & -4 \\ 0 & 1 & 1 & -3 \\ 0 & 0 & 1 & 5 \end{bmatrix}\begin{bmatrix} x_1 \\ x_2 \\ x_3 \\ x_4 \end{bmatrix}=\mathbf{0}$$

可得 $\boldsymbol{\alpha}_4=(-4,8,-5,1)^{\mathrm{T}}$.

所以可求得矩阵 $\boldsymbol{P}$ 为

$$\begin{bmatrix} 2 & -1 & 4 & -4 \\ -1 & 0 & 0 & 8 \\ -2 & 1 & -3 & -5 \\ 1 & 0 & 1 & 1 \end{bmatrix}.$$

当矩阵的阶数不高时,用上面介绍的方法确定该矩阵的 Jordan 标准型较为有效. 其中,主要的问题是求一个矩阵的特征多项式和矩阵的秩,这两点在实际计算中并不容易. 值得指出的是,对于三阶矩阵,总可以通过求一个矩阵的特征多项式和矩阵的秩来确定其 Jordan 标准型.

Jordan 标准形定理在许多方面有重要的应用.

例 1.32 如果 $\lambda_1,\lambda_2,\cdots,\lambda_s$ 是 $\boldsymbol{A}$ 的特征值,$f(\lambda)$ 为任一多项式,证明 $f(\boldsymbol{A})$ 的特征值只能是 $f(\lambda_1),f(\lambda_2),\cdots,f(\lambda_s)$.

证明:因 $\boldsymbol{J}=\boldsymbol{P}^{-1}\boldsymbol{A}\boldsymbol{P}$, 故 $\forall k\geqslant 1,\boldsymbol{J}^k=\boldsymbol{P}^{-1}\boldsymbol{A}^k\boldsymbol{P}$.

设 $f(\lambda)=a_n\lambda^n+a_{n-1}\lambda^{n-1}+\cdots+a_1\lambda+a_0$, 则

$$f(\boldsymbol{A})=a_n\boldsymbol{A}^n+a_{n-1}\boldsymbol{A}^{n-1}+\cdots+a_1\boldsymbol{A}+a_0\boldsymbol{I}$$

从而

$$\begin{aligned}\boldsymbol{P}^{-1}f(\boldsymbol{A})\boldsymbol{P}&=\boldsymbol{P}^{-1}(a_n\boldsymbol{A}^n+a_{n-1}\boldsymbol{A}^{n-1}+\cdots+a_1\boldsymbol{A}+a_0\boldsymbol{I})\boldsymbol{P}\\&=a_n\boldsymbol{P}^{-1}\boldsymbol{A}^n\boldsymbol{P}+a_{n-1}\boldsymbol{P}^{-1}\boldsymbol{A}^{n-1}\boldsymbol{P}+\cdots+a_1\boldsymbol{P}^{-1}\boldsymbol{A}\boldsymbol{P}+a_0\boldsymbol{P}^{-1}\boldsymbol{I}\boldsymbol{P}\\&=a_n\boldsymbol{J}^n+a_{n-1}\boldsymbol{J}^{n-1}+\cdots+a_1\boldsymbol{J}+a_0\boldsymbol{I}\\&=f(\boldsymbol{J})\end{aligned}$$

而

$$\begin{aligned}f(\boldsymbol{J})=a_n&\begin{bmatrix}\boldsymbol{J}_1^n(\lambda_1)&&&\\&\boldsymbol{J}_2^n(\lambda_2)&&\\&&\ddots&\\&&&\boldsymbol{J}_s^n(\lambda_s)\end{bmatrix}+a_{n-1}\begin{bmatrix}\boldsymbol{J}_1^{n-1}(\lambda_1)&&&\\&\boldsymbol{J}_2^{n-1}(\lambda_2)&&\\&&\ddots&\\&&&\boldsymbol{J}_s^{n-1}(\lambda_s)\end{bmatrix}\\&+\cdots+a_0I\\&=\begin{bmatrix}f(\boldsymbol{J}_1(\lambda_1))&&&\\&f(\boldsymbol{J}_2(\lambda_2))&&\\&&\ddots&\\&&&f(\boldsymbol{J}_s(\lambda_s))\end{bmatrix}.\end{aligned}$$

例 1.33　设 $\boldsymbol{A}\in\mathbf{C}^{n\times n}$, $\boldsymbol{A}^{\mathrm{H}}=\boldsymbol{A}$, 则对 $\boldsymbol{A}$ 的任一特征值 λ_i, $r(\boldsymbol{A}-\lambda_i\boldsymbol{I})=n-m_i$, 其中 m_i 为 λ_i 的代数重数.

证明:由于 $\boldsymbol{P}^{-1}\boldsymbol{A}\boldsymbol{P}=\boldsymbol{J}=\boldsymbol{J}_1\oplus\boldsymbol{J}_2\oplus\cdots\oplus\boldsymbol{J}_s$, 其中

$$\boldsymbol{J}_i=\begin{bmatrix}\lambda_i&1&&\\&\lambda_i&\ddots&\\&&\ddots&1\\&&&\lambda_i\end{bmatrix}(i=1,2,\cdots,s)$$

不失一般性,设 $\lambda_1,\lambda_2,\cdots,\lambda_s$ 互异, λ_i 的代数重数为 $m_i(i=1,2,\cdots,s)$, 则

$$\boldsymbol{P}^{-1}(\boldsymbol{A}-\lambda_i\boldsymbol{I})\boldsymbol{P}=\begin{bmatrix}\boldsymbol{J}_1-\lambda_i\boldsymbol{I}&&&&\\&\ddots&&&\\&&\boldsymbol{J}_i-\lambda_i\boldsymbol{I}&&\\&&&\ddots&\\&&&&\boldsymbol{J}_S-\lambda_i\boldsymbol{I}\end{bmatrix}$$

$$\boldsymbol{P}^{-1}(\boldsymbol{A}-\lambda_i\boldsymbol{I})^{m_i}\boldsymbol{P}=\begin{bmatrix}(\boldsymbol{J}_1-\lambda_i\boldsymbol{I})^{m_i}&&&&\\&\ddots&&&\\&&(\boldsymbol{J}_i-\lambda_i\boldsymbol{I})^{m_i}&&\\&&&\ddots&\\&&&&(\boldsymbol{J}_S-\lambda_i\boldsymbol{I})^{m_i}\end{bmatrix}$$

$$=\begin{bmatrix}(\boldsymbol{J}_1-\lambda_i\boldsymbol{I})^{m_i} & & & & \\ & \ddots & & & \\ & & \boldsymbol{O}_{m_i\times m_i} & & \\ & & & \ddots & \\ & & & & (\boldsymbol{J}_S-\lambda_i\boldsymbol{I})^{m_i}\end{bmatrix}$$

(非零行数目为 $n-m_i$)其中 $\boldsymbol{O}_{m_i\times m_i}=(\boldsymbol{J}_i-\lambda_i\boldsymbol{I})^{m_i}$, $\Rightarrow r(\boldsymbol{A}-\lambda_i\boldsymbol{I})^{m_i}=n-m_i(i=1,2,\cdots,s)$.
但 $r(\boldsymbol{A}-\lambda_i\boldsymbol{I})^{m_i}=r(\boldsymbol{A}-\lambda_i\boldsymbol{I})$, 故 $r(\boldsymbol{A}-\lambda_i\boldsymbol{I})=n-m_i(i=1,2,\cdots,s)$.
当 $\boldsymbol{A}^{\mathrm{H}}=\boldsymbol{A}$ 时,矩阵的几何重数与代数重数相等,由此可知, $\boldsymbol{A}$ 可对角化.

注 1.23 如果 $\lambda_1,\lambda_2,\cdots,\lambda_s$ 中有相同的值,如 $\lambda_1=\lambda_2$, 但 $\lambda_j\neq\lambda_1(i=2,\cdots,s)$, 则

$$\boldsymbol{J}_1=\begin{bmatrix}\lambda_1 & 1 & & \\ & \lambda_1 & \ddots & \\ & & \ddots & 1 \\ & & & \lambda_1\end{bmatrix}_{n_1\times n_1},\ \boldsymbol{J}_2=\begin{bmatrix}\lambda_1 & 1 & & \\ & \lambda_1 & \ddots & \\ & & \ddots & 1 \\ & & & \lambda_1\end{bmatrix}_{n_2\times n_2},\ n_1+n_2=m_1,$$

此时必有 $(\boldsymbol{J}_1-\lambda_1\boldsymbol{I})^{m_1}=\boldsymbol{O}$, $(\boldsymbol{J}_2-\lambda_1\boldsymbol{I})^{m_1}=\boldsymbol{O}$, 而且其余的 $(\boldsymbol{J}_i-\lambda_1\boldsymbol{I})^{m_1}\neq\boldsymbol{O}(i=1,2)$, 上面的论证依然有效.

利用 Jordan 标准形和 Smith 标准形都可以确定一个矩阵的最小多项式.

定理 1.39 如果矩阵 $\boldsymbol{A}\in\mathbf{C}^{n\times n}$, 矩阵 $\boldsymbol{A}$ 的 Jordan 标准型所有初等因子的最小公倍式为矩阵 $\boldsymbol{A}$ 的最小多项式,矩阵 $\boldsymbol{A}$ 的 Smith 标准形的最后一个不变因子为矩阵 $\boldsymbol{A}$ 的最小多项式.

证明:如果矩阵 $\boldsymbol{A}\in\mathbf{C}^{n\times n}$, $\boldsymbol{A}$ 与 $\boldsymbol{J}$ 相似,则由定理 1.28,它们具有相同的最小多项式.注意到

$$\boldsymbol{J}_i(\lambda_i)=\begin{bmatrix}\lambda_i & 1 & & \\ & \lambda_i & \ddots & \\ & & \ddots & 1 \\ & & & \lambda_i\end{bmatrix}_{m_i\times m_i}$$

$$(\boldsymbol{J}_i-\lambda_i\boldsymbol{I})=\begin{bmatrix}0 & 1 & & \\ & 0 & \ddots & \\ & & \ddots & 1 \\ & & & 0\end{bmatrix}_{m_i\times m_i}$$

并且 $(\boldsymbol{J}_i-\lambda_i\boldsymbol{I})^{m_i-1}\neq 0$, $(\boldsymbol{J}_i-\lambda_i\boldsymbol{I})^{m_i}=0$.

因此 $\boldsymbol{J}_i(\lambda_i)$ 的最小多项式是 $(\lambda-\lambda_i)^{m_i}(i=1,2,\cdots,s)$. 根据定理 1.29 可以知道 $\boldsymbol{J}$ 的最小多项式是 $(\lambda-\lambda_i)^{m_i}(i=1,2,\cdots,s)$ 的最小公倍式,即为 $\boldsymbol{A}$ 的最小多项式.

$\boldsymbol{A}$ 的特征矩阵 $\lambda\boldsymbol{I}-\boldsymbol{A}$ 的 Smith 标准形的秩为 n, 最后一个不变因子 $d_n(\lambda)$ 为所有初等因子的最小公倍式,从而也是矩阵 $\boldsymbol{A}$ 的最小多项式.

例 1.34　设 $A = \begin{bmatrix} -1 & 2 & 2 & 0 \\ 3 & -1 & -1 & 0 \\ 2 & 2 & -1 & 0 \\ 1 & -4 & 3 & 3 \end{bmatrix}$，求矩阵 A 的最小多项式．

解：可以求得矩阵 A 的 Jordan 标准形为

$$J = \begin{bmatrix} 3 & 0 & 0 & 0 \\ 0 & 3 & 0 & 0 \\ 0 & 0 & -3 & 1 \\ 0 & 0 & 0 & -3 \end{bmatrix}$$

Jordan 标准形的初等因子组为 $(\lambda-3)$，$(\lambda-3)$，$(\lambda+3)^2$，从而矩阵 A 的最小多项式为 $(\lambda-3)(\lambda+3)^2$．

依据定理 1.39 可知，在例 1.30 中矩阵 A 的最小多项式的最小多项式为 $d_3=(\lambda-2)(\lambda-1)^2$，在例 1.31 中 A 的最小多项式为 $(\lambda-2)^2(\lambda+1)(\lambda-1)$．

习　题

1. 设 $A \in \mathbf{C}^{n\times n}$，$r(A)=1$，证明 A 或可对角化或为幂零阵，但不可能同时成立．

2. 设 V 为数域 K 上的线性空间，$x_1, x_2, \cdots, x_m$，$y_1, y_2, \cdots, y_n$ 为 V 中的两组向量，$V_1 = L(x_1, x_2, \cdots, x_m)$，$V_2 = L(y_1, y_2, \cdots, y_n)$．证明 $V_1+V_2 = L(x_1, x_2, \cdots, x_m, y_1, y_2, \cdots, y_n)$．

3. 设 $A \in \mathbf{C}^{n\times n}$，$\lambda_i$ 为 A 的特征值，证明 λ_i 的几何重数 $\dim V_{\lambda_i} \leqslant m_i$，$\lambda_i$ 的代数重数 $(i=1,2,\cdots,s)$．

4. 设 $A \in \mathbf{C}^{n\times n}$，$A^{\mathrm{H}}=A$，则 A 的特征值为实数．

5. 设 $A \in \mathbf{C}^{n\times n}$，$\exists$ 正整数 $m \geqslant 1$，s. t. $A^m = I$，则 A 可对角化．

6. 证明两个上三角阵的乘积仍为上三角阵．

7. 设 $\sigma \in \mathrm{Hom}(V)$ 且 $\sigma^{k-1}(x) \neq \mathbf{0}$，但 $\sigma^k(x)=\mathbf{0}$，求证 $x, \sigma(x), \cdots, \sigma^{k-1}(x)\ (k>0)$ 线性无关．

8. 试计算 $2A^8-3A^5+A^4+A^2-4I$，其中

$$A = \begin{bmatrix} 1 & 0 & 2 \\ 0 & -1 & 1 \\ 0 & 1 & 0 \end{bmatrix}$$

9. 设 σ 是数域 C 上的线性空间 V^3 的线性变换，已知 σ 在 V^3 的基 x_1, x_2, x_3 下的矩阵为

$$A = \begin{bmatrix} 3 & 1 & 0 \\ -4 & -1 & 0 \\ 4 & -8 & -2 \end{bmatrix}$$

求 σ 的特征值与特征向量．

10. 证明任意矩阵 $\boldsymbol{A}$ 与它的转置矩阵 $\boldsymbol{A}^{\mathrm{T}}$ 有相同的特征多项式和最小多项式.

11. 求下列矩阵的最小多项式.

(1) $\begin{bmatrix} 7 & 4 & -4 \\ 4 & -8 & -1 \\ -4 & -1 & -8 \end{bmatrix}$; (2) $\begin{bmatrix} a_0 & a_1 & a_2 & a_3 \\ -a_1 & a_0 & -a_3 & a_2 \\ -a_2 & a_3 & a_0 & -a_1 \\ -a_3 & -a_2 & a_1 & a_0 \end{bmatrix}$.

12. 求下列矩阵的 Jordan 标准形

(1) $\begin{bmatrix} 1 & 2 & 0 \\ 0 & 2 & 0 \\ -2 & -1 & -1 \end{bmatrix}$; (2) $\begin{bmatrix} 3 & 7 & -3 \\ -2 & -5 & 2 \\ -4 & -10 & 3 \end{bmatrix}$.

13. 设 $\sigma_i \in \mathrm{Hom}(V^n)$, $(i = 1,2)$ 且 $\sigma_1\sigma_2 = \sigma_2\sigma_1$, 证明如果 λ_0 是 σ_1 的特征值,则 V_{λ_0} 是 σ_2 的不变子空间.

14. 设 $\sigma \in \mathrm{Hom}(\mathbf{R}^3)$, $\boldsymbol{x} = (\xi_1,\xi_2,\xi_3) \in \mathbf{R}^3$, $\sigma(\boldsymbol{x}) = (0,\xi_1,\xi_2)$, 求 $R(\sigma^2)$ 与 $\ker(\sigma^2)$ 的基与维数.

15. 给定 $\mathbf{R}^3$ 的两个基 $\boldsymbol{x}_1 = (1,0,1)$, $\boldsymbol{x}_2 = (2,1,0)$, $\boldsymbol{x}_3 = (1,1,1)$; $\boldsymbol{y}_1 = (1,2,-1)$, $\boldsymbol{y}_2 = (2,2,-1)$, $\boldsymbol{y}_3 = (2,-1,-1)$; 定义线性变换 $\sigma(\boldsymbol{x}_i) = \boldsymbol{y}_i (i = 1,2,3)$.

(1) 写出由基 $\boldsymbol{x}_1,\boldsymbol{x}_2,\boldsymbol{x}_3$ 到基 $\boldsymbol{y}_1,\boldsymbol{y}_2,\boldsymbol{y}_3$ 的过渡矩阵;

(2) 写出 σ 在基 $\boldsymbol{x}_1,\boldsymbol{x}_2,\boldsymbol{x}_3$ 下的矩阵;

(3) 写出 σ 在基 $\boldsymbol{y}_1,\boldsymbol{y}_2,\boldsymbol{y}_3$ 下的矩阵.

16. 设 $\boldsymbol{A} \in \mathbf{R}^{m\times n}$, 证明 $\forall \boldsymbol{b} \in \mathbf{R}^m$, $\boldsymbol{A}^{\mathrm{T}}\boldsymbol{A}\boldsymbol{x} = \boldsymbol{A}^{\mathrm{T}}\boldsymbol{b}$ 恒可解.

17. 设 $\boldsymbol{A} \in \mathbf{R}^{n\times n}$, 且 $\boldsymbol{A}^2 = \boldsymbol{A}$ 证明 $\mathbf{R}^n = R(\boldsymbol{A}) \oplus N(\boldsymbol{A})$.

第 2 章　欧氏空间与酉空间理论

在线性空间中,向量的基本运算仅是线性运算,向量的长度及夹角尚未涉及,在解析几何中,通常 $\mathbf{R}^3$ 中的向量长度、夹角等度量性质均可通过向量的内积来表达. 受此启发,我们使用公理化方法在一般的线性空间中引入内积的概念,在此基础上建立欧氏空间与酉空间理论.

2.1　欧氏空间的概念

定义 2.1　设 V 是实数域 $\mathbf{R}$ 上的线性空间, $\forall \boldsymbol{x},\boldsymbol{y} \in V$, $\exists (\boldsymbol{x},\boldsymbol{y}) \in \mathbf{R}$ 满足下列四个条件:

(1)交换律: $(\boldsymbol{x},\boldsymbol{y}) = (\boldsymbol{y},\boldsymbol{x}), \forall \boldsymbol{x},\boldsymbol{y} \in V$;

(2)分配律: $(\boldsymbol{x},\boldsymbol{y}+\boldsymbol{z}) = (\boldsymbol{x},\boldsymbol{y}) + (\boldsymbol{x},\boldsymbol{z}), \forall \boldsymbol{x},\boldsymbol{y},\boldsymbol{z} \in V$;

(3)齐次性: $(k\boldsymbol{x},\boldsymbol{y}) = k(\boldsymbol{x},\boldsymbol{y}), \forall k \in \mathbf{R}, \forall \boldsymbol{x},\boldsymbol{y} \in V$;

(4)非负性: $(\boldsymbol{x},\boldsymbol{x}) \geqslant 0, (\boldsymbol{x},\boldsymbol{x}) = 0 \Leftrightarrow \boldsymbol{x} = \boldsymbol{0}, \forall \boldsymbol{x} \in V$.

则称 $(\boldsymbol{x},\boldsymbol{y})$ 为 $\boldsymbol{x}$ 与 $\boldsymbol{y}$ 的内积,称 $(V,\mathbf{R}; +, \cdot,(\cdot, \cdot))$ 为欧氏空间(Euclidean Space),简记为 V.

例 2.1　$\mathbf{R}^n = \{\boldsymbol{x} = (\xi_1,\xi_2,\cdots,\xi_n) \mid \xi_i \in \mathbf{R}, i = 1,2,\cdots,n\}$, $\forall \boldsymbol{x},\boldsymbol{y} \in \mathbf{R}^n$, $\boldsymbol{x} = (\xi_1,\xi_2,\cdots,\xi_n)$, $\boldsymbol{y} = (\eta_1,\eta_2,\cdots,\eta_n)$, 规定

$$(\boldsymbol{x},\boldsymbol{y}) = \sum_{i=1}^{n} \xi_i \eta_i = \boldsymbol{x}\boldsymbol{y}^{\mathrm{T}} \tag{2-1}$$

则 $(\mathbf{R}^n,\mathbf{R}; +, \cdot,(\cdot, \cdot))$ 为欧氏空间,它是 n 维欧氏空间.

例 2.2　$C[a,b] = \{x(t) \mid x(t)$ 在 $[a,b]$ 上连续$\}$. $\forall x,y \in C[a,b]$ 规定

$$(x(t),y(t)) = \int_a^b x(t)y(t)\,\mathrm{d}t \tag{2-2}$$

则 $C[a,b]$ 是欧氏空间,它是无穷维的.

例 2.3　在矩阵空间 $\mathbf{R}^{n\times n}$ 中, $\forall \boldsymbol{A} = (a_{ij}), \boldsymbol{B} = (b_{ij}) \in \mathbf{R}^{n\times n}$, 规定

$$(\boldsymbol{A},\boldsymbol{B}) = \sum_{i,j=1}^{n} a_{ij}b_{ij} = \mathrm{tr}(\boldsymbol{A}\boldsymbol{B}^{\mathrm{T}}) \tag{2-3}$$

则 $(\mathbf{R}^{n\times n},\mathbf{R}; +, \cdot,(\cdot, \cdot))$ 是欧氏空间.

性质 2.1　$(\boldsymbol{x},k\boldsymbol{y}) = k(\boldsymbol{x},\boldsymbol{y}), \forall k \in \mathbf{R}, \forall \boldsymbol{x},\boldsymbol{y} \in V$.

性质 2.2　$(\boldsymbol{x},\boldsymbol{0}) = (\boldsymbol{0},\boldsymbol{x}) = 0, \forall \boldsymbol{x} \in V$.

性质 2.3 $(\boldsymbol{x}+\boldsymbol{y},\boldsymbol{z})=(\boldsymbol{x},\boldsymbol{z})+(\boldsymbol{y},\boldsymbol{z}),\ \forall \boldsymbol{x},\boldsymbol{y},\boldsymbol{z}\in V$.

设 $\boldsymbol{x}_1,\boldsymbol{x}_2,\cdots,\boldsymbol{x}_n$ 是 n 维欧氏空间的 V^n 的基，则 $\forall \boldsymbol{x},\boldsymbol{y}\in V^n$，$\exists$ 唯一 $(\xi_1,\xi_2,\cdots,\xi_n)$，$(\eta_1,\eta_2,\cdots,\eta_n)\in\mathbf{R}^n$，使得 $\boldsymbol{x}=\sum_{i=1}^{n}\xi_i\boldsymbol{x}_i,\boldsymbol{y}=\sum_{j=1}^{n}\eta_j\boldsymbol{x}_j$. 由内积定义、性质 2.1 和性质 2.3 得

$$(\boldsymbol{x},\boldsymbol{y})=\sum_{i,j=1}^{n}\xi_i\eta_j(\boldsymbol{x}_i,\boldsymbol{x}_j)=\sum_{i,j=1}^{n}a_{ij}\xi_i\eta_j \tag{2-4}$$

其中 $a_{ij}=(\boldsymbol{x}_i,\boldsymbol{x}_j)(i,j=1,2,\cdots,n)$. 用矩阵表示，即

$$(\boldsymbol{x},\boldsymbol{y})=(\xi_1,\xi_2,\cdots,\xi_n)\boldsymbol{A}\begin{bmatrix}\eta_1\\\eta_2\\\vdots\\\eta_n\end{bmatrix} \tag{2-5}$$

其中

$$\boldsymbol{A}=(a_{ij})=\begin{bmatrix}(\boldsymbol{x}_1,\boldsymbol{x}_1) & (\boldsymbol{x}_1,\boldsymbol{x}_2) & \cdots & (\boldsymbol{x}_1,\boldsymbol{x}_n)\\(\boldsymbol{x}_2,\boldsymbol{x}_1) & (\boldsymbol{x}_2,\boldsymbol{x}_2) & \cdots & (\boldsymbol{x}_2,\boldsymbol{x}_n)\\\vdots & \vdots & & \vdots\\(\boldsymbol{x}_n,\boldsymbol{x}_1) & (\boldsymbol{x}_n,\boldsymbol{x}_2) & \cdots & (\boldsymbol{x}_n,\boldsymbol{x}_n)\end{bmatrix} \tag{2-6}$$

称 $\boldsymbol{A}$ 为 V^n 对于基 $\boldsymbol{x}_1,\boldsymbol{x}_2,\cdots,\boldsymbol{x}_n$ 的度量矩阵(Measure Matrix)(Gram 矩阵). 由于 $(\boldsymbol{x}_i,\boldsymbol{x}_j)=(\boldsymbol{x}_j,\boldsymbol{x}_i)(i,j=1,2,\cdots,n)$，故 $a_{ij}=a_{ji}$，因而 $\boldsymbol{A}=(a_{ij})$ 为对称矩阵；又因为 $\forall \boldsymbol{x}\neq\boldsymbol{0},(\boldsymbol{x},\boldsymbol{x})>0$，即二次型 $\sum_{i,j=1}^{n}a_{ij}\xi_i\xi_j>0$，故 $\boldsymbol{A}$ 是正定矩阵.

定理 2.1 设 $\boldsymbol{x}_1,\boldsymbol{x}_2,\cdots,\boldsymbol{x}_n$ 与 $\boldsymbol{y}_1,\boldsymbol{y}_2,\cdots,\boldsymbol{y}_n$ 分别是欧氏空间 V^n 的两个基，且 V^n 对该二基的度量矩阵分别是 $\boldsymbol{A}=(a_{ij})$ 与 $\boldsymbol{B}=(b_{ij})$，则 $\exists$ 可逆矩阵 $\boldsymbol{C}$，s. t. $\boldsymbol{B}=\boldsymbol{C}^{\mathrm{T}}\boldsymbol{A}\boldsymbol{C}$，此时称 $\boldsymbol{A}$ 与 $\boldsymbol{B}$ 是合同的.

证明：设 $[\boldsymbol{y}_1,\boldsymbol{y}_2,\cdots,\boldsymbol{y}_n]=[\boldsymbol{x}_1,\boldsymbol{x}_2,\cdots,\boldsymbol{x}_n]\boldsymbol{C}$，这里 $\boldsymbol{C}=(c_{ij})$ 是从基 $\boldsymbol{x}_1,\boldsymbol{x}_2,\cdots,\boldsymbol{x}_n$ 到基 $\boldsymbol{y}_1,\boldsymbol{y}_2,\cdots,\boldsymbol{y}_n$ 的过渡矩阵，从而是可逆的，且 $\boldsymbol{y}_i=\sum_{s=1}^{n}c_{si}\boldsymbol{x}_s(i=1,2,\cdots,n)$，从而有

$$b_{ij}=(\boldsymbol{y}_i,\boldsymbol{y}_j)=\sum_{s=1}^{n}\sum_{k=1}^{n}c_{si}c_{kj}(\boldsymbol{x}_s,\boldsymbol{x}_k)=(c_{1i},c_{2i},\cdots,c_{ni})\boldsymbol{A}\begin{bmatrix}c_{1j}\\c_{2j}\\\vdots\\c_{nj}\end{bmatrix}\quad(i,j=1,2,\cdots,n)$$

即 $\boldsymbol{B}=\boldsymbol{C}^{\mathrm{T}}\boldsymbol{A}\boldsymbol{C}$.

由于 $(\boldsymbol{x},\boldsymbol{x})\geqslant 0$，故 $\forall \boldsymbol{x}\in V^n$，$\sqrt{(\boldsymbol{x},\boldsymbol{x})}$ 有意义.

定义 2.2 在欧氏空间中，非负实数 $\sqrt{(\boldsymbol{x},\boldsymbol{x})}$ 称为 V 中向量 $\boldsymbol{x}$ 的长度(或模，范数)，记为 $|\boldsymbol{x}|$ (或 $\|\boldsymbol{x}\|$)，即

$$|\boldsymbol{x}|=\sqrt{(\boldsymbol{x},\boldsymbol{x})} \tag{2-7}$$

由(2-7)得

(1) $|\boldsymbol{x}| \geqslant 0$ 且 $|\boldsymbol{x}| = 0 \Leftrightarrow \boldsymbol{x} = \boldsymbol{0}$;

(2) $\forall k \in R, \boldsymbol{x} \in V, |k\boldsymbol{x}| = |k||\boldsymbol{x}|$;

(3) $|\boldsymbol{x}+\boldsymbol{y}| \leqslant |\boldsymbol{x}| + |\boldsymbol{y}|$.

在 $\mathbf{R}^n$ 中,向量 $\boldsymbol{x} = (\xi_1, \xi_2, \cdots, \xi_n)$ 的模为

$$|\boldsymbol{x}| = \sqrt{\sum_{i=1}^{n} \xi_i^2}$$

在 $C[a,b]$ 中函数 $\boldsymbol{x}(t)$ 的模为

$$|x(t)| = \sqrt{\int_a^b x^2(t)\,\mathrm{d}t}$$

在 $\mathbf{R}^{n\times n}$ 中向量 $\boldsymbol{A} = (a_{ij})$ 的模为

$$|\boldsymbol{A}| = \sqrt{\sum_{i=1}^{n}\sum_{j=1}^{n} a_{ij}^2}$$

定理 2.2　设 $\boldsymbol{x}$ 与 $\boldsymbol{y}$ 分别是欧氏空间 V^n 的任意两个向量,则下列两式成立:

(1) $|\boldsymbol{x}+\boldsymbol{y}|^2 = |\boldsymbol{x}|^2 + 2(\boldsymbol{x},\boldsymbol{y}) + |\boldsymbol{y}|^2$;

(2) $|\boldsymbol{x}-\boldsymbol{y}|^2 = |\boldsymbol{x}|^2 - 2(\boldsymbol{x},\boldsymbol{y}) + |\boldsymbol{y}|^2$.

证明:(1)

$$\begin{aligned}|\boldsymbol{x}+\boldsymbol{y}|^2 &= (\boldsymbol{x}+\boldsymbol{y},\boldsymbol{x}+\boldsymbol{y}) = (\boldsymbol{x}+\boldsymbol{y},\boldsymbol{x}) + (\boldsymbol{x}+\boldsymbol{y},\boldsymbol{y})\\ &= (\boldsymbol{x},\boldsymbol{x}) + (\boldsymbol{y},\boldsymbol{x}) + (\boldsymbol{x},\boldsymbol{y}) + (\boldsymbol{y},\boldsymbol{y})\\ &= |\boldsymbol{x}|^2 + 2(\boldsymbol{x},\boldsymbol{y}) + |\boldsymbol{y}|^2\end{aligned}$$

(2)式(1)中 $\boldsymbol{y}$ 用 $-\boldsymbol{y}$ 代替即证.

推论 2.1　(平行四边形法则(Parallelogram Law))　设 $\boldsymbol{x}$ 与 $\boldsymbol{y}$ 分别是欧氏空间 V^n 的任意两个向量,则有

$$|\boldsymbol{x}+\boldsymbol{y}|^2 + |\boldsymbol{x}-\boldsymbol{y}|^2 = 2(|\boldsymbol{x}|^2 + |\boldsymbol{y}|^2)$$

推论 2.2　(极化恒等式(Polarization Identity)　设 $\boldsymbol{x}$ 与 $\boldsymbol{y}$ 分别是欧氏空间 V^n 的任意两个向量,则有

$$(\boldsymbol{x},\boldsymbol{y}) = \frac{1}{4}(|\boldsymbol{x}+\boldsymbol{y}|^2 - |\boldsymbol{x}-\boldsymbol{y}|^2)$$

在解析几何中,两个向量 $\boldsymbol{x}$ 与 y 的夹角 $<\boldsymbol{x},\boldsymbol{y}>$ 的余弦可以用内积来表示,即

$$\cos<\boldsymbol{x},\boldsymbol{y}> = \frac{(\boldsymbol{x},\boldsymbol{y})}{|\boldsymbol{x}||\boldsymbol{y}|} \tag{2-8}$$

为了在欧氏空间 V 中引入向量夹角的概念,必须证明不等式

$$\left|\frac{(\boldsymbol{x},\boldsymbol{y})}{|\boldsymbol{x}||\boldsymbol{y}|}\right| \leqslant 1 \quad 或 \quad |(\boldsymbol{x},\boldsymbol{y})| \leqslant |\boldsymbol{x}||\boldsymbol{y}| \tag{2-9}$$

$\forall \boldsymbol{x},\boldsymbol{y} \in V$ 成立,且等号成立 $\Leftrightarrow \boldsymbol{x}$ 与 $\boldsymbol{y}$ 线性相关. 不等式(2-9)称为柯西-施瓦兹(Cauchy-Schwarz)不等式.

为了证明式(2-9),考察实系数二次三项式

$$at^2+2bt+c \quad (a>0)$$

若对于任意实数 t 都取非负值,则其系数之间必满足不等式

$$b^2-ac\leqslant 0$$

$\forall \boldsymbol{x},\boldsymbol{y}\in V,\boldsymbol{x}\neq\boldsymbol{0},\boldsymbol{y}\neq\boldsymbol{0},\forall t\in\mathbf{R}$, 由内积的定义知,对于 $\boldsymbol{x}-t\boldsymbol{y}$ 恒有 $(\boldsymbol{x}-t\boldsymbol{y},\boldsymbol{x}-t\boldsymbol{y})\geqslant 0$, 即

$$|\boldsymbol{y}|^2t^2-2(\boldsymbol{x},\boldsymbol{y})t+|\boldsymbol{x}|^2\geqslant 0$$

故

$$|(\boldsymbol{x},\boldsymbol{y})|^2\leqslant|\boldsymbol{x}|^2|\boldsymbol{y}|^2$$

即

$$|(\boldsymbol{x},\boldsymbol{y})|\leqslant|\boldsymbol{x}||\boldsymbol{y}|$$

设 $\boldsymbol{x}$ 与 $\boldsymbol{y}$ 线性相关,若 $\boldsymbol{y}=\boldsymbol{0}$, 则式(2.9)中等号成立;若 $\boldsymbol{y}\neq\boldsymbol{0}$, 则 $\boldsymbol{x}=k\boldsymbol{y}$ (k 为常数),于是有

$$|(\boldsymbol{x},\boldsymbol{y})|=|(k\boldsymbol{y},\boldsymbol{y})|=|k|(\boldsymbol{y},\boldsymbol{y})=|k||\boldsymbol{y}|^2=|k\boldsymbol{y}||\boldsymbol{y}|=|\boldsymbol{x}||\boldsymbol{y}|$$

反之,设 $(\boldsymbol{x},\boldsymbol{y})^2=(\boldsymbol{x},\boldsymbol{x})(\boldsymbol{y},\boldsymbol{y})$, 若 $\boldsymbol{y}=\boldsymbol{0}$, 则 $\boldsymbol{x}$ 与 $\boldsymbol{y}$ 线性相关;若 $\boldsymbol{y}\neq\boldsymbol{0}$, 取 $t=\dfrac{|\boldsymbol{x}|}{|\boldsymbol{y}|}$ 可得

$$\begin{aligned}|\boldsymbol{x}-t\boldsymbol{y}|^2&=|\boldsymbol{x}|^2-2t(\boldsymbol{x},\boldsymbol{y})+t^2|\boldsymbol{y}|^2\\&=|\boldsymbol{x}|^2-\frac{2|\boldsymbol{x}|}{|\boldsymbol{y}|}(\boldsymbol{x},\boldsymbol{y})+\frac{|\boldsymbol{x}|^2}{|\boldsymbol{y}|^2}|\boldsymbol{y}|^2=2|\boldsymbol{x}|^2-\frac{2|\boldsymbol{x}|}{|\boldsymbol{y}|}|\boldsymbol{x}||\boldsymbol{y}|=0\end{aligned}$$

即 $\boldsymbol{x}-t\boldsymbol{y}=\boldsymbol{0}$, 从而 $\boldsymbol{x}=t\boldsymbol{y}$, $\boldsymbol{x}$ 与 $\boldsymbol{y}$ 线性相关.

定义 2.3 非零向量 $\boldsymbol{x}$ 与 $\boldsymbol{y}$ 的夹角 $<\boldsymbol{x},\boldsymbol{y}>$ 规定为

$$<\boldsymbol{x},\boldsymbol{y}>=\arccos\frac{(\boldsymbol{x},\boldsymbol{y})}{|\boldsymbol{x}||\boldsymbol{y}|},\quad 0\leqslant<\boldsymbol{x},\boldsymbol{y}>\leqslant\pi \tag{2-10}$$

例 2.4 在 $\mathbf{R}^n$ 中对于 $\boldsymbol{x}=(\xi_1,\xi_2,\cdots,\xi_n),\boldsymbol{y}=(\eta_1,\eta_2,\cdots,\eta_n)\in\mathbf{R}^n$ 有

$$\left|\sum_{i=1}^n\xi_i\eta_i\right|\leqslant\sqrt{\sum_{i=1}^n\xi_i^2}\sqrt{\sum_{i=1}^n\eta_i^2}$$

例 2.5 在 $C[a,b]$ 中,对于 $x(t),y(t)\in C[a,b]$ 有

$$\left|\int_a^b x(t)y(t)\,\mathrm{d}t\right|\leqslant\left[\int_a^b x^2(t)\,\mathrm{d}t\right]^{\frac{1}{2}}\left[\int_a^b y^2(t)\,\mathrm{d}t\right]^{\frac{1}{2}}$$

例 2.6 在 $\mathbf{R}^{n\times n}$ 中,对于 $\boldsymbol{A}=(a_{ij}),\boldsymbol{B}=(b_{ij})\in\mathbf{R}^{n\times n}$, 有

$$\left|\sum_{i,j=1}^n a_{ij}b_{ij}\right|\leqslant\sqrt{\sum_{i,j=1}^n a_{ij}^2}\sqrt{\sum_{i,j=1}^n b_{ij}^2}$$

例 2.7 证明 $|\boldsymbol{x}+\boldsymbol{y}|\leqslant|\boldsymbol{x}|+|\boldsymbol{y}|$.

证明:由定理 2.2 第一式知

$$|\boldsymbol{x}+\boldsymbol{y}|^2=|\boldsymbol{x}|^2+2(\boldsymbol{x},\boldsymbol{y})+|\boldsymbol{y}|^2$$

由不等式(2-9)知 $(\boldsymbol{x},\boldsymbol{y})\leqslant|\boldsymbol{x}||\boldsymbol{y}|$, 故得

$|\boldsymbol{x}+\boldsymbol{y}|^2\leqslant(|\boldsymbol{x}|+|\boldsymbol{y}|)^2\Rightarrow|\boldsymbol{x}+\boldsymbol{y}|\leqslant|\boldsymbol{x}|+|\boldsymbol{y}|$(三角不等式)

2.2　向量的正交性

定义 2.4　设 $\boldsymbol{x},\boldsymbol{y}\in V$, 如果 $(\boldsymbol{x},\boldsymbol{y})=0$, 称 $\boldsymbol{x}$ 与 $\boldsymbol{y}$ 为正交的(Orthogonal),记作 $\boldsymbol{x}\perp\boldsymbol{y}$.

由内积的对称性知,当 $\boldsymbol{x}$ 与 $\boldsymbol{y}$ 正交时, $\boldsymbol{y}$ 与 $\boldsymbol{x}$ 也正交;零向量与任意向量均正交;如果 $\boldsymbol{x}\perp\boldsymbol{y}$ 且 $\boldsymbol{x}$ 与 y 线性相关,则 $\boldsymbol{x}=\boldsymbol{0}$ 或 $\boldsymbol{y}=\boldsymbol{0}$. 这表明:若 $\boldsymbol{x}\perp\boldsymbol{y}$ 且 $\boldsymbol{x}\neq\boldsymbol{0},\boldsymbol{y}\neq\boldsymbol{0}$, 则 $\boldsymbol{x}$ 与 $\boldsymbol{y}$ 必线性无关. 一般地,正交的非零向量组必线性无关.

例 2.8　$\mathbf{R}^n$ 中的自然基 $\boldsymbol{e}_1=(1,0,\cdots,0),\boldsymbol{e}_2=(0,1,0,\cdots,0),\cdots,\boldsymbol{e}_n=(0,0,\cdots,1)$ 是两两正交的,且 $|\boldsymbol{e}_i|=1(i=1,2,\cdots,n)$.

事实上, $(\boldsymbol{e}_i,\boldsymbol{e}_j)=\begin{cases}1, & i=j,\\ 0, & i\neq j.\end{cases}$

例 2.9　定义在区间 $(-\pi,\pi)$ 上的三角函数组

$$1,\cos t,\sin t,\cos 2t,\sin 2t,\cdots,\cos kt,\sin kt,\cdots$$

是两两正交的.

定义 2.5　如果欧氏空间中一组非零向量两两正交,则称它们为正交向量组. 进一步地,若正交向量组中每个向量均为单位向量,则称此向量组为标准正交向量组(Set of Orthonormal Vectors).

例 2.8 中的 $\boldsymbol{e}_1,\boldsymbol{e}_2,\cdots,\boldsymbol{e}_n$ 就是 $\mathbf{R}^n$ 中的一个标准正交向量组.

定理 2.3　**(勾股定理)**若 $\boldsymbol{x}\perp\boldsymbol{y}$, 则

$$|\boldsymbol{x}+\boldsymbol{y}|^2=|\boldsymbol{x}|^2+|\boldsymbol{y}|^2 \tag{2-11}$$

式(2-11)也称为“商高公式”.

证明:由定理 2.2 第一式知 $|\boldsymbol{x}+\boldsymbol{y}|^2=|\boldsymbol{x}|^2+2(\boldsymbol{x},\boldsymbol{y})+|\boldsymbol{y}|^2$,而 $(\boldsymbol{x},\boldsymbol{y})=0$,故 $|\boldsymbol{x}+\boldsymbol{y}|^2=|\boldsymbol{x}|^2+|\boldsymbol{y}|^2$.

推论 2.3　设 $\boldsymbol{x}_1,\boldsymbol{x}_2,\cdots,\boldsymbol{x}_m$ 是欧氏空间 V 中的正交向量组,则 $\boldsymbol{x}_1,\boldsymbol{x}_2,\cdots,\boldsymbol{x}_m$ 必然线性无关.

证明:设 $\sum\limits_{i=1}^{m}k_i\boldsymbol{x}_i=0$, 则 $k_i(\boldsymbol{x}_i,\boldsymbol{x}_i)=0(i=1,2,\cdots,m)$, 由于 $(\boldsymbol{x}_i,\boldsymbol{x}_i)>0$, 故 $k_i=0(i=1,2,\cdots,m)$.

推论 2.3 表明,在 n 维欧氏空间 V^n 中两两正交的非零向量不能超过 n 个.

定义 2.6　在 n 维欧氏空间 V^n 中,由 n 个非零向量组成的正交向量组称为 V^n 的正交基;由单位向量组成的正交基称为 V^n 的标准正交基.

$\boldsymbol{x}_1,\boldsymbol{x}_2,\cdots,\boldsymbol{x}_n$ 是 V^n 的一个标准正交基 $\Leftrightarrow(\boldsymbol{x}_i,\boldsymbol{x}_j)=\begin{cases}1, & i=j,\\ 0, & i\neq j.\end{cases}$

$\boldsymbol{e}_1,\boldsymbol{e}_2,\cdots,\boldsymbol{e}_n$ 就是 $\mathbf{R}^n$ 的一个标准正交基.

把一个正交基单位化便得到一个标准正交基.

引入标准正交基的目的是使内积的计算简单而且向量的坐标可以用内积表达.

命题 2.1 一个基 $\boldsymbol{x}_1,\boldsymbol{x}_2,\cdots,\boldsymbol{x}_n$ 为标准正交基 ⇔ 它的度量矩阵为单位阵.

证明:设 $\boldsymbol{x}_1,\boldsymbol{x}_2,\cdots,\boldsymbol{x}_n$ 为 n 维欧氏空间 V^n 的标准正交基,则

$$\forall \boldsymbol{x},\boldsymbol{y} \in V^n, (\boldsymbol{x},\boldsymbol{y}) = \sum_{i,j=1}^{n} \xi_i \eta_j (\boldsymbol{x}_i,\boldsymbol{x}_j) = \sum_{i=1}^{n} \xi_i \eta_i \tag{2-12}$$

其中 $\boldsymbol{x} = \sum_{i=1}^{n} \xi_i \boldsymbol{x}_i, \boldsymbol{y} = \sum_{j=1}^{n} \eta_j \boldsymbol{x}_j$, $\boldsymbol{x}_1,\boldsymbol{x}_2,\cdots,\boldsymbol{x}_n$ 的度量矩阵为单位阵.

反之,设 $\boldsymbol{x}_1,\boldsymbol{x}_2,\cdots,\boldsymbol{x}_n$ 的度量矩阵为单位阵,则

$$(\boldsymbol{x}_i,\boldsymbol{x}_j) = \begin{cases} 1, & i = j \\ 0, & i \neq j \end{cases}$$

从而 $\boldsymbol{x}_1,\boldsymbol{x}_2,\cdots,\boldsymbol{x}_n$ 为标准正交基.

在欧氏空间 V^n 中, $\boldsymbol{x}_1,\boldsymbol{x}_2,\cdots,\boldsymbol{x}_n$ 为标准正交基,设 $\boldsymbol{x} = \sum_{i=1}^{n} \xi_i \boldsymbol{x}_i$, 则 $(\boldsymbol{x},\boldsymbol{x}_i) = \xi_i (i = 1, 2,\cdots,n)$, 即

$$\boldsymbol{x} = \sum_{i=1}^{n} (\boldsymbol{x},\boldsymbol{x}_i)\boldsymbol{x}_i \tag{2-13}$$

式(2-13)表明 $\boldsymbol{x}$ 的坐标 ξ_i 可用内积来表达.

n 维欧氏空间中是否存在标准正交基呢? 回答是肯定的.

定理 2.4 对于欧氏空间 V^n 的任一基 $\boldsymbol{x}_1,\boldsymbol{x}_2,\cdots,\boldsymbol{x}_n$, 都可以找到一个与之等价的标准正交基 $\boldsymbol{y}_1,\boldsymbol{y}_2,\cdots,\boldsymbol{y}_n$, 换言之,任一非零欧氏空间都有正交基和标准正交基.

证明:取 $\boldsymbol{y}'_1 = \boldsymbol{x}_1$, 令 $\boldsymbol{y}'_2 = \boldsymbol{x}_2 + k\boldsymbol{y}'_1$, 由正交条件 $(\boldsymbol{y}'_2,\boldsymbol{y}'_1) = 0$ 来决定待定常数 k, 因 $(\boldsymbol{x}_2 + k\boldsymbol{y}'_1,\boldsymbol{y}'_1) = (\boldsymbol{x}_2,\boldsymbol{y}'_1) + k(\boldsymbol{y}'_1,\boldsymbol{y}'_1) = 0$, 得

$$k = -\frac{(\boldsymbol{x}_2,\boldsymbol{y}'_1)}{(\boldsymbol{y}'_1,\boldsymbol{y}'_1)}$$

这样便得到两个正交的向量 $\boldsymbol{y}'_1,\boldsymbol{y}'_2$ 且 $\boldsymbol{y}'_2 \neq \boldsymbol{0}$. 又令

$$\boldsymbol{y}'_3 = \boldsymbol{x}_3 + k_2\boldsymbol{y}'_2 + k_1\boldsymbol{y}'_1$$

再由正交条件 $(\boldsymbol{y}'_3,\boldsymbol{y}'_2) = 0$ 及 $(\boldsymbol{y}'_3,\boldsymbol{y}'_1) = 0$ 来决定常数 k_1,k_2.

$$k_2 = -\frac{(\boldsymbol{x}_3,\boldsymbol{y}'_2)}{(\boldsymbol{y}'_2,\boldsymbol{y}'_2)}, k_1 = -\frac{(\boldsymbol{x}_3,\boldsymbol{y}'_1)}{(\boldsymbol{y}'_1,\boldsymbol{y}'_1)}$$

至此已经做出三个两两正交的向量 $\boldsymbol{y}'_1,\boldsymbol{y}'_2,\boldsymbol{y}'_3$, 且 $\boldsymbol{y}'_3 \neq 0$. 重复上述过程可得 n 个两两正交的非零向量 $\boldsymbol{y}'_1,\boldsymbol{y}'_2,\cdots,\boldsymbol{y}'_n$.

由推论 2.3 知, $\boldsymbol{y}'_1,\boldsymbol{y}'_2,\cdots,\boldsymbol{y}'_n$ 是线性无关的,故 $\boldsymbol{y}'_1,\boldsymbol{y}'_2,\cdots,\boldsymbol{y}'_n$ 是 V^n 的一个正交基,再将它单位化,即得 V^n 的一个标准正交基.

定理 2.4 中所用的正交化过程称为 Schmidt 正交化方法.

例 2.10 把向量组 $\boldsymbol{x}_1 = (1,1,0,0), \boldsymbol{x}_2 = (1,0,1,0), \boldsymbol{x}_3 = (-1,0,0,1), \boldsymbol{x}_4 = (1,-1,-1,1)$ 正交标准化.

解:先把它们正交化,取 $\boldsymbol{y}'_1 = \boldsymbol{x}_1 = (1,1,0,0)$.

$$\boldsymbol{y}'_2 = \boldsymbol{x}_2 - \frac{(\boldsymbol{x}_2,\boldsymbol{y}'_1)}{(\boldsymbol{y}'_1,\boldsymbol{y}'_1)}\boldsymbol{y}'_1 = \left(\frac{1}{2}, -\frac{1}{2}, 1, 0\right)$$

$$y'_3 = x_3 - \frac{(x_3, y'_2)}{(y'_2, y'_2)} y'_2 - \frac{(x_3, y'_1)}{(y'_1, y'_1)} y'_1 = \left(-\frac{1}{3}, \frac{1}{3}, \frac{1}{3}, 1\right)$$

$$y'_4 = x_4 - \frac{(x_4, y'_3)}{(y'_3, y'_3)} y'_3 - \frac{(x_4, y'_2)}{(y'_2, y'_2)} y'_2 - \frac{(x_4, y'_1)}{(y'_1, y'_1)} y'_1 = (1, -1, -1, 1)$$

再单位化,便得

$$y_1 = \frac{y'_1}{|y'_1|} = \left(\frac{\sqrt{2}}{2}, \frac{\sqrt{2}}{2}, 0, 0\right)$$

$$y_2 = \frac{y'_2}{|y'_2|} = \left(\frac{\sqrt{6}}{6}, -\frac{\sqrt{6}}{6}, \frac{\sqrt{6}}{3}, 0\right)$$

$$y_3 = \frac{y'_3}{|y'_3|} = \left(-\frac{\sqrt{3}}{6}, \frac{\sqrt{3}}{6}, \frac{\sqrt{3}}{6}, \frac{\sqrt{3}}{2}\right)$$

$$y_4 = \frac{y'_4}{|y'_4|} = \left(\frac{1}{2}, -\frac{1}{2}, -\frac{1}{2}, \frac{1}{2}\right)$$

定义 2.7　设 V_1 是欧氏空间 V^n 的子空间, $\boldsymbol{x} \in V^n$, 称 $\boldsymbol{x}$ 与 V_1 正交是指 $\forall \boldsymbol{y} \in V_1, \boldsymbol{x} \perp \boldsymbol{y}$, 记作 $\boldsymbol{x} \perp V_1$. 设 V_1, V_2 为欧氏空间 V^n 的子空间,如果 $\forall \boldsymbol{x} \in V_1$, 有 $\boldsymbol{x} \perp V_2$, 称 V_1 与 V_2 正交,记作 $V_1 \perp V_2$.

定理 2.5　设 V_1 为欧氏空间 V^n 的子空间,向量 $\boldsymbol{x} \in V^n$ 与 V_1 正交 $\Leftrightarrow \boldsymbol{x}$ 与 V_1 的每个基向量正交.

证明:($\Rightarrow$)设 $\boldsymbol{x}_1, \boldsymbol{x}_2, \cdots, \boldsymbol{x}_m$ 为 V_1 的基向量,则 $\boldsymbol{x} \perp \boldsymbol{x}_i (i = 1, 2, \cdots, m)$.

($\Leftarrow$)设 $\boldsymbol{x} \perp \boldsymbol{x}_i (i = 1, 2, \cdots, m)$, 即 $(\boldsymbol{x}, \boldsymbol{x}_i) = 0 \quad (i = 1, 2, \cdots, m)$, $\forall \boldsymbol{y} \in V_1$, 则

$$\boldsymbol{y} = \xi_1 \boldsymbol{x}_1 + \xi_2 \boldsymbol{x}_2 + \cdots + \xi_m \boldsymbol{x}_m$$

从而

$$(\boldsymbol{x}, \boldsymbol{y}) = \xi_1 (\boldsymbol{x}, \boldsymbol{x}_1) + \xi_2 (\boldsymbol{x}, \boldsymbol{x}_2) + \cdots + \xi_m (\boldsymbol{x}, \boldsymbol{x}_m) = 0$$

即 $\boldsymbol{x} \perp V_1$.

命题 2.2　记 $V_1^{\perp} = \{\boldsymbol{x} \in V^n \mid \boldsymbol{x} \perp V_1\}$, 则 $V_1^{\perp}$ 是 V^n 的一个子空间.

证明:若 $\boldsymbol{x}, \boldsymbol{y} \in V_1^{\perp}, k \in R, \forall \boldsymbol{z} \in V_1$, 则

$$(\boldsymbol{x} + \boldsymbol{y}, \boldsymbol{z}) = (\boldsymbol{x}, \boldsymbol{z}) + (\boldsymbol{y} + \boldsymbol{z}) = 0 + 0 = 0$$

$$(k\boldsymbol{x}, \boldsymbol{z}) = k(\boldsymbol{x}, \boldsymbol{z}) = k \times 0 = 0$$

即 $\boldsymbol{x} + \boldsymbol{y} \in V_1^{\perp}, k\boldsymbol{x} \in V_1^{\perp}$, 因此 $V_1^{\perp}$ 是 V^n 的一个子空间.

称 $V_1^{\perp}$ 为 V_1 的正交补空间(Orthogonal Complement Space),简称 V_1 的正交补.

定理 2.6　任一欧氏空间 V^n 为其子空间 V_1 及 V_1 的正交补 $V_1^{\perp}$ 的直和,即 $V^n = V_1 \oplus V_1^{\perp}$.

证明:若 $V_1 = \{\boldsymbol{0}\}$, 则 $V_1^{\perp} = V^n$, 从而 $V^n = \{\boldsymbol{0}\} \oplus V^n = V_1 \oplus V_1^{\perp}$.

若 $V_1 \neq \{\boldsymbol{0}\}$, 设 $\dim V_1 = m, (1 \leqslant m \leqslant n)$, 且 V_1 的一个标准正交基为 $\boldsymbol{x}_1, \boldsymbol{x}_2, \cdots, \boldsymbol{x}_m$, 将 $\boldsymbol{x}_1, \boldsymbol{x}_2, \cdots, \boldsymbol{x}_m$ 扩充为 V^n 的一组标准正交基, $\boldsymbol{x}_1, \boldsymbol{x}_2, \cdots, \boldsymbol{x}_m, \boldsymbol{x}_{m+1}, \cdots, \boldsymbol{x}_n$, 则易验证 $V_1 = L(\boldsymbol{x}_1, \boldsymbol{x}_2, \cdots, \boldsymbol{x}_m)$, $V_1^{\perp} = L(\boldsymbol{x}_{m+1}, \cdots, \boldsymbol{x}_n)$, 且 $V^n = V_1 \oplus V_1^{\perp}$.

推论 2.4　设 V_1 为欧氏空间 V^n 的子空间,则 $\dim V_1 + \dim V_1^{\perp} = n$.

注 2.1 定理 2.6 中 V^n 的分解式由 V_1 唯一地决定，即若还有 $V^n=V_1\oplus W$，且 $V_1\perp W$，则 $W=V_1^{\perp}$. 事实上，$\forall \boldsymbol{x}\in W,\boldsymbol{x}\perp V_1\Rightarrow \boldsymbol{x}\in V_1^{\perp}$，故 $W\subseteq V_1^{\perp}$；反之，$\forall \boldsymbol{x}\in V_1^{\perp}$，则 $\boldsymbol{x}\perp V_1$. 因 $V^n=V_1\oplus W$，故 $\boldsymbol{x}=\boldsymbol{x}_1+\boldsymbol{x}_2,\boldsymbol{x}_1\in V_1,\boldsymbol{x}_2\in W$，从而 $0=(\boldsymbol{x},\boldsymbol{x}_1)=|\boldsymbol{x}_1|^2+(\boldsymbol{x}_1,\boldsymbol{x}_2)=|\boldsymbol{x}_1|^2\Rightarrow \boldsymbol{x}_1=\boldsymbol{0}$，于是 $\boldsymbol{x}=\boldsymbol{x}_2\in W$，即 $V_1^{\perp}\subseteq W$，因此 $W=V_1^{\perp}$.

定理 2.7 设 $\boldsymbol{A}=(a_{ij})\in\mathbf{R}^{m\times n}$，则

$$R^{\perp}(\boldsymbol{A})=N(\boldsymbol{A}^{\mathrm{T}}),\qquad R(\boldsymbol{A})\oplus N(\boldsymbol{A}^{\mathrm{T}})=\mathbf{R}^m \tag{2-14}$$

$$R^{\perp}(\boldsymbol{A}^{\mathrm{T}})=N(\boldsymbol{A}),\qquad R(\boldsymbol{A}^{\mathrm{T}})\oplus N(\boldsymbol{A})=\mathbf{R}^n \tag{2-15}$$

证明：设 $\boldsymbol{A}$ 的第 i 个列向量为 $\boldsymbol{\alpha}_j(j=1,2,\cdots,n)$，记 $V_1=R(\boldsymbol{A})=L(\boldsymbol{\alpha}_1,\boldsymbol{\alpha}_2,\cdots,\boldsymbol{\alpha}_n)\subset\mathbf{R}^m$，于是有

$$\begin{aligned}V_1^{\perp}&=\{\boldsymbol{y}\mid\boldsymbol{y}\perp(k_1\boldsymbol{\alpha}_1+k_2\boldsymbol{\alpha}_2+\cdots+k_n\boldsymbol{\alpha}_n),k_j\in\mathbf{R}\}\\&=\{\boldsymbol{y}\mid\boldsymbol{y}\perp\boldsymbol{\alpha}_j,j=1,2,\cdots,n\}\\&=\{\boldsymbol{y}\mid\boldsymbol{\alpha}_j^{\mathrm{T}}\boldsymbol{y}=\boldsymbol{0},j=1,2,\cdots,n\}\\&=\{\boldsymbol{y}\mid\boldsymbol{A}^{\mathrm{T}}\boldsymbol{y}=\boldsymbol{0}\}=N(\boldsymbol{A}^{\mathrm{T}})\end{aligned}$$

由定理 2.6 可得 $\mathbf{R}^m=V_1\oplus V_1^{\perp}=R(\boldsymbol{A})\oplus N(\boldsymbol{A}^{\mathrm{T}})$.

同理可证式(2-15).

定理 2.8 设 V_1 是欧氏空间 V^n 的子空间，则 $(V_1^{\perp})^{\perp}=V_1$.

证明：由定理 2.6 知 $V^n=V_1\oplus V_1^{\perp},V^n=V_1^{\perp}\oplus(V_1^{\perp})^{\perp}$ 故 $\dim V_1=n-\dim V_1^{\perp}=\dim(V_1^{\perp})^{\perp}$. 又 $V_1\subseteq(V_1^{\perp})^{\perp}$，故 $V_1=(V_1^{\perp})^{\perp}$.

定义 2.8 设 $\boldsymbol{\beta}$ 是欧氏空间 V^n 的一个向量，V_1 是 V^n 的一个子空间，称 $\boldsymbol{\alpha}\in V_1$ 是 $\boldsymbol{\beta}$ 在 V_1 中的最佳近似向量(Best Approximation of a Vector)(见图 2-1)，如果

$$|\boldsymbol{\beta}-\boldsymbol{\alpha}|\leqslant|\boldsymbol{\beta}-\boldsymbol{\gamma}|,\forall\boldsymbol{\gamma}\in V_1 \tag{2-16}$$

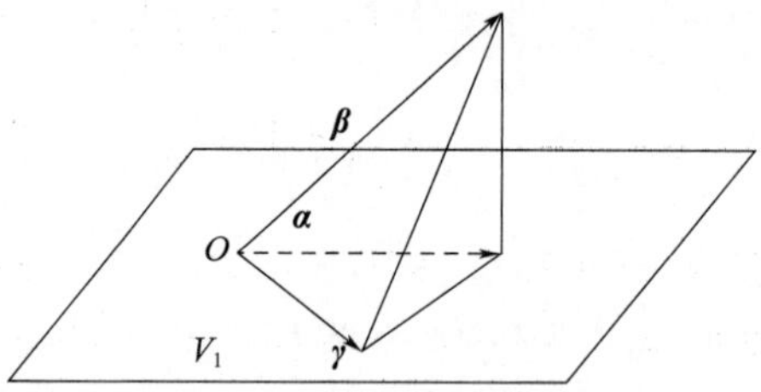

图 2-1 $\boldsymbol{\alpha}\in V_1$ 是 $\boldsymbol{\beta}$ 在 V_1 中的最佳近似向量

命题 2.3(变分引理) 设 V^n 为欧氏空间，V_1 为 V^n 的子空间，则 $\forall\boldsymbol{\beta}\in V^n$，存在唯一的向量 $\boldsymbol{\alpha}\in V_1$ 使得 $|\boldsymbol{\beta}-\boldsymbol{\alpha}|=\min\limits_{r\in V_1}|\boldsymbol{\beta}-\boldsymbol{\gamma}|$.

证明：由 $V^n=V_1\oplus V_1^{\perp}$ 决定唯一投影算子 $P_{V_1}:V^n\to V_1$，$\forall\boldsymbol{\beta}\in V^n,\boldsymbol{\beta}=\boldsymbol{\beta}_1+\boldsymbol{\beta}_2,\boldsymbol{\beta}_1\in V_1,\boldsymbol{\beta}_2\in V_1^{\perp},P_{V_1}\boldsymbol{\beta}=\boldsymbol{\beta}_1$，我们称 P_{V_1} 为 V 沿子空间 $V_1^{\perp}$ 向 V_1 的正交投影(Orthogonal Projection). 于是

$$\forall\boldsymbol{\gamma}\in V_1,P_{V_1}\boldsymbol{\beta}-\boldsymbol{\gamma}\in V_1,\boldsymbol{\beta}-P_{V_1}\boldsymbol{\beta}\in V_1^{\perp}，从而\ (P_{V_1}\boldsymbol{\beta}-\boldsymbol{\gamma})\perp(\boldsymbol{\beta}-P_{V_1}\boldsymbol{\beta})$$

由勾股定理，得

$$\forall \boldsymbol{\gamma} \in V_1,\ |\boldsymbol{\beta} - \boldsymbol{\gamma}|^2 = |\boldsymbol{\beta} - P_{V_1}\boldsymbol{\beta}|^2 + |P_{V_1}\boldsymbol{\beta} - \boldsymbol{\gamma}|^2 \tag{2-17}$$

式(2-17)表明当且仅当 $\boldsymbol{\gamma} = P_{V_1}\boldsymbol{\beta}$ 时 $|\boldsymbol{\beta} - \boldsymbol{\gamma}|^2$ 达到最小,存在唯一的向量 $\boldsymbol{\alpha} = P_{V_1}\boldsymbol{\beta} \in V_1$ 使得 $|\boldsymbol{\beta} - \boldsymbol{\alpha}| = \min\limits_{r \in V_1}|\boldsymbol{\beta} - \boldsymbol{\gamma}|$.

定理 2.9　设 V^n 为欧氏空间, V_1 为 V^n 的子空间, $\boldsymbol{\beta} \in V^n, \boldsymbol{\alpha} \in V_1$, 则 $\boldsymbol{\alpha}$ 是 $\boldsymbol{\beta}$ 在 V_1 中的最佳近似向量 $\Leftrightarrow \boldsymbol{\beta} - \boldsymbol{\alpha} \in V_1^{\perp}$.

证明:由命题 2.3 的证明可知, $\exists \boldsymbol{\alpha} \in V_1$ 使得

$$|\boldsymbol{\beta} - \boldsymbol{\alpha}| = \min_{r \in V_1}|\boldsymbol{\beta} - \boldsymbol{\gamma}| \Leftrightarrow \boldsymbol{\beta} - \boldsymbol{\alpha} = \boldsymbol{\beta} - P_{V_1}\boldsymbol{\beta} \in V_1^{\perp}$$

见图 2-2.

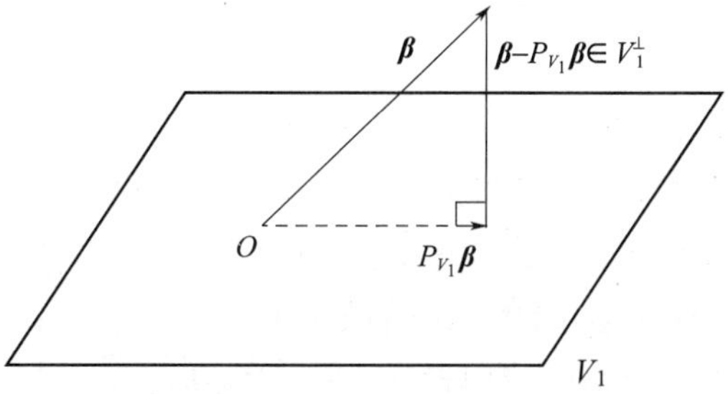

图 2-2　$\boldsymbol{\beta}$ 在 V_1 中的最佳近似向量

推论 2.5　设 $\boldsymbol{\beta} \in V^n$, V_1 是 V^n 的一个子空间, $\boldsymbol{\varepsilon}_1, \boldsymbol{\varepsilon}_2, \cdots, \boldsymbol{\varepsilon}_k$ 是 V_1 的一个标准正交基, 则 $\boldsymbol{\alpha} = \sum\limits_{i=1}^{k}(\boldsymbol{\beta}, \boldsymbol{\varepsilon}_i)\boldsymbol{\varepsilon}_i$ 是 $\boldsymbol{\beta}$ 在 V_1 中的最佳近似向量.

证明: $V_1 = L(\boldsymbol{\varepsilon}_1, \boldsymbol{\varepsilon}_2, \cdots, \boldsymbol{\varepsilon}_k)$, 将 $\boldsymbol{\varepsilon}_1, \boldsymbol{\varepsilon}_2, \cdots, \boldsymbol{\varepsilon}_k$ 扩充为 V^n 的一组标准正交基 $\boldsymbol{\varepsilon}_1, \boldsymbol{\varepsilon}_2, \cdots, \boldsymbol{\varepsilon}_k, \boldsymbol{\varepsilon}_{k+1}, \cdots, \boldsymbol{\varepsilon}_n$, 则 $V_1^{\perp} = L(\boldsymbol{\varepsilon}_{k+1}, \boldsymbol{\varepsilon}_{k+2}, \cdots, \boldsymbol{\varepsilon}_m)$ 且 $V^n = V_1 \oplus V_1^{\perp}$. 由定理 2.9 知

$$\boldsymbol{\alpha} = P_{V_1}\boldsymbol{\beta} = \sum_{i=1}^{k}(\boldsymbol{\beta}, \boldsymbol{\varepsilon}_i)\boldsymbol{\varepsilon}_i$$

推论 2.6　设 $\boldsymbol{A} \in \mathbf{R}^{m \times n}$, $\boldsymbol{b} \in \mathbf{R}^m$, 则 $\exists \boldsymbol{x}_0 \in \mathbf{R}^n$, 使得 $\boldsymbol{A}^{\mathrm{T}}\boldsymbol{A}\boldsymbol{x}_0 = \boldsymbol{A}^{\mathrm{T}}\boldsymbol{b}$.

称 $\boldsymbol{x}_0$ 为线性方程组 $\boldsymbol{A}\boldsymbol{x} = \boldsymbol{b}$ 的最小二乘解(Least Square Solution),而称方程组 $\boldsymbol{A}^{\mathrm{T}}\boldsymbol{A}\boldsymbol{x} = \boldsymbol{A}^{\mathrm{T}}\boldsymbol{b}$ 为正规方程(Normal Equation).

证明:取 $V_1 = R(\boldsymbol{A}) \subseteq \mathbf{R}^m$, 则 $V_1^{\perp} = R^{\perp}(\boldsymbol{A}) = N(\boldsymbol{A}^{\mathrm{T}})$, 因 $\mathbf{R}^m = R(\boldsymbol{A}) \oplus N(\boldsymbol{A}^{\mathrm{T}})$, 将 $\boldsymbol{b} \in \mathbf{R}^m$ 沿 $N(\boldsymbol{A}^{\mathrm{T}})$ 作正交投影 $P_{V_1}\boldsymbol{b}$, 则 $P_{V_1}\boldsymbol{b}$ 就是 $\boldsymbol{b}$ 在 $R(\boldsymbol{A})$ 中的最佳近似向量,由定理 2.9 知, $\boldsymbol{b} - P_{V_1}\boldsymbol{b} \in V_1^{\perp} = N(\boldsymbol{A}^{\mathrm{T}})$, 由于 $P_{V_1}\boldsymbol{b} \in R(\boldsymbol{A})$, 故 $\exists \boldsymbol{x}_0 \in \mathbf{R}^n$, s. t. $P_{V_1}\boldsymbol{b} = \boldsymbol{A}\boldsymbol{x}_0$, 从而 $\boldsymbol{b} - \boldsymbol{A}\boldsymbol{x}_0 \in N(\boldsymbol{A}^{\mathrm{T}})$, 此即 $\boldsymbol{A}^{\mathrm{T}}\boldsymbol{A}\boldsymbol{x}_0 = \boldsymbol{A}^{\mathrm{T}}\boldsymbol{b}$.

例 2.11　已知 $\boldsymbol{A} = \begin{bmatrix} 1 & 3 \\ 2 & 2 \\ 3 & 1 \end{bmatrix}, \boldsymbol{b} = (1,0,1)^{\mathrm{T}}$, 求 $\boldsymbol{A}\boldsymbol{x} = \boldsymbol{b}$ 的最小二乘解.

解:由于

$$\boldsymbol{A}^{\mathrm{T}}\boldsymbol{A} = \begin{bmatrix} 14 & 10 \\ 10 & 14 \end{bmatrix}, \boldsymbol{A}^{\mathrm{T}}\boldsymbol{b} = \begin{bmatrix} 4 \\ 4 \end{bmatrix}$$

易求得 $\boldsymbol{A}^{\mathrm{T}}\boldsymbol{A}\boldsymbol{x} = \boldsymbol{A}^{\mathrm{T}}\boldsymbol{b}$ 解是 $\left(\dfrac{1}{6}, \dfrac{1}{6}\right)$, 为 $\boldsymbol{A}\boldsymbol{x} = \boldsymbol{b}$ 的最小二乘解.

亦知 $\boldsymbol{b}$ 在 $R(\boldsymbol{A})$ 的最佳近似向量为

$$\boldsymbol{A}\boldsymbol{x} = \begin{bmatrix} 1 & 3 \\ 2 & 2 \\ 3 & 1 \end{bmatrix} \begin{bmatrix} \frac{1}{6} \\ \frac{1}{6} \end{bmatrix} = \begin{bmatrix} \frac{2}{3} \\ \frac{2}{3} \\ \frac{2}{3} \end{bmatrix} \in R(\boldsymbol{A})$$

2.3 正交变换与正交矩阵

由解析几何知,在旋转坐标系下,向量的长度保持不变. 在线性空间中,能保持向量长度不变的线性变换具有十分重要的地位,为此引入下述内容.

定义 2.9 设 V 为欧氏空间, $T \in \mathrm{Hom}(V)$, 如果 $\forall \boldsymbol{x} \in V, (\boldsymbol{x},\boldsymbol{x}) = (T\boldsymbol{x},T\boldsymbol{x})$, 则称 T 为 V 的一个正交变换(Orthogonal Transformation).

例如,坐标平面 $\mathbf{R}^2$ 上的旋转变换就是一个正交变换.

定理 2.10 $\sigma \in \mathrm{Hom}(V)$ 为正交变换 $\Leftrightarrow \forall \boldsymbol{x},\boldsymbol{y} \in V$, 有

$$(\boldsymbol{x},\boldsymbol{y}) = (T\boldsymbol{x},T\boldsymbol{y})$$

证明:($\Rightarrow$)设 $\sigma \in \mathrm{Hom}(V)$ 为正交变换,则 $\forall \boldsymbol{x},\boldsymbol{y} \in V$, 有

$$(\boldsymbol{x}-\boldsymbol{y},\boldsymbol{x}-\boldsymbol{y}) = (T(\boldsymbol{x}-\boldsymbol{y}),T(\boldsymbol{x}-\boldsymbol{y}))$$

即

$$\begin{aligned}(\boldsymbol{x},\boldsymbol{x}) - 2(\boldsymbol{x},\boldsymbol{y}) + (\boldsymbol{y},\boldsymbol{y}) &= (T\boldsymbol{x}-T\boldsymbol{y},T\boldsymbol{x}-T\boldsymbol{y}) \\ &= (T\boldsymbol{x},T\boldsymbol{x}) - 2(T\boldsymbol{x},T\boldsymbol{y}) + (T\boldsymbol{y},T\boldsymbol{y}) \\ &= (\boldsymbol{x},\boldsymbol{x}) - 2(T\boldsymbol{x},T\boldsymbol{y}) + (\boldsymbol{y},\boldsymbol{y})\end{aligned}$$

故 $(\boldsymbol{x},\boldsymbol{y}) = (T\boldsymbol{x},T\boldsymbol{y})$.

($\Leftarrow$)令 $\boldsymbol{y} = \boldsymbol{x}$ 即得结论.

注 2.2 依据正交变换定义可知正交变换能保持向量长度不变,依据定理 2.10 与向量夹角定义可知正交变换能保持向量间的夹角不变.

定义 2.10 若实方阵 $\boldsymbol{Q}$ 满足 $\boldsymbol{Q}^{\mathrm{T}}\boldsymbol{Q} = \boldsymbol{I}$ 或 $\boldsymbol{Q}^{-1} = \boldsymbol{Q}^{\mathrm{T}}$, 则称 $\boldsymbol{Q}$ 为正交矩阵(Orthogonal Matrix).

记 $\boldsymbol{Q} = [\boldsymbol{q}_1,\boldsymbol{q}_2,\cdots,\boldsymbol{q}_n]$, 则

$$\boldsymbol{Q}^{\mathrm{T}}\boldsymbol{Q} = \begin{bmatrix} \boldsymbol{q}_1^{\mathrm{T}} \\ \boldsymbol{q}_2^{\mathrm{T}} \\ \vdots \\ \boldsymbol{q}_n^{\mathrm{T}} \end{bmatrix} (\boldsymbol{q}_1,\boldsymbol{q}_2,\cdots \boldsymbol{q}_n) = \begin{bmatrix} \boldsymbol{q}_1^{\mathrm{T}}\boldsymbol{q}_1 & \boldsymbol{q}_1^{\mathrm{T}}\boldsymbol{q}_2 & \cdots & \boldsymbol{q}_1^{\mathrm{T}}\boldsymbol{q}_n \\ \boldsymbol{q}_2^{\mathrm{T}}\boldsymbol{q}_1 & \boldsymbol{q}_2^{\mathrm{T}}\boldsymbol{q}_2 & \cdots & \boldsymbol{q}_2^{\mathrm{T}}\boldsymbol{q}_n \\ \vdots & & & \\ \boldsymbol{q}_n^{\mathrm{T}}\boldsymbol{q}_1 & \boldsymbol{q}_n^{\mathrm{T}}\boldsymbol{q}_2 & \cdots & \boldsymbol{q}_n^{\mathrm{T}}\boldsymbol{q}_n \end{bmatrix}$$

故

$$\boldsymbol{Q}^{\mathrm{T}}\boldsymbol{Q} = \boldsymbol{I} \Leftrightarrow (\boldsymbol{q}_i,\boldsymbol{q}_j) = \begin{cases} 1, & i = j \\ 0, & i \neq j \end{cases}$$

即 $\boldsymbol{Q}$ 为正交矩阵 $\Leftrightarrow$ $\boldsymbol{Q}$ 的列向量是两两正交的单位向量.

定理 2.11　欧氏空间 V^n 的线性变换是正交变换 $\Leftrightarrow$ 它在标准正交基下的矩阵是正交矩阵.

证明:设欧氏空间 V^n 的标准正交基为 $\boldsymbol{\varepsilon}_1,\boldsymbol{\varepsilon}_2,\cdots,\boldsymbol{\varepsilon}_n$, 线性变换 T 在 $\boldsymbol{\varepsilon}_1,\boldsymbol{\varepsilon}_2,\cdots,\boldsymbol{\varepsilon}_n$ 下的矩阵为 $\boldsymbol{A}=(a_{ij})$, 即

$$T(\boldsymbol{\varepsilon}_1,\boldsymbol{\varepsilon}_2,\cdots,\boldsymbol{\varepsilon}_n)=(\boldsymbol{\varepsilon}_1,\boldsymbol{\varepsilon}_2,\cdots,\boldsymbol{\varepsilon}_n)\boldsymbol{A}$$

($\Rightarrow$)设 T 为正交变换,则 $(T\boldsymbol{\varepsilon}_i,T\boldsymbol{\varepsilon}_j)=(\boldsymbol{\varepsilon}_i,\boldsymbol{\varepsilon}_j)$.

由于

$$T\boldsymbol{\varepsilon}_i=a_{1i}\boldsymbol{\varepsilon}_1+a_{2i}\boldsymbol{\varepsilon}_2+\cdots+a_{ni}\boldsymbol{\varepsilon}_n$$
$$T\boldsymbol{\varepsilon}_j=a_{1j}\boldsymbol{\varepsilon}_1+a_{2j}\boldsymbol{\varepsilon}_2+\cdots+a_{nj}\boldsymbol{\varepsilon}_n$$

故

$$(T\boldsymbol{\varepsilon}_i,T\boldsymbol{\varepsilon}_j)=\sum_{k=1}^{n}a_{ki}a_{kj}=(\boldsymbol{\varepsilon}_i,\boldsymbol{\varepsilon}_j)=\begin{cases}1, & i=j\\0, & i\neq j\end{cases}$$

即 $\boldsymbol{A}$ 的 n 个列向量是两两正交的单位向量,故 $\boldsymbol{A}$ 为正交矩阵.

($\Leftarrow$)设 $\boldsymbol{A}^{\mathrm{T}}\boldsymbol{A}=\boldsymbol{I}$, 则 $\forall \boldsymbol{x}\in V^n$ 有

$$\boldsymbol{x}=(\boldsymbol{\varepsilon}_1,\boldsymbol{\varepsilon}_2,\cdots,\boldsymbol{\varepsilon}_n)\begin{bmatrix}\xi_1\\\xi_2\\\vdots\\\xi_n\end{bmatrix},\quad T\boldsymbol{x}=(\boldsymbol{\varepsilon}_1,\boldsymbol{\varepsilon}_2,\cdots,\boldsymbol{\varepsilon}_n)\boldsymbol{A}\begin{bmatrix}\xi_1\\\xi_2\\\vdots\\\xi_n\end{bmatrix}$$

从而

$$(T\boldsymbol{x},T\boldsymbol{x})=(T\boldsymbol{x})^{\mathrm{T}}T\boldsymbol{x}=(\xi_1,\xi_2,\cdots,\xi_n)\boldsymbol{A}^{\mathrm{T}}\boldsymbol{A}\begin{bmatrix}\xi_1\\\xi_2\\\vdots\\\xi_n\end{bmatrix}=(\xi_1,\xi_2,\cdots,\xi_n)\begin{bmatrix}\xi_1\\\xi_2\\\vdots\\\xi_n\end{bmatrix}=(\boldsymbol{x},\boldsymbol{x})$$

即 T 为正交变换.

推论 2.7　正交矩阵是可逆的.

推论 2.8　正交矩阵的逆矩阵是正交矩阵.

推论 2.9　两个正交矩阵的乘积仍为正交矩阵.

推论 2.10　从一个标准正交基到另一个标准正交基的过渡矩阵是正交矩阵.

推论 2.11　正交矩阵的特征值为 ± 1.

2.4　对称变换与对称矩阵

定义 2.11　设 V 为欧氏空间, $T\in\mathrm{Hom}(V)$, 若 $\forall \boldsymbol{x},\boldsymbol{y}\in V$, 都有

$$(T\boldsymbol{x},\boldsymbol{y})=(\boldsymbol{x},T\boldsymbol{y})\tag{2-18}$$

则称 T 为 V 的一个对称变换(Symmetric Transformation).

定理 2.12 设 V^n 为欧氏空间,线性变换 $T: V^n \to V^n$ 为对称变换 $\Leftrightarrow T$ 在 V^n 的标准正交基下的矩阵为实对称矩阵.

证明:设 $\boldsymbol{\varepsilon}_1,\boldsymbol{\varepsilon}_2,\cdots,\boldsymbol{\varepsilon}_n$ 为欧氏空间 V^n 的标准正交基, T 在该基下的矩阵为 $\boldsymbol{A} = (a_{ij})$, 则有

$$T\boldsymbol{\varepsilon}_i = a_{1i}\boldsymbol{\varepsilon}_1 + a_{2i}\boldsymbol{\varepsilon}_2 + \cdots + a_{ni}\boldsymbol{\varepsilon}_n, (T\boldsymbol{\varepsilon}_i,\boldsymbol{\varepsilon}_j) = a_{ji}$$

$$T\boldsymbol{\varepsilon}_j = a_{1j}\boldsymbol{\varepsilon}_1 + a_{2j}\boldsymbol{\varepsilon}_2 + \cdots + a_{nj}\boldsymbol{\varepsilon}_n, (T\boldsymbol{\varepsilon}_j,\boldsymbol{\varepsilon}_i) = a_{ij}$$

($\Rightarrow$) 若 T 是对称变换,则 $a_{ij} = (T\boldsymbol{\varepsilon}_j,\boldsymbol{\varepsilon}_i) = (\boldsymbol{\varepsilon}_j, T\boldsymbol{\varepsilon}_i) = a_{ji}$, 即 $\boldsymbol{A}^{\mathrm{T}} = \boldsymbol{A}$.

($\Leftarrow$) 设 $\boldsymbol{A}^{\mathrm{T}} = \boldsymbol{A}$, 则 $\forall \boldsymbol{x},\boldsymbol{y} \in V^n$, 有

$$\boldsymbol{x} = (\boldsymbol{\varepsilon}_1,\boldsymbol{\varepsilon}_2,\cdots,\boldsymbol{\varepsilon}_n)\begin{bmatrix}\xi_1\\ \xi_2\\ \vdots\\ \xi_n\end{bmatrix}, \quad T\boldsymbol{x} = (\boldsymbol{\varepsilon}_1,\boldsymbol{\varepsilon}_2,\cdots,\boldsymbol{\varepsilon}_n)\boldsymbol{A}\begin{bmatrix}\xi_1\\ \xi_2\\ \vdots\\ \xi_n\end{bmatrix}$$

$$\boldsymbol{y} = (\boldsymbol{\varepsilon}_1,\boldsymbol{\varepsilon}_2,\cdots,\boldsymbol{\varepsilon}_n)\begin{bmatrix}\eta_1\\ \eta_2\\ \vdots\\ \eta_n\end{bmatrix}, \quad T\boldsymbol{y} = (\boldsymbol{\varepsilon}_1,\boldsymbol{\varepsilon}_2,\cdots,\boldsymbol{\varepsilon}_n)\boldsymbol{A}\begin{bmatrix}\eta_1\\ \eta_2\\ \vdots\\ \eta_n\end{bmatrix}$$

故 $(T\boldsymbol{x},\boldsymbol{y}) = (\xi_1,\xi_2,\cdots,\xi_n)\boldsymbol{A}^{\mathrm{T}}\begin{bmatrix}\eta_1\\ \eta_2\\ \vdots\\ \eta_n\end{bmatrix} = (\xi_1,\xi_2,\cdots,\xi_n)\boldsymbol{A}\begin{bmatrix}\eta_1\\ \eta_2\\ \vdots\\ \eta_n\end{bmatrix} = (\boldsymbol{x},T\boldsymbol{y})$.

定理 2.13 实对称矩阵的特征值都是实数,不同特征值所对应的特征向量是正交的.

证明:设 $\boldsymbol{A}$ 为实对称矩阵, λ 是它的特征值, $\boldsymbol{x}$ 是属于 λ 的特征向量,即 $\boldsymbol{A}\boldsymbol{x} = \lambda\boldsymbol{x}$, $\boldsymbol{x} = (\xi_1,\xi_2,\cdots,\xi_n) \neq \boldsymbol{0}$.

两边取共轭得 $\overline{\boldsymbol{A}\boldsymbol{x}} = \overline{\lambda}\,\overline{\boldsymbol{x}}$, 即 $\overline{\boldsymbol{A}}\,\overline{\boldsymbol{x}} = \overline{\lambda}\,\overline{\boldsymbol{x}}$, 取转置,由于 $\overline{\boldsymbol{A}} = \boldsymbol{A}$, $\boldsymbol{A}^{\mathrm{T}} = \boldsymbol{A}$, 从而有

$$\overline{\lambda}\boldsymbol{x}^{\mathrm{H}} = \boldsymbol{x}^{\mathrm{H}}\boldsymbol{A}^{\mathrm{T}} = \boldsymbol{x}^{\mathrm{H}}\boldsymbol{A}$$

用 $\boldsymbol{x}$ 右乘以上式得, $\overline{\lambda}\boldsymbol{x}^{\mathrm{H}}\boldsymbol{x} = \boldsymbol{x}^{\mathrm{H}}\boldsymbol{A}\boldsymbol{x} = \lambda\boldsymbol{x}^{\mathrm{H}}\boldsymbol{x}$, 即

$$(\lambda - \overline{\lambda})\boldsymbol{x}^{\mathrm{H}}\boldsymbol{x} = 0$$

但 $\boldsymbol{x}^{\mathrm{H}}\boldsymbol{x} = \overline{\xi}_1\xi_1 + \overline{\xi}_2\xi_2 + \cdots + \overline{\xi}_n\xi_n \neq \boldsymbol{0}$ (因为 $\boldsymbol{x} \neq \boldsymbol{0}$),故有 $\overline{\lambda} = \lambda$, 这表明 λ 是实数.

设 $\boldsymbol{A}\boldsymbol{x}_1 = \lambda_1\boldsymbol{x}_1$, $\boldsymbol{A}\boldsymbol{x}_2 = \lambda_2\boldsymbol{x}_2$, $\lambda_1 \neq \lambda_2$. 由于 $\lambda\boldsymbol{x}_1^{\mathrm{T}} = \boldsymbol{x}_1^{\mathrm{T}}\boldsymbol{A}$, 故 $\lambda_1\boldsymbol{x}_1^{\mathrm{T}}\boldsymbol{x}_2 = \boldsymbol{x}_1^{\mathrm{T}}\boldsymbol{A}\boldsymbol{x}_2 = \lambda_2\boldsymbol{x}_1^{\mathrm{T}}\boldsymbol{x}_2$, 即 $(\lambda_1 - \lambda_2)\boldsymbol{x}_1^{\mathrm{T}}\boldsymbol{x}_2 = 0$, 但 $\lambda_1 - \lambda_2 \neq 0$, 故 $\boldsymbol{x}_1^{\mathrm{T}}\boldsymbol{x}_2 = 0$, 这表明 $\boldsymbol{x}_1$ 与 $\boldsymbol{x}_2$ 正交.

定理 2.14 实对称矩阵与对角矩阵相似.

证明:由第 1 章例 1.33 知对称矩阵的任意一个特征值的几何重数等于代数重数,于是由定理 1.33(1)知结论成立.

2.5　酉空间的定义及性质

定义 2.12　设 V 是复数域 $\mathbf{C}$ 上的线性空间，$\forall \boldsymbol{x},\boldsymbol{y} \in V$，按某种规则有一复数 $(\boldsymbol{x},\boldsymbol{y})$ 与之对应,它满足下列四个条件:

(1)交换律: $(\boldsymbol{x},\boldsymbol{y}) = \overline{(\boldsymbol{y},\boldsymbol{x})}$;

(2)分配律: $(\boldsymbol{x},\boldsymbol{y}+\boldsymbol{z}) = (\boldsymbol{x},\boldsymbol{y}) + (\boldsymbol{x},\boldsymbol{z})$;

(3)齐次性: $(k\boldsymbol{x},\boldsymbol{y}) = k(\boldsymbol{x},\boldsymbol{y}), \forall k \in \mathbf{C}$;

(4)非负性: $(\boldsymbol{x},\boldsymbol{x}) \geqslant 0, (\boldsymbol{x},\boldsymbol{x}) = 0 \Leftrightarrow \boldsymbol{x} = \mathbf{0}$.

则称 $(\boldsymbol{x},\boldsymbol{y})$ 为 $\boldsymbol{x}$ 与 $\boldsymbol{y}$ 的内积,而称 V 为酉空间(Unitary Space).

例 2.12　在复 n 维向量空间 $\mathbf{C}^n$ 中，$\forall \boldsymbol{x},\boldsymbol{y} \in \mathbf{C}^n$, $\boldsymbol{x} = (\xi_1,\xi_2,\cdots,\xi_n)$, $\boldsymbol{y} = (\eta_1,\eta_2,\cdots,\eta_n)$，定义其内积为

$$(\boldsymbol{x},\boldsymbol{y}) = \sum_{i=1}^{n} \xi_i \overline{\eta_i} = \boldsymbol{x}\boldsymbol{y}^{\mathrm{H}} \tag{2-19}$$

特别,当 $\boldsymbol{x} = \boldsymbol{y}$ 时,有

$$(\boldsymbol{x},\boldsymbol{x}) = \boldsymbol{x}\boldsymbol{x}^{\mathrm{H}} = \sum_{i=1}^{n} \xi_i \overline{\xi_i} = \sum_{i=1}^{n} |\xi_i|^2 \tag{2-20}$$

由内积的定义立得

(1) $(\boldsymbol{x},k\boldsymbol{y}) = \bar{k}(\boldsymbol{x},\boldsymbol{y})$;

(2) $(\boldsymbol{x},\mathbf{0}) = (\mathbf{0},\boldsymbol{x}) = 0$;

(3) $(\boldsymbol{x}+\boldsymbol{y},\boldsymbol{z}) = (\boldsymbol{x},\boldsymbol{z}) + (\boldsymbol{y},\boldsymbol{z})$;

(4) $\sqrt{(\boldsymbol{x},\boldsymbol{x})}$ 称为向量 $\boldsymbol{x}$ 的长度(模),记为 $|\boldsymbol{x}|$;

(5) $\forall \boldsymbol{x},\boldsymbol{y} \in V, (\boldsymbol{x},\boldsymbol{y})(\boldsymbol{y},\boldsymbol{x}) \leqslant (\boldsymbol{x},\boldsymbol{x})(\boldsymbol{y},\boldsymbol{y})$ 即

$$|(\boldsymbol{x},\boldsymbol{y})| \leqslant |\boldsymbol{x}||\boldsymbol{y}| \tag{2-21}$$

“=”成立 $\Leftrightarrow \boldsymbol{x}$ 与 $\boldsymbol{y}$ 线性相关;

(6)两个非零向量 $\boldsymbol{x}$ 与 $\boldsymbol{y}$ 的夹角 $<\boldsymbol{x},\boldsymbol{y}>$ 定义为

$$\cos^2 <\boldsymbol{x},\boldsymbol{y}> = \frac{(\boldsymbol{x},\boldsymbol{y})(\boldsymbol{y},\boldsymbol{x})}{(\boldsymbol{x},\boldsymbol{x})(\boldsymbol{y},\boldsymbol{y})}$$

当 $(\boldsymbol{x},\boldsymbol{y}) = 0$ 时,称 $\boldsymbol{x}$ 与 $\boldsymbol{y}$ 正交,记作 $\boldsymbol{x} \perp \boldsymbol{y}$;

(7)任意线性无关的向量组可用 Schmidt 正交化方法正交化之;

(8)任一非零酉空间均存在正交基和标准正交基;

(9)任一 n 维酉空间 V^n 均可分解为其子空间 V_1 与 $V_1^{\perp}$ 的直和;

(10)酉空间 V 中的线性变换 $T: V \to V$, 如果满足 $(\boldsymbol{x},\boldsymbol{x}) = (T\boldsymbol{x},T\boldsymbol{x}), \forall \boldsymbol{x} \in V$, 则称 T 为 V 的酉变换(Unitary Transformation);

(11)酉空间 V 中的线性变换 $T: V \to V$ 为酉变换 $\Leftrightarrow \forall \boldsymbol{x},\boldsymbol{y} \in V, (\boldsymbol{x},\boldsymbol{y}) = (T\boldsymbol{x},T\boldsymbol{y})$;

(12)酉变换在酉空间的标准正交基下的矩阵 $\boldsymbol{A}$ 是酉矩阵(Unitary Matrix),即 $\boldsymbol{A}^{\mathrm{H}}\boldsymbol{A} = \boldsymbol{A}\boldsymbol{A}^{\mathrm{H}} = \boldsymbol{I}$;

(13)酉矩阵之逆阵仍为酉矩阵,两酉矩阵之积仍为酉矩阵;

(14)酉空间 V 的线性变换 $T:V\to V$ 称为 Hermite 变换,如果 $\forall \boldsymbol{x},\boldsymbol{y}\in V$, 则 $(T\boldsymbol{x},\boldsymbol{y})=(\boldsymbol{x},T\boldsymbol{y})$;

(15)Hermite 变换在酉空间的标准正交基下的矩阵 $\boldsymbol{A}$ 是 Hermite 矩阵,即 $\boldsymbol{A}^{\mathrm{H}}=\boldsymbol{A}$;

(16)Hermite 矩阵的特征值都是实数;

(17)属于 Hermite 矩阵的不同特征值的特征向量必定正交.

定理 2.15(Schur 定理) (1)设 $\boldsymbol{A}\in\mathbf{C}^{n\times n}$ 的特征值为 $\lambda_1,\lambda_2,\cdots,\lambda_n$, 则 $\exists$ 酉矩阵 $\boldsymbol{P}$, s. t. $\boldsymbol{P}^{-1}\boldsymbol{A}\boldsymbol{P}=\boldsymbol{P}^{\mathrm{H}}\boldsymbol{A}\boldsymbol{P}=\boldsymbol{B}$, 其中

$$\boldsymbol{B}=\begin{bmatrix}\lambda_1 & * & \cdots & * \\ & \lambda_2 & & \\ & & \ddots & * \\ & & & \lambda_n\end{bmatrix}$$

(2)设 $\boldsymbol{A}\in\mathbf{R}^{n\times n}$ 的特征值 $\lambda_1,\lambda_2,\cdots\lambda_n$, 且 $\lambda_i\in\mathbf{R}(i=1,2,\cdots,n)$, 则 $\exists$ 正交矩阵 $\boldsymbol{Q}$, s. t.

$$\boldsymbol{Q}^{-1}\boldsymbol{A}\boldsymbol{Q}=\boldsymbol{Q}^{\mathrm{T}}\boldsymbol{A}\boldsymbol{Q}=\boldsymbol{D}$$

$$\boldsymbol{D}=\begin{bmatrix}\lambda_1 & * & \cdots & * \\ & \lambda_2 & & \\ & & \ddots & * \\ & & & \lambda_n\end{bmatrix}$$

证明:在定理 1.23 的证明过程中,将"将 $\boldsymbol{x}_1$ 扩充为 $\mathbf{C}^n$ 的一组基"改为"将 $\boldsymbol{x}_1$ 扩充为 $\mathbf{C}^n$ 的一组标准正交基",类似 1.23 的证明可以证明定理成立.

定义 2.13 称 $\boldsymbol{A}\in\mathbf{C}^{n\times n}$ 为正规矩阵(Normal Matrix),如果

$$\boldsymbol{A}^{\mathrm{H}}\boldsymbol{A}=\boldsymbol{A}\boldsymbol{A}^{\mathrm{H}} \tag{2-22}$$

正交矩阵、酉矩阵、对角矩阵、实对称矩阵以及 Hermite 矩阵都满足式(2-22),因此它们都是正规矩阵. 除此之外,还有不同于上述五类的正规矩阵,如设 $\boldsymbol{U}$ 为酉矩阵,令 $\boldsymbol{B}=\boldsymbol{U}^{\mathrm{H}}\begin{bmatrix}3+5i & 0\\ 0 & 2-i\end{bmatrix}\boldsymbol{U}$, 则 $\boldsymbol{B}$ 是正规矩阵,但它不是上述五类中任何一类.

定理 2.16 (1)设 $\boldsymbol{A}\in\mathbf{C}^{n\times n}$, 则 $\boldsymbol{A}$ 酉相似于对角矩阵 $\Leftrightarrow\boldsymbol{A}$ 为正规矩阵;

(2)设 $\boldsymbol{A}\in\mathbf{R}^{n\times n}$, 且 $\boldsymbol{A}$ 的特征值都是实数,则 $\boldsymbol{A}$ 正交相似于对角矩阵 $\Leftrightarrow\boldsymbol{A}$ 为正规矩阵.

证明:(1) $(\Rightarrow)$ 设 $\exists$ 酉矩阵 $\boldsymbol{P}$, s. t. $\boldsymbol{P}^{\mathrm{H}}\boldsymbol{A}\boldsymbol{P}=\boldsymbol{\Lambda}$ (对角矩阵),则

$$\boldsymbol{A}=\boldsymbol{P}\boldsymbol{\Lambda}\boldsymbol{P}^{\mathrm{H}},\boldsymbol{A}^{\mathrm{H}}=\boldsymbol{P}\overline{\boldsymbol{\Lambda}}\boldsymbol{P}^{\mathrm{H}}$$

$$\boldsymbol{A}^{\mathrm{H}}\boldsymbol{A}=\boldsymbol{P}\overline{\boldsymbol{\Lambda}}\boldsymbol{P}^{\mathrm{H}}\boldsymbol{P}\boldsymbol{\Lambda}\boldsymbol{P}^{\mathrm{H}}=\boldsymbol{P}\overline{\boldsymbol{\Lambda}}\boldsymbol{\Lambda}\boldsymbol{P}^{\mathrm{H}}=\boldsymbol{P}\boldsymbol{\Lambda}\overline{\boldsymbol{\Lambda}}\boldsymbol{P}^{\mathrm{H}}=\boldsymbol{P}\boldsymbol{\Lambda}\boldsymbol{P}^{\mathrm{H}}\boldsymbol{P}\overline{\boldsymbol{\Lambda}}\boldsymbol{P}^{\mathrm{H}}=\boldsymbol{A}\boldsymbol{A}^{\mathrm{H}}$$

$(\Leftarrow)$ 设 $\boldsymbol{A}$ 满足 $\boldsymbol{A}^{\mathrm{H}}\boldsymbol{A}=\boldsymbol{A}\boldsymbol{A}^{\mathrm{H}}$, 由定理 2.15 的(1)知, $\exists$ 酉矩阵 $\boldsymbol{P}$, s. t.

$$\boldsymbol{P}^{\mathrm{H}}\boldsymbol{A}\boldsymbol{P}=\boldsymbol{B}=\begin{bmatrix}b_{11} & b_{12} & & b_{1n}\\ & b_{22} & & b_{2n}\\ & & \ddots & \vdots\\ & & & b_{nn}\end{bmatrix}$$

于是有 $\boldsymbol{B}^{\mathrm{H}}\boldsymbol{B}=\boldsymbol{P}^{\mathrm{H}}\boldsymbol{A}^{\mathrm{H}}\boldsymbol{P}\boldsymbol{P}^{\mathrm{H}}\boldsymbol{A}\boldsymbol{P}=\boldsymbol{P}^{\mathrm{H}}\boldsymbol{A}^{\mathrm{H}}\boldsymbol{A}\boldsymbol{P}=\boldsymbol{P}^{\mathrm{H}}\boldsymbol{A}\boldsymbol{A}^{\mathrm{H}}\boldsymbol{P}=\boldsymbol{P}^{\mathrm{H}}\boldsymbol{A}\boldsymbol{P}\boldsymbol{P}^{\mathrm{H}}\boldsymbol{A}^{\mathrm{H}}\boldsymbol{P}=\boldsymbol{B}\boldsymbol{B}^{\mathrm{H}}$, 比较上式两

端矩阵的对角线元素,可得

$$\begin{aligned}
b_{12}=0,\quad b_{13}=0,\quad \cdots,\quad & b_{1n}=0\\
b_{23}=0,\quad \cdots,\quad & b_{2n}=0\\
& \vdots\\
& b_{n-1,n}=0
\end{aligned}$$

故 $\boldsymbol{B}=\mathrm{diag}(b_{11},b_{22},\cdots,b_{nn})$.

(2)利用定理 2.15 的(2)可类似证明.

推论 2.12　实对称矩阵正交相似于对角矩阵.

推论 2.13　设 T 是欧氏空间 V^n 的对称变换,则在 V^n 中存在标准正交基 $\boldsymbol{y}_1,\boldsymbol{y}_2,\cdots,\boldsymbol{y}_n$ 使 T 在该基下的矩阵为对角矩阵.

注 2.3　对于 n 阶方阵 $\boldsymbol{A}$, 如果 $\boldsymbol{A}^{\mathrm{H}}\boldsymbol{A}\neq\boldsymbol{A}\boldsymbol{A}^{\mathrm{H}}$, 则 $\boldsymbol{A}$ 不能正交(酉)相似于对角矩阵,但 $\boldsymbol{A}$ 有可能相似于对角矩阵,如

$$\boldsymbol{A}=\begin{bmatrix}1&1\\0&2\end{bmatrix},\boldsymbol{A}^{\mathrm{H}}\boldsymbol{A}=\begin{bmatrix}1&1\\1&5\end{bmatrix},\boldsymbol{A}\boldsymbol{A}^{\mathrm{H}}=\begin{bmatrix}2&2\\2&4\end{bmatrix}$$

$\boldsymbol{A}^{\mathrm{H}}\boldsymbol{A}\neq\boldsymbol{A}\boldsymbol{A}^{\mathrm{H}}$, 故 $\boldsymbol{A}$ 不能正交(酉)相似于对角矩阵,但 $\boldsymbol{A}$ 有两个不同的特征值 $\lambda_1=1,\lambda_2=2$, 故 $\boldsymbol{A}$ 有两个线性无关的特征向量,从而 $\boldsymbol{A}$ 可对角化.

定理 2.17　设 $\boldsymbol{A}\in\mathbf{C}^{n\times n}$, 则 $\boldsymbol{A}$ 为正规矩阵 $\Leftrightarrow\boldsymbol{A}$ 有 n 个相互正交的单位向量作为它的特征向量 $\Leftrightarrow\sum\limits_{i=1}^{n}\sum\limits_{j=1}^{n}|a_{ij}|^2=\sum\limits_{i=1}^{n}|\lambda_i|^2$, 其中 $\lambda_i(i=1,2,\cdots,n)$ 为 $\boldsymbol{A}=(a_{ij})$ 的特征值.

证明:由定理 2.16 知 $\boldsymbol{A}$ 为正规矩阵 $\Leftrightarrow\exists$ 酉矩阵 $\boldsymbol{P}$, s. t.

$$\boldsymbol{P}^{\mathrm{H}}\boldsymbol{A}\boldsymbol{P}=\boldsymbol{\Lambda}=\mathrm{diag}(\lambda_1,\lambda_2,\cdots,\lambda_n)$$

从而有

$$\boldsymbol{A}\boldsymbol{P}=\boldsymbol{P}\mathrm{diag}(\lambda_1,\lambda_2,\cdots,\lambda_n)$$

令 $\boldsymbol{P}=[\boldsymbol{p}_1,\boldsymbol{p}_2,\cdots,\boldsymbol{p}_n]$, 则 $\boldsymbol{A}\boldsymbol{p}_i=\lambda_i\boldsymbol{p}_i(i=1,2,\cdots,n)$, 故 $\boldsymbol{A}$ 有 n 个相互正交的单位向量 $\boldsymbol{p}_1,\boldsymbol{p}_2,\cdots,\boldsymbol{p}_n$ 作为它的特征向量. 上述推理是可逆的.

设 $\boldsymbol{A}^{\mathrm{H}}\boldsymbol{A}=\boldsymbol{A}\boldsymbol{A}^{\mathrm{H}}$, 则 $\boldsymbol{A}$ 酉相似于对角矩阵 $\boldsymbol{\Lambda}$, 即 $\exists$ 酉矩阵 $\boldsymbol{P}$, s. t.

$$\boldsymbol{P}^{\mathrm{H}}\boldsymbol{A}\boldsymbol{P}=\boldsymbol{\Lambda}=\mathrm{diag}(\lambda_1,\lambda_2,\cdots,\lambda_n)$$

从而

$$\boldsymbol{P}^{\mathrm{H}}\boldsymbol{A}^{\mathrm{H}}\boldsymbol{P}\boldsymbol{P}^{\mathrm{H}}\boldsymbol{A}\boldsymbol{P}=\overline{\boldsymbol{\Lambda}}\boldsymbol{\Lambda}=\mathrm{diag}(|\lambda_1|^2,|\lambda_2|^2,\cdots,|\lambda_n|^2)$$

即 $\boldsymbol{A}^{\mathrm{H}}\boldsymbol{A}$ 酉相似于 $\mathrm{diag}(|\lambda_1|^2,|\lambda_2|^2,\cdots,|\lambda_n|^2)$, 故

$$\mathrm{tr}(\boldsymbol{A}^{\mathrm{H}}\boldsymbol{A})=\sum_{i=1}^{n}|\lambda_i|^2=\sum_{i=1}^{n}\sum_{j=1}^{n}|a_{ij}|^2$$

反之,若 $\sum\limits_{i=1}^{n}\sum\limits_{j=1}^{n}|a_{ij}|^2=\sum\limits_{i=1}^{n}|\lambda_i|^2$, 由于根据定理 2.15, 有 $\boldsymbol{A}=\boldsymbol{P}\boldsymbol{B}\boldsymbol{P}^{\mathrm{H}}$, 基中 $\boldsymbol{B}=(b_{ij})$ 为上三角矩阵,故

$$\sum_{i=1}^{n}\sum_{j=1}^{n}|a_{ij}|^2=\sum_{i=1}^{n}\sum_{j=1}^{n}|b_{ij}|^2=\sum_{i=1}^{n}|\lambda_i|^2+\sum_{i\neq j}^{n}|b_{ij}|^2\quad(b_{ii}=\lambda_i)$$

于是 $\sum\limits_{i\neq 1}|b_{ij}|^2=0$, 即 $b_{ij}=0(i\neq j)$, 因此 $\boldsymbol{B}=\mathrm{diag}(\lambda_1,\lambda_2,\cdots,\lambda_n)$, 由定理 2.16 知, $\boldsymbol{A}$ 是正

规矩阵.

定理 2.18(Hermite 矩阵的谱分解) 设 $A \in \mathbf{C}^{n\times n}$ 为 Hermite 矩阵,则 $\exists n$ 个线性无关的秩为 1 的幂等的 Hermite 矩阵 $B_1, B_2, \cdots, B_n$, s. t. $A = \sum_{i=1}^{n} \lambda_i B_i$, 其中 $\lambda_1, \lambda_2, \cdots, \lambda_n$ 为 A 的特征值.

证明:据定理 2.16, $\exists$ 酉矩阵 P, s. t.

$$P^{\mathrm{H}}AP = \Lambda = \mathrm{diag}(\lambda_1, \lambda_2, \cdots, \lambda_n),$$

其中 $\lambda_1, \lambda_2, \cdots, \lambda_n$ 为 A 的特征值.

令 $P = [p_1, p_2, \cdots, p_n]$, 则 $(p_i, p_j) = p_i^{\mathrm{H}} p_j = \begin{cases} 1, & i = j \\ 0, & i \neq j \end{cases}$

$$A = P\Lambda P^{\mathrm{H}} = [p_1, p_2, \cdots, p_n] \begin{bmatrix} \lambda_1 & & & \\ & \lambda_2 & & \\ & & \ddots & \\ & & & \lambda_n \end{bmatrix} \begin{bmatrix} p_1^{\mathrm{H}} \\ p_2^{\mathrm{H}} \\ \vdots \\ p_n^{\mathrm{H}} \end{bmatrix}$$

$$= \lambda_1 p_1 p_1^{\mathrm{H}} + \lambda_2 p_2 p_2^{\mathrm{H}} + \cdots + \lambda_n p_n p_n^{\mathrm{H}}$$

记 $B_i = p_i p_i^{\mathrm{H}} (i = 1, 2, \cdots, n)$, 则 $r(B_i) = 1$ 且 $B_1, B_2, \cdots, B_n$ 线性无关.

事实上, $0 \leqslant r(B_i) \leqslant r(p_i) = 1$. 若 $r(B_i) = 0$, 则 $B_i = O$, 即 $p_i p_i^{\mathrm{H}} = O \Rightarrow p_i^{\mathrm{H}} p_i p_i^{\mathrm{H}} = \mathbf{0} \Rightarrow p_i^{\mathrm{H}} = \mathbf{0} \Rightarrow p_i = \mathbf{0}$, 矛盾. 故 $r(B_i) = 1 (i = 1, 2, \cdots, n)$, 设 $k_1 B_1 + k_2 B_2 + \cdots + k_n B_n = O$, 则 $k_i p_i^{\mathrm{H}} p_i p_i^{\mathrm{H}} = \mathbf{0} \Rightarrow k_i p_i^{\mathrm{H}} = \mathbf{0} \Rightarrow k_i = 0 (i = 1, 2, \cdots, n)$, 故 $B_1, B_2, \cdots, B_n$ 线性无关.

B_i 是 Hermite 矩阵: $B_i^{\mathrm{H}} = (p_i p_i^{\mathrm{H}})^{\mathrm{H}} = p_i p_i^{\mathrm{H}} = B_i (i = 1, 2, \cdots, n)$;

B_i 是幂等阵: $B_i^2 = p_i p_i^{\mathrm{H}} p_i p_i^{\mathrm{H}} = p_i p_i^{\mathrm{H}} = B_i (i = 1, 2, \cdots, n)$.

本定理把一个一般的 Hermite 矩阵表示成几个简单的 Hermite 矩阵之和,便于了解原矩阵的性质.

定义 2.14 A 为 Hermite 矩阵,若对任何 $x \neq \mathbf{0}$, 都有 $x^{\mathrm{H}}Ax > 0$, 则称 $x^{\mathrm{H}}Ax$ 为正定二次型,且称 A 为正定矩阵(Positive Definite Matrix);若对任何 $x \neq \mathbf{0}$, 都有 $x^{\mathrm{H}}Ax \geqslant 0$, 则称 $x^{\mathrm{H}}Ax$ 为半正定二次型,且称 A 为半正定矩阵(Positive Semdefinite Matrix).

与实二次型的情况类似,对正定与半正定矩阵,有如下结论.

定理 2.19 Hermite 矩阵 A 为正定矩阵 $\Leftrightarrow A$ 的特征值均为正数;矩阵 A 为半正定矩阵 $\Leftrightarrow A$ 的特征值均为非负实数.

证明:($\Rightarrow$)设 A 为正定矩阵(半正定矩阵), λ 是 A 的特征值, $\boldsymbol{\xi}$ 是对应的单位特征向量. 于是

$$\lambda = \boldsymbol{\xi}^{\mathrm{T}} A \boldsymbol{\xi} > 0 (\geqslant 0)$$

这就证明了条件的必要性.

($\Leftarrow$)设 $\lambda_i (i = 1, 2, \cdots, n)$ 是 A 的特征值,都为正数(非负数),由定理 2.16 知,由于 A 为正规矩阵,存在酉矩阵 P, s. t.

$$A = P\mathrm{diag}(\lambda_1, \lambda_2, \cdots, \lambda_n) P^{\mathrm{H}}$$

则对任意 n 维非零向量 $\boldsymbol{x}$，有

$$\boldsymbol{x}^{\mathrm{H}}\boldsymbol{A}\boldsymbol{x} = \boldsymbol{x}^{\mathrm{H}}\boldsymbol{P}\mathrm{diag}(\lambda_1,\lambda_2,\cdots,\lambda_n)(\boldsymbol{x}^{\mathrm{H}}\boldsymbol{P})^{\mathrm{H}} > 0(\geqslant 0)$$

这说明 $\boldsymbol{A}$ 为正定矩阵(半正定矩阵).

定理 2.20　Hermite 矩阵 $\boldsymbol{A}$ 为正定矩阵 $\Leftrightarrow \boldsymbol{A} = \boldsymbol{B}^{\mathrm{H}}\boldsymbol{B}$，其中 $\boldsymbol{B}$ 为满秩矩阵；如果不要求 $\boldsymbol{B}$ 为满秩矩阵，则 $\boldsymbol{A} = \boldsymbol{B}^{\mathrm{H}}\boldsymbol{B}$ 是 $\boldsymbol{A}$ 为半正定矩阵的充要条件.

证明：证明半正定矩阵情形. 正定情形类似可证.

($\Rightarrow$) $\boldsymbol{A}$ 为 Hermite 矩阵，由定理 2.16 知存在酉矩阵 $\boldsymbol{P}$，s. t.

$$\boldsymbol{P}^{\mathrm{H}}\boldsymbol{A}\boldsymbol{P} = \boldsymbol{\Lambda} = \mathrm{diag}(\lambda_1,\lambda_2,\cdots,\lambda_n)$$

即

$$\boldsymbol{A} = \boldsymbol{P}\mathrm{diag}(\lambda_1,\lambda_2,\cdots,\lambda_n)\boldsymbol{P}^{\mathrm{H}} = \boldsymbol{B}^{\mathrm{H}}\boldsymbol{B}$$

这里 $\boldsymbol{B}^{\mathrm{H}} = \boldsymbol{P}\mathrm{diag}(\sqrt{\lambda_1},\sqrt{\lambda_2},\cdots,\sqrt{\lambda_n})$.

($\Leftarrow$)设 $\boldsymbol{A} = \boldsymbol{B}^{\mathrm{H}}\boldsymbol{B}$，因为 $(\boldsymbol{B}^{\mathrm{H}}\boldsymbol{B})^{\mathrm{H}} = \boldsymbol{B}^{\mathrm{H}}\boldsymbol{B}$，所以 $\boldsymbol{A}$ 是 Hermite 矩阵. 对于 $\boldsymbol{A}$ 的任意特征根 λ，$\boldsymbol{B}^{\mathrm{H}}\boldsymbol{B}\boldsymbol{x} = \lambda\boldsymbol{x}$，$\boldsymbol{x} \in C^n$，$\boldsymbol{x} \neq \boldsymbol{0}$，则

$$\|\boldsymbol{B}\boldsymbol{x}\|_2^2 = (\boldsymbol{B}\boldsymbol{x})^{\mathrm{H}}(\boldsymbol{B}\boldsymbol{x}) = \boldsymbol{x}^{\mathrm{H}}\boldsymbol{B}^{\mathrm{H}}\boldsymbol{B}\boldsymbol{x} = \lambda\boldsymbol{x}^{\mathrm{H}}\boldsymbol{x} = \lambda\|\boldsymbol{x}\|_2^2$$

这推出 $\lambda\|\boldsymbol{x}\|_2^2 \geqslant 0$，但 $\|\boldsymbol{x}\|_2^2 > 0$，故 $\lambda \geqslant 0$.

推论 2.14　实对称矩阵 $\boldsymbol{A}$ 为正定矩阵 $\Leftrightarrow \boldsymbol{A} = \boldsymbol{B}^{\mathrm{H}}\boldsymbol{B}$，其中 $\boldsymbol{B}$ 为实满秩矩阵；如果不要求 $\boldsymbol{B}$ 为满秩矩阵，则 $\boldsymbol{A} = \boldsymbol{B}^{\mathrm{H}}\boldsymbol{B}$ 是 $\boldsymbol{A}$ 为半正定矩阵的充要条件.

定理 2.21　Hermite 矩阵 $\boldsymbol{A}$ 为正定矩阵 $\Leftrightarrow \boldsymbol{A}$ 的各阶顺序主子式均大于零.

证明：($\Rightarrow$)设 $\boldsymbol{A}$ 为正定矩阵(半正定矩阵)，设 $\boldsymbol{A}_k$ 为 $\boldsymbol{A}$ 的 k 阶顺序主子式，任取 k 维非零向量 $\tilde{\boldsymbol{x}}$ $(1 \leqslant k \leqslant n)$，令 $\boldsymbol{x} = \begin{pmatrix} \tilde{\boldsymbol{x}} \\ \boldsymbol{0} \end{pmatrix}$，其中 $\boldsymbol{0}$ 为 $n-k$ 维零向量. 将矩阵 $\boldsymbol{A}$ 分块如下：

$$\boldsymbol{A} = \begin{bmatrix} \boldsymbol{A}_k & \boldsymbol{G} \\ \boldsymbol{G}^H & \boldsymbol{B} \end{bmatrix}$$

则 $\tilde{\boldsymbol{x}}\boldsymbol{A}_k\tilde{\boldsymbol{x}}^{\mathrm{H}} = \boldsymbol{x}\boldsymbol{A}\boldsymbol{x}^{\mathrm{H}} > 0$，从而 $\boldsymbol{A}_k$ 为正定矩阵.

($\Leftarrow$)用数学归纳法证明. 对于 n 阶矩阵，当 $n = 1$ 时结论显然成立. 假设当 $n = k - 1$ 时 $\boldsymbol{A}_{k-1}$ 为正定矩阵，则当 $n = k$ 时，将矩阵 $\boldsymbol{A}_k$ 分块如下.

$$\boldsymbol{A}_k = \begin{bmatrix} \boldsymbol{A}_{k-1} & \boldsymbol{b} \\ \boldsymbol{b}^{\mathrm{H}} & a_{kk} \end{bmatrix}$$

于是

$$\boldsymbol{A}_k = \boldsymbol{C}^{\mathrm{H}}\begin{bmatrix} \boldsymbol{A}_{k-1} & \boldsymbol{0} \\ \boldsymbol{0}^{\mathrm{H}} & b_{kk} \end{bmatrix}\boldsymbol{C}$$

这里

$$\boldsymbol{C} = \begin{bmatrix} \boldsymbol{I}_{k-1} & \boldsymbol{A}_{k-1}^{-1}\boldsymbol{b} \\ \boldsymbol{0}^{\mathrm{H}} & \boldsymbol{1} \end{bmatrix}, b_{kk} = a_{kk} - \boldsymbol{b}^{\mathrm{H}}\boldsymbol{A}_{k-1}\boldsymbol{b}$$

由于 $|\boldsymbol{A}_{k-1}| > 0$，$|\boldsymbol{A}_k| > 0$，于是

$$b_{kk}=\frac{|A_k|}{|A_{k-1}|}>0$$

矩阵 $\begin{bmatrix}A_{k-1} & 0\\ 0^H & b_{kk}\end{bmatrix}$ 的特征值为 b_{kk} 及 A_{k-1} 的特征值组成，而 A_{k-1} 为正定矩阵，从而 $\begin{bmatrix}A_{k-1} & 0\\ 0^H & b_{kk}\end{bmatrix}$ 的特征值全为正，为正定矩阵，依据定理2.20，存在满秩矩阵 $\boldsymbol{B}$ 使得

$$\begin{bmatrix}A_{k-1} & 0\\ 0^H & b_{kk}\end{bmatrix}=B^HB$$

从而

$$A_k=C^HB^HBC=(BC)^HBC$$

且易知 BC 是满秩矩阵，于是 A_k 为正定矩阵．结论得证．

例2.13 设 $A,B\in\mathbf{R}^{n\times n}$ 为对称阵，且 B 是正定矩阵，证明 $\exists$ 实可逆阵 P, s. t. P^TAP 与 P^TBP 同时为对角矩阵．

证明：因为 B 是正定矩阵，所以存在满秩矩阵 H 使得 $B=H^TH$，即 $(H^{-1})^TBH^{-1}=I$. $(H^{-1})^TAH^{-1}$ 是实对称矩阵，存在正交矩阵 U 使得

$$U^T(H^{-1})^TAH^{-1}U=\begin{bmatrix}\lambda_1 & & & \\ & \lambda_2 & & \\ & & \ddots & \\ & & & \lambda_n\end{bmatrix}$$

这里 $\lambda_i(i=1,2,\cdots,n)$ 是矩阵 $(H^{-1})^TAH^{-1}$ 的特征根．即

$$(H^{-1}U)^TA(H^{-1}U)=\begin{bmatrix}\lambda_1 & & & \\ & \lambda_2 & & \\ & & \ddots & \\ & & & \lambda_n\end{bmatrix}$$

且
$$(H^{-1}U)^TB(H^{-1}U)=U^T(H^{-1})^TBH^{-1}U=U^TU=I.$$

取 $P=H^{-1}U$ 知结论成立．

习　题

1. 设 $A=(a_{ij})\in\mathbf{R}^{n\times n}$ 为正定矩阵，$\forall x,y\in\mathbf{R}^n$，令 $(x,y)=xAy^T$，则

(1) $(\mathbf{R}^n,\mathbf{R};+,\cdot,(\cdot,\cdot))$ 是一欧氏空间；

(2) 求 $\mathbf{R}^n$ 对于向量 $e_1=(1,0,\cdots,0),e_2=(0,1,0,\cdots,0),\cdots,e_n=(0,0,\cdots,0,1)$ 的度量矩阵；

(3) 写出 $\mathbf{R}^n$ 中的柯西－施瓦兹不等式．

2. 设 $\boldsymbol{x}_1,\boldsymbol{x}_2,\cdots,\boldsymbol{x}_m$ 是欧氏空间 V^m 中的一组向量,而

$$\boldsymbol{B}=\begin{bmatrix}(\boldsymbol{x}_1,\boldsymbol{x}_1) & (\boldsymbol{x}_1,\boldsymbol{x}_2) & \cdots & (\boldsymbol{x}_1,\boldsymbol{x}_m)\\ (\boldsymbol{x}_2,\boldsymbol{x}_1) & (\boldsymbol{x}_2,\boldsymbol{x}_2) & \cdots & (\boldsymbol{x}_2,\boldsymbol{x}_m)\\ \vdots & \vdots & & \vdots\\ (\boldsymbol{x}_m,\boldsymbol{x}_1) & (\boldsymbol{x}_m,\boldsymbol{x}_2) & \cdots & (\boldsymbol{x}_m,\boldsymbol{x}_m)\end{bmatrix}$$

试证明 $\det\boldsymbol{B}\neq 0 \iff \boldsymbol{x}_1,\boldsymbol{x}_2,\cdots,\boldsymbol{x}_m$ 线性无关.

3. 设 $\boldsymbol{x}$ 与 $\boldsymbol{y}$ 分别是欧氏空间 V^n 的任意两个向量,证明

$$|t\boldsymbol{x}+(1-t)\boldsymbol{y}|^2=t|\boldsymbol{x}|^2+(1-t)|\boldsymbol{y}|^2-t(1-t)|\boldsymbol{x}-\boldsymbol{y}|^2,t\in\mathbf{R}$$

4. 设 $\boldsymbol{y}$ 是欧氏空间 V 中的单位向量, $\forall\boldsymbol{x}\in V$, 定义变换 $T\boldsymbol{x}=\boldsymbol{x}-2(\boldsymbol{y},\boldsymbol{x})\boldsymbol{y}$. 证明 T 是正交变换.

5. 设 T 是欧氏空间 V 中的线性变换, $\forall\boldsymbol{x},\boldsymbol{y}\in V$ 有 $(T\boldsymbol{x},\boldsymbol{y})=-(\boldsymbol{x},T\boldsymbol{y})$, 则称 T 为反对称变换. 证明 T 为反对称变换 $\Leftrightarrow T$ 在 V 的标准正交基下的矩阵是反对称矩阵,即 $\boldsymbol{A}^{\mathrm{T}}=-\boldsymbol{A}$.

6. 设 $\boldsymbol{A}=(a_{ij})\in\mathbf{C}^{n\times n}$, $\boldsymbol{A}^{\mathrm{H}}=-\boldsymbol{A}$, 则称 T 为反 Hermite 矩阵. 证明反 Hermite 矩阵的特征值是零或纯虚数.

7. 设 $\boldsymbol{A}\in\mathbf{R}^{n\times n}$, $\boldsymbol{A}^{\mathrm{T}}=\boldsymbol{A}$ 且 $\boldsymbol{A}^2=\boldsymbol{A}$, 证明 $\exists$ 正交矩阵 $\boldsymbol{Q}$, s. t.

$$\boldsymbol{Q}^{-1}\boldsymbol{A}\boldsymbol{Q}=\mathrm{diag}\{1,1,\cdots,1,0,\cdots 0\}$$

式中 1 的个数等于 $\boldsymbol{A}$ 的秩 $r(\boldsymbol{A})$.

8. 设 V_1,V_2 是欧氏空间 V 的两个子空间,证明:

$$(V_1+V_2)^{\perp}=V_1^{\perp}\cap V_2^{\perp},(V_1\cap V_2)^{\perp}=V_1^{\perp}+V_2^{\perp}.$$

9. 设 $\boldsymbol{A}\in\mathbf{R}^{n\times n}$ 为正定阵,则 $\exists$ 正定阵 $\boldsymbol{P}$, s. t. $\boldsymbol{P}^{\mathrm{T}}\boldsymbol{A}\boldsymbol{P}=\boldsymbol{I}$.

10. 若 $\boldsymbol{A}\in\mathbf{R}^{n\times n}$ 为正定阵,则对任何可逆阵 $\boldsymbol{P}$, $\boldsymbol{P}^{\mathrm{T}}\boldsymbol{A}\boldsymbol{P}$ 仍为正定阵.

11. $\boldsymbol{A}\in\mathbf{R}^{n\times n}$ 为正定阵 $\Leftrightarrow\boldsymbol{A}$ 的诸特征值均大于零.

12. $\boldsymbol{A}\in\mathbf{R}^{n\times n}$ 为正定阵 $\Leftrightarrow\exists$ 正定阵 $\boldsymbol{P}$, s. t. $\boldsymbol{A}=\boldsymbol{P}^{\mathrm{T}}\boldsymbol{P}=\boldsymbol{P}^2$.

13. $\boldsymbol{A}\in\mathbf{R}^{n\times n}$ 为正定阵 $\Leftrightarrow\boldsymbol{A}$ 的各阶顺序主子式均大于零.

14. 若 $\boldsymbol{A}\in\mathbf{C}^{n\times n}$ 酉相似于 $\boldsymbol{B}$, 则 $\sum_{i,j=1}^{n}|a_{ij}|^2=\sum_{i,j=1}^{n}|b_{ij}|^2$.

15. 设 $\boldsymbol{A}=(a_{ij})\in\mathbf{C}^{n\times n}$, $\lambda_1,\lambda_2,\cdots,\lambda_n$ 为 $\boldsymbol{A}$ 的特征值,则 $\sum_{i=1}^{n}|\lambda_i|^2\leqslant\sum_{i=1}^{n}\sum_{j=1}^{n}|a_{ij}|^2$
.

16. 已知 $\boldsymbol{A}=\begin{bmatrix}1&2&-1&2&1\\2&4&1&-2&3\\3&6&-3&6&3\end{bmatrix}$, 试构造以 $R(\boldsymbol{A}^{\mathrm{T}})$ 为解集的线性齐次方程组.

17. 已知 $\boldsymbol{\alpha}_1,\boldsymbol{\alpha}_2,\cdots,\boldsymbol{\alpha}_n$ 为欧氏空间 V^n 的一组基,试构造 V^n 的一组标准正交基.

18. 设 $\boldsymbol{A}\in\mathbf{R}^{n\times n}$ 为对称矩阵,且 $\boldsymbol{A}^2=\boldsymbol{I}$, 证明 $\exists$ 正交矩阵 $\boldsymbol{Q}$, s. t. $\boldsymbol{Q}^{-1}\boldsymbol{A}\boldsymbol{Q}=\mathrm{diag}\{\underbrace{1,1,\cdots}_{\text{共}r\text{个}},\underbrace{-1,-1,\cdots,-1}_{\text{共}n-r\text{个}}\}$, 其中 $r=r(\boldsymbol{A})$, 称 r 为 $\boldsymbol{A}$ 的正惯性指数.

19. 设$\boldsymbol{A},\boldsymbol{B} \in \mathbf{R}^{n\times n}$均为对称矩阵．证明$\exists$正交矩阵$\boldsymbol{Q}$, s. t. $\boldsymbol{Q}^{-1}\boldsymbol{A}\boldsymbol{Q} = \boldsymbol{B} \Leftrightarrow \boldsymbol{A},\boldsymbol{B}$的特征值全部相同．

20. 设$\boldsymbol{A} \in \mathbf{R}^{n\times n}$，证明$\exists$正交矩阵$\boldsymbol{Q}$, s. t. $\boldsymbol{Q}^{-1}\boldsymbol{A}\boldsymbol{Q}$为三角阵$\Leftrightarrow \boldsymbol{A}$的特征值皆为实数．

21. 设$\boldsymbol{A},\boldsymbol{B} \in \mathbf{C}^{n\times n}$, $\boldsymbol{AB} = \boldsymbol{BA}$，证明$\boldsymbol{A},\boldsymbol{B}$可同时酉上三角化．

22. 设$\boldsymbol{A},\boldsymbol{B} \in \mathbf{C}^{n\times n}$, $\boldsymbol{A},\boldsymbol{B}$为 Hermite 矩阵，且$\boldsymbol{AB} = \boldsymbol{BA}$，证明$\boldsymbol{A},\boldsymbol{B}$可同时对角化．

第 3 章　向量与矩阵的范数及其应用

在计算数学中,尤其是数值分析中,研究数值方法的收敛性、稳定性以及误差分析诸问题时,范数理论扮演着十分重要的角色,本章主要讨论 n 维向量空间 $\mathbf{C}^n$ 中向量范数与矩阵空间 $\mathbf{C}^{m\times n}$ 中矩阵范数的基本理论及其初步的应用.

3.1　向量范数及其性质

在欧氏空间 $\mathbf{R}^n$ 或酉空间 $\mathbf{C}^n$ 中可用向量的长度来刻划一个向量序列 $\{\boldsymbol{x}^{(k)}\}$ 与一个向量 $\boldsymbol{x}$ 的接近程度,其中 $\boldsymbol{x}^{(k)} = (\xi_1^{(k)},\xi_2^{(k)},\cdots,\xi_n^{(k)})(k = 1,2,\cdots)$,$\boldsymbol{x} = (\xi_1,\xi_2,\cdots,\xi_n)$,因为

$$|\boldsymbol{x}^{(k)} - \boldsymbol{x}| = \sqrt{(\xi_1^{(k)} - \xi_1)^2 + (\xi_2^{(k)} - \xi_2)^2 + \cdots + (\xi_n^{(k)} - \xi_n)^2} \to 0(k\to\infty)$$

$$\Leftrightarrow \xi_i^{(k)} \to \xi_i(i = 1,2,\cdots,n)(k\to\infty)$$

如果我们定义 $\boldsymbol{x}^{(k)} \to \boldsymbol{x}(k\to\infty) \overset{\Delta}{\Leftrightarrow} \xi_i^{(k)} \to \xi_i(k\to\infty)(i = 1,2,\cdots,n)$,那么可用 $|\boldsymbol{x}^{(k)} - \boldsymbol{x}| \to 0(k\to\infty)$ 来表述 $\boldsymbol{x}^{(k)} \to \boldsymbol{x}(k\to\infty)$. 将欧氏空间或酉空间中向量长度的基本属性加以提练,作为公理,在一般线性空间中对向量规定某种“长度”,这就导出了向量范数的概念.

定义 3.1　设 $(V,K;+,\cdot)$ 为线性空间,若 $\exists$ 一个映射 $\|\cdot\|:V\to\mathbf{R}$ 满足下列三公理:

(1)正定性:当 $\forall \boldsymbol{x} \in V$ 且 $\boldsymbol{x} \neq 0$,有 $\|\boldsymbol{x}\| > 0$;

(2)齐次性:$\|a\boldsymbol{x}\| = |a|\,\|\boldsymbol{x}\|$,$\forall a \in K, \forall \boldsymbol{x} \in V$;

(3)三角不等式:$\|\boldsymbol{x}+\boldsymbol{y}\| \leqslant \|\boldsymbol{x}\| + \|\boldsymbol{y}\|$,$\forall \boldsymbol{x},\boldsymbol{y} \in V$.

则称 $\|\cdot\|$ 为 V 上的一个向量范数,而称 V 为赋范线性空间.

由定义 3.1 知,向量 $\boldsymbol{x}$ 的范数 $\|\boldsymbol{x}\|$ 是依照一定的规则与 $\boldsymbol{x}$ 对应的非负实值函数,这个函数是什么并没有说明,但只要满足定义中的三个条件,这个函数就是 $\boldsymbol{x}$ 的一种范数. 因此,凡满足定义 3.1 中三条公理的实值函数都可以定义为向量范数.

有了范数,就可以引入向量序列收敛等概念.

定义 3.2　设 V 为赋范线性空间,$\boldsymbol{x}_0 \in V$. 给定正数 r,称

$$B_r(\boldsymbol{x}_0) = \{\boldsymbol{x} \in V \mid \|\boldsymbol{x} - \boldsymbol{x}_0\| < r\}$$

为以 $\boldsymbol{x}_0$ 为球心、r 为半径的开球. 称

$$B_r[\boldsymbol{x}_0] = \{\boldsymbol{x} \in V \mid \|\boldsymbol{x} - \boldsymbol{x}_0\| \leqslant r\}$$

为以 $\boldsymbol{x}_0$ 为球心、r 为半径的闭球. 称

$$S_r(\boldsymbol{x}_0) = \{\boldsymbol{x} \in V \mid \|\boldsymbol{x} - \boldsymbol{x}_0\| = r\}$$

为球面.

定义 3.3 设 W 是赋范线性空间 V 的子集,如果 W 包含在某个开球 $B_r(\boldsymbol{x}_0)$ 中,则称 W 为 V 中的有界集.

定义 3.4 设 $\{\boldsymbol{x}_m\}(m = 1,2,3,\cdots)$ 是赋范线性空间 V 中的向量序列. 如果存在 $\boldsymbol{x} \in V$, s. t. 当 $m \to \infty$ 时, $\|\boldsymbol{x}_m - \boldsymbol{x}\|_\alpha \to 0$, 称序列 $\{\boldsymbol{x}_m\}$ 按 α - 范数收敛于 $\boldsymbol{x}$, 记作 $\boldsymbol{x}_m \to \boldsymbol{x}(m \to \infty)$. $\boldsymbol{x}$ 称为序列 $\{\boldsymbol{x}_m\}$ 的极限.

定义 3.5 设 V 是赋范线性空间, $f: V \to V$ 为一映射. 称 $f: V \to V$ 为连续的,如果 $\forall \boldsymbol{x} \in V$, $\forall \{\boldsymbol{x}_m\} \subset V$, 当 $\boldsymbol{x}_m \to \boldsymbol{x}(m \to \infty)$ 时,总有 $f(\boldsymbol{x}_m) \to f(\boldsymbol{x})(m \to \infty)$.

性质 3.1 向量范数具有下列性质:

(1) $\|\boldsymbol{x}\| = 0 \Leftrightarrow \boldsymbol{x} = \boldsymbol{0}$;

(2) 当 $\|\boldsymbol{x}\| \neq 0$ 时, $\left\| \dfrac{1}{\|\boldsymbol{x}\|} \cdot \boldsymbol{x} \right\| = 1$;

(3) $\forall \boldsymbol{x} \in V$, 有 $\|-\boldsymbol{x}\| = \|\boldsymbol{x}\|$;

(4) $\forall \boldsymbol{x},\boldsymbol{y} \in V$, $\big|\|\boldsymbol{x}\| - \|\boldsymbol{y}\|\big| \leqslant \|\boldsymbol{x} - \boldsymbol{y}\|$; (3 -1)

(5) 收敛序列的极限是唯一的;

(6) 收敛序列是有界的;

(7) 范数 $\|\boldsymbol{x}\|_\alpha$ 是 $\boldsymbol{x}$ 的连续函数;

(8) $f(\boldsymbol{x},\boldsymbol{y}) = \boldsymbol{x} + \boldsymbol{y}: V \times V \to V$ 是连续的;

(9) $f(\alpha,\boldsymbol{x}) = \alpha\boldsymbol{x}: \mathbf{C} \times V \to V$ 是连续的.

证明作为练习,留给读者.

例 3.1 在 $\mathbf{C}^n$ 中, $\forall \boldsymbol{x} = (\xi_1,\xi_2,\cdots,\xi_n) \in \mathbf{C}^n$, 规定

$$\|\boldsymbol{x}\| = \sum_{i=1}^{n} |\xi_i| \tag{3-2}$$

则 $\|\cdot\|$ 是 $\mathbf{C}^n$ 上的一种范数,称为 1 - 范数,记作 $\|\cdot\|_1$.

例 3.2 在 $\mathbf{C}^n$ 中, $\forall \boldsymbol{x} = (\xi_1,\xi_2,\cdots,\xi_n) \in \mathbf{C}^n$, 规定

$$\|\boldsymbol{x}\| = \sqrt{|\xi_1|^2 + |\xi_2|^2 + \cdots + |\xi_n|^2} \tag{3-3}$$

则 $\|\cdot\|$ 是 $\mathbf{C}^n$ 上的一个范数,称为 2 - 范数,记作 $\|\cdot\|_2$.

例 3.3 在 $\mathbf{C}^n$ 中, $\forall \boldsymbol{x} = (\xi_1,\xi_2,\cdots,\xi_n) \in \mathbf{C}^n$, 规定

$$\|\boldsymbol{x}\| = \max_{1 \leqslant i \leqslant n} |\xi_i| \tag{3-4}$$

则 $\|\cdot\|$ 是 $\mathbf{C}^n$ 上的一种范数,称为 ∞ - 范数,记作 $\|\cdot\|_\infty$.

例 3.4 $\forall \boldsymbol{x} = (\xi_1,\xi_2,\cdots,\xi_n) \in \mathbf{C}^n$, 规定

$$\|\boldsymbol{x}\|_p = \left(\sum_{i=1}^{n} |\xi_i|^p\right)^{\frac{1}{p}} \quad (1 \leqslant p < \infty) \tag{3-5}$$

则 $\|\boldsymbol{x}\|_p$ 是 $\mathbf{C}^n$ 上的一种范数,称之为 p - 范数或 l_p 范数.

证明:直接验证(3 -5)满足向量范数定义的正定性与齐次性,利用代数学著名的闵

可夫斯基(Minkowski)不等式知(3-5)满足向量范数定义的三角不等式. 因此 $\|x\|_p$ 满足向量范数三公理.

利用数列极限夹逼准则可证

$$\|\boldsymbol{x}\|_\infty = \lim_{p\to+\infty}\|\boldsymbol{x}\|_p \tag{3-6}$$

1-范数、2-范数、∞-范数是 $\mathbf{C}^n$ 中常用的三种范数,统一在向量的 p-范数中. 在 C^n 中可以定义无穷多种向量范数. 下面给出由已知的某种范数构造出新的向量范数的一种方法.

例3.5 设 $\|\boldsymbol{y}\|_\alpha$ 是 $\mathbf{C}^m$ 上的一种向量范数,给定矩阵 $\boldsymbol{A}\in\mathbf{C}^{m\times n}$, 且矩阵 $\boldsymbol{A}$ 的 n 个列向量线性无关, $\forall \boldsymbol{x}=(\xi_1,\xi_2,\cdots,\xi_n)\in\mathbf{C}^n$, 规定

$$\|\boldsymbol{x}\|_\beta = \|\boldsymbol{A}\boldsymbol{x}\|_\alpha \tag{3-7}$$

则 $\|x\|_\beta$ 是 $\mathbf{C}^n$ 中的向量范数.

例3.6 设 V^n 是 n 维线性空间, $\boldsymbol{e}_1,\boldsymbol{e}_2,\cdots,\boldsymbol{e}_n$ 是 V^n 的一组基,则 $\forall \boldsymbol{x}\in V^n$, $\boldsymbol{x}$ 有唯一表达式

$$\boldsymbol{x} = \xi_1\boldsymbol{e}_1+\xi_2\boldsymbol{e}_2+\cdots+\xi_n\boldsymbol{e}_n \tag{3-8}$$

规定

$$\|\boldsymbol{x}\|_{V^n} = \left(\sum_{i=1}^n|\xi_i|^p\right)^{\frac{1}{p}}(1\leqslant p<\infty) \tag{3-9}$$

则 $\|\boldsymbol{x}\|_{V^n}$ 是 V^n 中的一种向量范数.

例3.7 设 $\boldsymbol{A}\in\mathbf{R}^{n\times n}$ 为正定矩阵,列向量 $\boldsymbol{x}\in\mathbf{R}^n$, 则 $\|\boldsymbol{x}\|_A=(\boldsymbol{x}^{\mathrm{T}}\boldsymbol{A}\boldsymbol{x})^{\frac{1}{2}}$ 是 $\mathbf{R}^n$ 上的一种范数,称为加权范数.

证明:因矩阵 $\boldsymbol{A}$ 正定,故 ∃ 正定矩阵 $\boldsymbol{B}$, s.t. $\boldsymbol{A}=\boldsymbol{B}^{\mathrm{T}}\boldsymbol{B}$, 从而

$$\|\boldsymbol{x}\|_A=(\boldsymbol{x}^{\mathrm{T}}\boldsymbol{B}^{\mathrm{T}}\boldsymbol{B}\boldsymbol{x})^{\frac{1}{2}}=[(\boldsymbol{B}\boldsymbol{x})^{\mathrm{T}}(\boldsymbol{B}\boldsymbol{x})]^{\frac{1}{2}}=\|\boldsymbol{B}\boldsymbol{x}\|_2$$

容易验证 $\|\cdot\|_A$ 满足范数三公理.

3.2　线性空间 V^n 上的向量范数的等价性

由3.1节的例子可知,在线性空间 V 中可以定义无穷多种范数,其数值大小各有不同,然而在各种范数之间存在下述重要关系.

定理3.1 设 $\|\cdot\|_1$ 与 $\|\cdot\|_2$ 是 n 维线性空间 V^n 上的任意两个向量范数,则 ∃ 正常数 C_1 与 C_2, s.t.

$$C_1\|\boldsymbol{x}\|_2\leqslant\|\boldsymbol{x}\|_1\leqslant C_2\|\boldsymbol{x}\|_2,\forall\boldsymbol{x}\in V^n \tag{3-10}$$

满足不等式(3-10)的两个范数 $\|\boldsymbol{x}\|_1$ 与 $\|\boldsymbol{x}\|_2$ 称为是等价的.

证明:由等价的对称性与传递性,只需证明任何一种范数都与一种特定的范数等价即可.

设 V^n 中一组单位向量构成的基为 $\boldsymbol{e}_1,\boldsymbol{e}_2,\cdots,\boldsymbol{e}_n$, 对于 V^n 中任意一个向量 $\boldsymbol{x}=\xi_1\boldsymbol{e}_1+\xi_2$

$e_2+\cdots+\xi_n e_n$，由例 3.6 知可以定义范数 $\|x\|_{V^n}=\left(\sum_{i=1}^{n}|\xi_i|^2\right)^{\frac{1}{2}}$.

设 $y=\eta_1 e_1+\eta_2 e_2+\cdots+\eta_n e_n$，则对于任意一种范数 $\|x\|$，有

$$\begin{aligned}0\leqslant\left|\|x\|-\|y\|\right|&\leqslant\|x-y\|=\|(\xi_1-\eta_1)e_1+(\xi_2-\eta_2)e_2+\cdots+(\xi_n-\eta_n)e_n\|\\&\leqslant|(\xi_1-\eta_1)|\,\|e_1\|+|\xi_2-\eta_2|\,\|e_2\|+\cdots+|\xi_n-\eta_n|\,\|e_n\|\\&\leqslant|(\xi_1-\eta_1)|+|\xi_2-\eta_2|+\cdots+|\xi_n-\eta_n|\end{aligned}$$

于是 $\left|\|x\|-\|y\|\right|\to 0$ ($|\xi_k-\eta_k|\to 0,k=1,2,\cdots,n$). 因此 $\|x\|$ 是坐标 $(\xi_1,\xi_2,\cdots,\xi_n)$ 的连续函数.

令

$$S=\{(\xi_1,\xi_2,\cdots,\xi_n)\mid\sum_{i=1}^{n}|\xi_i|^2=1\}$$

则连续函数 $\|x\|$ 在 S 有最大值 M 与最小值 m. 由于不包括零向量，所以 $m>0$.

当 $x=\mathbf{0}$ 时，定理结论显然成立. 当 $x\neq\mathbf{0}$ 时，注意到 $\dfrac{x}{\|x\|_{V^n}}\in S$，所以

$$m\leqslant\left\|\frac{x}{\|x\|_{V^n}}\right\|\leqslant M$$

即

$$\|x\|_{V^n}m\leqslant\|x\|\leqslant M\|x\|_{V^n}.$$

这样，使用 n 元连续函数在有界闭集上可以达到最值的结论证明了本定理成立.

由于在线性空间 V^n 中可以定义多种范数，因此，V^n 中序列就有多种收敛. 例如，在 $\mathbf{C}^n$ 中有 1－范数收敛、2－范数收敛等. 这些收敛之间有怎样的关系呢？下面的定理回答了这个问题.

定理 3.2 (1)在有限维线性空间 V^n 中，若序列 $\{x_m\}$ 按某种范数收敛于 x，则 $\{x_m\}$ 按任何一种范数都收敛于 x，换言之，在有限维线性空间 V^n 中按范数收敛是等价的；

(2)在有限维线性空间 V^n 中，序列 $\{x_m\}$ 按范数收敛于 $x\Leftrightarrow\{x_m\}$ 按坐标收敛于 x.

证明：(1)使用定理 3.1 立得；

(2)使用(1)和范数是坐标的连续函数性质即得.

推论 3.1 $\mathbf{C}^n$ 中的向量序列 $x^{(k)}=(\xi_1^{(k)},\xi_2^{(k)},\cdots,\xi_n^{(k)}),k=1,2\cdots$ 按坐标收敛于向量 $x=(\xi_1,\xi_2,\cdots,\xi_n)\Leftrightarrow$ 对于 $\mathbf{C}^n$ 上的任一种范数 $\|\cdot\|$，序列 $\{\|x^{(k)}-x\|\}$ 收敛于零.

证明：使用定理 3.2 即得.

3.3 矩阵范数及其性质

矩阵 $A\in\mathbf{C}^{m\times n}$ 可以看成 $m\times n$ 维线性空间 $\mathbf{C}^{m\times n}$ 中的向量，因此，矩阵范数已有定义了. 然而矩阵在应用中具有双重性：一方面矩阵 $A\in\mathbf{C}^{m\times n}$ 可以看成 $m\times n$ 维线性空间 $\mathbf{C}^{m\times n}$ 中的向量；另一方面矩阵 $A\in\mathbf{C}^{m\times n}$ 可以看成是从 $\mathbf{C}^n$ 到 $\mathbf{C}^m$ 中的线性变换. 因此，在

矩阵的范数定义中,应该考虑矩阵的乘法运算.

定义3.6　若 ∃ 映射 $\|\cdot\|:\mathbf{C}^{m\times n}\to R$ 满足下述四公理:

(1)正定性:当 $\boldsymbol{A}\neq\boldsymbol{O}$ 时, $\|\boldsymbol{A}\|>0$;

(2)齐次性: $\|a\boldsymbol{A}\|=|a|\,\|\boldsymbol{A}\|,\forall a\in\mathbf{C},\forall\boldsymbol{A}\in\mathbf{C}^{m\times n}$;

(3)三角不等式: $\|\boldsymbol{A}+\boldsymbol{B}\|\leqslant\|\boldsymbol{A}\|+\|\boldsymbol{B}\|,\forall\boldsymbol{A},\boldsymbol{B}\in\mathbf{C}^{m\times n}$;

(4)相容性: $\|\boldsymbol{AB}\|\leqslant\|\boldsymbol{A}\|\,\|\boldsymbol{B}\|,\forall\boldsymbol{A}\in\mathbf{C}^{m\times n},\boldsymbol{B}\in\mathbf{C}^{n\times l}$.

则称 $\|\cdot\|$ 为 $\mathbf{C}^{m\times n}$ 上的一个矩阵范数.

由矩阵范数定义,可知

$$\forall\boldsymbol{A},\boldsymbol{B}\in\mathbf{C}^{m\times n},\ \big|\,\|\boldsymbol{A}\|-\|\boldsymbol{B}\|\,\big|\leqslant\|\boldsymbol{A}-\boldsymbol{B}\|$$

证明: $\|\boldsymbol{A}\|=\|\boldsymbol{A}-\boldsymbol{B}+\boldsymbol{B}\|\leqslant\|\boldsymbol{A}-\boldsymbol{B}\|+\|\boldsymbol{B}\|\Rightarrow\|\boldsymbol{A}\|-\|\boldsymbol{B}\|\leqslant\|\boldsymbol{A}-\boldsymbol{B}\|$,交换 $\boldsymbol{A}$ 与 $\boldsymbol{B}$ 的位置得 $\|\boldsymbol{B}\|-\|\boldsymbol{A}\|\leqslant\|\boldsymbol{A}-\boldsymbol{B}\|$. 故有 $\big|\,\|\boldsymbol{A}\|-\|\boldsymbol{B}\|\,\big|\leqslant\|\boldsymbol{A}-\boldsymbol{B}\|$.

例3.8　设 $\boldsymbol{A}=(a_{ij})\in\mathbf{C}^{m\times n}$, 定义 $\|\boldsymbol{A}\|=\left(\sum\limits_{i=1}^{m}\sum\limits_{j=1}^{n}|a_{ij}|^2\right)^{\frac{1}{2}}$, 则 $\|\cdot\|$ 是 $\mathbf{C}^{m\times n}$ 上的一个矩阵范数,称为 Frobenius 范数,简称 F – 范数,记作 $\|\cdot\|_F$.

证明:把 $\|\boldsymbol{A}\|_F$ 看作 $m\times n$ 维向量所取的2 – 范数,易知满足正定性、齐次性与三角不等式,只需证明它满足相容性即可.

设 $\boldsymbol{B}=(b_{ij})\in\mathbf{C}^{n\times l}$, 令 $\boldsymbol{C}=\boldsymbol{AB}=(c_{ij})_{m\times l}$, $c_{ij}=\sum\limits_{k=1}^{n}a_{ik}b_{kj}$, 由柯西 – 施瓦兹不等式,得

$$|c_{ij}|^2=\left|\sum_{k=1}^{n}a_{ik}b_{kj}\right|^2\leqslant\left(\sum_{k=1}^{n}|a_{ik}|^2\right)\left(\sum_{k=1}^{n}|b_{kj}|^2\right)$$

从而

$$\begin{aligned}\|\boldsymbol{AB}\|_F^2&=\sum_{i=1}^{m}\sum_{j=1}^{l}|c_{ij}|^2\leqslant\sum_{i=1}^{m}\sum_{j=1}^{l}\left(\sum_{k=1}^{n}|a_{ik}|^2\right)\left(\sum_{k=1}^{n}|b_{kj}|^2\right)\\&=\left(\sum_{i=1}^{m}\sum_{k=1}^{n}|a_{ik}|^2\right)\left(\sum_{k=1}^{n}\sum_{j=1}^{l}|b_{kj}|^2\right)=\|\boldsymbol{A}\|_F^2\|\boldsymbol{B}\|_F^2\end{aligned}$$

即 $\|\boldsymbol{AB}\|_F^2\leqslant\|\boldsymbol{A}\|_F\|\boldsymbol{B}\|_F$.

例3.9　设 $\boldsymbol{A}=(a_{ij})\in\mathbf{C}^{m\times n}$, 则 $\|\boldsymbol{A}\|_{m_1}=\sum\limits_{i=1}^{m}\sum\limits_{j=1}^{n}|a_{ij}|$, $\|\boldsymbol{A}\|_{m_\infty}=n\cdot\max\limits_{i,j}|a_{ij}|$ 都是 $\mathbf{C}^{m\times n}$ 上的矩阵函数.

显然,对于 $\boldsymbol{A}=(a_{ij})\in\mathbf{C}^{m\times n}$, 当 $n=1$ 时,矩阵 $\|\boldsymbol{A}\|_{m_1}$、$\|\boldsymbol{A}\|_F$ 与 $\|\boldsymbol{A}\|_{m_\infty}$ 分别转化为向量范数 $\|\boldsymbol{x}\|_1$、$\|\boldsymbol{x}\|_2$ 与 $\|\boldsymbol{x}\|_\infty$.

例3.10　设 $\boldsymbol{A}=(a_{ij}),\boldsymbol{B}=(b_{ij})\in\mathbf{C}^{n\times n}$, $\boldsymbol{A}$ 与 $\boldsymbol{B}$ 的内积为 $(\boldsymbol{A},\boldsymbol{B})=\mathrm{tr}(\boldsymbol{AB}^{\mathrm{H}})$, 则由此内积导出的矩阵的范数为

$$\|\boldsymbol{A}\|_F=\sqrt{(\boldsymbol{A},\boldsymbol{A})}=\sqrt{\mathrm{tr}(\boldsymbol{AA}^{\mathrm{H}})}=\sqrt{\mathrm{tr}(\boldsymbol{A}^{\mathrm{H}}\boldsymbol{A})}=\left(\sum_{i=1}^{n}\sum_{j=1}^{n}|a_{ij}|^2\right)^{\frac{1}{2}}$$

且 $\forall\boldsymbol{x}=(x_1,x_2,\cdots,x_n)^{\mathrm{T}}\in\mathbf{C}^n$, $\|\boldsymbol{Ax}\|_2\leqslant\|\boldsymbol{A}\|_F\,\|\boldsymbol{x}\|_2$.

证明:因 $\boldsymbol{A}^{\mathrm{H}}\boldsymbol{A}$ 半正定,故 ∃ 酉矩阵 $\boldsymbol{U}$, s. t. $\boldsymbol{A}^{\mathrm{H}}\boldsymbol{A}=\boldsymbol{U}^{\mathrm{H}}\boldsymbol{\Lambda}\boldsymbol{U}$, 其中 $\boldsymbol{\Lambda}=\mathrm{diag}\{\lambda_1,\lambda_2,\cdots,\lambda_n\}$, λ_i 为 $\boldsymbol{A}^{\mathrm{H}}\boldsymbol{A}$ 的特征值, $\lambda_i\geqslant0(i=1,2,\cdots,n)$.

$$\begin{aligned}\|Ax\|_2^2 &= (Ax,Ax) = (Ax)^H(Ax)\\ &= x^H A^H Ax = x^H U^H \Lambda Ux\\ &= (Ux)^H \Lambda (Ux)\\ &\leqslant (\max_{1\leqslant i\leqslant n}\lambda_i)(Ux)^H(Ux)\\ &\leqslant \left(\sum_{i=1}^n \lambda_i\right)(Ux)^H(Ux)\\ &= (\mathrm{tr}A^H A)\ \|x\|_2^2\end{aligned}$$

故得 $\|Ax\|_2 \leqslant \|A\|_F\ \|x\|_2$.

实际上，$\|Ax\|_2 \leqslant \|A\|_F\ \|x\|_2$ 由 F - 范数的相容性可以直接得到.

定义 3.7 对于 $\mathbf{C}^{m\times n}$ 上的矩阵范数 $\|\cdot\|_M$ 和 $\mathbf{C}^m$ 与 $\mathbf{C}^n$ 的同类向量范数 $\|\cdot\|_V$，如果 $\forall A \in \mathbf{C}^{m\times n}$，$\forall x \in \mathbf{C}^n$，有

$$\|Ax\|_V \leqslant \|A\|_M \cdot \|x\|_V \tag{3-11}$$

则称矩阵范数 $\|\cdot\|_M$ 与向量范数 $\|\cdot\|_V$ 是相容的.

例 3.10 表明由内积导出的矩阵范数(F - 范数)与向量 2 - 范数 $\|\cdot\|_2$ 是相容的.

定理 3.3 设 $A \in \mathbf{C}^{n\times n}$ 且 $P,Q \in \mathbf{C}^{n\times n}$ 均为酉矩阵,则

$$\|PA\|_F = \|A\|_F = \|AQ\|_F \tag{3-12}$$

证明:记 $A = (a_1,a_2,\cdots,a_n)$，则

$$\begin{aligned}\|PA\|_F^2 &= \|P(a_1,a_2,\cdots,a_n)\|_F^2\\ &= \|(Pa_1,Pa_2,\cdots,Pa_n)\|_F^2\\ &= \sum_{j=1}^n \|Pa_j\|_2^2 = \sum_{j=1}^n \|a_j\|_2^2 = \|A\|_F^2\end{aligned}$$

故 $\|PA\|_F = \|A\|_F$，同理可证 $\|A\|_F = \|AQ\|_F$.

推论 3.2 若 A 与 B 酉相似,则 $\|A\|_F = \|B\|_F$.

例 3.11 设 $\|\cdot\|_M$ 是 $\mathbf{C}^{m\times n}$ 上的矩阵范数,任取 $\mathbf{C}^n$ 中的非零列向量 y，则 $\forall x \in \mathbf{C}^n$ 函数 $\|x\|_V = \|xy^H\|_M$ 是 $\mathbf{C}^n$ 上的向量范数且 $\|\cdot\|_M$ 与 $\|\cdot\|_V$ 是相容的.

证明:(1)当 $x \neq \mathbf{0}$ 时，$xy^H \neq 0$，从而 $\|x\|_V > 0$；

(2) $\forall k \in \mathbf{C}$，有 $\|kx\|_V = \|kxy^H\|_M = |k|\ \|xy^H\|_M = |k|\ \|x\|_V$；

(3) $\forall x_1,x_2 \in \mathbf{C}^n$，有 $\|x_1+x_2\|_V = \|(x_1+x_2)y^H\|_M = \|x_1y^H + x_2y^H\|_M \leqslant \|x_1y^H\|_M + \|x_2y^H\|_M = \|x_1\|_V + \|x_2\|_V$；

(4) $\forall A \in \mathbf{C}^{n\times n}$，$x \in \mathbf{C}^n$，$\|Ax\|_V = \|(Ax)y^H\|_M = \|A(xy^H)\|_M \leqslant \|A\|_M\ \|xy^H\|_M = \|A\|_M\ \|x\|_V$.

注 3.1 在例 3.11 中,取 $y = (1,0,\cdots,0)$，可得矩阵范数 $\|\cdot\|_F$、$\|\cdot\|_1$、$\|\cdot\|_\infty$ 分别与向量范数 $\|x\|_2$、$\|x\|_1$、$\|x\|_\infty$ 相容.

定理 3.4 设 $\|\cdot\|_V$ 为 $\mathbf{C}^m$ 和 $\mathbf{C}^n$ 上的同类向量范数，$A \in \mathbf{C}^{m\times n}$，则函数

$$\|A\| = \max_{\|x\|=1} \|Ax\|_V \tag{3-13}$$

是 $\mathbf{C}^{m\times n}$ 上的矩阵范数,且与已知的向量范数 $\|\cdot\|_V$ 相容.

证明: $\forall \boldsymbol{x}\in \mathbf{C}^n$, 定义 $f(\boldsymbol{x}) = \|\boldsymbol{Ax}\|_V$, 则 $f:\mathbf{C}^n\to\mathbf{R}^+$ 为连续函数,因此 $f(\boldsymbol{x})$ 在单位球面 $S=\{\boldsymbol{x}\in\mathbf{C}^n: \|\boldsymbol{x}\| = 1\}$ 上可以达到最大值,即 $\exists \boldsymbol{x}_0\in S$, s. t. $f(\boldsymbol{x}_0) = \max\limits_{\|\boldsymbol{x}\|=1} f(\boldsymbol{x})$, 即 $\exists \boldsymbol{x}_0\in S$, s. t. $\|\boldsymbol{A}\| = \|\boldsymbol{Ax}_0\|_V$.

(1) $\boldsymbol{A}\neq\boldsymbol{O}\Rightarrow\exists \boldsymbol{x}_0\in\mathbf{C}^n$, s,t. $\|\boldsymbol{x}_0\| = 1$, 而 $\boldsymbol{Ax}_0\neq 0$, 从而 $\|\boldsymbol{A}\|\geqslant\|\boldsymbol{Ax}_0\|_V>0$;

(2) $\forall k\in\mathbf{C}$, $\boldsymbol{A}\in\mathbf{C}^{m\times n}$, 有 $\|k\boldsymbol{A}\|_V = \max\limits_{\|\boldsymbol{x}\|=1}\|k\boldsymbol{Ax}\|_V = |k|\max\limits_{\|\boldsymbol{x}\|=1}\|\boldsymbol{Ax}\|_V = |k|\,\|\boldsymbol{A}\|$;

(3) 设 $\boldsymbol{A},\boldsymbol{B}\in\mathbf{C}^{m\times n}$, 对于矩阵 $\boldsymbol{A}+\boldsymbol{B}$, $\exists \boldsymbol{x}_1\in S$ s. t. $\|\boldsymbol{A}+\boldsymbol{B}\| = \|(\boldsymbol{A}+\boldsymbol{B})\boldsymbol{x}_1\|_V$, 于是 $\|\boldsymbol{A}+\boldsymbol{B}\| = \|(\boldsymbol{A}+\boldsymbol{B})\boldsymbol{x}_1\|_V\leqslant\|\boldsymbol{Ax}_1\|_V+\|\boldsymbol{Bx}_1\|_V\leqslant\|\boldsymbol{A}\|+\|\boldsymbol{B}\|$;

(4) $\forall \boldsymbol{y}\in\mathbf{C}^n$, $\forall \boldsymbol{A}\in\mathbf{C}^{m\times n}$, 有 $\|\boldsymbol{Ay}\|_V\leqslant\|\boldsymbol{A}\|\,\|\boldsymbol{y}\|_V$, 当 $\boldsymbol{y}=\boldsymbol{0}$ 时, $\boldsymbol{Ay}=0$, $\|\boldsymbol{Ay}\|_V = 0 = \|\boldsymbol{A}\|\,\|\boldsymbol{0}\|_V$, 当 $\boldsymbol{y}\neq\boldsymbol{0}$ 时,令 $\boldsymbol{y}_0 = \dfrac{1}{\|\boldsymbol{y}\|_V}\boldsymbol{y}$,则 $\|\boldsymbol{y}_0\|_V = 1$ 且 $\|\boldsymbol{Ay}_0\|_V\leqslant\|\boldsymbol{A}\|$, 于是 $\|\boldsymbol{Ay}\|_V = \|\boldsymbol{A}(\|\boldsymbol{y}\|_V\boldsymbol{y}_0)\|_V = \|\boldsymbol{y}\|_V\|\boldsymbol{Ay}_0\|_V\leqslant\|\boldsymbol{A}\|\,\|\boldsymbol{y}\|_V$;

(5) $\forall \boldsymbol{A}\in\mathbf{C}^{m\times n}$, $\boldsymbol{B}\in\mathbf{C}^{n\times l}$, 有 $\|\boldsymbol{AB}\|\leqslant\|\boldsymbol{A}\|\,\|\boldsymbol{B}\|$.

对于矩阵 $\boldsymbol{AB}$, $\exists \boldsymbol{x}_2\in S$, s. t. $\|\boldsymbol{AB}\| = \|(\boldsymbol{AB})\boldsymbol{x}_2\|_V$.

利用(4)可知 $\|\boldsymbol{AB}\| = \|\boldsymbol{A}(\boldsymbol{B}x_2)\|_V\leqslant\|\boldsymbol{A}\|\,\|\boldsymbol{B}x_2\|_V\leqslant\|\boldsymbol{A}\|\,\|\boldsymbol{B}\|\,\|\boldsymbol{x}_2\|_V = \|\boldsymbol{A}\|\,\|\boldsymbol{B}\|$.

称由式(3.13)给出的矩阵范数为由向量范数导出的矩阵范数,简称为从属范数.

定理 3.5　设 $\boldsymbol{A}=(a_{ij})\in\mathbf{C}^{m\times n}$, $\boldsymbol{x}=(\xi_1,\xi_2,\cdots,\xi_n)^{\mathrm{T}}\in\mathbf{C}^n$, 则从属于向量 $\boldsymbol{x}$ 的三种范数 $\|\boldsymbol{x}\|_1$, $\|\boldsymbol{x}\|_2$, $\|\boldsymbol{x}\|_\infty$ 的矩阵范数依次是:

(1) $\|\boldsymbol{A}\|_1 = \max\limits_j\sum\limits_{i=1}^m|a_{ij}|$;　(3-14)

(2) $\|\boldsymbol{A}\|_2 = \sqrt{\lambda_1}$, λ_1 为 $\boldsymbol{A}^{\mathrm{H}}\boldsymbol{A}$ 的最大特征值;　(3-15)

(3) $\|\boldsymbol{A}\|_\infty = \max\limits_i\sum\limits_{j=1}^n|a_{ij}|$.　(3-16)

证明:(1) 设 $\|\boldsymbol{x}\|_1 = 1$, 则

$$\begin{aligned}\|\boldsymbol{Ax}\|_1 &= \sum_{i=1}^m\left|\sum_{j=1}^n a_{ij}\xi_j\right|\leqslant\sum_{i=1}^m\sum_{j=1}^n|a_{ij}|\,|\xi_j| = \sum_{j=1}^n|\xi_j|\left(\sum_{i=1}^m|a_{ij}|\right)\\&\leqslant\left(\max_j\sum_{i=1}^m|a_{ij}|\right)\sum_{i=1}^m|\xi_j| = \max_j\sum_{i=1}^m|a_{ij}|\end{aligned}$$

即 $\|\boldsymbol{A}\|_1 = \max\limits_{\|\boldsymbol{x}\|_1=1}\|\boldsymbol{Ax}\|_1\leqslant\max\limits_j\sum\limits_{i=1}^m|a_{ij}|$.

同时,设 $\sum\limits_{i=1}^m|a_{ik}| = \max\limits_j\sum\limits_{i=1}^m|a_{ij}|$, 取 $\boldsymbol{x}=(0,\cdots,0,1,0,\cdots,0)^{\mathrm{T}} = \boldsymbol{e}_k$ 为第 k 个单位坐标向量,则有

$$\|\boldsymbol{A}\|_1 = \max_{\|\boldsymbol{x}\|_1=1}\|\boldsymbol{Ax}\|_1\geqslant\|\boldsymbol{Ae}_k\|_1 = \sum_{i=1}^m|a_{ik}| = \max_j\sum_{i=1}^m|a_{ij}|$$

于是式(3-14)成立.

(2)依据定理2.20知A^HA是半正定的Hermite矩阵,特征值非负,设为$\lambda_1 \geqslant \lambda_2 \geqslant \cdots \geqslant \lambda_n \geqslant 0$, 矩阵$A^HA$是正规矩阵,依据定理2.17它具有正交的单位向量$x_1, x_2, \cdots, x_n$为特征向量. 对于任意$x \in \mathbf{C}^n$, 设

$$x = \xi_1 x_1 + \xi_2 x_2 + \cdots + \xi_n x_n$$

则有

$$\|x\|_2^2 = x^H x = |\xi_1|^2 + |\xi_2|^2 + \cdots + |\xi_n|^2$$

$$\begin{aligned}\|Ax\|_2^2 &= (Ax)^H(Ax) = x^HA^HAx = (x, A^HAx)\\ &= \left(\sum_{i=1}^n \xi_i x_i, \sum_{i=1}^n \xi_i(A^HAx_i)\right) = \left(\sum_{i=1}^n \xi_i x_i, \sum_{i=1}^n \lambda_i \xi_i x_i\right)\\ &= \sum_{i=1}^n \lambda_i |\xi_i|^2 \leqslant \lambda_1 \sum_{i=1}^n |\xi_i|^2 = \lambda_1\end{aligned}$$

即 $\|Ax\|_2 \leqslant \sqrt{\lambda_1}$.

而且

$$\|A\|_2 = \max_{\|x\|_2=1} \|Ax\|_2 \geqslant \|Ax_1\|_2 = \sqrt{(x_1, A^HAx_1)} = \sqrt{(x_1, \lambda_1 x_1)} = \sqrt{\lambda_1}$$

因此式(3-15)成立.

(3)设 $\|x\|_\infty = 1$, 则

$$\|Ax\|_\infty = \max_i \left|\sum_{j=1}^n a_{ij}\xi_j\right| \leqslant \max_i \sum_{j=1}^n |a_{ij}||\xi_j| \leqslant \max_i \sum_{j=1}^n |a_{ij}|$$

即 $\|A\|_\infty = \max\limits_{\|x\|_\infty=1} \|Ax\|_\infty \leqslant \max\limits_i \sum\limits_{j=1}^n |a_{ij}|$.

同时,设 $\sum\limits_{j=1}^n |a_{kj}| = \max\limits_i \sum\limits_{j=1}^n |a_{ij}|$, 取 $x_0 = (\mu_1, \mu_2, \cdots, \mu_n)^T$, 其中

$$\mu_j = \begin{cases} \dfrac{|a_{kj}|}{a_{kj}}, a_{kj} \neq 0 \\ 0, \quad a_{kj} = 0 \end{cases}$$

则有 $|\mu_j| \leqslant 1$, $\|x_0\|_\infty = 1$, 且

$$\|A\|_\infty = \max_{\|x\|_\infty=1} \|Ax\|_\infty \geqslant \|Ax_0\|_\infty = \sum_{i=1}^n |a_{kj}| = \max_i \sum_{j=1}^n |a_{ij}|$$

于是式(3-16)成立.

依据计算公式, $\|A\|_1$, $\|A\|_2$及$\|A\|_\infty$分别称为A的列和范数、谱范数及行和范数. 称 $\|A\|_2$为谱范数的原因是 $\|A\|_2^2$为矩阵A^HA的谱半径(定义3.9).

3.4 范数的初步应用

定理3.6 设$A \in \mathbf{C}^{n\times n}$, 且对$\mathbf{C}^{n\times n}$上的某种矩阵范数 $\|\cdot\|$ 有 $\|A\| < 1$, 则矩阵$I - A$可逆且

$$\|(I-A)^{-1}\| \leqslant \frac{\|I\|}{1-\|A\|}$$

证明:设矩阵范数 $\|A\|$ 与向量范数 $\|x\|_V$ 相容,如果 $\det(I-A)=0$, 则方程组 $(I-A)x=0$ 有非零解 $x_0 \in C^n$, 即 $(I-A)x_0=\mathbf{0}, x_0 \neq \mathbf{0}$, 从而有 $\|x_0\|_V = \|Ax_0\|_V \leqslant \|A\| \|x_0\| < \|x_0\|_V$, 矛盾. 因此 $\det(I-A)\neq 0$, 即 $I-A$ 可逆.

由于 $(I-A)^{-1}(I-A)=I$, 故

$(I-A)^{-1}-(I-A)^{-1}A=I$

$\Rightarrow (I-A)^{-1}=I+(I-A)^{-1}A$

$\Rightarrow \|(I-A)^{-1}\| \leqslant \|I\| + \|(I-A)^{-1}\|\|A\|$

$\Rightarrow \|(I-A)^{-1}\| \leqslant \dfrac{\|I\|}{1-\|A\|}$

定理 3.7　设 $A \in \mathbf{C}^{n\times n}$, 且对 $\mathbf{C}^{n\times n}$ 上的某种矩阵范数 $\|\cdot\|$ 有 $\|A\|<1$, 则

$$\|I-(I-A)^{-1}\| \leqslant \frac{\|A\|}{1-\|A\|}$$

证明:因 $\|A\|<1$, 由定理 3.6 知 $(I-A)^{-1}$ 存在.

由于 $I-A-I=-A$, 两边右乘 $(I-A)^{-1}$, 得

$$I-(I-A)^{-1}=-A(I-A)^{-1}$$

再左乘 A, 得

$$A(I-A)^{-1}=A+A[A(I-A)^{-1}]$$

取范数,得

$$\|A(I-A)^{-1}\| \leqslant \|A\| + \|A\|\|A(I-A)^{-1}\|$$

即

$$\|A(I-A)^{-1}\| \leqslant \frac{\|A\|}{1-\|A\|}$$

故 $\|I-(I-A)^{-1}\| \leqslant \dfrac{\|A\|}{1-\|A\|}$.

定义 3.8　设 $A \in \mathbf{C}^{n\times n}$ 的 n 个特征值为 $\lambda_1,\lambda_2,\cdots,\lambda_n$, 称

$$\rho(A)=\max_{1\leqslant i\leqslant n}|\lambda_i| \tag{3-17}$$

为 A 的谱半径(Spectrum Radius).

定理 3.8　设 $A \in \mathbf{C}^{n\times n}$, 则对 $\mathbf{C}^{n\times n}$ 上任何一种矩阵范数 $\|\cdot\|$, 都有

$$\rho(A) \leqslant \|A\| \tag{3-18}$$

证明:设 λ 是矩阵 A 的任意一个特征值, x 为属于它的特征向量,则有 $Ax=\lambda x$, 对于任意一种矩阵范数,都有

$$|\lambda|\|x\| = \|\lambda x\| = \|Ax\| \leqslant \|A\|\|x\|$$

因 $\|x\|>0$, 故 $|\lambda| \leqslant \|A\|$, 从而 $\rho(A) \leqslant \|A\|$.

例 3.12　设 $A \in \mathbf{C}^{n\times n}$, 则 $\rho(A^k)=[\rho(A)]^k \quad (k=1,2,3,\cdots)$.

例 3.13　对任意可逆阵 $A \in \mathbf{C}^{n\times n}$, 则

$$\| \boldsymbol{A} \|_2 = \sqrt{\rho(\boldsymbol{A}^{\mathrm{H}}\boldsymbol{A})} = \sqrt{\rho(\boldsymbol{A}\boldsymbol{A}^{\mathrm{H}})}$$

当 $\boldsymbol{A}^{\mathrm{H}} = \boldsymbol{A}$ 时，$\| \boldsymbol{A} \|_2 = \rho(\boldsymbol{A})$. 更一般地有定理 3.9。

定理 3.9 设 $\boldsymbol{A} \in \mathbf{C}^{n\times n}$ 为正规矩阵，则 $\rho(\boldsymbol{A}) = \| \boldsymbol{A} \|_2$.

证明：使用定义 3.8 与定理 3.5 中式(3－15)即得 .

一般说来，谱范数 $\| \boldsymbol{A} \|_2$ 与谱半径 $\rho(\boldsymbol{A})$ 差别很大，但有下述结果：

定理 3.10 设 $\boldsymbol{A} \in \mathbf{C}^{n\times n}$，则 $\forall \varepsilon > 0$，$\exists$ 某种矩阵范数 $\| \cdot \|_M$，s. t.

$$\| \boldsymbol{A} \|_M \leqslant \rho(\boldsymbol{A}) + \varepsilon$$

最后，下面介绍矩阵的谱半径在线性方程组迭代法上的应用 .

设有线性方程组

$$\boldsymbol{Ax} = \boldsymbol{b} \tag{3-19}$$

其中 $\boldsymbol{A} \in \mathbf{R}^{n\times n}$ 为非奇异矩阵 .

将矩阵 $\boldsymbol{A}$ 分裂为

$$\boldsymbol{A} = \boldsymbol{M} - \boldsymbol{N}$$

其中 $\boldsymbol{A} \in \mathbf{R}^{n\times n}$ 为可选择非奇异矩阵，使得 $\boldsymbol{Mx} = \boldsymbol{d}$ 容易求解 . 于是 $\boldsymbol{Ax} = \boldsymbol{b}$ 转化为求解方程组

$$\boldsymbol{Mx} = \boldsymbol{Nx} + \boldsymbol{b}$$

即

$$\boldsymbol{x} = \boldsymbol{Bx} + \boldsymbol{f}$$

构造迭代序列

$$\begin{cases} \boldsymbol{x}^{(0)} \\ \boldsymbol{x}^{(k+1)} = \boldsymbol{Bx}^{(k)} + \boldsymbol{f}, k = 0,1,2,\cdots \end{cases} \tag{3-20}$$

这里 $\boldsymbol{B} = \boldsymbol{M}^{-1}\boldsymbol{N} = \boldsymbol{M}^{-1}(\boldsymbol{M} - \boldsymbol{A}) = \boldsymbol{I} - \boldsymbol{M}^{-1}\boldsymbol{A}, \boldsymbol{f} = \boldsymbol{M}^{-1}\boldsymbol{b}$. 称 $\boldsymbol{B}$ 为迭代法的迭代矩阵，选取不同的迭代矩阵 $\boldsymbol{B}$，会得到各种迭代式 .

定理 3.11 对于线性方程组(3－19)的迭代式(3－20)，$\forall \boldsymbol{x}^{(0)}$，$\rho(\boldsymbol{B}) < 1 \Leftrightarrow$ 迭代式(3－20)收敛 .

证明：($\Rightarrow$)设 $\rho(\boldsymbol{B}) < 1$，容易知道 $(\boldsymbol{I} - \boldsymbol{B})\boldsymbol{x} = \boldsymbol{f}$ 有唯一解，记为 $\boldsymbol{x}^*$，则

$$\boldsymbol{x}^* = \boldsymbol{Bx}^* + \boldsymbol{f}$$

误差向量 $\boldsymbol{\varepsilon}^{(k)} = \boldsymbol{x}^{(k)} - \boldsymbol{x}^* = \boldsymbol{B}^k \boldsymbol{\varepsilon}^{(0)}, \boldsymbol{\varepsilon}^{(0)} = \boldsymbol{x}^{(0)} - \boldsymbol{x}^*$. 由于 $\rho(\boldsymbol{B}) < 1$，由第 4 章定理 4.3 可知道 $\lim\limits_{k\to\infty}\boldsymbol{B}^k = \boldsymbol{0}$，因此 $\lim\limits_{k\to\infty}\boldsymbol{x}^{(k)} = \boldsymbol{x}^*$.

($\Leftarrow$)设对任意 $\boldsymbol{x}^{(0)}$ 有

$$\lim_{k\to\infty}\boldsymbol{x}^{(k)} = \boldsymbol{x}^*$$

其中 $\boldsymbol{x}^{(k+1)} = \boldsymbol{Bx}^{(k)} + \boldsymbol{f}$. 显然，极限 $\boldsymbol{x}^*$ 是线性方程组(3－19)的解，且对任意 $\boldsymbol{x}^{(0)}$ 有

$$\boldsymbol{\varepsilon}^{(k)} = \boldsymbol{x}^{(k)} - \boldsymbol{x}^* = \boldsymbol{B}^k \boldsymbol{\varepsilon}^{(0)} \to 0(k \to \infty) \tag{3-21}$$

适当选取 $\boldsymbol{x}^{(0)}$，使得 $\boldsymbol{\varepsilon}^{(0)} = \boldsymbol{x}^{(0)} - \boldsymbol{x}^* = \boldsymbol{e}_j$，$\boldsymbol{e}_j$ 为 $\boldsymbol{R}^n$ 中自然基中第 j 个坐标向量，$j = 1,2,\cdots,n$. 由式(3.21)可知，$\lim\limits_{k\to\infty}\boldsymbol{B}^k \boldsymbol{e}_j = \boldsymbol{0}$，也就是 $\boldsymbol{B}^k = \boldsymbol{0}$ 每一列元素极限为零，从而 $\lim\limits_{k\to\infty}\boldsymbol{B}^k = \boldsymbol{0}$，由第 4 章定理 4.3 可知 $\rho(\boldsymbol{B}) < 1$.

例3.14　求解线性方程组 $\boldsymbol{Ax}=\boldsymbol{b}$，其中

$$\boldsymbol{A}=\begin{bmatrix}10&3&1\\2&-10&3\\1&3&10\end{bmatrix},\boldsymbol{x}=\begin{bmatrix}x_1\\x_2\\x_3\end{bmatrix},\boldsymbol{b}=\begin{bmatrix}14\\-5\\14\end{bmatrix}$$

解：用雅可比迭代法[11]求解

$$\boldsymbol{A}=\begin{bmatrix}10&3&1\\2&-10&3\\1&3&10\end{bmatrix}=\begin{bmatrix}10&&\\&-10&\\&&10\end{bmatrix}+\begin{bmatrix}0&3&1\\2&0&3\\1&3&0\end{bmatrix}=\boldsymbol{M}-\boldsymbol{N}$$

得迭代公式

$$\boldsymbol{x}^{(k+1)}=\boldsymbol{Bx}^{(k)}+\boldsymbol{f}\quad(k=0,1,2,\cdots)$$

其中

$$\boldsymbol{B}=\begin{bmatrix}0&-0.3&-0.1\\0.2&0&0.3\\-0.1&-0.3&0\end{bmatrix},\boldsymbol{f}=\begin{bmatrix}1.4\\0.5\\1.4\end{bmatrix}$$

由于迭代矩阵 $\rho(\boldsymbol{B})\leqslant\|\boldsymbol{B}\|_1=0.6<1$，因此该迭代法收敛.

若取初值 $\boldsymbol{x}^{(0)}=(0,0,0)^{\mathrm{T}}$，计算至 $k=4$ 就可得 $\boldsymbol{x}^{(5)}=(0.9906,0.9645,0.9606)$. 同该方程的精确解 $\boldsymbol{x}=(1,1,1)^{\mathrm{T}}$ 相差很小.

习　题

1. 设 $\|\cdot\|_\alpha$ 与 $\|\cdot\|_\beta$ 是 $\mathbf{C}^n$ 上的两种范数，$k_1,k_2>0$，证明下列函数都是 $\mathbf{C}^n$ 上的范数.
(1) $\max\{\|\boldsymbol{x}\|_\alpha,\|\boldsymbol{x}\|_\beta\}$；(2) $k_1\|\boldsymbol{x}\|_\alpha+k_2\|\boldsymbol{x}\|_\beta$.

2. 设矩阵 $\boldsymbol{S}\in\mathbf{C}^{m\times n}$ 列满秩，给定 $\mathbf{C}^m$ 上的一种向量范数 $\|\cdot\|$，证明 $\|\boldsymbol{x}\|_S=\|\boldsymbol{Sx}\|$，$\forall\boldsymbol{x}\in\mathbf{C}^n$ 是 $\mathbf{C}^n$ 上的向量范数.

3. 设 λ 为矩阵 $\boldsymbol{A}\in\mathbf{C}^{m\times n}$ 的特征值，证明 $|\lambda|\leqslant\sqrt[m]{\|\boldsymbol{A}^m\|}$.

4. 设 $\boldsymbol{A}\in\mathbf{C}^{n\times n}$ 可逆，$\boldsymbol{B}\in\mathbf{C}^{n\times n}$，若对某种矩阵范数有 $\|\boldsymbol{B}\|<\dfrac{1}{\|\boldsymbol{A}^{-1}\|}$，证明 $\boldsymbol{A}+\boldsymbol{B}$ 可逆.

5. 设 $\boldsymbol{A}\in\mathbf{C}^{n\times n}$，s. t. $\|\boldsymbol{A}\|<1$. $\forall\boldsymbol{x}^{(0)}\in\mathbf{C}^n$，迭代地定义向量序列 $\{\boldsymbol{x}^{(k)}\}$ 如下：$\boldsymbol{x}^{(k+1)}=\boldsymbol{Ax}^{(k)}+\boldsymbol{g},k\geqslant0,\boldsymbol{g}\in\mathbf{C}^n$ 为固定向量，则
(1) $\boldsymbol{x}^{(k)}\to\boldsymbol{x}^*(k\to\infty)$，$\boldsymbol{x}^*$ 方程组 $\boldsymbol{x}=\boldsymbol{Ax}+\boldsymbol{g}$ 的解；
(2) $\|\boldsymbol{x}^{(k)}-\boldsymbol{x}^*\|\leqslant\dfrac{\|\boldsymbol{A}\|}{1-\|\boldsymbol{A}\|}\|\boldsymbol{x}^{(k)}-\boldsymbol{x}^{(k-1)}\|$；
(3) $\|\boldsymbol{x}^{(k)}-\boldsymbol{x}^*\|\leqslant\dfrac{\|\boldsymbol{A}\|^k}{1-\|\boldsymbol{A}\|}\|\boldsymbol{x}^{(1)}-\boldsymbol{x}^{(0)}\|$.

6. 设 $\boldsymbol{A}\in\mathbf{C}^{n\times n}$ 可逆，λ 是 $\boldsymbol{A}$ 的任一特征值，证明 $|\lambda|\geqslant\dfrac{1}{\|\boldsymbol{A}^{-1}\|}$.

7. 证明定理3.10.

第4章　矩阵分析及其应用

线性代数重点研究矩阵的代数运算性质，未涉及本章将要介绍的矩阵分析理论．矩阵分析理论是研究数值方法和其他数学分支以及许多工程问题的重要工具．本章以矩阵的范数为工具，首先讨论矩阵序列的极限运算，然后介绍矩阵级数特别是矩阵幂级数的收敛定理，借助于矩阵幂级数来定义矩阵函数，着重介绍矩阵函数的四种计算方法，最后介绍矩阵的微分和积分的概念，同时介绍它们在微分方程中的应用．

4.1　矩阵序列

定义 4.1　设 $\{\boldsymbol{A}^{(k)}\}$ 为矩阵序列，其中 $\boldsymbol{A}^{(k)} = (a_{ij}^{(k)}) \in \mathbf{C}^{m\times n}$，若当 $k\to\infty$ 时，$a_{ij}^{(k)} \to a_{ij}$，则称 $\{\boldsymbol{A}^{(k)}\}$ 收敛于矩阵 $\boldsymbol{A} = (a_{ij}) \in \mathbf{C}^{m\times n}$，称 $\boldsymbol{A}$ 为 $\{\boldsymbol{A}^{(k)}\}$ 的极限，记为

$$\lim_{k\to\infty}\boldsymbol{A}^{(k)} = \boldsymbol{A} \text{ 或 } \boldsymbol{A}^{(k)} \to \boldsymbol{A}(k\to\infty)$$

不收敛的矩阵序列称为发散．

例 4.1　设 $\boldsymbol{A}^{(k)} = \begin{bmatrix} \dfrac{1}{k} & \dfrac{\sqrt{2}k-1}{3k+2} \\ 1-\dfrac{1}{k^2} & \sqrt{-1}\cos\dfrac{\pi}{k} \end{bmatrix} \in \mathbf{C}^{2\times 2}$，$k = 1,2,\cdots$，则 $\boldsymbol{A}^{(k)} \to \boldsymbol{A} = \begin{bmatrix} 0 & \dfrac{\sqrt{2}}{3} \\ 1 & \mathrm{i} \end{bmatrix}(k\to\infty)$，其中 $\mathrm{i} = \sqrt{-1}$．

例 4.2　设 $\boldsymbol{A}^{(k)} = \begin{bmatrix} (-1)^k & \mathrm{e}^{-k} \\ \mathrm{i}^k & \sqrt{k} \end{bmatrix} \in \mathbf{C}^{2\times 2}$，则矩阵序列 $\{\boldsymbol{A}^{(k)}\}$ 发散，其中 $\mathrm{i} = \sqrt{-1}$．

收敛的矩阵序列有许多与收敛的数列相似的性质．

性质 4.1　设 $\{\boldsymbol{A}^{(k)}\}$，$\{\boldsymbol{B}^{(k)}\}$ 为两个同型的矩阵序列，$\boldsymbol{A}^{(k)} \to \boldsymbol{A}$，$\boldsymbol{B}^{(k)} \to \boldsymbol{B}$，$(k\to\infty)$，则 $\forall \alpha,\beta \in \mathbf{C}$，使得

$$\lim_{k\to\infty}(\alpha\boldsymbol{A}^{(k)} + \beta\boldsymbol{B}^{(k)}) = \alpha\boldsymbol{A} + \beta\boldsymbol{B} \tag{4-1}$$

性质 4.2　设 $\{\boldsymbol{A}^{(k)}\} \subset \mathbf{C}^{m\times n}$，$\{\boldsymbol{B}^{(k)}\} \subset \mathbf{C}^{n\times l}$，且 $\boldsymbol{A}^{(k)} \to \boldsymbol{A}$，$\boldsymbol{B}^{(k)} \to \boldsymbol{B}(k\to\infty)$，则

$$\lim_{k\to\infty}\boldsymbol{A}^{(k)}\boldsymbol{B}^{(k)} = \boldsymbol{A}\boldsymbol{B} \tag{4-2}$$

证明：设 $\boldsymbol{A}^{(k)} = (a_{ij}^{(k)})$，$\boldsymbol{A} = (a_{ij})$；$\boldsymbol{B}^{(k)} = (b_{ij}^{(k)})$，$\boldsymbol{B} = (b_{ij})$．由 $\boldsymbol{A}^{(k)} \to \boldsymbol{A}$ 与 $\boldsymbol{B}^{(k)} \to \boldsymbol{B}\ (k\to\infty)$ 知

$$a_{ij}^{(k)} \to a_{ij}(k \to \infty) \quad (i = 1,2,\cdots,m; j = 1,2,\cdots,n)$$
$$b_{ij}^{(k)} \to b_{ij}(k \to \infty) \quad (i = 1,2,\cdots,n; j = 1,2,\cdots,l)$$

由于矩阵 $\boldsymbol{A}^{(k)}\boldsymbol{B}^{(k)}$ 的 (i,j) 元为

$$\sum_{s=1}^{n} a_{is}^{(k)} b_{sj}^{(k)} \to \sum_{s=1}^{n} a_{is} b_{sj} (k \to \infty)$$

故 $\boldsymbol{A}^{(k)}\boldsymbol{B}^{(k)} \to \boldsymbol{AB} \quad (k \to \infty)$.

性质 4.3　设 $\boldsymbol{A}^{(k)}$ 与 $\boldsymbol{A}$ 都是可逆矩阵,且 $\boldsymbol{A}^{(k)} \to \boldsymbol{A}(k \to \infty)$,则

$$(\boldsymbol{A}^{(k)})^{-1} \to \boldsymbol{A}^{-1}(k \to \infty) \tag{4-3}$$

证明:由于 $(\boldsymbol{A}^{(k)})^{-1} = \mathrm{adj}\,\boldsymbol{A}^{(k)}/\det \boldsymbol{A}^{(k)}$,其中 $\mathrm{adj}\,\boldsymbol{A}^{(k)}$ 是 $\boldsymbol{A}^{(k)}$ 的伴随矩阵,它的元素与 $\det \boldsymbol{A}^{(k)}$ 的元素都是 $\boldsymbol{A}^{(k)}$ 的元素的多项式,而多项式是连续函数,故有

$$\mathrm{adj}\,\boldsymbol{A}^{(k)} \to \mathrm{adj}\,\boldsymbol{A},\ \det \boldsymbol{A}^{(k)} \to \det \boldsymbol{A}\ (k \to \infty)$$

从而有

$$(\boldsymbol{A}^{(k)})^{-1} = \mathrm{adj}\,\boldsymbol{A}^{(k)}/\det \boldsymbol{A}^{(k)} \to \mathrm{adj}\,\boldsymbol{A}/\det \boldsymbol{A} = \boldsymbol{A}^{-1}$$

定理 4.1　设 $\boldsymbol{A}^{(k)} \in \mathbf{C}^{m\times n}$,则

(1) $\boldsymbol{A}^{(k)} \to \boldsymbol{O} \Leftrightarrow \|\boldsymbol{A}^{(k)}\| \to 0(k \to \infty)$;

(2) $\boldsymbol{A}^{(k)} \to \boldsymbol{A} \Leftrightarrow \|\boldsymbol{A}^{(k)} - \boldsymbol{A}\| \to 0(k \to \infty)$;

(3) $\boldsymbol{A}^{(k)} \to \boldsymbol{A}(k \to \infty) \Rightarrow \|\boldsymbol{A}^{(k)}\| \to \|\boldsymbol{A}\|(k \to \infty)$.

证明:由第 3 章定理 3.2 知,$\mathbf{C}^{m\times n}$ 上的矩阵范数是彼此等价的,故只需对 F - 范数 $\|\cdot\|_F$ 证明结论成立即可.

(1) $\boldsymbol{A}^{(k)} \to \boldsymbol{O} \Leftrightarrow a_{ij}^{(k)} \to 0(k \to \infty)(i = 1,2,\cdots,m; j = 1,2,\cdots,n)$

$$\Leftrightarrow \sum_{i=1}^{m}\sum_{j=1}^{n} |a_{ij}^{(k)}|^2 \to 0(k \to \infty)$$
$$\Leftrightarrow \|\boldsymbol{A}^{(k)}\|_F \to 0(k \to \infty).$$

(2) $\boldsymbol{A}^{(k)} \to \boldsymbol{A} \Leftrightarrow \boldsymbol{A}^{(k)} - \boldsymbol{A} \to \boldsymbol{O}(k \to \infty)$

$$\Leftrightarrow \|\boldsymbol{A}^{(k)} - \boldsymbol{A}\| \to 0(k \to \infty).$$

(3)由矩阵范数性质,知 $|\,\|\boldsymbol{A}^{(k)}\| - \|\boldsymbol{A}\|\,| \leqslant \|\boldsymbol{A}^{(k)} - \boldsymbol{A}\| \to 0(k \to \infty)$.

定义 4.2　矩阵序列 $\{\boldsymbol{A}^{(k)}\}$ 称为有界的,如果 $\exists$ 常数 $M > 0$, s. t. $\forall R \geqslant 1$,都有

$$|a_{ij}^{(k)}| \leqslant M\ (i = 1,2,\cdots,m; j = 1,2,\cdots,n) \tag{4-4}$$

定理 4.2　矩阵序列 $\{\boldsymbol{A}^{(k)}\}$ 是有界的 $\Leftrightarrow$ 对任何一种矩阵范数 $\|\cdot\|$,$\{\|\boldsymbol{A}^{(k)}\|\}$ 为有界数列.

证明:由矩阵范数的等价性,只需对 F - 范数证明结论成立即可. 事实上,由定义 4.2 知,矩阵序列 $\{\boldsymbol{A}^{(k)}\}$ 是有界的 $\Leftrightarrow \exists M > 0$, s. t. $\forall k \geqslant 1$, $|a_{ij}^{(k)}| \leqslant M(i = 1,2,\cdots,m; j = 1,2,\cdots,n)$

$$\Leftrightarrow \sum_{i=1}^{m}\sum_{j=1}^{n} |a_{ij}^{(k)}|^2 \leqslant m \cdot nM^2,\ \forall k \geqslant 1$$
$$\Leftrightarrow \|\boldsymbol{A}^{(k)}\|_F \leqslant \sqrt{m \cdot n}M,\ \forall k \geqslant 1. \square$$

由定理 4.1(3)与定理 4.2 可以推知,收敛的矩阵序列 $\{\boldsymbol{A}^{(k)}\}$ 是有界的. 事实上,若

$A^{(k)}\to A(k\to\infty)$，则由定理4.1知 $\|A^{(k)}\|\to\|A\|(k\to\infty)$．故 $\{\|A^{(k)}\|\}$ 为有界数列，再由定理4.2知 $\{A^{(k)}\}$ 是有界的．

在矩阵序列中，最常见的是由一个方阵的幂构成的序列．关于这样的矩阵序列有下述概念和收敛定理．

定义4.3 设 $A\in\mathbf{C}^{n\times n}$，且 $A^k\to O(k\to\infty)$，则称 A 为收敛矩阵(Convergent Matrix)．

定理4.3 $A^k\to O(k\to\infty)\Leftrightarrow\rho(A)<1$．

证明：设 A 的 Jordan 标准型为 J，则存在非奇异矩阵 P，s. t. $A=PJP^{-1}$．于是有 $A^k=PJ^kP^{-1}$．由此可知，$A^k\to O\Leftrightarrow J^k\to O(k\to\infty)$．

由于

$$J=\operatorname{diag}(J_1(\lambda_1),J_2(\lambda_2),\cdots,J_s(\lambda_s))$$

其中 $\lambda_1,\lambda_2,\cdots,\lambda_s$ 是 A 的所有特征值，它们可能有相同的，故

$$J^k=\operatorname{diag}(J_1^k(\lambda_1),J_2^k(\lambda_2),\cdots,J_s^k(\lambda_s))$$

而 $J^k\to O\Leftrightarrow J_i^k(\lambda_i)\to O(k\to\infty)$．

注意到

$$J_i(\lambda_i)=\begin{bmatrix}\lambda_i & 1 & & \\ & \lambda_i & & \\ & & \ddots & 1\\ & & & \lambda_i\end{bmatrix}_{m_i\times m_i}=\begin{bmatrix}0 & 1 & & \\ & 0 & & \\ & & \ddots & 1\\ & & & 0\end{bmatrix}_{m_i\times m_i}+\begin{bmatrix}\lambda_i & & & \\ & \lambda_i & & \\ & & \ddots & \\ & & & \lambda_i\end{bmatrix}_{m_i\times m_i}=N+\lambda_iI$$

其中 N 为 m_i 阶幂零阵，I 为 m_i 阶单位阵．当 $k\geqslant m_i$ 时，$N^k=O$．注意到 $N(\lambda_iI)=(\lambda_iI)N$，故二项式公式成立．于是有

$$J_i^k(\lambda_i)=(N+\lambda_iI)^k=\lambda_i^kI+C_k^1\lambda_i^{k-1}I\cdot N+\cdots+C_k^{m_i-1}\lambda_i^{k-m_i+1}I\cdot N^{m_i-1}$$

$$=\begin{bmatrix}\lambda_i^k & & & \\ & \lambda_i^k & & \\ & & \ddots & \\ & & & \lambda_i^k\end{bmatrix}+\begin{bmatrix}0 & C_k^1\lambda_i^{k-1} & & \\ & 0 & C_k^1\lambda_i^{k-1} & \\ & & \ddots & C_k^1\lambda_i^{k-1}\\ & & & 0\end{bmatrix}+\cdots$$

$$+\begin{bmatrix}0 & & & C_k^{m_i-1}\lambda_i^{k-m_i+1}\\ & 0 & & \\ & & \ddots & \\ & & & 0\end{bmatrix}$$

$$= \begin{bmatrix} \lambda_i^k & C_k^1\lambda_i^{k-1} & & C_k^{m_i-1}\lambda_i^{k-m_i+1} \\ & \lambda_i^k & & \\ & & \ddots & C_k^1\lambda_i^{k-1} \\ & & & \lambda_i^k \end{bmatrix}$$

考察一般元 $C_k^l\lambda_i^{k-l} = u_k$，其中 $l = 1,2,\cdots,m_i - 1$ 为固定的数．为了研究 $u_k \to 0(k \to \infty)$，考察级数 $\sum_{k=1}^{\infty} u_k$ 的收敛性．由于

$$\left|\frac{u_{k+1}}{u_k}\right| = \left|\frac{C_{k+1}^l\lambda_i^{k+1-l}}{C_k^l\lambda_i^{k-l}}\right| = \frac{(k+1)!/l!(k+1-l)!}{k!/l!(k-l)!}|\lambda_i| \to |\lambda_i| \quad (k \to \infty)$$

由比值法可知，$|\lambda_i| < 1 \Leftrightarrow$ 级数 $\sum_{k=1}^{\infty} u_k$ 收敛，即一般项 $u_k \to 0(k \to \infty)$．由此可知 $\boldsymbol{J}_i^k(\lambda_i) \to \boldsymbol{O} \Leftrightarrow \rho(\boldsymbol{A}) < 1$，从而 $\boldsymbol{A}^k \to \boldsymbol{O} \Leftrightarrow \rho(\boldsymbol{A}) < 1$．

定理 4.4　$\boldsymbol{A}^k \to \boldsymbol{O}(k \to \infty) \Leftrightarrow$ 存在一种矩阵范数 $\|\cdot\|$，s. t. $\|\boldsymbol{A}\| < 1$．

证明：($\Rightarrow$)由定理 4.3 知 $\rho(\boldsymbol{A}) < 1$，存在 $\varepsilon > 0$ 使得 $\rho(\boldsymbol{A}) + \varepsilon < 1$，由定理 3.10，必然存在某种范数 $\|\boldsymbol{A}\|_M \leqslant \rho(\boldsymbol{A}) + \varepsilon$，从而 $\|\boldsymbol{A}\|_M < 1$ 成立．

($\Leftarrow$)由定理 3.8 知，$\rho(\boldsymbol{A}) \leqslant \|\boldsymbol{A}\| < 1$．再由定理 4.3 得 $\boldsymbol{A}^k \to \boldsymbol{O}(k \to \infty)$．

例 4.3　判断矩阵 $\boldsymbol{A} = \begin{bmatrix} \frac{1}{2} & \frac{1}{3} \\ \frac{1}{4} & \frac{1}{5} \end{bmatrix}$ 是否为收敛矩阵．

解：因为 $\|\boldsymbol{A}\|_1 = 0.75 < 1$，所以 $\boldsymbol{A}$ 为收敛矩阵．

4.2　矩阵级数

矩阵级数(Matrix Series)理论，特别是矩阵的幂级数理论在矩阵分析中占有十分重要的地位．

定义 4.4　设 $\{\boldsymbol{A}_k\}$ 为一个 $m \times n$ 型矩阵序列 $\boldsymbol{A}_0,\boldsymbol{A}_1,\cdots,\boldsymbol{A}_k,\cdots$，称 $\boldsymbol{A}_0 + \boldsymbol{A}_1 + \cdots + \boldsymbol{A}_k + \cdots$ 为矩阵级数，记作 $\sum_{k=0}^{\infty}\boldsymbol{A}_k$，即

$$\sum_{k=0}^{\infty}\boldsymbol{A}_k = \boldsymbol{A}_0 + \boldsymbol{A}_1 + \cdots + \boldsymbol{A}_k + \cdots \tag{4-5}$$

记部分和 $\boldsymbol{S}_m = \sum_{k=0}^{m}\boldsymbol{A}_k$，如果矩阵序列 $\{\boldsymbol{S}_m\}$ 收敛，即

$$\lim_{m\to\infty}\boldsymbol{S}_m = \boldsymbol{S} \tag{4-6}$$

就称矩阵级数(4-5)收敛，且有和 S，记为

$$\boldsymbol{S} = \sum_{k=0}^{\infty}\boldsymbol{A}_k \tag{4-7}$$

不收敛的矩阵级数称为发散的.

若记 $\boldsymbol{A}_k = (a_{ij}^{(k)})$, $\boldsymbol{S} = (s_{ij})$, 则(4-7)的含义是

$$\sum_{k=0}^{\infty} a_{ij}^{(k)} = s_{ij} \quad (i = 1,2,\cdots,m; j = 1,2,\cdots,n) \tag{4-8}$$

换言之,矩阵级数(4-5)收敛 $\Leftrightarrow m \times n$ 个数项级数 $\sum\limits_{k=0}^{\infty} a_{ij}^{(k)}$ 都收敛.

定义 4.5 如果式(4-8)中的 $m \times n$ 个数项级数都是绝对收敛的,则称矩阵级数式(4-5)绝对收敛(Absolutely Convergent).

性质 4.4 若矩阵级数式(4-5)是绝对收敛的,则它一定是收敛的,并且任意交换各项的次序所得的新级数仍收敛,且其和不变.

性质 4.5 矩阵级数 $\sum\limits_{k=0}^{\infty} \boldsymbol{A}_k$ 是绝对收敛的 $\Leftrightarrow$ 对任意一种矩阵范数 $\|\cdot\|$, 正项级数 $\sum\limits_{k=0}^{\infty} \|\boldsymbol{A}_k\|$ 收敛.

证明:由于矩阵范数的等价性,我们只需对矩阵范数 $\|\cdot\|_1$ 证明结论成立即可.

($\Leftarrow$)设 $\sum\limits_{k=0}^{\infty} \|\boldsymbol{A}_k\|_1$ 收敛,其中 $\boldsymbol{A}_k = (a_{ij}^{(k)}) \in \mathbf{C}^{m\times n}$, 则由等式 $\|\boldsymbol{A}_k\|_1 = \max\limits_{1\leqslant j\leqslant n} \sum\limits_{i=1}^{m} |a_{ij}^{(k)}|$ 推知

$$|a_{ij}^{(k)}| \leqslant \|\boldsymbol{A}_k\|_1 \quad (i = 1,2,\cdots,m; j = 1, 2,\cdots,n)$$

由正项级数的比较判别法知,级数

$$\sum_{k=0}^{\infty} |a_{ij}^{(k)}| \quad (i = 1,2,\cdots,m; j = 1,2,\cdots,n)$$

都收敛,从而级数 $\sum\limits_{k=0}^{\infty} \boldsymbol{A}_k$ 绝对收敛.

($\Rightarrow$)设矩阵级数 $\sum\limits_{k=0}^{\infty} \boldsymbol{A}_k$ 绝对收敛,则正项级数

$$\sum_{k=0}^{\infty} |a_{ij}^{(k)}| \quad (i = 1,2,\cdots,m; j = 1,2,\cdots,n)$$

都收敛,从而由上述 $m \times n$ 个级数项和所得到的级数收敛,因此级数

$$\sum_{k=0}^{\infty} \left(\sum_{i=1}^{m} \sum_{j=1}^{n} |a_{ij}^{(k)}| \right)$$

也收敛. 另外有,

$$\|\boldsymbol{A}_k\|_1 = \max_{1\leqslant j\leqslant n} \sum_{i=1}^{m} |a_{ij}^{(k)}| \leqslant \sum_{i=1}^{m} \sum_{j=1}^{n} |a_{ij}^{(k)}|$$

故由正项级数的比较判别法得知级数 $\sum\limits_{k=0}^{\infty} \|\boldsymbol{A}_k\|_1$ 收敛.

性质 4.6 设 $\boldsymbol{P} \in \mathbf{C}^{p\times m}$, $\boldsymbol{Q} \in \mathbf{C}^{n\times q}$ 为给定矩阵,如果矩阵级数 $\sum\limits_{k=0}^{\infty} \boldsymbol{A}_k$ 收敛(或绝对收敛),则级数 $\sum\limits_{k=0}^{\infty} \boldsymbol{P}\boldsymbol{A}_k\boldsymbol{Q}$ 也收敛(或绝对收敛),且有等式

$$\sum_{k=0}^{\infty} \boldsymbol{P}\boldsymbol{A}_k\boldsymbol{Q} = \boldsymbol{P}\left(\sum_{k=0}^{\infty} \boldsymbol{A}_k\right)\boldsymbol{Q} \tag{4-9}$$

证明:设 $\sum_{k=0}^{\infty} \boldsymbol{A}_k = \boldsymbol{S}$, 即

$$\boldsymbol{S} = \lim_{l\to\infty} \sum_{k=0}^{l} \boldsymbol{A}_k \tag{4-10}$$

由于

$$\sum_{k=0}^{l} \boldsymbol{P}\boldsymbol{A}_k\boldsymbol{Q} = \boldsymbol{P}\left(\sum_{k=0}^{l} \boldsymbol{A}_k\right)\boldsymbol{Q} \tag{4-11}$$

对式(4-11),令 $l \to \infty$, 取极限,得

$$\sum_{k=0}^{\infty} \boldsymbol{P}\boldsymbol{A}_k\boldsymbol{Q} = \lim_{l\to\infty}\boldsymbol{P}\left(\sum_{k=0}^{l} \boldsymbol{A}_k\right)\boldsymbol{Q} = \boldsymbol{PSQ}$$

即 $\sum_{k=0}^{\infty} \boldsymbol{P}\boldsymbol{A}_k\boldsymbol{Q}$ 收敛,且有式(4-9)成立.

设 $\sum_{k=0}^{\infty} \boldsymbol{A}_k$ 绝对收敛,则由性质 4.5 知 $\sum_{k=0}^{\infty} \| \boldsymbol{A}_k \|$ 也收敛. 由矩阵范数公理(4)知

$$\| \boldsymbol{P}\boldsymbol{A}_k\boldsymbol{Q} \| \leqslant \| \boldsymbol{P} \| \; \| \boldsymbol{A}_k \| \; \| \boldsymbol{Q} \| = \| \boldsymbol{P} \| \; \| \boldsymbol{Q} \| \; \| \boldsymbol{A}_k \|$$

由正项级数的比较判别法,知正项级数 $\sum_{k=0}^{\infty} \| \boldsymbol{P}\boldsymbol{A}_k\boldsymbol{Q} \|$ 收敛,再由性质 4.5 知级数 $\sum_{k=0}^{\infty} \boldsymbol{P}\boldsymbol{A}_k\boldsymbol{Q}$ 绝对收敛.

下面转到方阵幂级数的问题研究.

定理 4.5　方阵 A 的幂级数(Neumann 级数)

$$\sum_{k=0}^{\infty} \boldsymbol{A}_k = \boldsymbol{I} + \boldsymbol{A} + \boldsymbol{A}^2 + \cdots + \boldsymbol{A}^k + \cdots \tag{4-12}$$

收敛的 $\Leftrightarrow \boldsymbol{A}^k \to \boldsymbol{O} \quad (k \to \infty)$, 并且在收敛时,其和为 $\boldsymbol{S} = (\boldsymbol{I} - \boldsymbol{A})^{-1}$.

证明:($\Rightarrow$)设 $\sum_{k=0}^{\infty} \boldsymbol{A}_k$ 收敛,则部分和 $\boldsymbol{S}_m = \sum_{k=0}^{m} \boldsymbol{A}^k \to \boldsymbol{S} \quad (m \to \infty)$.

由于 $\boldsymbol{A}^k = \boldsymbol{S}_k - \boldsymbol{S}_{k-1}$, 故 $\boldsymbol{A}^k \to \boldsymbol{O} \quad (k \to \infty)$.

($\Leftarrow$)设 $\boldsymbol{A}^k \to \boldsymbol{O} \quad (k \to \infty)$, 要证级数式(4-12)收敛.

设式(4-12)的部分和

$$\boldsymbol{S}_k = \boldsymbol{I} + \boldsymbol{A} + \boldsymbol{A}^2 + \cdots + \boldsymbol{A}^{k-1} \tag{4-13}$$

则

$$\boldsymbol{S}_k\boldsymbol{A} = \boldsymbol{A} + \boldsymbol{A}^2 + \cdots + \boldsymbol{A}^k \tag{4-14}$$

式(4-13)与式(4-14)两边相减,得

$$\boldsymbol{S}_k(\boldsymbol{I} - \boldsymbol{A}) = \boldsymbol{I} - \boldsymbol{A}^k \tag{4-15}$$

对式(4-15)两边取行列式,得

$$\det \boldsymbol{S}_k \det(\boldsymbol{I} - \boldsymbol{A}) = \det(\boldsymbol{I} - \boldsymbol{A}^k) \tag{4-16}$$

则 $\det(\boldsymbol{I} - \boldsymbol{A}) \neq 0$. 若否,则

$$\det(\boldsymbol{I}-\boldsymbol{A}^k)=0$$

由于$\boldsymbol{A}^k\to\boldsymbol{O}\quad(k\to\infty)$，故

$$\det\boldsymbol{I}=0$$

矛盾．因此，$\det(\boldsymbol{I}-\boldsymbol{A})\neq 0$，故$\boldsymbol{I}-\boldsymbol{A}$可逆．由式(4－15)可得

$$\boldsymbol{S}_k=(\boldsymbol{I}-\boldsymbol{A})^{-1}-\boldsymbol{A}^k(\boldsymbol{I}-\boldsymbol{A})^{-1} \tag{4-17}$$

令$k\to\infty$，对式(4－17)两边取极限，得$\boldsymbol{S}=\lim\limits_{k\to\infty}\boldsymbol{S}_k=(\boldsymbol{I}-\boldsymbol{A})^{-1}$．

定理 4.6 如果方阵$\boldsymbol{A}$对某一矩阵范数$\|\cdot\|$有$\|\boldsymbol{A}\|<1$，则对任何非负整数k，以$(\boldsymbol{I}-\boldsymbol{A})^{-1}$为部分和$\boldsymbol{S}_k=\boldsymbol{I}+\boldsymbol{A}+\boldsymbol{A}^2+\cdots+\boldsymbol{A}^k$的近似时，其误差为$\|(\boldsymbol{I}-\boldsymbol{A})^{-1}-\boldsymbol{S}_k\|\leqslant\dfrac{\|\boldsymbol{A}\|^{k+1}}{1-\|\boldsymbol{A}\|}$．

证明：由于$\|\boldsymbol{A}^k\|\leqslant\|\boldsymbol{A}\|^k$，故

$$\|\boldsymbol{A}\|<1\Rightarrow\boldsymbol{A}^k\to\boldsymbol{O}\quad(k\to\infty)$$

从而$(\boldsymbol{I}-\boldsymbol{A})^{-1}$存在，且有

$$(\boldsymbol{I}-\boldsymbol{A})^{-1}-\boldsymbol{S}_k=\sum_{i=k+1}^{\infty}\boldsymbol{A}^i \tag{4-18}$$

因为$\left\|\sum\limits_{i=k+1}^{k+l}\boldsymbol{A}^i\right\|\leqslant\sum\limits_{i=k+1}^{k+l}\|\boldsymbol{A}\|^i=\dfrac{\|\boldsymbol{A}\|^{k+1}}{1-\|\boldsymbol{A}\|}(1-\|\boldsymbol{A}\|^l)$，所以$\left\|\sum\limits_{i=k+1}^{\infty}\boldsymbol{A}^i\right\|=\lim\limits_{l\to\infty}\left\|\sum\limits_{i=k+1}^{k+l}\boldsymbol{A}^i\right\|\leqslant\dfrac{\|\boldsymbol{A}\|^{k+1}}{1-\|\boldsymbol{A}\|}$．

现在给出本节的中心定理．

定理 4.7 设复变量幂级数

$$f(z)=\sum_{k=0}^{\infty}c_kz^k \tag{4-19}$$

的收敛半径为r．

(1)如果方阵$\boldsymbol{A}$满足$\rho(\boldsymbol{A})<r$，则矩阵幂级数

$$\sum_{k=0}^{\infty}c_k\boldsymbol{A}^k \tag{4-20}$$

绝对收敛；

(2)如果$\rho(\boldsymbol{A})>r$，则矩阵幂级数(4－20)发散．

证明：(1)由$\rho(\boldsymbol{A})<r$，可以找到$\exists\varepsilon>0$，s. t. $\rho(\boldsymbol{A})+\varepsilon<r$．

由于幂级数$\sum\limits_{k=0}^{\infty}c_kz^k$在收敛圆$|z|<r$内绝对收敛，所以正项级数

$$\sum_{k=0}^{\infty}|c_k|(\rho(\boldsymbol{A})+\varepsilon)^k \tag{4-21}$$

收敛．由第3章定理3.10知，对上述$\varepsilon>0$，$\exists$矩阵范数$\|\cdot\|$，s. t.

$$\|\boldsymbol{A}\|\leqslant\rho(\boldsymbol{A})+\varepsilon$$

从而有

$$\|c_k\boldsymbol{A}^k\|\leqslant|c_k|\|\boldsymbol{A}\|^k\leqslant|c_k|(\rho(\boldsymbol{A})+\varepsilon)^k \tag{4-22}$$

由比较判别法知，级数

$$\sum_{k=0}^{\infty} \| c_k \boldsymbol{A}^k \|$$

收敛．根据性质 4.5 知 $\sum\limits_{k=0}^{\infty} \| c_k \boldsymbol{A}^k \|$ 绝对收敛．

（2）若 $\rho(\boldsymbol{A}) > r$，设 λ_j 为 $\boldsymbol{A}$ 的模最大的特征值，即 $\rho(\boldsymbol{A}) = |\lambda_j|$，$\boldsymbol{A}\boldsymbol{x} = \lambda_j \boldsymbol{x}$，不妨设 $\boldsymbol{x}$ 为单位向量．下面用反证法证明 $\sum\limits_{k=0}^{\infty} c_k \boldsymbol{A}^k$ 发散．

假设矩阵幂级数（4－20）收敛，则由性质 4.6 知级数

$$\boldsymbol{x}^{\mathrm{H}} \left(\sum_{k=0}^{\infty} c_k \boldsymbol{A}^k \right) \boldsymbol{x} = \sum_{k=0}^{\infty} c_k \boldsymbol{x}^{\mathrm{H}} \boldsymbol{A}^k \boldsymbol{x} = \sum_{k=0}^{\infty} c_k \boldsymbol{x}^{\mathrm{H}} \lambda_j^k \boldsymbol{x} = \sum_{k=0}^{\infty} c_k \lambda_j^k \boldsymbol{x}^{\mathrm{H}} \boldsymbol{x} = \sum_{k=0}^{\infty} c_k \lambda_j^k$$

也收敛．但现在 $|\lambda_j| = \rho(\boldsymbol{A}) > r$，复数幂级数 $\sum\limits_{k=0}^{\infty} c_k z^k$ 在收敛圆外发散，故 $\sum\limits_{k=0}^{\infty} c_k \lambda_j^k$ 又应该是发散的，矛盾，因此（2）得证．

推论 4.1　若幂级数

$$\sum_{k=0}^{\infty} c_k (z - \lambda_0)^k$$

的收敛半径是 $r > 0$，则对于方阵 $\boldsymbol{A} \in \mathbf{C}^{n \times n}$，当其特征值 λ_i 满足

$$|\lambda_i - \lambda_0| < r \quad (i = 1, 2, \cdots, n)$$

时，方阵幂级数

$$\sum_{k=0}^{\infty} c_k (\boldsymbol{A} - \lambda_0 \boldsymbol{I})^k \tag{4-23}$$

绝对收敛；若有某一 λ_i，s. t. $|\lambda_i - \lambda_0| > r$，则方阵幂级数式（4－23）发散．

证明：令 $\boldsymbol{B} = \boldsymbol{A} - \lambda_0 \boldsymbol{I}$，则矩阵 B 的特征值为 $\lambda_i - \lambda_0$，所以

$$\rho(\boldsymbol{B}) = \max_{1 \leqslant i \leqslant n} \{ |\lambda_i - \lambda_0| \}$$

又

$$\sum_{k=0}^{\infty} c_k (\boldsymbol{A} - \lambda_0 \boldsymbol{I})^k = \sum_{k=0}^{\infty} \boldsymbol{B}^k \tag{4-24}$$

故由定理 4.7 知，当 $|\lambda_i - \lambda_0| < r \quad (i = 1, 2, \cdots, n)$ 时，即当 $\rho(\boldsymbol{B}) < r$ 时，方阵幂级数（4－24）收敛，从而式（4－23）绝对收敛；当有某个 λ_i，s. t. $|\lambda_i - \lambda_0| > r$ 时，必有 $\rho(\boldsymbol{B}) > r$，故由定理 4.7 知，方阵幂级数式（4－24）发散，从而式（4－23）发散．

推论 4.2　若复数幂级数 $\sum\limits_{k=0}^{\infty} c_k z^k$ 在整个复平面上都收敛，则对任意的方阵 $\boldsymbol{A} \in \mathbf{C}^{n \times n}$，方阵幂级数 $\sum\limits_{k=0}^{\infty} c_k \boldsymbol{A}^k$ 都绝对收敛．

证明：取 $r > 0$ 充分大，s. t. $\rho(\boldsymbol{A}) < r$．由于幂级数 $\sum\limits_{k=0}^{\infty} c_k z^k$ 在整个复平面上收敛，故它在圆域 $|z| < r$ 内收敛．由定理 4.7 知方阵幂级数 $\sum\limits_{k=0}^{\infty} c_k \boldsymbol{A}^k$ 绝对收敛．

4.3 矩阵函数

矩阵函数是以 n 阶方阵为自变量和应变量的一种函数，即 $f:\mathbf{C}^{n\times n}\to\mathbf{C}^{n\times n}$．本节以定理 4.7 及其推论为依据，给出矩阵函数的定义，并讨论有关性质与求和方法．

4.3.1 矩阵函数的定义

定义 4.6 设一元函数 $f(z)$ 能够展开为 z 的幂级数

$$f(z)=\sum_{k=0}^{\infty}c_k z^k \tag{4-25}$$

设幂级数式(4－25)的收敛半径为 r，当 n 阶方阵 A 的谱半径 $\rho(\boldsymbol{A})<r$ 时，把收敛的矩阵幂级数 $\sum\limits_{k=0}^{\infty}c_k\boldsymbol{A}^k$ 的和称为矩阵函数(Matrix Function)，记为 $f(\boldsymbol{A})$，即

$$f(\boldsymbol{A})=\sum_{k=0}^{\infty}c_k\boldsymbol{A}^k \tag{4-26}$$

由于复变函数

$$e^z=1+\frac{z}{1!}+\frac{z^2}{2!}+\frac{z^3}{3!}+\cdots$$

$$\cos z=1-\frac{z^2}{2!}+\frac{z^4}{4!}-\cdots$$

$$\sin z=z-\frac{z^3}{3!}+\frac{z^5}{5!}-\cdots$$

在整个复平面上都是收敛的，于是根据定理 4.7 的推论 4.2 可知，对任何方阵 $\boldsymbol{A}\in\mathbf{C}^{n\times n}$，矩阵幂级数

$$\boldsymbol{I}+\frac{1}{1!}\boldsymbol{A}+\frac{1}{2!}\boldsymbol{A}^2+\frac{1}{3!}\boldsymbol{A}^3+\cdots$$

$$\boldsymbol{I}-\frac{1}{2!}\boldsymbol{A}^2+\frac{1}{4!}\boldsymbol{A}^4-\cdots$$

$$\boldsymbol{A}-\frac{1}{3!}\boldsymbol{A}^3+\frac{1}{5!}\boldsymbol{A}^5-\cdots$$

都是绝对收敛的，它们的和分别记为 $e^{\boldsymbol{A}}$，$\sin\boldsymbol{A}$，$\cos\boldsymbol{A}$，即

$$e^{\boldsymbol{A}}=\boldsymbol{I}+\frac{1}{1!}\boldsymbol{A}+\frac{1}{2!}\boldsymbol{A}^2+\frac{1}{3!}\boldsymbol{A}^3+\cdots \tag{4-27}$$

$$\cos\boldsymbol{A}=\boldsymbol{I}-\frac{1}{2!}\boldsymbol{A}^2+\frac{1}{4!}\boldsymbol{A}^4-\cdots \tag{4-28}$$

$$\sin\boldsymbol{A}=\boldsymbol{A}-\frac{1}{3!}\boldsymbol{A}^3+\frac{1}{5!}\boldsymbol{A}^5-\cdots \tag{4-29}$$

式(4－27)～式(4－29)分别称为矩阵 $\boldsymbol{A}$ 的指数函数、余弦函数及正弦函数．

同样地，由

$$\ln(1+z)=\sum_{k=1}^{\infty}\frac{(-1)^{k-1}}{k}z^k\quad(|z|<1)$$

$$(1+z)^{\alpha}=1+\sum_{k=1}^{\infty}\frac{\alpha(\alpha-1)\cdots(\alpha-k+1)}{k!}z^k\quad(|z|<1)$$

其中 $\alpha\in\mathbf{R}$，由定理4.7，可以定义矩阵函数

$$\ln(\boldsymbol{I}+\boldsymbol{A})=\sum_{k=1}^{\infty}\frac{(-1)^{k-1}}{k}\boldsymbol{A}^k\quad(\rho(\boldsymbol{A})<1)\tag{4-30}$$

$$(\boldsymbol{I}+\boldsymbol{A})^{\alpha}=\boldsymbol{I}+\sum_{k=1}^{\infty}\frac{\alpha(\alpha-1)\cdots(\alpha-k+1)}{k!}\boldsymbol{A}^k\quad(\rho(\boldsymbol{A})<1)\tag{4-31}$$

一般地，若复变量幂级数

$$\sum_{k=0}^{\infty}c_k z^k$$

的收敛半径为 r，其和为 $f(z)$，则可以定义矩阵函数

$$f(\boldsymbol{A})=\sum_{k=0}^{\infty}c_k\boldsymbol{A}^k\quad(\rho(\boldsymbol{A})<r,\quad \boldsymbol{A}\in\mathbf{C}^{n\times n})\tag{4-32}$$

4.3.2　矩阵函数的性质

性质 4.7　若 $\boldsymbol{A},\boldsymbol{B}\in\mathbf{C}^{n\times n}$ 且 $\boldsymbol{AB}=\boldsymbol{BA}$，则有

$$\mathrm{e}^{\boldsymbol{A}}\mathrm{e}^{\boldsymbol{B}}=\mathrm{e}^{\boldsymbol{B}}\mathrm{e}^{\boldsymbol{A}}=\mathrm{e}^{\boldsymbol{A}+\boldsymbol{B}}\tag{4-33}$$

证明：由于 $\boldsymbol{AB}=\boldsymbol{BA}$，故 $(\boldsymbol{A}+\boldsymbol{B})^n=\sum_{k=0}^{n}C_n^k\boldsymbol{A}^{n-k}\boldsymbol{B}^k$ 成立．据此可得结论．

推论 4.3　$\mathrm{e}^{\boldsymbol{A}}\mathrm{e}^{-\boldsymbol{A}}=\mathrm{e}^{-\boldsymbol{A}}\mathrm{e}^{\boldsymbol{A}}=\boldsymbol{I}$，$(\mathrm{e}^{\boldsymbol{A}})^{-1}=\mathrm{e}^{-\boldsymbol{A}}$．

推论 4.4　设 m 为整数，则 $(\mathrm{e}^{\boldsymbol{A}})^m=\mathrm{e}^{m\boldsymbol{A}}$．

性质 4.8

$$\begin{cases}\mathrm{e}^{\mathrm{i}\boldsymbol{A}}=\cos\boldsymbol{A}+\mathrm{i}\sin\boldsymbol{A}\quad(\mathrm{i}=\sqrt{-1})\\ \cos\boldsymbol{A}=\dfrac{1}{2}(\mathrm{e}^{\mathrm{i}\boldsymbol{A}}+\mathrm{e}^{-\mathrm{i}\boldsymbol{A}})\\ \sin\boldsymbol{A}=\dfrac{1}{2\mathrm{i}}(\mathrm{e}^{\mathrm{i}\boldsymbol{A}}-\mathrm{e}^{-\mathrm{i}\boldsymbol{A}})\\ \cos(-\boldsymbol{A})=\cos\boldsymbol{A}\\ \sin(-\boldsymbol{A})=-\sin\boldsymbol{A}\end{cases}\tag{4-34}$$

性质 4.9　设 $\boldsymbol{A},\boldsymbol{B}\in\mathbf{C}^{n\times n}$ 且 $\boldsymbol{AB}=\boldsymbol{BA}$，则有

$$\begin{cases}\cos(\boldsymbol{A}+\boldsymbol{B})=\cos\boldsymbol{A}\cos\boldsymbol{B}-\sin\boldsymbol{A}\sin\boldsymbol{B}\\ \cos2\boldsymbol{A}=\cos^2\boldsymbol{A}-\sin^2\boldsymbol{A}\\ \sin(\boldsymbol{A}+\boldsymbol{B})=\sin\boldsymbol{A}\cos\boldsymbol{B}+\cos\boldsymbol{A}\sin\boldsymbol{B}\\ \sin2\boldsymbol{A}=2\sin\boldsymbol{A}\cos\boldsymbol{A}\end{cases}\tag{4-35}$$

4.3.3 矩阵函数的计算方法

矩阵函数的计算问题是矩阵理论应用中的关键问题．矩阵函数的计算是相当复杂的，例如，矩阵函数 $f(\boldsymbol{A}) = \boldsymbol{A}^{101}$ 就要计算 100 次矩阵 $\boldsymbol{A}$ 的乘积；若 $\boldsymbol{A}$ 为 5 阶方阵，则要进行 22500 次加法和乘法运算．因此，寻找简单而有效的计算矩阵函数的方法是十分有意义的研究课题．本节将重点介绍四种计算矩阵函数的方法．

1. Jordan 标准形法

命题 4.1 若对任一方阵 $\boldsymbol{X}$，幂级数 $\sum_{k=0}^{\infty} c_k \boldsymbol{X}^k$ 都收敛，其和为 $f(\boldsymbol{X}) = \sum_{k=0}^{\infty} c_k \boldsymbol{X}^k$，则当 $\boldsymbol{X}$ 为准对角矩阵

$$\boldsymbol{X} = \begin{bmatrix} \boldsymbol{X}_1 & & & \\ & \boldsymbol{X}_2 & & \\ & & \ddots & \\ & & & \boldsymbol{X}_s \end{bmatrix}$$

时，必有

$$f(\boldsymbol{X}) = \begin{bmatrix} f(\boldsymbol{X}_1) & & & \\ & f(\boldsymbol{X}_2) & & \\ & & \ddots & \\ & & & f(\boldsymbol{X}_s) \end{bmatrix}$$

其中 f 为给定的函数，$s \geqslant 1$ 为固定整数．

证明：由于

$$f(\boldsymbol{X}) = \lim_{m\to\infty} \sum_{k=0}^{m} c_k \boldsymbol{X}^k = \lim_{m\to\infty} \sum_{k=0}^{m} c_k \begin{bmatrix} \boldsymbol{X}_1^k & & & \\ & \boldsymbol{X}_2^k & & \\ & & \ddots & \\ & & & \boldsymbol{X}_s^k \end{bmatrix}$$

$$= \lim_{m\to\infty} \begin{bmatrix} \sum_{k=0}^{m} c_k \boldsymbol{X}_1^k & & & \\ & \sum_{k=0}^{m} c_k \boldsymbol{X}_2^k & & \\ & & \ddots & \\ & & & \sum_{k=0}^{m} c_k \boldsymbol{X}_s^k \end{bmatrix}$$

$$
= \begin{bmatrix} \lim\limits_{m\to\infty}\sum\limits_{k=0}^{m} c_k \boldsymbol{X}_1^k & & & \\ & \lim\limits_{m\to\infty}\sum\limits_{k=0}^{m} c_k \boldsymbol{X}_2^k & & \\ & & \ddots & \\ & & & \lim\limits_{m\to\infty}\sum\limits_{k=0}^{m} c_k \boldsymbol{X}_s^k \end{bmatrix}
$$

$$
= \begin{bmatrix} f(\boldsymbol{X}_1) & & & \\ & f(\boldsymbol{X}_2) & & \\ & & \ddots & \\ & & & f(\boldsymbol{X}_s) \end{bmatrix}
$$

证毕.

命题 4.2　若

$$
f(z) = \sum_{k=0}^{\infty} c_k z^k
$$

在收敛域 $|z| < r$ 内收敛,又

$$
\boldsymbol{J}_0 = \begin{bmatrix} \lambda & 1 & & \\ & \lambda & \ddots & \\ & & \ddots & 1 \\ & & & \lambda \end{bmatrix}_{m\times m}
$$

为 m 阶 Jordan 块,则当 $|\lambda| < r$ 时,方阵幂级数

$$
\sum_{k=0}^{\infty} c_k \boldsymbol{J}_0^k
$$

绝对收敛,且其和为

$$
f(\boldsymbol{J}_0) = \begin{bmatrix} f(\lambda) & f'(\lambda) & \cdots & \dfrac{1}{(m-1)!} f^{(m-1)}(\lambda) \\ & f(\lambda) & \ddots & \vdots \\ & & \ddots & f'(\lambda) \\ & & & f(\lambda) \end{bmatrix} \tag{4-36}
$$

证明:由于 $\boldsymbol{J}_0$ 的特征值为 λ,且为 h 重根,故 $\rho(\boldsymbol{J}_0) = |\lambda|$. 由定理 4.7 知,当 $|\lambda| < r$ 时,方阵幂级数 $\sum\limits_{k=0}^{\infty} c_k \boldsymbol{J}_0^k$ 绝对收敛.

由定理 4.3 的证明过程知, $\forall k \geqslant m$,有

$$
\boldsymbol{J}_0^k = \begin{bmatrix} \lambda^k & C_k^1 \lambda^{k-1} & \cdots & C_k^{m-1} \lambda^{k-m+1} \\ & \lambda^k & \ddots & \vdots \\ & & \ddots & C_k^1 \lambda^{k-1} \\ & & & \lambda^k \end{bmatrix}
$$

从而 $\forall l \geqslant 1$, 部分和

$$S_l(\boldsymbol{J}_0) = \sum_{k=0}^{l} c_k \boldsymbol{J}_0^k$$

$$= \begin{bmatrix} \sum\limits_{k=0}^{l} c_k\lambda^k & \sum\limits_{k=1}^{l} c_k C_k^1 \lambda^{k-1} & \cdots & \sum\limits_{k=m-1}^{l} c_k C_k^{m-1} \lambda^{k-m+1} \\ & \sum\limits_{k=0}^{l} c_k\lambda^k & \ddots & \vdots \\ & & \ddots & \sum\limits_{k=1}^{l} c_k C_k^1 \lambda^{k-1} \\ & & & \sum\limits_{k=0}^{l} c_k\lambda^k \end{bmatrix}$$

$$= \begin{bmatrix} S_l(\lambda) & S_l'(\lambda) & \cdots & \frac{1}{(m-1)!} S_l^{(m-1)}(\lambda) \\ & S_l(\lambda) & \ddots & \vdots \\ & & \ddots & S_l'(\lambda) \\ & & & S_l(\lambda) \end{bmatrix} \tag{4-37}$$

其中

$$\begin{cases} S_l(\lambda) = \sum\limits_{k=0}^{l} c_k \lambda^k \\ S_l'(\lambda) = \sum\limits_{k=1}^{l} c_k k \lambda^{k-1} \\ \vdots \\ S_l^{(m-1)}(\lambda) = \sum\limits_{k=m-1}^{l} c_k k(k-1)\cdots(k-m+2)\lambda^{k-m+1} \end{cases} \tag{4-38}$$

由于当 $|z| < r$ 时,幂级数 $\sum\limits_{k=0}^{\infty} c_k z^k$ 绝对收敛,且它的和为 $f(z)$, 由于 $|\lambda| < r$, 故当 $z = \lambda$ 时,式(4-38)中各个等式当 $l \to \infty$ 时的极限均存在且有

$$\begin{cases} \lim\limits_{l\to\infty} S_l(\lambda) = f(\lambda) \\ \lim\limits_{l\to\infty} S_l'(\lambda) = f'(\lambda) \\ \vdots \\ \lim\limits_{l\to\infty} S_l^{(m-1)}(\lambda) = f^{(m-1)}(\lambda) \end{cases} \tag{4-39}$$

令 $l \to \infty$ 对式(4-37)两边取极限并使用式(4-39)得

$$f(\boldsymbol{J}_0) = \lim_{l\to\infty} S_l(\boldsymbol{J}_0) = \sum_{k=0}^{\infty} c_k \boldsymbol{J}_0^k$$

$$
= \begin{bmatrix} f(\lambda) & f'(\lambda) & \cdots & \frac{1}{(m-1)!}f^{(m-1)}(\lambda) \\ & f(\lambda) & \ddots & \vdots \\ & & \ddots & f'(\lambda) \\ & & & f(\lambda) \end{bmatrix}
$$

定理 4.8　设 $\boldsymbol{A} \in \mathbf{C}^{n\times n}$，复变数幂级数 $\sum_{k=0}^{\infty} c_k z^k$ 的收敛半径为 $r > 0$，且其和为 $f(z)$，即

$$
f(z) = \sum_{k=0}^{\infty} c_k z^k
$$

设 $\boldsymbol{A} = \boldsymbol{PJP}^{-1}$，$\boldsymbol{J}$ 为 $\boldsymbol{A}$ 的 Jordan 标准型：

$$
\boldsymbol{J} = \begin{bmatrix} \boldsymbol{J}_1 & & & \\ & \boldsymbol{J}_2 & & \\ & & \ddots & \\ & & & \boldsymbol{J}_s \end{bmatrix}
$$

而各个 Jordan 块为

$$
\boldsymbol{J}_i = \begin{bmatrix} \lambda_i & 1 & & \\ & \lambda_i & \ddots & \\ & & \ddots & 1 \\ & & & \lambda_i \end{bmatrix}_{m_i \times m_i}
$$

其中 m_i 为 $\boldsymbol{J}_i$ 的阶数满足 $\sum_{i=1}^{s} m_i = n$，Jordan 块 $\boldsymbol{J}_i$ 由初等因子 $(\lambda - \lambda_i)^{m_i}$ 所决定，当 $\rho(\boldsymbol{A}) < r$ 时，有

$$
f(\boldsymbol{A}) = P\begin{bmatrix} f(\boldsymbol{J}_1) & & & \\ & f(\boldsymbol{J}_2) & & \\ & & \ddots & \\ & & & f(\boldsymbol{J}_s) \end{bmatrix}\boldsymbol{P}^{-1} \tag{4-40}
$$

其中每个 $f(\boldsymbol{J}_i)(i = 1,2,\cdots,s)$ 由式(4-36)计算.

证明：由 $\boldsymbol{A} = \boldsymbol{PJP}^{-1} = \boldsymbol{P}\begin{bmatrix} \boldsymbol{J}_1 & & & \\ & \boldsymbol{J}_2 & & \\ & & \ddots & \\ & & & \boldsymbol{J}_s \end{bmatrix}\boldsymbol{P}^{-1}$ 知，$\forall k \geqslant 1$，有

$$
\boldsymbol{A}^k = \boldsymbol{P}\begin{bmatrix} \boldsymbol{J}_1^k & & & \\ & \boldsymbol{J}_2^k & & \\ & & \ddots & \\ & & & \boldsymbol{J}_s^k \end{bmatrix}\boldsymbol{P}^{-1}
$$

应用命题 4.1 得

$$
\begin{aligned}
f(\boldsymbol{A}) &= \sum_{k=0}^{\infty} c_k \boldsymbol{A}^k \\
&= \sum_{k=0}^{\infty} c_k \boldsymbol{P} \begin{bmatrix} \boldsymbol{J}_1^k & & & \\ & \boldsymbol{J}_2^k & & \\ & & \ddots & \\ & & & \boldsymbol{J}_s^k \end{bmatrix} \boldsymbol{P}^{-1} \\
&= \boldsymbol{P} \left(\sum_{k=0}^{\infty} c_k \begin{bmatrix} \boldsymbol{J}_1^k & & & \\ & \boldsymbol{J}_2^k & & \\ & & \ddots & \\ & & & \boldsymbol{J}_s^k \end{bmatrix} \right) \boldsymbol{P}^{-1} \\
&= \boldsymbol{P} \begin{bmatrix} f(\boldsymbol{J}_1) & & & \\ & f(\boldsymbol{J}_2) & & \\ & & \ddots & \\ & & & f(\boldsymbol{J}_s) \end{bmatrix} \boldsymbol{P}^{-1}
\end{aligned}
$$

其中每个 $f(\boldsymbol{J}_i)$ 由式(4－36)给出.

推论 4.5 若 $\boldsymbol{A} \in \mathbf{C}^{n\times n}$ 相似于对角矩阵 $\boldsymbol{\Lambda} = \mathrm{diag}(\lambda_1,\lambda_2,\cdots,\lambda_n)$，其中 $\lambda_i(i = 1,2,\cdots,n)$ 为 $\boldsymbol{A}$ 的特征值,则

$$
f(\boldsymbol{A}) = \boldsymbol{P}\mathrm{diag}(f(\lambda_1), f(\lambda_2),\cdots, f(\lambda_n))\boldsymbol{P}^{-1} \tag{4-41}
$$

由此易知,$f(\boldsymbol{A})$ 相似于对角矩阵 $\mathrm{diag}(f(\lambda_1), f(\lambda_2),\cdots, f(\lambda_n))$，从而 $f(\boldsymbol{A})$ 的特征值为 $f(\lambda_1), f(\lambda_2),\cdots, f(\lambda_n)$.

特别地，当 $\boldsymbol{A} \in \mathbf{C}^{n\times n}$ 与对角矩阵 $\Lambda = \mathrm{diag}\{\lambda_1,\lambda_2,\cdots,\lambda_n\}$ 相似时,有

$$
\mathrm{e}^{\boldsymbol{A}} = \boldsymbol{P} \begin{bmatrix} \mathrm{e}^{\lambda_1} & & & \\ & \mathrm{e}^{\lambda_2} & & \\ & & \ddots & \\ & & & \mathrm{e}^{\lambda_n} \end{bmatrix} \boldsymbol{P}^{-1}
$$

$$
\sin\boldsymbol{A} = \boldsymbol{P} \begin{bmatrix} \sin\lambda_1 & & & \\ & \sin\lambda_2 & & \\ & & \ddots & \\ & & & \sin\lambda_n \end{bmatrix} \boldsymbol{P}^{-1}
$$

$$
\cos\boldsymbol{A} = \boldsymbol{P} \begin{bmatrix} \cos\lambda_1 & & & \\ & \cos\lambda_2 & & \\ & & \ddots & \\ & & & \cos\lambda_n \end{bmatrix} \boldsymbol{P}^{-1}
$$

例 4.4 设

$$
A = \begin{bmatrix} 0 & 1 \\ 0 & 2 \end{bmatrix}
$$

求 e^{A} 与 $\sin A$.

解:由 $\det|\lambda I - A| = \begin{vmatrix} \lambda & -1 \\ 0 & \lambda - 2 \end{vmatrix} = \lambda(\lambda - 2)$,得 $\lambda_1 = 0$, $\lambda_2 = 2$ 是 A 的两个不同的特征值,因此 A 相似于对角矩阵 $\Lambda = \mathrm{diag}(0,2)$. 相应于两个特征值的特征向量为: $\alpha_1 = (1,0)^{\mathrm{T}}$, $\alpha_2 = (1,2)^{\mathrm{T}}$.

令 $P = \begin{bmatrix} 1 & 1 \\ 0 & 2 \end{bmatrix}$, 则 $P^{-1} = \begin{bmatrix} 1 & -\frac{1}{2} \\ 0 & \frac{1}{2} \end{bmatrix}$, $A = P\begin{bmatrix} 0 & \\ & 2 \end{bmatrix}P^{-1}$.

应用式(4-41)得

$$e^{A} = P\begin{bmatrix} 1 & \\ & e^2 \end{bmatrix}P^{-1} = \begin{bmatrix} 1 & -\frac{1}{2} + \frac{1}{2}e^2 \\ 0 & e^2 \end{bmatrix}$$

$$\sin A = P\begin{bmatrix} 0 & \\ & \sin 2 \end{bmatrix}P^{-1} = \begin{bmatrix} 0 & \frac{1}{2}\sin 2 \\ 0 & \sin 2 \end{bmatrix}$$

在应用中所遇到的矩阵函数通常是 tA 的矩阵函数 $f(tA)$ (或 $f(At)$).

当 $A = PJP^{-1} = P\begin{bmatrix} J_1 & & & \\ & J_2 & & \\ & & \ddots & \\ & & & J_s \end{bmatrix}P^{-1}$ 时,有

$$tA = P(tJ)P^{-1} = P\begin{bmatrix} tJ_1 & & & \\ & tJ_2 & & \\ & & \ddots & \\ & & & tJ_s \end{bmatrix}P^{-1}$$

故

$$f(tA) = P\begin{bmatrix} f(tJ_1) & & & \\ & f(tJ_2) & & \\ & & \ddots & \\ & & & f(tJ_s) \end{bmatrix}P^{-1} \tag{4-42}$$

这里

$$f(tJ_i) = \begin{bmatrix} f(t\lambda_i) & tf'(t\lambda_i) & \cdots & \frac{t^{m_i-1}}{(m_i-1)!}f^{(m_i-1)}(t\lambda_i) \\ & f(t\lambda_i) & \ddots & \vdots \\ & & \ddots & tf'(t\lambda_i) \\ & & & f(t\lambda_i) \end{bmatrix}_{m_i \times m_i}$$

特别地,当 $\boldsymbol{A}=\boldsymbol{P}\boldsymbol{\Lambda}\boldsymbol{P}^{-1}=\boldsymbol{P}\begin{bmatrix}\lambda_1 & & & \\ & \lambda_2 & & \\ & & \ddots & \\ & & & \lambda_n\end{bmatrix}\boldsymbol{P}^{-1}$ 时,有

$$f(t\boldsymbol{A})=\boldsymbol{P}\begin{bmatrix}f(t\lambda_1) & & & \\ & f(t\lambda_2) & & \\ & & \ddots & \\ & & & f(t\lambda_n)\end{bmatrix}\boldsymbol{P}^{-1} \tag{4-43}$$

例如,设 $\boldsymbol{A}=\boldsymbol{P}\boldsymbol{\Lambda}\boldsymbol{P}^{-1}=\boldsymbol{P}\mathrm{diag}(\lambda_1,\lambda_2,\cdots,\lambda_n)\boldsymbol{P}^{-1}$,则

$$\mathrm{e}^{t\boldsymbol{A}}=\boldsymbol{P}\begin{bmatrix}\mathrm{e}^{t\lambda_1} & & & \\ & \mathrm{e}^{t\lambda_2} & & \\ & & \ddots & \\ & & & \mathrm{e}^{t\lambda_n}\end{bmatrix}\boldsymbol{P}^{-1}$$

$$\sin t\boldsymbol{A}=\boldsymbol{P}\begin{bmatrix}\sin t\lambda_1 & & & \\ & \sin t\lambda_2 & & \\ & & \ddots & \\ & & & \sin t\lambda_n\end{bmatrix}\boldsymbol{P}^{-1}$$

$$\cos t\boldsymbol{A}=\boldsymbol{P}\begin{bmatrix}\cos t\lambda_1 & & & \\ & \cos t\lambda_2 & & \\ & & \ddots & \\ & & & \cos t\lambda_n\end{bmatrix}\boldsymbol{P}^{-1}$$

对于例 4.4 中的矩阵 $\boldsymbol{A}$,有

$$\mathrm{e}^{t\boldsymbol{A}}=\begin{bmatrix}1 & 1\\ 0 & 2\end{bmatrix}\begin{bmatrix}1 & \\ & \mathrm{e}^{2t}\end{bmatrix}\begin{bmatrix}1 & -\frac{1}{2}\\ 0 & \frac{1}{2}\end{bmatrix}=\begin{bmatrix}1 & \frac{1}{2}(-1+\mathrm{e}^{2t})\\ 0 & \mathrm{e}^{2t}\end{bmatrix}$$

$$\sin t\boldsymbol{A}=\boldsymbol{P}\begin{bmatrix}0 & \\ & \sin 2t\end{bmatrix}\boldsymbol{P}^{-1}=\begin{bmatrix}0 & \frac{1}{2}\sin 2t\\ 0 & \sin 2t\end{bmatrix}$$

例 4.5 设 $\boldsymbol{A}=\begin{bmatrix}\pi & 0 & 0 & 0\\ 0 & -\pi & 0 & 0\\ 0 & 0 & 0 & 1\\ 0 & 0 & 0 & 0\end{bmatrix}$,求 $\sin\boldsymbol{A}$.

解:$\boldsymbol{A}$ 是一个 Jordan 标准型,它的三个 Jordan 块为

$$\boldsymbol{J}_1=(\pi),\ \boldsymbol{J}_2=(-\pi),\ \boldsymbol{J}_3=\begin{bmatrix}0 & 1\\ 0 & 0\end{bmatrix}$$

根据式(4-36)求得

$$\sin\boldsymbol{J}_1=\sin\pi=0,\ \sin\boldsymbol{J}_2=\sin(-\pi)=0,\ \sin\boldsymbol{J}_3=\begin{bmatrix}\sin 0 & \cos 0\\ 0 & \sin 0\end{bmatrix}=\begin{bmatrix}0 & 1\\ 0 & 0\end{bmatrix}$$

再使用式(4-40),得

$$\sin\boldsymbol{A}=\begin{bmatrix}\sin\boldsymbol{J}_1 & & \\ & \sin\boldsymbol{J}_2 & \\ & & \sin\boldsymbol{J}_3\end{bmatrix}=\begin{bmatrix}0&0&0&0\\0&0&0&0\\0&0&0&1\\0&0&0&0\end{bmatrix}$$

例 4.6　设 $\boldsymbol{J}=\begin{bmatrix}2&0&0\\0&1&1\\0&0&1\end{bmatrix}$, 求 $\mathrm{e}^{\boldsymbol{J}}$, $\cos\boldsymbol{J}$, $\sin\boldsymbol{J}$.

解: $\boldsymbol{J}$ 为 Jordan 标准型,它的两个 Jordan 块为

$$\boldsymbol{J}_1=(2),\ \boldsymbol{J}_2=\begin{bmatrix}1&1\\0&1\end{bmatrix}$$

由式(4-36)求得

$$\mathrm{e}^{\boldsymbol{J}_1}=\mathrm{e}^2,\ \mathrm{e}^{\boldsymbol{J}_2}=\begin{bmatrix}\mathrm{e} & \dfrac{1}{1!}\mathrm{e}\\ 0 & \mathrm{e}\end{bmatrix}=\begin{bmatrix}\mathrm{e}&\mathrm{e}\\0&\mathrm{e}\end{bmatrix}$$

再由式(4-40),得(取 $\boldsymbol{P}=\boldsymbol{I}$)

$$\mathrm{e}^{\boldsymbol{J}}=\begin{bmatrix}\mathrm{e}^{\boldsymbol{J}_1} & \\ & \mathrm{e}^{\boldsymbol{J}_2}\end{bmatrix}=\begin{bmatrix}\mathrm{e}^2&0&0\\0&\mathrm{e}&\mathrm{e}\\0&0&\mathrm{e}\end{bmatrix}$$

同理可得

$$\cos\boldsymbol{J}=\begin{bmatrix}\cos\boldsymbol{J}_1 & \\ & \cos\boldsymbol{J}_2\end{bmatrix}=\begin{bmatrix}\cos 2&0&0\\0&\cos 1&-\sin 1\\0&0&\cos 1\end{bmatrix}$$

$$\sin\boldsymbol{J}=\begin{bmatrix}\sin\boldsymbol{J}_1 & \\ & \sin\boldsymbol{J}_2\end{bmatrix}=\begin{bmatrix}\sin 2&0&0\\0&\sin 1&\cos 1\\0&0&\sin 1\end{bmatrix}$$

例 4.7　已知 $f(z)=\sum\limits_{k=0}^{\infty}\left(\dfrac{z}{6}\right)^k$, $\boldsymbol{J}=\begin{bmatrix}3&1&&\\&3&1&\\&&3&1\\&&&3\end{bmatrix}$, 求 $f(\boldsymbol{J})$.

解:由几何级数的敛散性判定定理知,当 $|z|<6$ 时, $f(z)=\sum\limits_{k=0}^{\infty}\left(\dfrac{z}{6}\right)^k$ 收敛于 $f(z)=\left(1-\dfrac{z}{6}\right)^{-1}$. 由于 $\rho(\boldsymbol{J})=3<6$, 故 $f(\boldsymbol{J})=\sum\limits_{k=0}^{\infty}\left(\dfrac{\boldsymbol{J}}{6}\right)^k$ 是收敛的. 为了求 $f(\boldsymbol{J})$, 需先求出

$f(z)$ 的前 3 阶导数

$$f'(z)=\frac{1}{6}\left(1-\frac{z}{6}\right)^{-2},f''(z)=\frac{1}{18}\left(1-\frac{z}{6}\right)^{-3},f'''(z)=\frac{1}{36}\left(1-\frac{z}{6}\right)^{-4}$$

将 $z=3$ 代入得

$$f(3)=2,f'(3)=\frac{2}{3},f''(3)=\frac{4}{9},f'''(3)=\frac{4}{9}$$

由式(4-36)得

$$f(\boldsymbol{J})=\sum_{k=0}^{\infty}\left(\frac{\boldsymbol{J}}{6}\right)^k=\begin{bmatrix}2&\frac{2}{3}&\frac{2}{9}&\frac{2}{27}\\&2&\frac{2}{3}&\frac{2}{9}\\&&2&\frac{2}{3}\\&&&2\end{bmatrix}$$

一般地说,用 Jordan 标准形法求方阵 $\boldsymbol{A}$ 的矩阵函数,需要先求出 $\boldsymbol{A}$ 的 Jordan 标准形 $\boldsymbol{J}$ 以及可逆方阵 $\boldsymbol{P}$, 这不是一件十分容易的事情. 因此,有必要寻找其他方法.

2. 递推公式法

设 $f(\lambda)=\det(\lambda\boldsymbol{I}-\boldsymbol{A})$, 根据 Cayley - Hamilton 定理, $f(\boldsymbol{A})=\boldsymbol{0}$, 由此可得 $\boldsymbol{A}$ 的一个递推关系,从而可以计算出给定的矩阵 $\boldsymbol{A}$ 的函数. 下面用一个例子来说明此方法.

例 4.8 设 4 阶方阵 $\boldsymbol{A}$ 的特征值为 $\pi,-\pi,0,0$, 求 $\sin\boldsymbol{A}$, $\cos 2\boldsymbol{A}$.

解:由于 $\boldsymbol{A}$ 的特征值为 $\pi,-\pi,0,0$, 故 $\boldsymbol{A}$ 的特征多项式为

$$f(\lambda)=\lambda^2(\lambda^2-\pi^2)=\lambda^4-\lambda^2\pi^2$$

由 $f(\boldsymbol{A})=\boldsymbol{O}$ 得

$$\boldsymbol{A}^4=\pi^2\boldsymbol{A}^2$$

因此

$$\begin{aligned}\boldsymbol{A}^5&=\boldsymbol{A}^4\boldsymbol{A}=\pi^2\boldsymbol{A}^3=\pi^{5-3}\boldsymbol{A}^3\\ \boldsymbol{A}^7&=\boldsymbol{A}^5\boldsymbol{A}^2=\pi^2\boldsymbol{A}^5=\pi^4\boldsymbol{A}^3=\pi^{7-3}\boldsymbol{A}^3\\ \boldsymbol{A}^9&=\boldsymbol{A}^7\boldsymbol{A}^2=\pi^4\boldsymbol{A}^5=\pi^6\boldsymbol{A}^3=\pi^{9-3}\boldsymbol{A}^3\\ &\vdots\\ \boldsymbol{A}^{2k+1}&=\pi^{(2k+1)-3}\boldsymbol{A}^3=\pi^{2k-2}\boldsymbol{A}^3\\ &\vdots\end{aligned}$$

从而

$$\begin{aligned}\sin\boldsymbol{A}&=\boldsymbol{A}-\frac{1}{3!}\boldsymbol{A}^3+\frac{1}{5!}\boldsymbol{A}^5-\frac{1}{7!}\boldsymbol{A}^7+\cdots+(-1)^k\frac{1}{(2k+1)!}\boldsymbol{A}^{2k+1}+\cdots\\ &=\boldsymbol{A}-\frac{1}{3!}\boldsymbol{A}^3+\frac{1}{5!}\pi^2\boldsymbol{A}^3-\frac{1}{7!}\pi^4\boldsymbol{A}^3+\cdots+(-1)^k\frac{1}{(2k+1)!}\pi^{2k-2}\boldsymbol{A}^3+\cdots\\ &=\boldsymbol{A}+\boldsymbol{A}^3\left(-\frac{1}{3!}+\frac{1}{5!}\pi^2-\frac{1}{7!}\pi^4+\cdots+(-1)^k\frac{1}{(2k+1)!}\pi^{2k-2}+\cdots\right)\end{aligned}$$

$$= A + \frac{1}{\pi^3}A^3\left[-\pi + \left(\pi - \frac{1}{3!}\pi^3 + \frac{1}{5!}\pi^5 - \frac{1}{7!}\pi^7 + \cdots + (-1)^k\frac{1}{(2k+1)!}\pi^{2k+1} + \cdots\right)\right]$$

$$= A + \frac{1}{\pi^3}A^3(-\pi + \sin\pi) = A - \frac{1}{\pi^2}A^3$$

同理可得

$$\cos A = I - \frac{1}{\pi^2}A^2$$

3. 待定系数法

给定方阵 $A \in \mathbf{C}^{n\times n}$，并求得 A 的最小多项式

$$m(\lambda) = \lambda^m + b_1\lambda^{m-1} + \cdots + b_{m-1}\lambda + b_m \tag{4-44}$$

则 $m(\lambda)$ 是 A 的次数最低的零化多项式，特别地，有

$$O = m(A) = A^m + b_1A^{m-1} + \cdots + b_{m-1}A + b_mI \tag{4-45}$$

式(4-45)表明 A 的任何次幂均可通过 $I, A, \cdots, A^{m-1}$ 的线性组合表示．因此，一个用幂级数 $f(z) = \sum\limits_{k=0}^{\infty} c_kz^k$ 定义的矩阵函数 $f(A) = \sum\limits_{k=0}^{\infty} c_kA^k$ 可通过一个次数不超过 $m-1$ 的矩阵多项式来计算．

设 $f(z) = m(z)g(z) + r(z)$，其中 $r(z)$ 是次数低于 m 的多项式，或者 $r(z) = 0$，记 $m(\lambda)$ 的互异零点为 $\lambda_1, \lambda_2, \cdots, \lambda_t$ 相应的重数为 $r_1, r_2, \cdots, r_t$，$\sum\limits_{i=1}^{t} r_i = m$，则有

$$m^{(l)}(\lambda_i) = 0 (l = 0, 1, 2, \cdots, r_i - 1; i = 1, 2, \cdots, t) \tag{4-46}$$

由 $f^{(l)}(\lambda_i) = r^{(l)}(\lambda_i) (l = 0, 1, 2, \cdots, r_i - 1; i = 1, 2, \cdots, t)$ 可以确定出 $r(z)$．由 $m(A) = O$ 可得

$$f(A) = \sum_{k=0}^{\infty} c_kA^k = r(A) \tag{4-47}$$

例 4.9　设 $A = \begin{bmatrix} 2 & 0 & 0 \\ 1 & 1 & 1 \\ 1 & -1 & 3 \end{bmatrix}$，求 e^A 与 $e^{tA} (t \in \mathrm{R})$．

解：A 的特征多项式 $\varphi(\lambda) = \det(\lambda I - A) = (\lambda - 2)^3$．由此可求得 A 的最小多项式 $m(\lambda) = (\lambda - 2)^2$．可设 $r(\lambda) = a + b\lambda$．

(1) 记 $f(\lambda) = e^\lambda$，设 $f(\lambda) = m(\lambda)q(\lambda) + (a + b\lambda)$，则有

$$\begin{cases} f(2) = e^2 = r(2) \\ f'(2) = e^2 = r'(2) \end{cases}$$

即

$$\begin{cases} a + 2b = e^2 \\ \quad\ b = e^2 \end{cases}$$

解此方程组得 $a = -e^2$，$b = e^2$，于是 $r(\lambda) = e^2(\lambda - 1)$，从而

$$e^A = f(\boldsymbol{A}) = r(\boldsymbol{A}) = e^2(\boldsymbol{A}-\boldsymbol{I}) = e^2\begin{bmatrix}1 & 0 & 0\\1 & 0 & 1\\1 & -1 & 2\end{bmatrix}$$

(2)记 $g(\lambda) = e^{t\lambda}$，设 $g(\lambda) = m(\lambda)p(\lambda) + (a + b\lambda)$，则有

$$\begin{cases}f(2) = e^{2t} = r(2)\\ f'(2) = te^{2t} = r'(2)\end{cases}$$

即

$$\begin{cases}a + 2b = e^{2t}\\ \quad\ \ b = te^{2t}\end{cases}$$

解此方程组得 $a = (1-2t)e^{2t}$，$b = te^{2t}$，于是 $r(\lambda) = e^{2t}[(1-2t) + t\lambda]$，从而

$$e^{tA} = f(\boldsymbol{A}) = r(\boldsymbol{A}) = e^{2t}[(1-2t)\boldsymbol{I} + t\boldsymbol{A}] = e^{2t}\begin{bmatrix}1 & 0 & 0\\t & 1-t & t\\t & -t & 1+t\end{bmatrix}$$

当然，可以先计算 e^{tA}，然后令 $t = 1$ 就可得到 e^A 的计算结果．

4. 谱系方法

定义 4.7 设矩阵 $\boldsymbol{A} \in \mathbf{C}^{n\times n}$ 的最小多项式为

$$m(\lambda) = (\lambda - \lambda_1)^{r_1}(\lambda - \lambda_2)^{r_2}\cdots(\lambda - \lambda_t)^{r_t} \tag{4-48}$$

其中 $\lambda_1,\lambda_2,\cdots,\lambda_t$ 互异，$\sum_{i=1}^{t} r_i = m$，则称集合

$$\{(\lambda_i, r_i) \mid i = 1,2,\cdots,t\}$$

为 $\boldsymbol{A}$ 的谱系，记为 $\sigma_{\boldsymbol{A}}$．

定义 4.8 设 $\boldsymbol{A} \in \mathbf{C}^{n\times n}$，称函数 $f(\boldsymbol{A})$ 在 $\boldsymbol{A}$ 的谱系 $\sigma_{\boldsymbol{A}}$ 上给定是指给定了

$$f(\lambda_i), f'(\lambda_i), \cdots, f^{(r_i-1)}(\lambda_i)\ (i = 1,2,\cdots,t) \tag{4-49}$$

其中 $\lambda_1,\lambda_2,\cdots,\lambda_t$ 互异，$\sum_{i=1}^{t} r_i = m$ 为 $\boldsymbol{A}$ 的最小多项式 $m(\lambda)$ 的次数，记作 $f(\sigma_{\boldsymbol{A}})$．

定义 4.9 设 $\sigma_{\boldsymbol{A}}$ 为 $\boldsymbol{A}$ 的谱系，$f(\lambda)$，$g(\lambda)$ 为两给定函数，$f(\sigma_{\boldsymbol{A}}) = g(\sigma_{\boldsymbol{A}})$ 是指

$$f(\lambda_i) = g(\lambda_i), f'(\lambda_i) = g'(\lambda_i), \cdots, f^{(r_i-1)}(\lambda_i) = g^{(r_i-1)}(\lambda_i)\ (i = 1,2,\cdots,t)$$

命题 4.3 设 $\boldsymbol{A} \in \mathbf{C}^{n\times n}$，$g_1(\lambda)$，$g_2(\lambda)$ 为复数系多项式，则

$$g_1(\boldsymbol{A}) = g_2(\boldsymbol{A}) \Leftrightarrow g_1(\sigma_{\boldsymbol{A}}) = g_2(\sigma_{\boldsymbol{A}})$$

证明：(⇒)令 $h(\lambda) = g_1(\lambda) - g_2(\lambda)$，则有

$$h(\boldsymbol{A}) = g_1(\boldsymbol{A}) - g_2(\boldsymbol{A}) = \boldsymbol{O}$$

因此 $h(\lambda)$ 为 $\boldsymbol{A}$ 的一个零化多项式，从而 $\boldsymbol{A}$ 的最小多项式 $m(\lambda) \mid h(\lambda)$，即 ∃ 多项式 $q(\lambda)$ 使得

$$h(\lambda) = m(\lambda)q(\lambda) \tag{4-50}$$

由于 λ_i 为 $m(\lambda)$ 的 r_i 重零点，式(4-50)表明 λ_i 至少为 $h(\lambda)$ 的 r_i 重零点，因此

$$h^{(l)}(\lambda_i) = 0\ (l = 0,1,2,\cdots,r_i - 1)$$

即　$g_1{}^{(l)}(\lambda_i) = g_2{}^{(l)}(\lambda_i)(l = 0,1,2,\cdots,r_i - 1)$

亦即

$$g_1(\sigma_{\boldsymbol{A}}) = g_2(\sigma_{\boldsymbol{A}})$$

($\Leftarrow$)设 $g_1(\sigma_{\boldsymbol{A}}) = g_2(\sigma_{\boldsymbol{A}})$，即

$$g_1^{(l)}(\lambda_i) = g_2^{(l)}(\lambda_i)(i = 1,2,\cdots,s;l = 0,1,2,\cdots,r_i - 1)$$

令 $h(\lambda) = g_1(\lambda) - g_2(\lambda)$，则

$$h^{(l)}(\lambda_i) = g_1^{(l)}(\lambda_i) - g_2^{(l)}(\lambda_i) = 0 \tag{4-51}$$

$$(i = 1,2,\cdots,s;l = 0,1,2,\cdots,r_i - 1)$$

式(4-51)表明 λ_i 为 $h(\lambda)$ 的 r_i 重零点，因此有

$$h(\lambda) = p(\lambda)[(\lambda - \lambda_1)^{r_1}(\lambda - \lambda_2)^{r_2}\cdots(\lambda - \lambda_s)^{r_s}] = p(\lambda)m(\lambda) \tag{4-52}$$

由于 $m(\boldsymbol{A}) = \boldsymbol{O}$，故由式(4-52)可知，

$$h(\boldsymbol{A}) = p(\boldsymbol{A})m(\boldsymbol{A}) = \boldsymbol{O}$$

此即 $g_1(\boldsymbol{A}) = g_2(\boldsymbol{A})$.

命题 4.4　设复变量幂级数

$$\sum_{k=0}^{\infty} c_k z^k \quad (|z| < r)$$

在收敛域 $|z| < r$ 内收敛于 $f(z)$，即

$$f(z) = \sum_{k=0}^{\infty} c_k z^k \quad (|z| < r)$$

假设 $\rho(\boldsymbol{A}) < r$，如果存在一个多项式 $p(\lambda)$，s. t. $f(\sigma_{\boldsymbol{A}}) = P(\sigma_{\boldsymbol{A}})$，则

$$f(\boldsymbol{A}) = p(\boldsymbol{A}) \tag{4-53}$$

证明：设 $\boldsymbol{A} = \boldsymbol{PJP}^{-1}$，$\boldsymbol{J}$ 为 $\boldsymbol{A}$ 的 Jordan 标准形，即

$$\boldsymbol{J} = \begin{bmatrix} \boldsymbol{J}_1 & & & \\ & \boldsymbol{J}_2 & & \\ & & \ddots & \\ & & & \boldsymbol{J}_s \end{bmatrix}$$

$$\boldsymbol{J}_i = \begin{bmatrix} \mu_i & 1 & & \\ & \mu_i & \ddots & \\ & & \ddots & 1 \\ & & & \mu_i \end{bmatrix}_{m_i \times m_i} \quad (i = 1,2,\cdots,s)$$

这里 μ_i 为 $\boldsymbol{A}$ 的特征值，$\sum_{i=1}^{s} m_i = n$.

由式(4-36)知，$f(\boldsymbol{J}_i)$ 由函数 $f(z)$ 在 $z = \mu_i$ 处的一组值 $f(\mu_i)$，$f'(\mu_i)$，$\cdots$，$f^{(m_i-1)}(\mu_i)$ 完全确定. 设 $\mu_i = \lambda_j$，这里 λ_j 是 $\boldsymbol{A}$ 的互异特征值 $(j = 1,2,\cdots,t)$.

由文献[5]定理 6 知，r_j 是 J 中包含 λ_j 的 Jordan 子块的最大阶数，故由式(4-53)知

$$f(\mu_i) = f(\lambda_j) = p(\lambda_j) = p(\mu_i),f'(\mu_i) = f'(\lambda_j) = p'(\lambda_j) = p'(\mu_i)$$

$$\cdots, f^{(m_i-1)}(\mu_i) = f^{(m_i-1)}(\lambda_j) = p^{(m_i-1)}(\lambda_j) = p^{(m_i-1)}(\mu_i)$$

于是有

$$f(\boldsymbol{J}_i) = \begin{bmatrix} f(\mu_i) & f'(\mu_i) & \cdots & \frac{1}{(m_i-1)!}f^{(m_i-1)}(\mu_i) \\ & f(\mu_i) & \ddots & \vdots \\ & & \ddots & f'(\mu_i) \\ & & & f(\mu_i) \end{bmatrix}$$

$$= \begin{bmatrix} p(\mu_i) & p'(\mu_i) & \cdots & \frac{1}{(m_i-1)!}p^{(m_i-1)}(\mu_i) \\ & p(\mu_i) & \ddots & \vdots \\ & & \ddots & p'(\mu_i) \\ & & & p(\mu_i) \end{bmatrix}$$

$$= p(\boldsymbol{J}_i) \quad (i = 1,2,\cdots,s)$$

因此有 $f(\boldsymbol{A}) = \boldsymbol{P}f(\boldsymbol{J})\boldsymbol{P}^{-1} = \boldsymbol{P}p(\boldsymbol{J})\boldsymbol{P}^{-1} = p(\boldsymbol{A})$.

利用命题4.3和4.4,可以推广定义4.6如下:

定义4.10 对任何函数 $f(z)$,若存在复系数多项式 $g(z)$, s.t.

$$f(\sigma_{\boldsymbol{A}}) = g(\sigma_{\boldsymbol{A}})$$

则定义矩阵函数 $f(\boldsymbol{A})$ 为 $g(\boldsymbol{A})$,即

$$f(\boldsymbol{A}) = g(\boldsymbol{A})$$

注4.1 若 $g_1(z)$, $g_2(z)$ 是两个复系数多项式满足 $f(\sigma_{\boldsymbol{A}}) = g_1(\sigma_{\boldsymbol{A}}) = g_2(\sigma_{\boldsymbol{A}})$,则由命题4.3知, $g_1(\boldsymbol{A}) = g_2(\boldsymbol{A})$,这表明定义4.10是合理的,即定义4.10中的矩阵函数 $f(\boldsymbol{A})$ 与多项式 $g(z)$ 的选取无关,只要 $f(\sigma_{\boldsymbol{A}}) = g(\sigma_{\boldsymbol{A}})$, $f(\boldsymbol{A})$ 就是唯一确定的. 命题4.4说明定义4.10是定义4.6的推广.

注4.2 定义4.10不仅推广了定义4.6,同时也提供了计算 $f(\boldsymbol{A})$ 的一种新方法,即只需找出与 $f(z)$ 在 $\sigma_{\boldsymbol{A}}$ 上取值一致的多项式 $g(z)$,则 $f(\boldsymbol{A}) = g(\boldsymbol{A})$.

例4.10 已知矩阵 $\boldsymbol{A}$ 的最小多项式为 $m(\lambda) = \lambda^2(\lambda - \pi)(\lambda + \pi)$,证明 $\sin\boldsymbol{A} = \boldsymbol{A} - \frac{1}{\pi^2}\boldsymbol{A}^3$.

证明:作多项式 $g(z) = z - \frac{1}{\pi^2}z^3$,取 $f(z) = \sin z$,则 $f(\sigma_{\boldsymbol{A}}) = g(\sigma_{\boldsymbol{A}})$. 事实上,有

$$f(0) = \sin 0 = 0 = g(0)$$

$$f'(0) = \cos 0 = 1 = g'(0);\ f(\pi) = \sin\pi = 0 = g(\pi)$$

$$f(-\pi) = \sin(-\pi) = 0 = g(-\pi)$$

由命题4.4知, $f(\boldsymbol{A}) = g(\boldsymbol{A})$,即 $\sin\boldsymbol{A} = \boldsymbol{A} - \frac{1}{\pi^2}\boldsymbol{A}^3$.

例4.11 设 $f(z) = \frac{1}{z}$, $\boldsymbol{A} = \begin{bmatrix} 2 & 1 & 0 & 0 \\ 0 & 2 & 1 & 0 \\ 0 & 0 & 2 & 1 \\ 0 & 0 & 0 & 2 \end{bmatrix}$,求 $f(\boldsymbol{A})$.

解:因为 $f(z)=\frac{1}{z}$ 不满足收敛定理 4.7 的条件,故不能使用定义 4.6 求 $f(\boldsymbol{A})$. 使用定义 4.10 求 $f(\boldsymbol{A})$. 注意到 $\boldsymbol{A}$ 为一个 4 阶 Jordan 块,其特征多项式为

$$\varphi(\lambda)=|\lambda\boldsymbol{I}-\boldsymbol{A}|=(\lambda-2)^4$$

它也是 $\boldsymbol{A}$ 的最小多项式 $m(\lambda)=\varphi(\lambda)=(\lambda-2)^4$. 选取多项式 $g(\lambda)$ 为

$$g(\lambda)=f(2)+f'(2)(\lambda-2)+\frac{f''(2)}{2!}(\lambda-2)^2+\frac{f'''(2)}{3!}(\lambda-2)^3$$

则有

$$g(2)=f(2),g'(2)=f'(2),g''(2)=f''(2),g'''(2)=f'''(2)$$

即 $f(\sigma_A)=g(\sigma_A)$, 由定义 4.10 知 $f(\boldsymbol{A})=g(\boldsymbol{A})$, 即

$$\frac{1}{\boldsymbol{A}}=f(\boldsymbol{A})=g(\boldsymbol{A})=f(2)\boldsymbol{I}+f'(2)(\boldsymbol{A}-2\boldsymbol{I})+\cdots+\frac{f'''(2)}{3!}(\boldsymbol{A}-2\boldsymbol{I})^3$$

$$=\begin{bmatrix}\frac{1}{2} & -\frac{1}{4} & \frac{1}{8} & -\frac{1}{16}\\ & \frac{1}{2} & -\frac{1}{4} & \frac{1}{8}\\ & & \frac{1}{2} & -\frac{1}{4}\\ & & & \frac{1}{2}\end{bmatrix}$$

例 4.12　设 $f(z)=\sqrt{z}$, $\boldsymbol{A}=\begin{bmatrix}1&1&0\\0&1&0\\0&0&2\end{bmatrix}$, 求 $f(\boldsymbol{A})$.

解:由于 $f(z)=\sqrt{z}$ 不能展成收敛的幂级数,故不能使用定义 4.6 求 $f(\boldsymbol{A})$. $\boldsymbol{A}$ 为 Jordan 标准形,它的两 Jordan 块为 $\boldsymbol{J}_1=\begin{bmatrix}1&1\\0&1\end{bmatrix}$ 和 $\boldsymbol{J}_2=(2)$. 易知 $\boldsymbol{A}$ 的最小多项式为 $m(\lambda)=(\lambda-1)^2(\lambda-2)$, 选取多项式 $g(\lambda)$, s. t. $f(\sigma_A)=g(\sigma_A)$, 即

$$f(1)=g(1),f'(1)=g'(1),f(2)=g(2)$$

$$g(1)=1,g'(1)=\frac{1}{2},g(2)=\sqrt{2}$$

由定义 4.10 得

$$\sqrt{\boldsymbol{A}}=f(\boldsymbol{A})=g(\boldsymbol{A})=\begin{bmatrix}g(\boldsymbol{J}_1) & \\ & g(\boldsymbol{J}_2)\end{bmatrix}=\begin{bmatrix}g(1) & g'(1) & \\ & g(1) & \\ & & g(2)\end{bmatrix}$$

$$=\begin{bmatrix}1 & \frac{1}{2} & 0\\ 0 & 1 & 0\\ 0 & 0 & \sqrt{2}\end{bmatrix}$$

注 4.3　在使用定义 4.10 求矩阵函数时,如果所给矩阵 $\boldsymbol{A}$ 是 Jordan 标准形,则没必要求出多项式 $g(\lambda)$ 的具体表达式. 这给计算带来了极大的方便.

例 4.13 已知 $A=\begin{bmatrix}1&4\\3&2\end{bmatrix}$，求 e^A．

解：设 $f(\lambda)=e^\lambda$．则 $f(\lambda)$ 满足命题 4.4 的假设．A 的特征多项式为 $\varphi(\lambda)=(\lambda-5)(\lambda+2)$，因此 A 的最小多项式 $m(\lambda)=\varphi(\lambda)=(\lambda-5)(\lambda+2)$．现找一个一次多项式 $g(\lambda)=a+b\lambda$，s.t. $f(\sigma_A)=g(\sigma_A)$，即 $g(5)=f(5)$，$g(-2)=f(-2)$，由此得方程组

$$\begin{cases}a+5b=e^5\\a-2b=e^{-2}\end{cases}$$

解此方程组得 $a=\frac{1}{7}(2e^5+5e^{-2})$，$b=\frac{1}{7}(e^5-e^{-2})$，因此

$$g(\lambda)=\frac{1}{7}(2e^5+5e^{-2})+\frac{1}{7}(e^5-e^{-2})\lambda$$

由命题 4.4 得 $f(A)=g(A)$，即 $e^A=\frac{1}{7}(2e^5+5e^{-2})I+\frac{1}{7}(e^5-e^{-2})A$．

例 4.14 已知 $A=\begin{bmatrix}-2&2&-2&4\\-1&2&-1&1\\0&0&1&0\\-2&1&-1&4\end{bmatrix}$，求 $\cos(\pi A)$．

解：设 $f(\lambda)=\cos(\pi A)$，则 $f(\lambda)$ 满足命题 4.4 的假设．A 的最小多项式 $m(\lambda)=\lambda^3-4\lambda^2+5\lambda-2=(\lambda-1)^2(\lambda-2)$．找一多项式 $g(\lambda)=a+b\lambda+c\lambda^2$ 满足条件

$$f(\sigma_A)=g(\sigma_A)$$

即

$$\begin{cases}a+2b+4c=1\\a+b+c=-1\\b+2c=0\end{cases}$$

解此方程组得 $a=1$，$b=-4$，$c=2$．故 $g(\lambda)=1-4\lambda+2\lambda^2$．

因此由命题 4.4，得

$$\cos(\pi A)=f(A)=g(A)=I-4A+2A^2$$

$$=\begin{bmatrix}-3&0&0&4\\0&-1&0&0\\0&0&-1&0\\-2&0&0&3\end{bmatrix}$$

4.4 函数矩阵的微分与积分

在实际应用中，矩阵函数与函数矩阵的微积分往往是同时出现的，因此在学习了矩阵函数的计算以后，我们还需要学习函数矩阵的微积分．

定义 4.11　如果矩阵 $\boldsymbol{A}$ 的一般元素 a_{ij} 都是变量 t 的函数,则称矩阵

$$\boldsymbol{A}(t) = (a_{ij}(t)) \in \mathbf{C}^{m\times n}$$

为函数矩阵.

定义 4.12　如果函数矩阵 $\boldsymbol{A}(t) = (a_{ij}(t)) \in \mathbf{C}^{m\times n}$ 的每一个元素 $a_{ij}(t)$ 都是变量 t 的可微函数,则称 $\boldsymbol{A}(t)$ 可微(Differentiable),其导数定义为

$$\boldsymbol{A}'(t) = \frac{\mathrm{d}}{\mathrm{d}t}\boldsymbol{A}(t) = \left(\frac{\mathrm{d}}{\mathrm{d}t}a_{ij}(t)\right)_{m\times n} \tag{4-54}$$

可以定义高阶导数为 $\boldsymbol{A}''(t) = (\boldsymbol{A}'(t))',\cdots,\boldsymbol{A}^{(l)}(t) = (\boldsymbol{A}^{(l-1)}(t))'\ (l = 0,1,2,\cdots)$.

例 4.15　求函数矩阵

$$\boldsymbol{A}(t) = (a_{ij}(t))_{3\times3} = \begin{bmatrix} \sin t & \cos t & t \\ \dfrac{\sin t}{t} & \mathrm{e}^t & t^2 \\ 1 & 0 & t^3 \end{bmatrix} \quad (t \neq 0)$$

的导数.

解:

$$\frac{\mathrm{d}}{\mathrm{d}t}\boldsymbol{A}(t) = \begin{bmatrix} \cos t & -\sin t & 1 \\ \dfrac{t\cos t - \sin t}{t^2} & \mathrm{e}^t & 2t \\ 0 & 0 & 3t^2 \end{bmatrix}$$

关于函数矩阵,有下面的求导法则:

法则 4.1　若 $\boldsymbol{A}(t),\boldsymbol{B}(t) \in \mathbf{C}^{m\times n}$ 在 t 处均可微,则

$$\frac{\mathrm{d}}{\mathrm{d}t}(\boldsymbol{A}(t) + \boldsymbol{B}(t)) = \frac{\mathrm{d}}{\mathrm{d}t}\boldsymbol{A}(t) + \frac{\mathrm{d}}{\mathrm{d}t}\boldsymbol{B}(t) \tag{4-55}$$

法则 4.2　若函数矩阵 $\boldsymbol{A}(t) \in \mathbf{C}^{m\times k}$, $\boldsymbol{B}(t) \in \mathbf{C}^{k\times n}$, 在 t 处可微,则

$$\frac{\mathrm{d}}{\mathrm{d}t}(\boldsymbol{A}(t)\boldsymbol{B}(t)) = \frac{\mathrm{d}}{\mathrm{d}t}\boldsymbol{A}(t)\boldsymbol{B}(t) + \boldsymbol{A}(t)\frac{\mathrm{d}}{\mathrm{d}t}\boldsymbol{B}(t) \tag{4-56}$$

法则 4.3　设 $\boldsymbol{a}(t)$ 为 t 的纯量可微函数,函数矩阵 $\boldsymbol{B}(t) \in \mathbf{C}^{m\times n}$ 在 t 处可微,则

$$\frac{\mathrm{d}}{\mathrm{d}t}(a(t)\boldsymbol{B}(t)) = \frac{\mathrm{d}}{\mathrm{d}t}a(t)\boldsymbol{B}(t) + a(t)\frac{\mathrm{d}}{\mathrm{d}t}\boldsymbol{B}(t) \tag{4-57}$$

法则 4.4　设函数矩阵 $\boldsymbol{A}(s) \in \mathbf{C}^{m\times n}$, 在 s 处可微,而 $s = f(t)$ 是 t 的纯量可微函数,则

$$\frac{\mathrm{d}}{\mathrm{d}t}\boldsymbol{A}[f(t)] = \frac{\mathrm{d}}{\mathrm{d}s}\boldsymbol{A}(s)f'(t) = f'(t)\frac{\mathrm{d}}{\mathrm{d}s}\boldsymbol{A}(s) \tag{4-58}$$

法则 4.5　设函数矩阵 $\boldsymbol{A}(t) \in \mathbf{C}^{m\times n}$ 存在逆矩阵 $\boldsymbol{A}^{-1}(t)$, 且 $\boldsymbol{A}(t)$ 与 $\boldsymbol{A}^{-1}(t)$ 在 t 处都是可微的,则有

$$\frac{\mathrm{d}}{\mathrm{d}t}\boldsymbol{A}^{-1}(t) = -\boldsymbol{A}^{-1}(t)\frac{\mathrm{d}}{\mathrm{d}t}\boldsymbol{A}(t)\boldsymbol{A}^{-1}(t) \tag{4-59}$$

以上的求导法则均可按定义 4.12 证明. 这里只证法则 4.5,其余的留给读者完成. 法则 4.5 的证明如下.

因为$\boldsymbol{A}(t)\boldsymbol{A}^{-1}(t)=\boldsymbol{I}$，使用法则4.2对两边求导，得

$$\boldsymbol{A}(t)\frac{\mathrm{d}}{\mathrm{d}t}\boldsymbol{A}^{-1}(t)+\frac{\mathrm{d}}{\mathrm{d}t}\boldsymbol{A}(t)\boldsymbol{A}^{-1}(t)=0 \tag{4-60}$$

在式(4-56)两边左乘$\boldsymbol{A}^{-1}(t)$，得

$$\frac{\mathrm{d}}{\mathrm{d}t}\boldsymbol{A}^{-1}(t)=-\boldsymbol{A}^{-1}(t)\frac{\mathrm{d}}{\mathrm{d}t}\boldsymbol{A}(t)\boldsymbol{A}^{-1}(t)$$

注4.4 由于矩阵乘法不满足交换律，故法则4.2中式(4-56)中不能交换右端的乘积因子的顺序，例如

$$\frac{\mathrm{d}}{\mathrm{d}t}\boldsymbol{A}^2(t)=\frac{\mathrm{d}}{\mathrm{d}t}\boldsymbol{A}(t)\boldsymbol{A}(t)+\boldsymbol{A}(t)\frac{\mathrm{d}}{\mathrm{d}t}\boldsymbol{A}(t)\neq 2\boldsymbol{A}(t)\frac{\mathrm{d}}{\mathrm{d}t}\boldsymbol{A}(t)$$

注4.5 由于法则4.3中的$a(t)$为纯量函数，所以，式(4-57)中右端的乘积因子的顺序是可以交换的.

例4.16 设向量$\boldsymbol{x}=(x_1(t),x_2(t),\cdots,x_n(t))^{\mathrm{T}}$及对称矩阵$\boldsymbol{A}=\boldsymbol{A}(t)=(a_{ij}(t))\in\mathbf{R}^{n\times n}$都是可微的，求二次型$\boldsymbol{x}^{\mathrm{T}}\boldsymbol{A}\boldsymbol{x}$的导数.

解：应用法则4.2得

$$\frac{\mathrm{d}}{\mathrm{d}t}(\boldsymbol{x}^{\mathrm{T}}\boldsymbol{A}\boldsymbol{x})=\frac{\mathrm{d}}{\mathrm{d}t}\boldsymbol{x}^{\mathrm{T}}(\boldsymbol{A}\boldsymbol{x})+\boldsymbol{x}^{\mathrm{T}}\frac{\mathrm{d}}{\mathrm{d}t}\boldsymbol{A}\boldsymbol{x}=\left(\frac{\mathrm{d}}{\mathrm{d}t}\boldsymbol{x}^{\mathrm{T}}\right)\boldsymbol{A}\boldsymbol{x}+\boldsymbol{x}^{\mathrm{T}}\frac{\mathrm{d}}{\mathrm{d}t}(\boldsymbol{A})\boldsymbol{x}+\boldsymbol{x}^{\mathrm{T}}\boldsymbol{A}\frac{\mathrm{d}}{\mathrm{d}t}\boldsymbol{x}$$

由于$\left(\frac{\mathrm{d}}{\mathrm{d}t}\boldsymbol{x}^{\mathrm{T}}\right)\boldsymbol{A}\boldsymbol{x}$是一阶矩阵，因此其转置矩阵等于自身，即

$$\left(\frac{\mathrm{d}}{\mathrm{d}t}\boldsymbol{x}^{\mathrm{T}}\right)\boldsymbol{A}\boldsymbol{x}=\left[\frac{\mathrm{d}}{\mathrm{d}t}(\boldsymbol{x}^{\mathrm{T}})\boldsymbol{A}\boldsymbol{x}\right]^{\mathrm{T}}=\boldsymbol{x}^{\mathrm{T}}\boldsymbol{A}^{\mathrm{T}}\frac{\mathrm{d}}{\mathrm{d}t}\boldsymbol{x}=\boldsymbol{x}^{\mathrm{T}}\boldsymbol{A}\frac{\mathrm{d}}{\mathrm{d}t}\boldsymbol{x}$$

因此

$$\frac{\mathrm{d}}{\mathrm{d}t}(\boldsymbol{x}^{\mathrm{T}}\boldsymbol{A}\boldsymbol{x})=2\boldsymbol{x}^{\mathrm{T}}\boldsymbol{A}\frac{\mathrm{d}}{\mathrm{d}t}\boldsymbol{x}+\boldsymbol{x}^{\mathrm{T}}\left(\frac{\mathrm{d}}{\mathrm{d}t}\boldsymbol{A}\right)\boldsymbol{x}$$

特别地，当$\boldsymbol{A}$为常值对称矩阵时，由于$\frac{\mathrm{d}}{\mathrm{d}t}\boldsymbol{A}=\boldsymbol{0}$，得

$$\frac{\mathrm{d}}{\mathrm{d}t}(\boldsymbol{x}^{\mathrm{T}}\boldsymbol{A}\boldsymbol{x})=2\boldsymbol{x}^{\mathrm{T}}\boldsymbol{A}\frac{\mathrm{d}}{\mathrm{d}t}\boldsymbol{x}$$

例4.17 设函数矩阵$\boldsymbol{A}(t)=\begin{bmatrix}1 & t^2\\ t & 0\end{bmatrix}$，计算：

(1) $\boldsymbol{A}'(t),\boldsymbol{A}''(t),\boldsymbol{A}'''(t)$；(2) $\frac{\mathrm{d}}{\mathrm{d}t}|\boldsymbol{A}(t)|$；(3) $\frac{\mathrm{d}}{\mathrm{d}t}\boldsymbol{A}^{-1}(t)$.

解：(1) $\boldsymbol{A}'(t)=\begin{bmatrix}0 & 2t\\ 1 & 0\end{bmatrix}$，$\boldsymbol{A}''(t)=\begin{bmatrix}0 & 2\\ 0 & 0\end{bmatrix}$，$\boldsymbol{A}'''(t)=\begin{bmatrix}0 & 0\\ 0 & 0\end{bmatrix}$.

(2)因为$|\boldsymbol{A}(t)|=-t^3$，故$\frac{\mathrm{d}}{\mathrm{d}t}|\boldsymbol{A}(t)|=-3t^2$.

(3)先求$\boldsymbol{A}(t)$的逆矩阵：

$$\boldsymbol{A}^{-1}(t)=\frac{1}{|\boldsymbol{A}(t)|}\boldsymbol{A}^*(t)=-\frac{1}{t^3}\begin{bmatrix}0 & -t^2\\ -t & 1\end{bmatrix}=\begin{bmatrix}0 & \dfrac{1}{t}\\ \dfrac{1}{t^2} & -\dfrac{1}{t^3}\end{bmatrix}$$

再求 $[\boldsymbol{A}^{-1}(t)]'$：

$$[\boldsymbol{A}^{-1}(t)]' = \begin{bmatrix} 0 & -\dfrac{1}{t} \\ -\dfrac{2}{t^3} & \dfrac{3}{t^4} \end{bmatrix}$$

注 4.6　若按式(4-59)计算 $[\boldsymbol{A}^{-1}(t)]^{-1}$，则计算复杂.

法则 4.6　设 $\boldsymbol{A}\in\mathbf{C}^{n\times n}$ 与 t 无关，则

(1) $\dfrac{\mathrm{d}}{\mathrm{d}t}\mathrm{e}^{t\boldsymbol{A}} = \boldsymbol{A}\mathrm{e}^{t\boldsymbol{A}} = \mathrm{e}^{t\boldsymbol{A}}\boldsymbol{A}$；　(4-61)

(2) $\dfrac{\mathrm{d}}{\mathrm{d}t}\sin(t\boldsymbol{A}) = \boldsymbol{A}\cos(t\boldsymbol{A}) = \cos(t\boldsymbol{A})\boldsymbol{A}$；　(4-62)

(3) $\dfrac{\mathrm{d}}{\mathrm{d}t}\cos(t\boldsymbol{A}) = -\boldsymbol{A}\sin(t\boldsymbol{A}) = -(\sin(t\boldsymbol{A}))\boldsymbol{A}$.　(4-63)

证明：只证式(4-61)，为证式(4-61)，首先注意

$$(\mathrm{e}^{t\boldsymbol{A}})_{ij} = \sum_{k=0}^{\infty}\frac{1}{k_i}t^k(\boldsymbol{A}^k)_{ij} \tag{4-64}$$

其中 $(\mathrm{e}^{t\boldsymbol{A}})_{ij}$ 表示矩阵 $\mathrm{e}^{t\boldsymbol{A}}$ 的 (i,j) 元，$(\boldsymbol{A}^k)_{ij}$ 表示矩阵 $\boldsymbol{A}^k$ 的 (i,j) 元.

注意到式(4-64)右端是 t 的幂级数，无论 t 取何值，它总是绝对收敛的，因此它可以逐项微分，即

$$\frac{\mathrm{d}}{\mathrm{d}t}(\mathrm{e}^{t\boldsymbol{A}})_{ij} = \sum_{k=1}^{\infty}\frac{1}{(k-1)!}t^{k-1}(\boldsymbol{A}^k)_{ij} \tag{4-65}$$

于是使用性质 4.9，有

$$\begin{aligned}\frac{\mathrm{d}}{\mathrm{d}t}\mathrm{e}^{t\boldsymbol{A}} &= \sum_{k=1}^{\infty}\frac{1}{(k-1)!}t^{k-1}\boldsymbol{A}^k \\ &= \boldsymbol{A}\sum_{k=1}^{\infty}\frac{1}{(k-1)!}t^{k-1}\boldsymbol{A}^{k-1} = \boldsymbol{A}\mathrm{e}^{t\boldsymbol{A}} \\ &= \left(\sum_{k=1}^{\infty}\frac{1}{(k-1)!}t^{k-1}\boldsymbol{A}^{k-1}\right)\boldsymbol{A} = \mathrm{e}^{t\boldsymbol{A}}\boldsymbol{A}\end{aligned}$$

定义 4.13　如果函数矩阵 $\boldsymbol{A}(t)$ 的每个元素 $a_{ij}(t)$ 都是区间 $[a,b]$ 上的可积函数，则定义 $\boldsymbol{A}(t)$ 在 $[a,b]$ 上的积分为

$$\int_a^b \boldsymbol{A}(t)\mathrm{d}t = \left(\int_a^b a_{ij}(t)\mathrm{d}t\right)_{m\times m} \tag{4-66}$$

法则 4.7　若同型函数矩阵 $\boldsymbol{A}(t)$，$\boldsymbol{B}(t)$ 在 $[a,b]$ 上可积，则

$$\int_a^b[k\boldsymbol{A}(t)+l\boldsymbol{B}(t)]\mathrm{d}t = k\int_a^b\boldsymbol{A}(t)\mathrm{d}t + l\int_a^b\boldsymbol{B}(t)\mathrm{d}t \tag{4-67}$$

其中 $k,l\in\mathbf{R}$ 为任意实数.

法则 4.8　设函数矩阵 $\boldsymbol{A}(t)\in\mathbf{R}^{m\times n}$ 在 $[a,b]$ 上可积，$\boldsymbol{B}\in\mathbf{C}^{n\times k}$ 与 t 无关，则

$$\int_a^b\boldsymbol{A}(t)\boldsymbol{B}\mathrm{d}t = \left[\int_a^b\boldsymbol{A}(t)\mathrm{d}t\right]\boldsymbol{B} \tag{4-68}$$

法则 4.9　设函数矩阵 $\boldsymbol{B}(t)\in\mathbf{R}^{m\times n}$ 在 $[a,b]$ 上可积，$\boldsymbol{A}\in\mathbf{C}^{k\times m}$ 与 t 无关，则

$$\int_a^b \boldsymbol{A}\boldsymbol{B}(t)\mathrm{d}t = \boldsymbol{A}\left[\int_a^b \boldsymbol{B}(t)\mathrm{d}t\right] \tag{4-69}$$

定义 4.14 称函数矩阵 $\boldsymbol{A}(t)$ 在 $[a,b]$ 上连续，如果 $\boldsymbol{A}(t)$ 的每个元素 $a_{ij}(t)$ 在 $[a,b]$ 上连续.

法则 4.10 设 $\boldsymbol{A}(t)$ 在 $[a,b]$ 上连续，则有

$$\frac{\mathrm{d}}{\mathrm{d}t}\int_a^t \boldsymbol{A}(s)\mathrm{d}s = \boldsymbol{A}(t) \tag{4-70}$$

进一步地，若 $\boldsymbol{A}'(t)$ 在 $[a,b]$ 上也是连续的，则

$$\int_a^b \boldsymbol{A}'(t)\mathrm{d}t = \boldsymbol{A}(b) - \boldsymbol{A}(a) \tag{4-71}$$

式(4-71)是著名的牛顿-莱布尼兹公式的矩阵形式.

4.5 矩阵函数的应用

本节介绍矩阵函数与函数矩阵微积分在求解一阶线性常系数微分方程组中的应用.

4.5.1 一阶线性常系数齐次微分方程组

$$\begin{cases} \dfrac{\mathrm{d}x_1}{\mathrm{d}t} = a_{11}x_1 + a_{12}x_2 + \cdots + a_{1n}x_n \\ \dfrac{\mathrm{d}x_2}{\mathrm{d}t} = a_{21}x_1 + a_{22}x_2 + \cdots + a_{2n}x_n \\ \qquad\vdots \\ \dfrac{\mathrm{d}x_n}{\mathrm{d}t} = a_{n1}x_1 + a_{n2}x_2 + \cdots + a_{nn}x_n \end{cases} \tag{4-72}$$

其中 $x_i = x_i(t)$ 是自变量 t 的函数，$i = 1,2,\cdots,n$.

设

$$\boldsymbol{A} = (a_{ij})_{n\times n},\ \boldsymbol{x}(t) = (x_1(t),x_2(t),\cdots,x_n(t))^{\mathrm{T}}$$

则方程组(4-72)可以写成矩阵形式：

$$\frac{\mathrm{d}\boldsymbol{x}}{\mathrm{d}t} = \boldsymbol{A}\boldsymbol{x} \tag{4-73}$$

现在假设方程组(4-73)满足初始条件

$$\boldsymbol{x}(t_0) = (x_1(t_0),x_2(t_0),\cdots,x_n(t_0))^{\mathrm{T}} = \boldsymbol{x}_0 \tag{4-74}$$

称问题

$$\begin{cases} \dfrac{\mathrm{d}\boldsymbol{x}}{\mathrm{d}t} = \boldsymbol{A}\boldsymbol{x} \\ \boldsymbol{x}(t_0) = \boldsymbol{x}_0 \end{cases} \tag{4-75}$$

为定解问题或初值问题(Initial Value Problem).

定理 4.9　定解问题(4-75)有且仅有唯一解 $\boldsymbol{x}(t) = e^{(t-t_0)\boldsymbol{A}}\boldsymbol{x}_0$.

证明:方程 $\frac{d\boldsymbol{x}}{dt} = \boldsymbol{A}\boldsymbol{x}$ 两边同乘以 $e^{-t\boldsymbol{A}}$, 有

$$e^{-t\boldsymbol{A}}\frac{d\boldsymbol{x}}{dt} - e^{-t\boldsymbol{A}}\boldsymbol{A}\boldsymbol{x} = \boldsymbol{0}$$

即

$$e^{-t\boldsymbol{A}}\frac{d\boldsymbol{x}}{dt} + \frac{d(e^{-t\boldsymbol{A}})}{dt}\boldsymbol{x} = \boldsymbol{0}$$

从而

$$\frac{d}{dt}[e^{-t\boldsymbol{A}}\boldsymbol{x}(t)] = \boldsymbol{0}$$

故

$$e^{-t\boldsymbol{A}}\boldsymbol{x}(t) = \boldsymbol{C}$$
$$\boldsymbol{x}(t) = e^{t\boldsymbol{A}}\boldsymbol{C}$$

且

$$\boldsymbol{x}(t_0) = e^{t_0\boldsymbol{A}}\boldsymbol{C},\ e^{-t_0\boldsymbol{A}}\boldsymbol{x}_0 = \boldsymbol{C}$$

因此 $\boldsymbol{x}(t) = e^{(t-t_0)\boldsymbol{A}}\boldsymbol{x}_0$ 是(4-75)的解.

注 4.7　定理 4.9 是高等数学中普通微分方程

$$\begin{cases} \dfrac{dx}{dt} = ax(t) \\ x(0) = x_0 \end{cases}$$

的推广.

注 4.8　由于矩阵乘法不满足交换律,故 $e^{t\boldsymbol{A}}\boldsymbol{C} \neq \boldsymbol{C}e^{t\boldsymbol{A}}$. 注意在定解问题(4-75)的唯一解 $\boldsymbol{x} = e^{t\boldsymbol{A}}\boldsymbol{C}$ 中初始向量 $\boldsymbol{C}$ 是右乘.

设 $\boldsymbol{A} = (a_{ij})_{n\times n}$, 考虑向量集合

$$\boldsymbol{S} = \{\boldsymbol{x}(t) \mid \boldsymbol{x}'(t) = \boldsymbol{A}\boldsymbol{x}(t)\} \tag{4-76}$$

则按向量加法和数乘运算, $\boldsymbol{S}$ 构成一个向量空间,称为微分方程组 $\boldsymbol{x}'(t) = \boldsymbol{A}\boldsymbol{x}(t)$ 的解空间,由于矩阵函数 $e^{t\boldsymbol{A}}$ 总是可逆的,所以它的 n 个列向量

$$\boldsymbol{x}_1(t), \boldsymbol{x}_2(t), \cdots, \boldsymbol{x}_n(t)$$

线性无关,由定理 4.9 的证明过程知,对任意 n 维向量

$$\boldsymbol{x}_0 = (\boldsymbol{\xi}_1, \boldsymbol{\xi}_2, \cdots, \boldsymbol{\xi}_n)^{\mathrm{T}},\ \boldsymbol{x} = e^{t\boldsymbol{A}}\boldsymbol{x}_0$$

都是微分方程组 $\boldsymbol{x}' = \boldsymbol{A}\boldsymbol{x}$ 的解,从而 $\forall \boldsymbol{x}_0 \in \mathbf{C}^n$, $e^{t\boldsymbol{A}}\boldsymbol{x}_0 \in \boldsymbol{S}$.

特别地,分别取 $\boldsymbol{x}_0$ 为 $\boldsymbol{e}_1, \boldsymbol{e}_2, \cdots, \boldsymbol{e}_n$. 则有 $\boldsymbol{x}_i(t) = e^{t\boldsymbol{A}}\boldsymbol{e}_i \in \boldsymbol{S}$, 其中 $\boldsymbol{e}_1 = (1,0,\cdots,0)$, $\boldsymbol{e}_2 = (0,1,\cdots,0), \cdots, \boldsymbol{e}_n = (0,0,\cdots,1)$. 这样 $\boldsymbol{x}_1(t), \boldsymbol{x}_2(t), \cdots, \boldsymbol{x}_n(t)$ 为 $\boldsymbol{S}$ 中一个线性无关向量组. 另一方面, $\forall \boldsymbol{x}(t) \in \boldsymbol{S}$, 由定理 4.9 知,必有某个向量 $\boldsymbol{C} = (c_1, c_2, \cdots, c_n)^{\mathrm{T}}$, s.t.

$$\boldsymbol{x}(t) = e^{t\boldsymbol{A}}\boldsymbol{C} = c_1\boldsymbol{x}_1(t) + c_2\boldsymbol{x}_2(t) + \cdots + c_n\boldsymbol{x}_n(t) \tag{4-77}$$

因此 $\boldsymbol{x}_1(t), \boldsymbol{x}_2(t), \cdots, \boldsymbol{x}_n(t)$ 是 $\boldsymbol{S}$ 的一个基,称为微分方程组 $\boldsymbol{x}'(t) = \boldsymbol{A}\boldsymbol{x}(t)$ 的基础解系,并称式(4.77)为其通解.

例 4.18 求定解问题

$$\begin{cases}\dfrac{\mathrm{d}}{\mathrm{d}t}\boldsymbol{x}(t)=\boldsymbol{A}\boldsymbol{x}\\ \boldsymbol{x}(0)=(1,1,1)^{\mathrm{T}}\end{cases}$$

其中

$$\boldsymbol{A}=\begin{bmatrix}3&-1&1\\2&0&-1\\1&-1&2\end{bmatrix}$$

解：$|\lambda\boldsymbol{I}-\boldsymbol{A}|=\begin{vmatrix}\lambda-3&1&-1\\-2&\lambda&1\\-1&1&\lambda-2\end{vmatrix}=\lambda(\lambda-2)(\lambda-3)$

故 $\boldsymbol{A}$ 有三个不同的特征值，从而 $\boldsymbol{A}$ 可以对角化．与特征值 $\lambda_1=0,\lambda_2=2,\lambda_3=3$ 相应的三个线性无关的特征向量为

$$\boldsymbol{x}_1=(1,5,2)^{\mathrm{T}},\boldsymbol{x}_2=(1,1,0)^{\mathrm{T}},\boldsymbol{x}_3=(2,1,1)^{\mathrm{T}}$$

故得

$$\boldsymbol{P}=\begin{bmatrix}1&1&2\\5&1&1\\2&0&1\end{bmatrix}\text{与}\boldsymbol{P}^{-1}=-\frac{1}{6}\begin{bmatrix}1&-1&-1\\-3&-3&9\\-2&2&-4\end{bmatrix}$$

所以，由定理 4.9 可得

$$\begin{aligned}\boldsymbol{x}(t)&=\mathrm{e}^{t\boldsymbol{A}}\boldsymbol{x}(0)=\boldsymbol{P}\begin{bmatrix}1&&\\&\mathrm{e}^{2t}&\\&&\mathrm{e}^{3t}\end{bmatrix}\boldsymbol{P}^{-1}\boldsymbol{x}(0)\\&=\begin{bmatrix}1&1&2\\5&1&1\\2&0&1\end{bmatrix}\begin{bmatrix}1&&\\&\mathrm{e}^{2t}&\\&&\mathrm{e}^{3t}\end{bmatrix}\left(-\frac{1}{6}\right)\begin{bmatrix}1&-1&-1\\-3&-3&9\\-2&2&-4\end{bmatrix}\begin{bmatrix}1\\1\\1\end{bmatrix}\\&=-\frac{1}{6}\begin{bmatrix}-1+3\mathrm{e}^{2t}-8\mathrm{e}^{3t}\\-5+3\mathrm{e}^{2t}-4\mathrm{e}^{3t}\\-2-4\mathrm{e}^{3t}\end{bmatrix}\end{aligned}$$

例 4.19 设 $\boldsymbol{A}=\begin{bmatrix}2&0&0\\1&1&1\\1&-1&3\end{bmatrix}$，求微分方程组 $\boldsymbol{x}'(t)=\boldsymbol{A}\boldsymbol{x}(t)$ 的基础解系及满足初始条件 $\boldsymbol{x}(0)=(1,1,1)^{\mathrm{T}}$ 的解．

解：由例 4.9 中已求出

$$\mathrm{e}^{t\boldsymbol{A}}=\mathrm{e}^{2t}\begin{bmatrix}1&0&0\\t&1-t&t\\t&-t&1+t\end{bmatrix}$$

故基础解系为

$$x_1(t)=(e^{2t},te^{2t},te^{2t})^T,x_2(t)=(0,(1-t)e^{2t},-te^{2t})^T$$
$$x_3(t)=(0,te^{2t},(1+t)e^{2t})^T$$

当 $\boldsymbol{x}(0)=(1,1,1)^T$ 时,由定理 4.9 得

$$\boldsymbol{x}(t)=e^{tA}\boldsymbol{x}(0)=(e^{2t},(1+t)e^{2t},(1+t)e^{2t})^T$$

注 4.9　根据式(4.42),在定理 4.9 中

$$e^{(t-t_0)A}=P\begin{bmatrix}e^{(t-t_0)J_1}&&&\\&e^{(t-t_0)J_2}&&\\&&\ddots&\\&&&e^{(t-t_0)J_s}\end{bmatrix}P^{-1}$$

这里

$$e^{(t-t_0)J_i}=e^{(t-t_0)\lambda_i}\begin{bmatrix}1&t-t_0&\cdots&\dfrac{(t-t_0)^{m_i-1}}{(m_i-1)!}\\&1&\ddots&\vdots\\&&\ddots&t-t_0\\&&&1\end{bmatrix}_{m_i\times m_i}$$

因此,若矩阵 $\boldsymbol{A}$ 所有特征值均具有负实部,可知 $\lim\limits_{t\to+\infty}(t-t_0)^k e^{\lambda t}=0(k=1,2,\cdots,m_i-1)$,则 $\lim\limits_{t\to+\infty}e^{(t-t_0)A}\boldsymbol{x}_0=\boldsymbol{0}$. 若矩阵 $\boldsymbol{A}$ 存在一个特征值的实部为正,则 $\lim\limits_{t\to+\infty}\|e^{(t-t_0)A}\boldsymbol{x}_0\|=+\infty$. 该结论在控制理论中具有重要意义.

4.5.2　一阶线性常系数非齐次微分方程组的解

考虑一阶线性常系数非齐次微分方程组

$$\frac{d\boldsymbol{x}}{dt}=A\boldsymbol{x}+\boldsymbol{b}(t) \tag{4-78}$$

其中

$$A=(a_{ij})_{n\times n},\boldsymbol{x}=\boldsymbol{x}(t)=(x_1(t),x_2(t),\cdots,x_n(t))^T$$
$$\boldsymbol{b}(t)=(b_1(t),b_2(t),\cdots,b_n(t))^T$$

为已知向量.

定解问题为

$$\begin{cases}\dfrac{d\boldsymbol{x}}{dt}=A\boldsymbol{x}+\boldsymbol{b}(t)\\ \boldsymbol{x}_0=\boldsymbol{x}(t_0)\end{cases} \tag{4-79}$$

定理 4.10　定解问题(4-79)的解为

$$\boldsymbol{x}(t)=e^{tA}\left(e^{-t_0A}\boldsymbol{x}_0+\int_{t_0}^{t}e^{-sA}\boldsymbol{b}(s)ds\right) \tag{4-80}$$

证明:仍然延用定理4.9的求解方法. 方程 $\frac{\mathrm{d}\boldsymbol{x}}{\mathrm{d}t}=\boldsymbol{A}\boldsymbol{x}+\boldsymbol{b}(t)$ 两边同乘以 $\mathrm{e}^{-t\boldsymbol{A}}$, 有

$$\mathrm{e}^{-t\boldsymbol{A}}\frac{\mathrm{d}\boldsymbol{x}}{\mathrm{d}t}-\mathrm{e}^{-t\boldsymbol{A}}\boldsymbol{A}\boldsymbol{x}=\mathrm{e}^{-t\boldsymbol{A}}\boldsymbol{b}(t)$$

即

$$\mathrm{e}^{-t\boldsymbol{A}}\frac{\mathrm{d}\boldsymbol{x}}{\mathrm{d}t}+\frac{\mathrm{d}(\mathrm{e}^{-t\boldsymbol{A}})}{\mathrm{d}t}\boldsymbol{x}=\mathrm{e}^{-t\boldsymbol{A}}\boldsymbol{b}(t)$$

从而

$$\frac{\mathrm{d}}{\mathrm{d}t}[\mathrm{e}^{-t\boldsymbol{A}}\boldsymbol{x}(t)]=\mathrm{e}^{-t\boldsymbol{A}}\boldsymbol{b}(t) \tag{4-81}$$

在式(4-81)两边从 t_0 到 t 积分,得

$$\mathrm{e}^{t\boldsymbol{A}}\boldsymbol{x}(t)-\mathrm{e}^{t_0\boldsymbol{A}}\boldsymbol{x}_0=\int_{t_0}^{t}\mathrm{e}^{-s\boldsymbol{A}}\boldsymbol{b}(s)\mathrm{d}s \tag{4-82}$$

从而式(4-79)的解为

$$\boldsymbol{x}(t)=\mathrm{e}^{t\boldsymbol{A}}\left(\mathrm{e}^{-t_0\boldsymbol{A}}\boldsymbol{x}_0+\int_{t_0}^{t}\mathrm{e}^{-s\boldsymbol{A}}\boldsymbol{b}(s)\mathrm{d}s\right) \tag{4-83}$$

或

$$\boldsymbol{x}(t)=\mathrm{e}^{(t-t_0)\boldsymbol{A}}\boldsymbol{x}_0+\mathrm{e}^{t\boldsymbol{A}}\int_{t_0}^{t}\mathrm{e}^{-s\boldsymbol{A}}\boldsymbol{b}(s)\mathrm{d}s) \tag{4-84}$$

显然,当 $\boldsymbol{b}(t)=\boldsymbol{0}$ 时, 式(4-84)简化为线性齐次微分方程(4-75)的解.

例4.20 设 $\boldsymbol{A}=\begin{bmatrix}2&0&0\\1&1&1\\1&-1&3\end{bmatrix}$, $\boldsymbol{b}(t)=(\mathrm{e}^{2t},\mathrm{e}^{2t},0)^{\mathrm{T}}$, $\boldsymbol{x}(0)=(-1,1,0)^{\mathrm{T}}$, 求微分方程组 $\begin{cases}\boldsymbol{x}'(t)=\boldsymbol{A}\boldsymbol{x}(t)+\boldsymbol{b}(t)\\ \boldsymbol{x}_0=(-1,1,0)^{\mathrm{T}}\end{cases}$ 的定解.

解:在例4.9中已求出

$$\mathrm{e}^{t\boldsymbol{A}}=\mathrm{e}^{2t}\begin{bmatrix}1&0&0\\t&1-t&t\\t&-t&1+t\end{bmatrix}$$

计算

$$\mathrm{e}^{-s\boldsymbol{A}}\boldsymbol{b}(s)=\mathrm{e}^{-2s}\begin{bmatrix}1&0&0\\-s&1+s&-s\\-s&s&1-s\end{bmatrix}\begin{bmatrix}\mathrm{e}^{2s}\\\mathrm{e}^{2s}\\0\end{bmatrix}=\begin{bmatrix}1\\1\\0\end{bmatrix}$$

所以

$$\int_0^t\mathrm{e}^{-s\boldsymbol{A}}\boldsymbol{b}(s)\mathrm{d}s=\begin{bmatrix}t\\t\\0\end{bmatrix}$$

根据式(4-80)得

$$\boldsymbol{x}(t)=\mathrm{e}^{t\boldsymbol{A}}\left(\begin{bmatrix}-1\\1\\0\end{bmatrix}+\begin{bmatrix}t\\t\\0\end{bmatrix}\right)=\mathrm{e}^{2t}\begin{bmatrix}1&0&0\\t&1-t&t\\t&-t&1+t\end{bmatrix}\begin{bmatrix}t-1\\t+1\\0\end{bmatrix}=\begin{bmatrix}(t-1)\mathrm{e}^{2t}\\(1-t)\mathrm{e}^{2t}\\-2t\mathrm{e}^{2t}\end{bmatrix}$$

4.5.3 高阶线性常系数微分方程的解

给定 n 阶线性常系数微分方程定解问题为

$$\begin{cases} y^{(n)}(t)+a_1y^{(n-1)}(t)+a_2y^{(n-2)}(t)+\cdots+a_ny(t)=f(t) \\ y^{(k)}(t_0)=y_0^{(k)}, k=0,1,\cdots,n-1 \end{cases} \tag{4-85}$$

当 $f(t)\equiv 0$, 称此微分方程为齐次的,否则为非齐次的.

令 $x_1(t)=y(t), x_2(t)=y'(t), x_3(t)=y''(t),\cdots,x_n(t)=y^{(n-1)}(t)$, 则有

$$\begin{cases} x_1'=x_2 \\ x_2'=x_3 \\ x_3'=x_4 \\ \vdots \\ x_n'=-a_nx_1-a_{n-1}x_2-\cdots-a_1x_1+f(t) \end{cases}$$

且 $x_k(0)=y_0^{(k-1)}, k=1,2,\cdots,n$, 即

$$\begin{cases} \dfrac{\mathrm{d}\boldsymbol{x}}{\mathrm{d}t}=\boldsymbol{A}\boldsymbol{x}+\boldsymbol{b}(t) \\ \boldsymbol{x}_0=\boldsymbol{x}(t_0) \end{cases}$$

其中

$$\boldsymbol{x}(t)=\begin{bmatrix} x_1(t) \\ x_2(t) \\ \vdots \\ x_n(t) \end{bmatrix}, \boldsymbol{A}=\begin{bmatrix} 0 & 1 & 0 & \cdots & 0 \\ 0 & 0 & 1 & \cdots & 0 \\ \vdots & \vdots & \vdots & \ddots & 0 \\ 0 & 0 & 0 & \cdots & 0 \\ -a_n & -a_{n-1} & \cdots & -a_2 & -a_1 \end{bmatrix}, \boldsymbol{b}(t)=\begin{bmatrix} 0 \\ 0 \\ \vdots \\ f(t) \end{bmatrix}$$

因此,通过变换,高阶线性微分方程(4-85)的定解问题转化为一阶线性微分方程组的定解问题,这里系数矩阵 $\boldsymbol{A}$ 称为友矩阵.

习　题

1. 设 $\boldsymbol{A}=\begin{bmatrix} 0 & c & c \\ c & 0 & 0 \\ c & c & 0 \end{bmatrix}(c\in\mathbf{R})$, 讨论 c 取何值时 $\boldsymbol{A}$ 为收敛矩阵.

2. 设 $\boldsymbol{A}=\begin{bmatrix} 2 & 1 & 0 \\ 0 & 0 & 1 \\ 0 & 1 & 0 \end{bmatrix}$, 求 $\mathrm{e}^{\boldsymbol{A}}$, $\mathbf{e}^{t\boldsymbol{A}}(t\in\mathbf{R})$, $\sin\boldsymbol{A}$.

3. 若 $\boldsymbol{A}$ 为实反对称矩阵,证明 $\mathrm{e}^{\boldsymbol{A}}$ 为正交矩阵.

4. 若 $\boldsymbol{A}$ 为 Hermite 矩阵,证明 $e^{i\boldsymbol{A}}$ 是酉矩阵.

5. 设函数矩阵 $\boldsymbol{A}(t)=\begin{bmatrix} e^{2t} & te^{t} & t^2 \\ e^{-t} & 2e^{2t} & 0 \\ 3t & 0 & 0 \end{bmatrix}$, 计算 $\int_0^1 \boldsymbol{A}(t)\mathrm{d}t$ 与 $\frac{\mathrm{d}}{\mathrm{d}t}\left(\int_0^{t^2}\boldsymbol{A}(s)\mathrm{d}s\right)$.

6. 计算下列矩阵的矩阵函数 $e^{t\boldsymbol{A}}$:

(1) $\boldsymbol{A}=\begin{bmatrix} 0 & 1 \\ -2 & -3 \end{bmatrix}$; (2) $\boldsymbol{A}=\begin{bmatrix} 2 & -2 & 3 \\ 1 & 1 & 1 \\ 1 & 3 & -1 \end{bmatrix}$;

(3) $\boldsymbol{A}=\begin{bmatrix} 0 & 1 & 0 \\ 0 & 0 & 1 \\ -8 & -12 & -6 \end{bmatrix}$; (4) $\boldsymbol{A}=\begin{bmatrix} -2 & 1 & 3 \\ 0 & -3 & 0 \\ 0 & 2 & -2 \end{bmatrix}$.

7. 设 $\boldsymbol{A}=\begin{bmatrix} 0 & 1 \\ 0 & -2 \end{bmatrix}$, 求 $e^{\boldsymbol{A}}$, $\sin\boldsymbol{A}$, $\cos t\boldsymbol{A}$.

8. 举出一个 2×2 阶的矩阵序列,该序列中每一个矩阵都可逆,但其极限是不可逆的.

9. 如果 $\boldsymbol{L}=\lim\limits_{n\to\infty}\boldsymbol{A}^n$, 证明 $\boldsymbol{L}$ 是幂等阵.

10. 判别下列矩阵的幂收敛性.

(1) $\boldsymbol{A}=\begin{bmatrix} 0.8 & 0.3 \\ 0.1 & 0.5 \end{bmatrix}$; (2) $\boldsymbol{A}=\begin{bmatrix} -0.6 & 1 & 0.8 \\ 0 & 0.2 & 0 \\ -0.6 & 1 & 0.8 \end{bmatrix}$.

11. 设 $\boldsymbol{A}=\begin{bmatrix} 2 & -\frac{1}{2} \\ 2 & 0 \end{bmatrix}$, 求 $\sum\limits_{k=0}^{\infty}\frac{\boldsymbol{A}^k}{2^k}$.

12. 求定解问题 $\begin{cases} \boldsymbol{x}'(t)=\boldsymbol{A}\boldsymbol{x} \\ \boldsymbol{x}(0)=(0,1)^{\mathrm{T}} \end{cases}$, 其中 $\boldsymbol{A}=\begin{bmatrix} 1 & 12 \\ 3 & 1 \end{bmatrix}$.

13. 求定解问题 $\begin{cases} \boldsymbol{x}'(t)=\boldsymbol{A}\boldsymbol{x}+\boldsymbol{b}(t) \\ \boldsymbol{x}(0)=(1,1)^{\mathrm{T}} \end{cases}$, 其中 $\boldsymbol{A}=\begin{bmatrix} 0 & -1 \\ 4 & 4 \end{bmatrix}$, $\boldsymbol{b}(t)=(e^{2t}, -2e^{2t})^{\mathrm{T}}$.

14. 已知 设 $e^{t\boldsymbol{A}}=\boldsymbol{B}(t)=\begin{pmatrix} t & \sin t \\ 3 & 2^t \end{pmatrix}$,求矩阵 $\boldsymbol{A}$.

第5章　矩阵分解与特征值的估计

本章讨论矩阵的三角分解、QR 分解、满秩分解以及奇异值分解，这些分解在计算数学和广义逆矩阵理论中扮演着十分重要的角色．最后讨论特征值的估计问题．

5.1　Gauss 消去法与矩阵的三角分解

5.1.1　Gauss 消去法的矩阵形式

设 n 元线性方程组

$$\begin{cases} a_{11}x_1 + a_{12}x_2 + \cdots + a_{1n}x_n = b_1 \\ a_{21}x_1 + a_{22}x_2 + \cdots + a_{2n}x_n = b_2 \\ \qquad\qquad \vdots \\ a_{n1}x_1 + a_{n2}x_2 + \cdots + a_{nn}x_n = b_n \end{cases} \tag{5-1}$$

记 $\boldsymbol{A}=(a_{ij})_{n\times n}$，$\boldsymbol{x}=(x_1,x_2,\cdots,x_n)^{\mathrm{T}}$，$\boldsymbol{b}=(b_1,b_2,\cdots,b_n)^{\mathrm{T}}$，则式(5－1)可以写成矩阵形式

$$\boldsymbol{Ax}=\boldsymbol{b} \tag{5-2}$$

Gauss 消去法有三种形式，即按自然顺序选主元法，按列选主元法以及总体选主元法．目前计算机上常用按列选主元法求解方程组(5－1)或(5－2)．当 $\boldsymbol{A}$ 非奇异时，方程组(5－2)有唯一解，为此，假定 $\boldsymbol{A}$ 为非奇异矩阵．

设$\boldsymbol{A}^{(0)}=(a_{ij}^{(0)})_{n\times n}$，$a_{ij}^{(0)}=a_{ij}(i,j=1,2,\cdots,n)$．记 $\boldsymbol{A}$ 的 k 阶顺序主子式为 $\Delta_k(k=1,2,\cdots,n)$．如果 $\Delta_1=a_{11}^{(0)}=a_{11}\neq 0$，令 $c_{i1}=\dfrac{a_{i1}^{(0)}}{a_{11}^{(0)}}$ $(i=2,3,\cdots,n)$，并构造 Frobenius 矩阵

$$\boldsymbol{L}_1=\begin{bmatrix} 1 & & & \\ c_{21} & 1 & & \\ \vdots & \vdots & \ddots & \\ c_{n1} & \cdots & \cdots & 1 \end{bmatrix},\ \boldsymbol{L}_1^{-1}=\begin{bmatrix} 1 & & & \\ -c_{21} & 1 & & \\ \vdots & \vdots & \ddots & \\ -c_{n1} & \cdots & \cdots & 1 \end{bmatrix}$$

计算

$$\boldsymbol{L}_1^{-1}\boldsymbol{A}^{(0)}=\begin{bmatrix} a_{11}^{(0)} & a_{12}^{(0)} & \cdots & a_{1n}^{(0)} \\ 0 & a_{22}^{(1)} & \cdots & a_{2n}^{(1)} \\ \vdots & \vdots & & \vdots \\ 0 & a_{n2}^{(1)} & \cdots & a_{nn}^{(1)} \end{bmatrix}=\boldsymbol{A}^{(1)} \tag{5-3}$$

由此可见，$\boldsymbol{A}^{(0)}=\boldsymbol{A}$ 的第一列除主元 $a_{11}^{(0)}$ 外，其余元素全被化为零．式(5－3)可写成

$$\boldsymbol{A}^{(0)}=\boldsymbol{L}_1\boldsymbol{A}^{(1)} \tag{5-4}$$

因为倍加变换不改变矩阵的行列式的值，所以由 $\boldsymbol{A}^{(1)}$ 得 $\boldsymbol{A}$ 的二阶顺序主子式为

$$\boldsymbol{\Delta}_2=a_{11}^{(0)}a_{22}^{(1)} \tag{5-5}$$

如果 $\boldsymbol{\Delta}_2\neq 0$，则 $a_{22}^{(1)}\neq 0$．令 $c_{i2}=\dfrac{a_{i2}^{(1)}}{a_{22}^{(1)}}(i=3,4,\cdots,n)$，并构造 Frobenius 矩阵

$$\boldsymbol{L}_2=\begin{bmatrix}1 & & & & \\ & 1 & & & \\ & c_{32} & 1 & & \\ & \vdots & \vdots & \ddots & \\ & c_{n2} & \cdots & \cdots & 1\end{bmatrix},\quad \boldsymbol{L}_2^{-1}=\begin{bmatrix}1 & & & & \\ & 1 & & & \\ & -c_{32} & 1 & & \\ & \vdots & \vdots & \ddots & \\ & -c_{n2} & \cdots & \cdots & 1\end{bmatrix}$$

计算

$$\boldsymbol{L}_2^{-1}\boldsymbol{A}^{(1)}=\begin{bmatrix}a_{11}^{(0)} & a_{12}^{(0)} & a_{13}^{(0)} & \cdots & a_{1n}^{(0)}\\ & a_{22}^{(1)} & a_{23}^{(1)} & \cdots & a_{2n}^{(1)}\\ & & a_{33}^{(2)} & \cdots & a_{3n}^{(2)}\\ & & \vdots & & \vdots\\ & & a_{n3}^{(2)} & \cdots & a_{nn}^{(2)}\end{bmatrix}=\boldsymbol{A}^{(2)} \tag{5-6}$$

由此可见，$\boldsymbol{A}^{(2)}$ 的前两列中主元以下的元素全为零．式(5－6)可写成

$$\boldsymbol{A}^{(1)}=\boldsymbol{L}_2\boldsymbol{A}^{(2)} \tag{5-7}$$

因为倍加变换不改变矩阵的行列式的值，故由 $\boldsymbol{A}^{(2)}$ 得 $\boldsymbol{A}$ 的三阶顺序主子式为

$$\boldsymbol{\Delta}_3=a_{11}^{(0)}a_{22}^{(1)}a_{33}^{(2)} \tag{5-8}$$

如此继续作下去，直到第 $r-1$ 步，得到

$$\boldsymbol{A}^{(r-1)}=\begin{bmatrix}a_{11}^{(0)} & \cdots & a_{1,r-1}^{(0)} & a_{1r}^{(0)} & \cdots & a_{1n}^{(0)}\\ & \ddots & \vdots & \vdots & \cdots & \vdots\\ & & a_{r-1,r-1}^{(r-2)} & a_{r-1,r}^{(r-2)} & \cdots & a_{r-1,n}^{(r-2)}\\ & & & a_{rr}^{(r-1)} & \cdots & a_{rn}^{(r-1)}\\ & & & \vdots & \ddots & \vdots\\ & & & a_{nr}^{(r-1)} & \cdots & a_{nn}^{(r-1)}\end{bmatrix} \tag{5-9}$$

$$\boldsymbol{\Delta}_r=a_{11}^{(0)}a_{22}^{(1)}\cdots a_{r-1,r-1}^{(r-2)}a_{rr}^{(r-1)}$$

如果 $\boldsymbol{\Delta}_r\neq 0$，则 $a_{rr}^{(r-1)}\neq 0$. 令 $c_{ir}=\dfrac{a_{ir}^{(r-1)}}{a_{rr}^{(r-1)}}(i=r+1,r+2,\cdots,n)$，并构造 Frobenius 矩阵

$$\boldsymbol{L}_r=\begin{bmatrix}1 & & & & \\ & \ddots & & & \\ & & 1 & & \\ & & c_{r+1,r} & 1 & \\ & & \vdots & \vdots & \ddots \\ & & c_{n,r} & 0 & \cdots & 1\end{bmatrix},\quad \boldsymbol{L}_r^{-1}=\begin{bmatrix}1 & & & & \\ & \ddots & & & \\ & & 1 & & \\ & & -c_{r+1,r} & 1 & \\ & & \vdots & \vdots & \ddots \\ & & -c_{n,r} & 0 & \cdots & 1\end{bmatrix}$$

计算

$$L_r^{-1}A^{(r-1)} = \begin{bmatrix} a_{11}^{(0)} & \cdots & a_{1,r}^{(0)} & a_{1,r+1}^{(0)} & \cdots & a_{1n}^{(0)} \\ & \ddots & \vdots & \vdots & \vdots & \vdots \\ & & a_{rr}^{(r-1)} & a_{r,r+1}^{(r-1)} & \cdots & a_{rn}^{(r-1)} \\ & & & a_{r+1,r+1}^{(r)} & \cdots & a_{r+1,n}^{(r)} \\ & & & \vdots & \ddots & \vdots \\ & & & a_{n,r+1}^{(r)} & \cdots & a_{nn}^{(r)} \end{bmatrix} \tag{5-10}$$

还可写成

$$A^{(r-1)} = L_r A^{(r)} \tag{5-11}$$

且 A 的 $r+1$ 阶顺序主子式为

$$\Delta_{r+1} = a_{11}^{(0)} a_{22}^{(1)} \cdots a_{rr}^{(r-1)} a_{r+1,r+1}^{(r)} \tag{5-12}$$

如果可以一直进行下去,则在第 $n-1$ 步之后便有

$$A^{(n-1)} = \begin{bmatrix} a_{11}^{(0)} & a_{12}^{(0)} & \cdots & a_{1,n-1}^{(0)} & a_{1n}^{(0)} \\ & a_{22}^{(1)} & \cdots & a_{2,n-1}^{(1)} & a_{2n}^{(1)} \\ & & \ddots & \vdots & \vdots \\ & & & a_{n-1,n-1}^{(n-2)} & a_{n-1,n}^{(n-2)} \\ & & & & a_{nn}^{(n-1)} \end{bmatrix} \tag{5-13}$$

这种对 A 的元素进行的消元过程叫作 Gauss 消元过程. Gauss 消元过程能够进行到底的条件是当且仅当 $a_{11}^{(0)}, a_{22}^{(1)}, \cdots, a_{n-1,n-1}^{(n-2)}$ 都不为零,即

$$\Delta_r \neq 0 (r = 1,2,\cdots,n-1) \tag{5-14}$$

由于在 Gauss 顺序消元过程中未使用行、列的交换,因此条件式(5-14)是合理的.

5.1.2　矩阵的三角(LU)分解

当条件式(5-14)满足时,由式(5-11)得

$$A = A^{(0)} = L_1 A^{(1)} = L_1 L_2 A^{(2)} = \cdots = L_1 L_2 \cdots L_{n-1} A^{(n-1)} \tag{5-15}$$

令 $L = L_1 L_2 \cdots L_{n-1}$, $U = A^{(n-1)}$, 则式(5-15)可写为

$$A = LU \tag{5-16}$$

其中 $L = \begin{bmatrix} 1 & & & \\ c_{21} & 1 & & \\ \vdots & \vdots & \ddots & \\ c_{n1} & c_{n2} & \cdots & 1 \end{bmatrix}$ 是一个对角元素都是 1 的下三角矩阵,称为单位下三角矩阵,而 U 是一个上三角矩阵.

这样,在条件式(5-14)下,矩阵 A 就分解成一个单位下三角矩阵与一个上三角矩阵的乘积. 一般有如下定义.

定义 5.1 如果方阵 $\boldsymbol{A}$ 可分解成一个下三角矩阵 $\boldsymbol{L}$ 与一个上三角矩阵 $\boldsymbol{U}$ 的乘积,即 $\boldsymbol{A}=\boldsymbol{LU}$, 则称 $\boldsymbol{A}$ 可作三角分解(Triangular Decomposition)或 $\boldsymbol{LU}$ 分解.

如果对 n 元线性方程组(5-2)的系数矩阵 $\boldsymbol{A}$ 可作 $\boldsymbol{LU}$ 分解,即 $\boldsymbol{A}=\boldsymbol{LU}$, 则方程组(5-2)变为

$$\boldsymbol{LUx}=\boldsymbol{b} \tag{5-17}$$

令 $\boldsymbol{Ux}=\boldsymbol{y}$, 则 $\boldsymbol{Ly}=\boldsymbol{b}$, 从而方程组(5-2)的求解等价于下述方程组

$$\begin{cases}\boldsymbol{Ly}=\boldsymbol{b}\\ \boldsymbol{Ux}=\boldsymbol{y}\end{cases} \tag{5-18}$$

的求解,而方程组(5-18)是容易求解的.

将一个矩阵 $\boldsymbol{A}$ 作 $\boldsymbol{LU}$ 分解的重要意义在于,根据线性方程组(5-2)的系数矩阵 $\boldsymbol{A}$ 的具体性质,可以作出不同的 $\boldsymbol{LU}$ 分解,从而得到解线性方程组(5-2)的不同的直接解法.

对于一个 n 阶矩阵 $\boldsymbol{A}$, 即使 $\boldsymbol{A}$ 是非奇异的,一般地说也未必能作 $\boldsymbol{LU}$ 分解;即使 $\boldsymbol{A}$ 能作 $\boldsymbol{LU}$ 分解,其分解式也未必是唯一的.

例 5.1 设 $\boldsymbol{A}=\begin{bmatrix}0&1\\1&1\end{bmatrix}$, 则 $\boldsymbol{A}$ 是非奇异的,但 $\boldsymbol{A}$ 不能作 $\boldsymbol{LU}$ 分解.

证明:假设 $\boldsymbol{A}$ 可作 $\boldsymbol{LU}$ 分解,即 $\boldsymbol{A}=\boldsymbol{LU}$, 设 $\boldsymbol{L}=\begin{bmatrix}l_{11}&0\\l_{21}&l_{22}\end{bmatrix}$, $\boldsymbol{U}=\begin{bmatrix}u_{11}&u_{12}\\0&u_{22}\end{bmatrix}$, 则

$$\begin{bmatrix}0&1\\1&1\end{bmatrix}=\boldsymbol{A}=\boldsymbol{LU}=\begin{bmatrix}l_{11}&0\\l_{21}&l_{22}\end{bmatrix}\begin{bmatrix}u_{11}&u_{12}\\0&u_{22}\end{bmatrix}=\begin{bmatrix}l_{11}u_{11}&l_{11}u_{12}\\l_{21}u_{11}&l_{21}u_{12}+l_{22}u_{22}\end{bmatrix}$$

故有

$$\begin{cases}l_{11}u_{11}=0\\ l_{11}u_{12}=1\\ l_{21}u_{11}=1\\ l_{21}u_{12}+l_{22}u_{22}=1\end{cases}$$

若 $l_{11}=0$, 则与上述方程组第2式矛盾;若 $l_{11}\neq 0$, 则由第1式知 $u_{11}=0$, 与第3式矛盾.因此所给矩阵 $\boldsymbol{A}$ 不能作 $\boldsymbol{LU}$ 分解.

再来讨论分解式也未必是唯一问题. 如果 $\boldsymbol{A}=\boldsymbol{LU}$ 是 $\boldsymbol{A}$ 的一个 $\boldsymbol{LU}$ 分解,且 $\boldsymbol{A}\neq\boldsymbol{O}$, 则令 $\boldsymbol{D}$ 为对角元素都不为零也不为 1 的对角矩阵,从而 $\boldsymbol{D}^{-1}$ 存在,于是有

$$\boldsymbol{A}=\boldsymbol{LU}=\boldsymbol{LDD}^{-1}\boldsymbol{U}=\hat{\boldsymbol{L}}\hat{\boldsymbol{U}}$$

其中 $\hat{\boldsymbol{L}}=\boldsymbol{LD}$, $\hat{\boldsymbol{U}}=\boldsymbol{D}^{-1}\boldsymbol{U}$.

由于上(下)三角矩阵的乘积仍是上(下)三角矩阵,因此 $\hat{\boldsymbol{L}}=\boldsymbol{LD}$ 是下三角矩阵,而 $\hat{\boldsymbol{U}}=\boldsymbol{D}^{-1}\boldsymbol{U}$ 是上三角矩阵. 由于 $\boldsymbol{A}\neq\boldsymbol{O}$,故 $\boldsymbol{U}\neq\boldsymbol{O}$,从而 $\boldsymbol{U}$ 的一般元素 u_{ij} 中至少有一个不为0. 由于 $\boldsymbol{D}$ 的对角元素都不为 1,故 $\hat{\boldsymbol{U}}\neq\boldsymbol{U}$,因此 $\boldsymbol{A}=\hat{\boldsymbol{L}}\hat{\boldsymbol{U}}$ 是 $\boldsymbol{A}$ 的另一种不同于 $\boldsymbol{A}=\boldsymbol{LU}$ 的分解.

为解决矩阵三角分解的存在唯一性问题,下面的定理给出了方阵 $\boldsymbol{A}$ 可作 $\boldsymbol{LDU}$ 分解的条件.

定理 5.1（LDU 基本定理）　设 $\boldsymbol{A}=(a_{ij})\in\mathbf{C}^{n\times n}$，则 $\boldsymbol{A}$ 有唯一的 $\boldsymbol{LDU}$ 分解 $\Leftrightarrow \boldsymbol{A}$ 的顺序主子式 $\Delta_k\neq 0(k=1,2,\cdots,n-1)$，其中 L 是单位下三角矩阵，$\boldsymbol{U}$ 是单位上三角矩阵，$\boldsymbol{D}$ 是对角矩阵

$$\boldsymbol{D}=\operatorname{diag}(d_1,d_2,\cdots,d_n)$$

其中 $d_k=\dfrac{\Delta_k}{\Delta_{k-1}}(k=1,2,\cdots,n)$，$\Delta_0=1$.

证明：（$\Leftarrow$）设 $\boldsymbol{A}$ 有唯一的 $\boldsymbol{LDU}$ 分解，即 $\boldsymbol{A}=\boldsymbol{LDU}$，将其写成分块矩阵的形式：

$$\boldsymbol{A}=\begin{bmatrix}\boldsymbol{A}_{n-1} & \boldsymbol{v}\\ \boldsymbol{u}^{\mathrm{T}} & a_{nn}\end{bmatrix}=\begin{bmatrix}\boldsymbol{L}_{n-1} & \boldsymbol{0}\\ \boldsymbol{\sigma}^{\mathrm{T}} & 1\end{bmatrix}\begin{bmatrix}\boldsymbol{D}_{n-1} & \boldsymbol{0}\\ \boldsymbol{0}^{\mathrm{T}} & d_n\end{bmatrix}\begin{bmatrix}\boldsymbol{U}_{n-1} & \boldsymbol{\tau}\\ \boldsymbol{0}^{\mathrm{T}} & 1\end{bmatrix}\tag{5-19}$$

其中 $\boldsymbol{L}_{n-1},\boldsymbol{D}_{n-1},\boldsymbol{U}_{n-1},\boldsymbol{A}_{n-1}$ 分别是 $\boldsymbol{L},\boldsymbol{D},\boldsymbol{U},\boldsymbol{A}$ 的 $n-1$ 阶顺序主子矩阵. 由式(5－19)得矩阵方程

$$\boldsymbol{A}_{n-1}=\boldsymbol{L}_{n-1}\boldsymbol{D}_{n-1}\boldsymbol{U}_{n-1}\tag{5-20}$$

$$\boldsymbol{u}^{\mathrm{T}}=\boldsymbol{\sigma}^{\mathrm{T}}\boldsymbol{D}_{n-1}\boldsymbol{U}_{n-1}\tag{5-21}$$

$$\boldsymbol{v}=\boldsymbol{L}_{n-1}\boldsymbol{D}_{n-1}\boldsymbol{\tau}\tag{5-22}$$

$$a_{nn}=\boldsymbol{\sigma}^{\mathrm{T}}\boldsymbol{D}_{n-1}\boldsymbol{\tau}+d_n\tag{5-23}$$

如果 $\Delta_{n-1}=\det\boldsymbol{A}_{n-1}=0$，注意到 $\det\boldsymbol{L}_{n-1}=\det\boldsymbol{U}_{n-1}=1$，则由式(5－20)及行列式乘法定理知 $\det\boldsymbol{A}_{n-1}=\det\boldsymbol{D}_{n-1}=0$. 于是 $\det(\boldsymbol{L}_{n-1}\boldsymbol{D}_{n-1})=\det\boldsymbol{L}_{n-1}\det\boldsymbol{D}_{n-1}=0$，即 $\boldsymbol{L}_{n-1}\boldsymbol{D}_{n-1}$ 奇异，从而线性方程组 $\boldsymbol{L}_{n-1}\boldsymbol{D}_{n-1}\boldsymbol{x}=\boldsymbol{v}$ 有无穷多个解，特别地，取 $\tilde{\boldsymbol{\tau}}\neq\boldsymbol{\tau}$，$\tilde{\boldsymbol{\tau}}$ 是这无穷多个解中的一个. 同理，由于 $\boldsymbol{D}_{n-1}\boldsymbol{U}_{n-1}$ 奇异，$\boldsymbol{U}_{n-1}^{\mathrm{T}}\boldsymbol{D}_{n-1}^{\mathrm{T}}$ 也奇异，从而线性方程组 $\boldsymbol{U}_{n-1}^{\mathrm{T}}\boldsymbol{D}_{n-1}^{\mathrm{T}}\boldsymbol{x}=\boldsymbol{u}$ 有无穷多个解，特别地，取 $\tilde{\boldsymbol{\sigma}}\neq\boldsymbol{\sigma}$，$\tilde{\boldsymbol{\sigma}}$ 是这无穷多个解中的一个. 取 $\tilde{d}_n=a_{nn}-\tilde{\boldsymbol{\sigma}}^{\mathrm{T}}\boldsymbol{D}_{n-1}\tilde{\boldsymbol{\tau}}$，则有

$$\boldsymbol{A}=\begin{bmatrix}\boldsymbol{A}_{n-1} & \boldsymbol{v}\\ \boldsymbol{u}^{\mathrm{T}} & a_{nn}\end{bmatrix}=\begin{bmatrix}\boldsymbol{L}_{n-1} & \boldsymbol{0}\\ \tilde{\boldsymbol{\sigma}}^{\mathrm{T}} & 1\end{bmatrix}\begin{bmatrix}\boldsymbol{D}_{n-1} & \boldsymbol{0}\\ \boldsymbol{0}^{\mathrm{T}} & \tilde{d}_n\end{bmatrix}\begin{bmatrix}\boldsymbol{U}_{n-1} & \tilde{\boldsymbol{\tau}}\\ \boldsymbol{0}^{\mathrm{T}} & 1\end{bmatrix}$$

这表明 $\boldsymbol{A}$ 有不同的 $\boldsymbol{LDU}$ 分解，这与 $\boldsymbol{A}$ 的 $\boldsymbol{LDU}$ 分解的唯一性矛盾，因此 $\Delta_{n-1}\neq 0$. 重复上述推理可证 $\Delta_{n-2}\neq 0,\cdots,\Delta_2\neq 0,\Delta_1\neq 0$，必要性得证.

（$\Rightarrow$）设 $\Delta_k\neq 0(k=1,2,\cdots,n-1)$，则由 Gauss 消元过程可知 $\boldsymbol{A}=\boldsymbol{LA}^{(n-1)}$. 在式(5－13)中令 $d_k=a_{kk}^{(k-1)}$，则由式(5－12)得

$$d_k=a_{kk}^{(k-1)}=\frac{\Delta_k}{\Delta_{k-1}}(k=1,2,\cdots,n,\Delta_0=1)$$

于是有

$$\boldsymbol{A}^{(n-1)}=\begin{bmatrix}d_1 & & & \\ & d_2 & & \\ & & \ddots & \\ & & & d_n\end{bmatrix}\begin{bmatrix}1 & \dfrac{a_{12}^{(0)}}{d_1} & \cdots & \dfrac{a_{1n}^{(0)}}{d_1}\\ & \ddots & & \vdots\\ & & 1 & \dfrac{a_{n-1,n}^{(n-2)}}{d_{n-1}}\\ & & & 1\end{bmatrix}=\boldsymbol{DU}\tag{5-24}$$

即 $\boldsymbol{A}$ 有 $\boldsymbol{LDU}$ 分解 $\boldsymbol{A}=\boldsymbol{LDU}$.

下面证明这种分解是唯一的.

设 $\boldsymbol{A}$ 有 $\boldsymbol{LDU}$ 分解,并有分块矩阵形式(5-19). 因 $\Delta_{n-1}\neq 0$, 故由式(5-20)得 det $\boldsymbol{D}_{n-1}\neq 0$, 即 $\boldsymbol{D}_{n-1}$ 非奇异. 假设 $\boldsymbol{A}$ 还有另外一种分解式 $\boldsymbol{A}=\tilde{\boldsymbol{L}}\tilde{\boldsymbol{D}}\tilde{\boldsymbol{U}}$, 则存在 $\tilde{\boldsymbol{L}}_{n-1}$, $\tilde{\boldsymbol{U}}_{n-1}$ 和 $\tilde{\boldsymbol{D}}_{n-1}$ 满足式(5-20)且 $\tilde{\boldsymbol{D}}_{n-1}$ 非奇异,于是有

$$\boldsymbol{L}_{n-1}\boldsymbol{D}_{n-1}\boldsymbol{U}_{n-1}=\boldsymbol{A}_{n-1}=\tilde{\boldsymbol{L}}_{n-1}\tilde{\boldsymbol{D}}_{n-1}\tilde{\boldsymbol{U}}_{n-1}$$

从而 $\tilde{\boldsymbol{L}}_{n-1}^{-1}\boldsymbol{L}_{n-1}=\tilde{\boldsymbol{D}}_{n-1}\tilde{\boldsymbol{U}}_{n-1}\tilde{\boldsymbol{U}}_{n-1}^{-1}\boldsymbol{D}_{n-1}^{-1}$. 由于上式左边是单位下三角矩阵,右边是上三角矩阵,故必有 $\tilde{\boldsymbol{L}}_{n-1}^{-1}\boldsymbol{L}_{n-1}=\boldsymbol{I}_{n-1}$, 即 $\tilde{\boldsymbol{L}}_{n-1}=\boldsymbol{L}_{n-1}$. 同理,由于 $\tilde{\boldsymbol{D}}_{n-1}^{-1}\tilde{\boldsymbol{L}}_{n-1}^{-1}\boldsymbol{L}_{n-1}\boldsymbol{D}_{n-1}=\tilde{\boldsymbol{U}}_{n-1}\boldsymbol{U}_{n-1}^{-1}$, $\tilde{\boldsymbol{U}}_{n-1}\boldsymbol{U}_{n-1}^{-1}$ 为单位上三角矩阵,而 $\tilde{\boldsymbol{D}}_{n-1}^{-1}\tilde{\boldsymbol{L}}_{n-1}^{-1}\boldsymbol{L}_{n-1}\boldsymbol{D}_{n-1}$ 为下三角矩阵,故 $\tilde{\boldsymbol{U}}_{n-1}\boldsymbol{U}_{n-1}^{-1}$ 为单位阵,从而 $\tilde{\boldsymbol{U}}_{n-1}=\boldsymbol{U}_{n-1}$, $\tilde{\boldsymbol{D}}_{n-1}=\boldsymbol{D}_{n-1}$. 这表明若 $\boldsymbol{A}$ 有分解式(5-19),则 $\boldsymbol{L}_{n-1}$, $\boldsymbol{D}_{n-1}$, $\boldsymbol{U}_{n-1}$ 都是唯一确定的. 由于 $\boldsymbol{D}_{n-1}$ 是非奇异的,因此 $\boldsymbol{D}_{n-1}\boldsymbol{U}_{n-1}$ 是非奇异的, $\boldsymbol{L}_{n-1}\boldsymbol{D}_{n-1}$ 也是非奇异的,从而由式(5-21)和式(5-22)知, $\boldsymbol{\sigma},\boldsymbol{\tau}$ 都是唯一确定的,再由式(5-23)知, d_n 也是唯一确定的,至此 $\boldsymbol{A}$ 的 $\boldsymbol{LDU}$ 分解的唯一性得证.

例 5.2 求矩阵

$$\boldsymbol{A}=\begin{bmatrix}2 & -1 & 3\\ 1 & 2 & 1\\ 2 & 4 & 2\end{bmatrix}$$

的 $\boldsymbol{LDU}$ 分解.

解:因为 $\Delta_1=2,\Delta_2=5$, 由定理 5.1 知, $\boldsymbol{A}$ 有唯一的 $\boldsymbol{LDU}$ 分解. 构造矩阵

$$\boldsymbol{L}_1=\begin{bmatrix}1 & & \\ \frac{1}{2} & 1 & \\ 1 & 0 & 1\end{bmatrix},\ \boldsymbol{L}_1^{-1}=\begin{bmatrix}1 & & \\ -\frac{1}{2} & 1 & \\ -1 & 0 & 1\end{bmatrix}$$

计算

$$\boldsymbol{L}_1^{-1}\boldsymbol{A}^{(0)}=\begin{bmatrix}2 & -1 & 3\\ 0 & \frac{5}{2} & -\frac{1}{2}\\ 0 & 5 & -1\end{bmatrix}=\boldsymbol{A}^{(1)}$$

对 $\boldsymbol{A}^{(1)}$ 构造矩阵

$$\boldsymbol{L}_2=\begin{bmatrix}1 & & \\ 0 & 1 & \\ 0 & 2 & 1\end{bmatrix},\ \boldsymbol{L}_2^{-1}=\begin{bmatrix}1 & & \\ 0 & 1 & \\ 0 & -2 & 1\end{bmatrix}$$

计算

$$L_2^{-1}A^{(1)}=\begin{bmatrix}2 & -1 & 3\\0 & \frac{5}{2} & -\frac{1}{2}\\0 & 0 & 0\end{bmatrix}=\begin{bmatrix}2 & & \\ & \frac{5}{2} & \\ & & 0\end{bmatrix}\begin{bmatrix}1 & -\frac{1}{2} & \frac{3}{2}\\ & 1 & -\frac{1}{5}\\ & & 1\end{bmatrix}=A^{(2)}$$

$$L=L_1L_2=\begin{bmatrix}1 & & \\ \frac{1}{2} & 1 & \\ 1 & 2 & 1\end{bmatrix}$$

于是得 $A^{(0)}=A$ 的 LDU 分解为

$$A=L_1L_2A^{(2)}=\begin{bmatrix}1 & & \\ \frac{1}{2} & 1 & \\ 1 & 2 & 1\end{bmatrix}\begin{bmatrix}2 & & \\ & \frac{5}{2} & \\ & & 0\end{bmatrix}\begin{bmatrix}1 & -\frac{1}{2} & \frac{3}{2}\\ & 1 & -\frac{1}{5}\\ & & 1\end{bmatrix}$$

有了 LDU 分解的存在性与唯一性定理 5.1，只要将对角矩阵 D 与单位上三角矩阵 U 结合或与下三角矩阵 L 结合，就得到两类三角分解式.

定义 5.2　设矩阵 A 有唯一的 LDU 分解. 若把 $A=LDU$ 中的 D 与 U 结合起来，并用 $\hat{U}$ 来表示，就得到 A 的唯一分解式

$$A=L(DU)=L\hat{U} \tag{5-25}$$

称为 A 的 Doolittle 分解；若把 $A=LDU$ 中的 L 与 D 结合起来，并用 $\hat{L}$ 来表示，就得到 A 的唯一分解式

$$A=(LD)U=\hat{L}U \tag{5-26}$$

称为 A 的 Crout 分解.

推论 5.1　n 阶非奇异矩阵 A 可作三角分解 Doolittle 分解 $A=L\hat{U}$ 或 Crout 分解 $\hat{L}U \Leftrightarrow A$ 的顺序主子式 $\Delta_k\neq 0(k=1,2,\cdots,n-1)$.

矩阵 A 的 LDU 分解的存在唯一性需要假设 A 的前 $n-1$ 个顺序主子式 $\Delta_k\neq 0(k=1,2,\cdots,n-1)$，如果这个条件不满足，可以用置换矩阵 A 的行的方法解决.

定义 5.3　以 n 阶单位矩阵 I_n 的 n 个列向量 $e_1,e_2,\cdots,e_n$ 为列构成的 n 阶矩阵

$$P=(e_{j_1},e_{j_2},\cdots,e_{j_n}) \tag{5-27}$$

称为置换矩阵(Substitution Matrix)，其中 $j_1,j_2,\cdots,j_n$ 是 $1,2,\cdots,n$ 的一个排列.

例如，矩阵

$$P=(e_3,e_1,e_2)=\begin{bmatrix}0 & 1 & 0\\0 & 0 & 1\\1 & 0 & 0\end{bmatrix}$$

就是一个 3 阶置换矩阵.

容易验证下列事实：

(1)任何两个置换矩阵的乘积仍为一置换矩阵,从而有限多个置换矩阵的乘积仍为一置换矩阵.

(2)用置换矩阵 $\boldsymbol{P} = (\boldsymbol{e}_{j_1}, \boldsymbol{e}_{j_2}, \cdots, \boldsymbol{e}_{j_n})$ 左乘以 n 阶方阵 $\boldsymbol{A}$ 相当于将 $\boldsymbol{A}$ 的行的次序重新排列成 $j_1, j_2, \cdots, j_n$, 即 $\boldsymbol{A}$ 的第 i 行变成第 j_i 行 $(i = 1,2,\cdots,n)$;用置换矩阵 $\boldsymbol{P} = (\boldsymbol{e}_{j_1}, \boldsymbol{e}_{j_2}, \cdots, \boldsymbol{e}_{j_n})$ 右乘以 n 阶方阵 $\boldsymbol{A}$ 相当于将 $\boldsymbol{A}$ 的列的次序重新排列成 $j_1, j_2, \cdots, j_n$, 即 $\boldsymbol{A}$ 的第 i 列变成第 j_i 列 $(i = 1,2,\cdots,n)$.

(3)置换矩阵 $\boldsymbol{P}$ 的逆矩阵存在,则 $\boldsymbol{P}^{-1} = \boldsymbol{P}^{\mathrm{T}}$.

当 $\det\boldsymbol{A} \neq 0$ 时,如果 $\boldsymbol{A}$ 的第 $n-1$ 阶顺序主子式 Δ_{n-1} 为零,则将 $\boldsymbol{A}$ 按第 n 列展开,得

$$a_{1n}\boldsymbol{A}_{1n} + a_{2n}\boldsymbol{A}_{2n} + \cdots + a_{nn}\boldsymbol{A}_{nn} = \det \boldsymbol{A} \neq 0 \tag{5-28}$$

其中 $\boldsymbol{A}_{1j}$ 为 a_{1j} 的代数余子式 $(j = 1,2,\cdots,n)$.

由于 $\det \boldsymbol{A} \neq 0$, 故 $\boldsymbol{A}_{1j}$ $(j = 1,2,\cdots,n)$ 中至少有一个非零,如 $\boldsymbol{A}_{1n} \neq 0$, 取 $\boldsymbol{P}_1 = [\boldsymbol{e}_n, \boldsymbol{e}_2, \cdots, \boldsymbol{e}_1]$, 则 $\boldsymbol{P}_1\boldsymbol{A}$ 的第 $n-1$ 个顺序主子式非零. 对 $\boldsymbol{P}_1\boldsymbol{A}$ 使用同样的推理可知,可取置换矩阵 $\boldsymbol{P}_2$, 使得 $\boldsymbol{P}_2\boldsymbol{P}_1\boldsymbol{A}$ 的第 $n-2$ 个顺序主子式非零. 则对 $\boldsymbol{P}_{n-2}\cdots\boldsymbol{P}_2\boldsymbol{P}_1\boldsymbol{A}$ 使用同样的推理可知,可取置换矩阵 $\boldsymbol{P}_{n-1}$, 使得 $\boldsymbol{P}_{n-1}\cdots\boldsymbol{P}_2\boldsymbol{P}_1\boldsymbol{A}$ 的第 1 个顺序主子式非零. 令 $\boldsymbol{P} = \boldsymbol{P}_{n-1}\cdots\boldsymbol{P}_2\boldsymbol{P}_1$, 则由(1)知 $\boldsymbol{P}$ 为置换矩阵,且 $\boldsymbol{PA}$ 的各阶顺序主子式非零. 因此可得下面的带行交换矩阵分解定理.

定理 5.2 设 $\boldsymbol{A}$ 为 n 阶非奇异矩阵,则存在置换矩阵 $\boldsymbol{P}$ 使 $\boldsymbol{PA}$ 的 n 个顺序主子式非零,且

$$\boldsymbol{PA} = \boldsymbol{LDU} = \boldsymbol{L}\hat{\boldsymbol{U}} = \hat{\boldsymbol{L}}\boldsymbol{U} \tag{5-29}$$

其中 $\boldsymbol{L}$ 是单位下三角矩阵, $\hat{\boldsymbol{U}}$ 是上三角矩阵, $\boldsymbol{U}$ 是单位上三角矩阵, $\boldsymbol{D}$ 是对角矩阵, $\hat{\boldsymbol{L}}$ 是下三角矩阵.

请注意分解式(5-29)是唯一的.

依据 Gauss 消元法可以编制算法程序用计算机对矩阵 $\boldsymbol{A}$ 进行三角分解,如果将 Gauss 消元算法改写为紧凑形式,可以直接从矩阵 $\boldsymbol{A}$ 的元素得到计算 $\boldsymbol{L}$、$\boldsymbol{U}$ 的递推公式,这就是直接三角分解法. 下面给出 Doolittle 分解与 Crout 分解的算法公式.

设 $\boldsymbol{A}$ 有分解式(5-25),即 $\boldsymbol{A} = \boldsymbol{L}\hat{\boldsymbol{U}}$, 其中

$$\boldsymbol{L} = \begin{bmatrix} 1 & & & \\ l_{21} & 1 & & \\ \vdots & \vdots & \ddots & \\ l_{n1} & l_{n2} & \cdots & 1 \end{bmatrix}, \hat{\boldsymbol{U}} = \begin{bmatrix} u_{11} & u_{12} & \cdots & u_{1n} \\ & u_{22} & \cdots & u_{2n} \\ & & \ddots & \vdots \\ & & & u_{nn} \end{bmatrix}$$

由矩阵乘法的定义并比较矩阵 $\boldsymbol{A} = \boldsymbol{L}\hat{\boldsymbol{U}}$ 的 (i,j) 元素得

$$u_{1j} = a_{1j}(j = 1,2,\cdots,n) \tag{5-30}$$

$$l_{i1} = \frac{a_{i1}}{u_{11}}(i = 2,3,\cdots,n) \tag{5-31}$$

这样由 $\boldsymbol{A}$ 的第 1 行和第 1 列可以计算出 $\hat{\boldsymbol{U}}$ 的第 1 行和 $\boldsymbol{L}$ 的第 1 列.

由 $l_{i1}u_{1j} + l_{i2}u_{2j} + \cdots + l_{i,i-1}u_{i-1,j} + u_{ij} = a_{ij}$, 得

$$u_{ij} = a_{ij} - \sum_{k=1}^{i-1} l_{ik}u_{kj}(j = i,i+1,\cdots,n) \tag{5-32}$$

$$l_{ij} = \left(a_{ij} - \sum_{k=1}^{j-1} l_{ik}u_{kj}\right)/u_{jj}(i = j+1,j+2,\cdots,n) \tag{5-33}$$

使用式(5－32)可以计算出 $\hat{\boldsymbol{U}}$ 的第 2 行;使用式(5－33)可以计算出 $\boldsymbol{L}$ 的第 2 列.

由式(5－32)与式(5－33)交替使用可逐步计算出 $\hat{\boldsymbol{U}}$ 与 $\boldsymbol{L}$ 的元素,所以矩阵 $\boldsymbol{A}$ 的 $\boldsymbol{LU}$ 分解的计算步骤如图 5－1 所示.

由图 5－1 可以看出,计算是按一框一框进行的. 由于上面的计算,通过已知数和已经求出的数来求得 u_{ij} 和 l_{ij}, 计算时不必记录中间结果,因此称这种算法为紧凑格式.

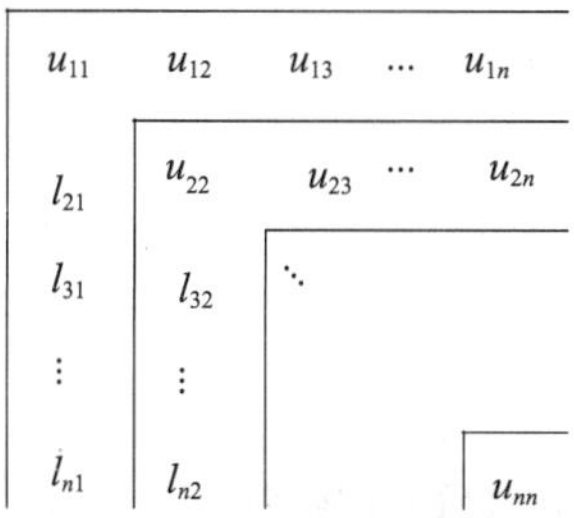

图 5－1　矩阵 $\boldsymbol{A}$ 的 $\boldsymbol{LU}$ 分解的计算步骤

类似地,Crout 分解式(5－26)的算法公式为

$$l_{ik} = a_{ik} - \sum_{r=1}^{k-1} l_{ir}u_{rk}(i = k,k+1,\cdots,n) \tag{5-34}$$

$$u_{kj} = \frac{\left(a_{kj} - \sum_{r=1}^{k-1} l_{kr}u_{rj}\right)}{l_{kk}}(j = k+1,k+2,\cdots,n) \tag{5-35}$$

当 $\boldsymbol{A}$ 为实对称正定矩阵时, $\Delta_k > 0(k = 1,2,\cdots,n)$, 于是 $\boldsymbol{A}$ 有唯一的 $\boldsymbol{LDU}$ 分解,即

$$\boldsymbol{A} = \boldsymbol{LDU} \tag{5-36}$$

其中 $\boldsymbol{D} = \mathrm{diag}(d_1,d_2,\cdots,d_n)$, 且 $d_i > 0(i = 1,2,\cdots,n)$.

令

$$\tilde{\boldsymbol{D}} = \mathrm{diag}(\sqrt{d_1},\sqrt{d_2},\cdots,\sqrt{d_n})$$

于是有

$$\boldsymbol{A} = \boldsymbol{L}\tilde{\boldsymbol{D}}^2\boldsymbol{U}$$

由 $\boldsymbol{A}^{\mathrm{T}} = \boldsymbol{A}$, 得

$$\boldsymbol{L}\tilde{\boldsymbol{D}}^2\boldsymbol{U} = \boldsymbol{U}^{\mathrm{T}}\tilde{\boldsymbol{D}}^2\boldsymbol{L}^{\mathrm{T}}$$

再由分解式(5－36)的唯一性,得

$$\boldsymbol{L} = \boldsymbol{U}^{\mathrm{T}},\ \boldsymbol{U} = \boldsymbol{L}^{\mathrm{T}}$$

从而有

$$\boldsymbol{A} = \boldsymbol{L}\tilde{\boldsymbol{D}}^2\boldsymbol{L}^{\mathrm{T}} = \boldsymbol{LDL}^{\mathrm{T}} \tag{5-37}$$

或者

$$\boldsymbol{A} = \boldsymbol{L}\tilde{\boldsymbol{D}}^2\boldsymbol{L}^{\mathrm{T}} = (\boldsymbol{L}\tilde{\boldsymbol{D}})(\boldsymbol{L}\tilde{\boldsymbol{D}})^{\mathrm{T}} = \boldsymbol{GG}^{\mathrm{T}} \tag{5-38}$$

其中 $\boldsymbol{G} = \boldsymbol{L}\tilde{\boldsymbol{D}}$ 是下三角矩阵.

定义 5.4　式(5－38)称为实对称正定矩阵 $\boldsymbol{A}$ 的 Cholesky 分解(或平方根分解,对称

三角分解).

令 $\boldsymbol{G} = (g_{ij})$, 则由式(5-38)可得

$$a_{ij} = g_{i1}g_{j1} + g_{i2}g_{j2} + \cdots + g_{ij}g_{ji}, i > j$$
$$a_{ii} = g_{i1}^2 + g_{i2}^2 + \cdots + g_{ii}^2$$

由此可得计算 g_{ij} 的递推公式:

$$g_{ij} = \begin{cases} \left(a_{ii} - \sum_{k=1}^{i-1} g_{ik}^2\right)^{\frac{1}{2}}, & i = j \\ \frac{1}{g_{jj}}\left(a_{ij} - \sum_{k=1}^{j-1} g_{ik}g_{jk}\right), & i > j \\ 0, & i < j \end{cases} \tag{5-39}$$

因为 $\boldsymbol{A}$ 的对角元素为

$$a_{ii} = \sum_{j=1}^{i} g_{ij}^2$$

所以有

$$|g_{ij}| \leqslant \sqrt{a_{ij}} (j \leqslant i) \tag{5-40}$$

由式(5-40)可知,Cholesky 分解中的中间量 g_{ij} 完全得以控制,从而计算过程是稳定的.

例 5.3 设矩阵

$$\boldsymbol{A} = \begin{bmatrix} 1 & 2 & 3 & 4 \\ 1 & 4 & 2 & -8 \\ 1 & -1 & 4 & 1 \\ 1 & 3 & 5 & 2 \end{bmatrix}$$

求 $\boldsymbol{A}$ 的 Doolitle 分解.

解:使用式(5-30)和式(5-31),得

$$u_{11} = 1, u_{12} = 2, u_{13} = 3, u_{14} = 4;\ l_{21} = 1, l_{31} = 1, l_{41} = 1$$

使用式(5-32)和式(5-33),得

$$u_{22} = 2, u_{23} = -1, u_{24} = -12;\ l_{32} = -1.5, l_{42} = 0.5$$
$$u_{33} = -0.5, u_{34} = -21;\ l_{43} = -5, u_{44} = -101$$

从而得 $\boldsymbol{A}$ 的 Doolitle 分解式为

$$\boldsymbol{A} = \boldsymbol{LU} = \begin{bmatrix} 1 & & & \\ 1 & 1 & & \\ 1 & -1.5 & 1 & \\ 1 & 0.5 & -5 & 1 \end{bmatrix} \begin{bmatrix} 1 & 2 & 3 & 4 \\ & 2 & -1 & -12 \\ & & -0.5 & -21 \\ & & & -101 \end{bmatrix}$$

例 5.4 设矩阵

$$\boldsymbol{A} = \begin{bmatrix} 5 & -2 & 0 \\ -2 & 3 & -1 \\ 0 & -1 & 1 \end{bmatrix}$$

求 $\boldsymbol{A}$ 的 Cholesky 分解 .

解:因 $\boldsymbol{A}^{\mathrm{T}}=\boldsymbol{A}$, 故 $\boldsymbol{A}$ 为实对称的 . 易知 $\boldsymbol{A}$ 的三个顺序主子式均大于零,故 $\boldsymbol{A}$ 为正定阵. 使用式(5 -39),得

$$g_{11}=\sqrt{a_{11}}=\sqrt{5},\ g_{21}=\frac{a_{21}}{g_{11}}=-\frac{2}{\sqrt{5}},\ g_{22}=(a_{22}-g_{21}^{2})^{\frac{1}{2}}=\sqrt{\frac{11}{5}}$$

$$g_{31}=\frac{a_{31}}{g_{11}}=0,\ g_{32}=\frac{a_{32}-g_{31}g_{21}}{g_{22}}=-\sqrt{\frac{5}{11}},\ g_{33}=(a_{33}-g_{31}^{2}-g_{32}^{2})^{\frac{1}{2}}=\sqrt{\frac{6}{11}}$$

从而得

$$\boldsymbol{A}=\boldsymbol{G}\boldsymbol{G}^{\mathrm{T}}=\begin{bmatrix}\sqrt{5} & 0 & 0\\ -\frac{2}{\sqrt{5}} & \sqrt{\frac{11}{5}} & 0\\ 0 & -\sqrt{\frac{11}{5}} & \sqrt{\frac{6}{11}}\end{bmatrix}\begin{bmatrix}\sqrt{5} & -\frac{2}{\sqrt{5}} & 0\\ 0 & \sqrt{\frac{11}{5}} & -\sqrt{\frac{11}{5}}\\ 0 & 0 & \sqrt{\frac{6}{11}}\end{bmatrix}$$

5.2　矩阵的 QR 分解

矩阵 $\boldsymbol{A}$ 的 $\boldsymbol{QR}$ 分解与基于 $\boldsymbol{QR}$ 分解的 $\boldsymbol{QR}$ 方法是求矩阵 $\boldsymbol{A}$ 的特征值的一种有效方法. 对 n 阶非奇异矩阵 $\boldsymbol{A}$ 的 n 个列向量 $\boldsymbol{\alpha}_1,\boldsymbol{\alpha}_2,\cdots,\boldsymbol{\alpha}_n$, 使用 Schmidt 正交化程序可以得到 $\boldsymbol{A}$ 的 $\boldsymbol{QR}$ 分解;使用 Givens 变换或 Householder 变换也可以直接将正交矩阵 $\boldsymbol{Q}$ 具体构造出来 .

5.2.1　Givens 矩阵与 Givens 变换

在平面解析几何中,将向量 $\boldsymbol{x}$ 依顺时针旋转角度 θ 后变为向量 $\boldsymbol{y}$ 时(见图 5 -2)的旋转变换是

$$\boldsymbol{y}=\begin{bmatrix}\cos\theta & \sin\theta\\ -\sin\theta & \cos\theta\end{bmatrix}\boldsymbol{x}=\boldsymbol{T}\boldsymbol{x}$$

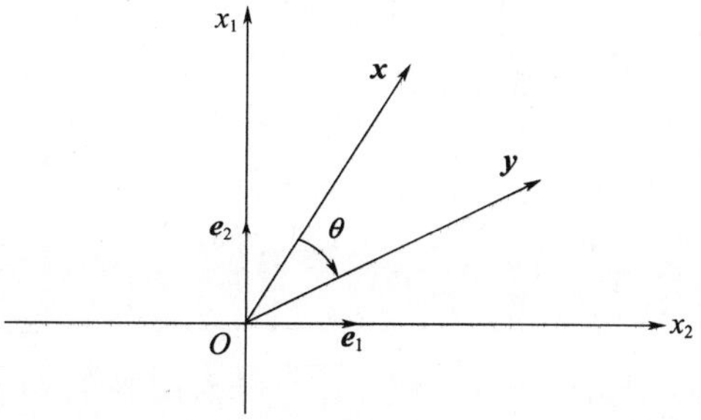

图 5 -2　向量 $\boldsymbol{x}$ 依顺时针旋转角度 θ 后变为向量 $\boldsymbol{y}$

由于旋转变换不改变向量的模,即 $\|Tx\|_2^2 = \|x\|_2^2$,此即 $\langle Tx,Tx\rangle = \langle x,x\rangle$,所以 T 是正交变换,从而 T 是正交矩阵,且 $\det T = 1$.

一般地,在 n 维欧氏空间 $\mathbf{R}^n$ 中引入旋转变换如下.

定义 5.5 设实数 c 与 s 满足 $c^2 + s^2 = 1$,称

$$T_{ij} = \begin{bmatrix} 1 & & & & & & & & & & \\ & \ddots & & & & & & & & & \\ & & 1 & & & & & & & & \\ & & & c & & \cdots & & s & & & \\ & & & & 1 & & & & & & \\ & & & \vdots & & \ddots & & \vdots & & & \\ & & & & & & 1 & & & & \\ & & & -s & & \cdots & & c & & & \\ & & & & & & & & 1 & & \\ & & & & & & & & & \ddots & \\ & & & & & & & & & & 1 \end{bmatrix} \begin{array}{l} \\ \\ \\ \text{第 } i \text{ 行} \\ \\ \\ \\ \text{第 } j \text{ 行} \\ \\ \\ \\ \end{array} \quad (i < j)$$

为 Givens 矩阵,或初等旋转矩阵(Elementary Rotation Matrix),有时也记作 $T_{ij} = T_{ij}(c,s)$,由 Givens 矩阵所确定的线性变换称为 Givens 变换,或初等旋转变换(Elementary Rotation Transformation).

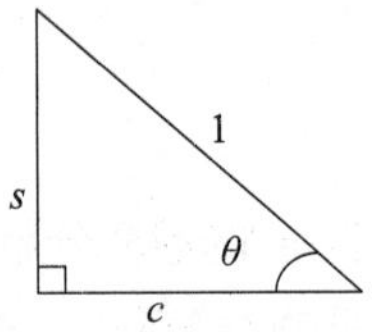

图 5-3 $c = \cos\theta$, $s = \sin\theta$

当 $c^2 + s^2 = 1$ 时,必有角度 θ,使得 $c = \cos\theta$, $s = \sin\theta$(见图 5-3).

性质 5.1 Givens 矩阵是正交矩阵,且有

$$[T_{ij}(c,s)]^{-1} = [T_{ij}(c,s)]^{\mathrm{T}} = T_{ij}(c,-s) \tag{5-41}$$

$$\det[T_{ij}(c,s)] = 1$$

性质 5.2 设 $x = (\xi_1,\xi_2,\cdots,\xi_n)^{\mathrm{T}}$, $y = T_{ij}x = (\eta_1,\eta_2,\cdots,\eta_n)^{\mathrm{T}}$,则有

$$\begin{cases} \eta_i = c\xi_i + s\xi_j \\ \eta_j = -s\xi_i + c\xi_j \\ \eta_k = \xi_k (k \neq i,j) \end{cases} \tag{5-42}$$

式(5-42)表明,当 $\xi_i{}^2 + \xi_j{}^2 \neq 0$ 时,选取

$$c = \frac{\xi_i}{\sqrt{\xi_i^2 + \xi_j^2}},\ s = \frac{\xi_j}{\sqrt{\xi_i^2 + \xi_j^2}} \tag{5-43}$$

就可使 $\eta_i = \sqrt{\xi_i^2 + \xi_j^2} > 0$, $\eta_j = 0$.

定理 5.3 设 $x = (\xi_1,\xi_2,\cdots,\xi_n)^{\mathrm{T}} \neq \mathbf{0}$,则存在有限多个 Givens 矩阵的乘积,记为 T,使得 $Tx = \|x\|_2 e_1$,其中 $e_1 = (1,0,\cdots,0)^{\mathrm{T}}$.

证明:先考虑 $\xi_1 \neq 0$ 的情形. 对 x 构造 Givens 矩阵 $T_{12}(c,s)$:

$$c = \frac{\xi_1}{\sqrt{\xi_1^2 + \xi_2^2}},\ s = \frac{\xi_2}{\sqrt{\xi_1^2 + \xi_2^2}}$$

则 $T_{12}x = (\sqrt{\xi_1^2+\xi_2^2}, 0, \xi_3, \cdots, \xi_n)^{\mathrm{T}}$.

再对 $T_{12}x$ 构造 Givens 矩阵 $T_{13}(c,s)$：

$$c = \frac{\sqrt{\xi_1^2 + \xi_2^2}}{\sqrt{\xi_1^2 + \xi_2^2 + \xi_3^2}},\ s = \frac{\xi_3}{\sqrt{\xi_1^2 + \xi_2^2 + \xi_3^2}}$$

则有 $T_{13}(T_{12}x) = (\sqrt{\xi_1^2+\xi_2^2+\xi_3^2}, 0, 0, \xi_4, \cdots, \xi_n)^{\mathrm{T}}$.

重复上述步骤，最后对 $T = T_{1,n-1}\cdots T_{12}x$ 构造 Givens 矩阵 $T_{1n}(c,s)$：

$$c = \frac{\sqrt{\xi_1^2 + \xi_2^2 + \cdots + \xi_{n-1}^2}}{\sqrt{\xi_1^2 + \xi_2^2 + \cdots + \xi_n^2}},\ s = \frac{\xi_n}{\sqrt{\xi_1^2 + \xi_2^2 + \cdots + \xi_n^2}}$$

$$T_{1n}(T_{1,n-1}\cdots T_{12}x) = (\|x\|_2, 0, \cdots, 0)^{\mathrm{T}}$$

令 $T = T_{1n}T_{1,n-1}\cdots T_{12}$，则有 $Tx = \|x\|_2 e_1$.

若 $\xi_1 = 0$，考虑 $\xi_1 = \cdots = \xi_{k-1} = 0$，$\xi_k \neq 0(1 < k \leqslant n)$ 的情形．此时 $\|x\|_2 = \sqrt{\xi_k^2 + \cdots + \xi_n^2}$，上面的步骤从 T_{1k} 开始进行即得定理结论．

推论 5.2　设非零向量 $x \in \mathbf{R}^n$ 及单位列向量 $z \in \mathbf{R}^n$，则存在有限多个 Givens 矩阵的乘积，记作 T，使得 $Tx = \|x\|_2 z$.

例 5.5　设 $x = (3,4,5)^{\mathrm{T}}$，用 Givens 变换化 x 为与 e_1 同方向的向量．

解：对 x 构造 $T_{12}(c,s)$：$c = \dfrac{3}{5}$，$s = \dfrac{4}{5}$，$T_{12}x = (5,0,5)^{\mathrm{T}}$.

对 $T_{12}x$ 构造 $T_{13}(c,s)$：$c = \dfrac{1}{\sqrt{2}}$，$s = \dfrac{1}{\sqrt{2}}$，$T_{13}(T_{12}x) = (5\sqrt{2}, 0, 0)^{\mathrm{T}}$.

于是

$$T = T_{13}T_{12} = \begin{bmatrix} \frac{1}{\sqrt{2}} & 0 & \frac{1}{\sqrt{2}} \\ 0 & 1 & 0 \\ -\frac{1}{\sqrt{2}} & 0 & \frac{1}{\sqrt{2}} \end{bmatrix}\begin{bmatrix} \frac{3}{5} & \frac{4}{5} & 0 \\ -\frac{4}{5} & \frac{3}{5} & 0 \\ 0 & 0 & 1 \end{bmatrix} = \frac{1}{5\sqrt{2}}\begin{bmatrix} 3 & 4 & 5 \\ -4\sqrt{2} & 3\sqrt{2} & 0 \\ -3 & -4 & 5 \end{bmatrix}$$

$Tx = 5\sqrt{2}e_1$.

5.2.2　Householder 矩阵和 Householder 变换

定义 5.6　设 $u \in \mathbf{R}^n$，且 $\|u\|_2 = 1$，称

$$H = I - 2uu^{\mathrm{T}} \tag{5-44}$$

为 Householder 矩阵，或初等反射矩阵(Elementary Reflection Matrix)，由 Householder 矩阵所确定的初等变换称为 Householder 变换，或初等反射变换(Elementary Reflection

Transformation).

Householder 矩阵具有如下性质.

(1) $H^{\mathrm{T}} = H$(对称矩阵);

(2) $H^{\mathrm{T}}H = I$(正交矩阵);

(3) $H^2 = I$(对合矩阵);

(4) $H^{-1} = H$(自逆矩阵);

(5) $\det H = -1$.

使用式(5-44)可直接验证性质(1)~(4). 由第1章 Sylvester 定理($\lambda = 1$),易证 $\det H = 1 - 2u^{\mathrm{T}}u = 1 - 2 = -1$.

Householder 变换的几何解释见图 5-4.

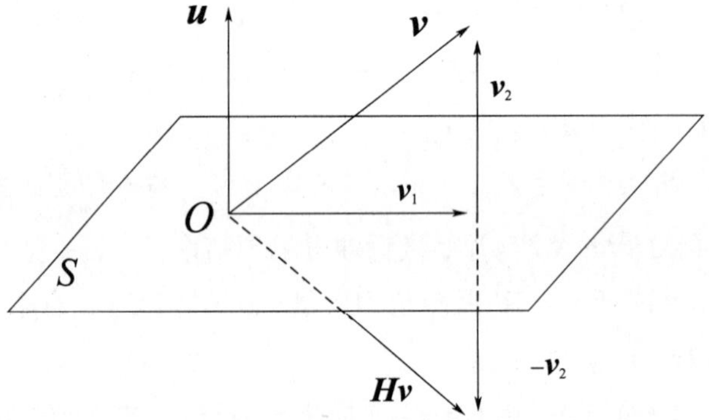

图 5-4 Householder 变换的几何解释

设 $u \in \mathbf{R}^3$ 为一个单位列向量, S 是过原点且与 u 垂直的平面. $\forall v \in \mathbf{R}^3$, $v = v_1 + v_2$, 其中 $v_1 \in S$, $v_2 \perp S$. 则 $Hv_1 = v_1 - 2uu^{\mathrm{T}}v_1 = v_1$(因为 $u \perp S$, 而 $v_1 \in S$, 故 $u \perp v_1$, 从而 $u^{\mathrm{T}}v_1 = 0$). $Hv_2 = v_2 - 2uu^{\mathrm{T}}v_2 = v_2 - 2uu^{\mathrm{T}}(ku) = v_2 - 2ku(u^{\mathrm{T}}u) = v_2 - 2v_2 = -v_2$(因为 $u \perp S$, 故 $u \in S^{\perp}$, 而 $v_2 \in S^{\perp}$, 故 v_2 与 u 平行,从而 $v_2 = ku$). 这样 v 经变换后的像 Hv 是 v 关于 S 对称的向量: $Hv = Hv_1 + Hv_2 = v_1 - v_2$.

(6) $\forall x \in \mathbf{R}^n$, 记 $y = Hx$, 则有

$$y = Hx = x - 2(uu^{\mathrm{T}})x = x - 2(u^{\mathrm{T}}x)u \tag{5-45}$$

$$y^{\mathrm{T}}y = x^{\mathrm{T}}H^{\mathrm{T}}Hx = x^{\mathrm{T}}x \tag{5-46}$$

式(5-45)第二个等号成立的理由是矩阵乘法满足结合律,而 $u^{\mathrm{T}}x$ 为实数. 式(5-46)表明 $\|y\|_2 = \|Hx\|_2 = \|x\|_2$, 这可从图 5-4 中得到几何解释.

定理 5.4 设 $x \in \mathbf{R}^n$ 为非零列向量, $z \in \mathbf{R}^n$ 为单位列向量,则存在 Householder 矩阵 H, 使得 $Hx = \|x\|_2 z$.

证明:分两种情况讨论.

第一种情况是 $x = \|x\|_2 z$. 此时取单位列向量 u, s. t. $u^{\mathrm{T}}x = 0$, 则有

$$Hx = (I - 2uu^{\mathrm{T}})x = x - 2(u^{\mathrm{T}}x)u = x = \|x\|_2 z$$

第二种情况是 $x \neq \|x\|_2 z$. 此时取

$$u = \frac{x - \|x\|_2 z}{\|x - \|x\|_2 z\|_2} \tag{5-47}$$

则有

$$\begin{aligned} Hx &= \left[I - 2\frac{(x - \|x\|_2 z)(x - \|x\|_2 z)^{\mathrm{T}}}{\|x - \|x\|_2 z\|_2^2}\right]x \\ &= x - 2\langle x - \|x\|_2 z, x\rangle \frac{x - \|x\|_2 z}{\|x - \|x\|_2 z\|_2^2} \\ &= x - (x - \|x\|_2 z) = \|x\|_2 z \end{aligned}$$

这里使用了等式 $\|x - \|x\|_2 z\|_2^2 = 2\langle x - \|x\|_2 z, x\rangle$.

例 5.6　设 $x = (1,2,2)^{\mathrm{T}}$, 用 Householder 变换化 x 为与 e_1 同方向的向量.

解: $\|x\|_2 = 3$, $x - \|x\|_2 e_1 = 2(-1,1,1)^{\mathrm{T}}$, 由式(5-47),取 $u = \frac{1}{\sqrt{3}}(-1,1,1)^{\mathrm{T}}$, 构造 Householder 矩阵

$$H = I - 2uu^{\mathrm{T}} = \frac{1}{3}\begin{bmatrix} 1 & 2 & 2 \\ 2 & 1 & -2 \\ 2 & -2 & 1 \end{bmatrix}$$

则 $Hx = 3e_1$.

5.2.3　矩阵的 QR 分解

定义 5.7　如果实(复)非奇异矩阵 A 能够分解成正交(酉)矩阵 Q 与实(复)非奇异上三角矩阵 R 的乘积,即

$$A = QR \tag{5-48}$$

则称式(5-48)为 A 的 QR 分解.

定理 5.5　设 A 为 n 阶实(复)非奇异矩阵,则存在正交(酉)矩阵 Q 和实(复)非奇异上三角矩阵 R, 使 A 有 QR 分解式(5-48);而且除去相差一个对角元素的绝对值(模)全等于 1 的对角矩阵因子外,分解式(5-48)是唯一的.

这个定理的证明可由 Schmidt 正交化过程直接得到,也可以用 Givens 变换或 Householder 变换具体构造出 Q. 有兴趣的读者可参考文献[8,12].

例 5.7　用 Schmidt 正交化方法求矩阵

$$A = \begin{bmatrix} 1 & 2 & 2 \\ 2 & 1 & 2 \\ 1 & 2 & 1 \end{bmatrix}$$

的 QR 分解.

解:令 $a_1 = (1,2,1)^{\mathrm{T}}$, $a_2 = (2,1,2)^{\mathrm{T}}$, $a_3 = (2,2,1)^{\mathrm{T}}$, 正交化得

$$b_1 = a_1 = (1,2,1)^{\mathrm{T}}$$

$$b_2 = a_2 - b_1 = (1,-1,1)^{\mathrm{T}}$$

$$b_3 = a_3 - \frac{1}{3}b_2 - \frac{7}{6}b_1 = \left(\frac{1}{2}, 0, -\frac{1}{2}\right)^{\mathrm{T}}$$

从而有

$$a_1 = b_1$$
$$a_2 = b_1 + b_2$$
$$a_3 = \frac{7}{6}b_1 + \frac{1}{3}b_2 + b_3$$

用矩阵形式表示为

$$A = (a_1, a_2, a_3) = (b_1, b_2, b_3)\begin{bmatrix} 1 & 1 & \frac{7}{6} \\ & 1 & \frac{1}{3} \\ & & 1 \end{bmatrix} = (b_1, b_2, b_3)C$$

其中

$$C = \begin{bmatrix} 1 & 1 & \frac{7}{6} \\ & 1 & \frac{1}{3} \\ & & 1 \end{bmatrix}$$

再将 b_1, b_2, b_3 单位化,得

$$q_i = \frac{b_i}{\| b_i \|_2}, \quad (i = 1,2,3)$$

于是有

$$\begin{aligned} A &= (a_1, a_2, a_3) = (b_1, b_2, b_3)C \\ &= (q_1, q_2, q_3)\begin{bmatrix} \| b_1 \|_2 & & \\ & \| b_2 \|_2 & \\ & & \| b_3 \|_2 \end{bmatrix} C \end{aligned}$$

令

$$\begin{cases} Q = (q_1, q_2, q_3) \\ R = \mathrm{diag}(\| b_1 \|_2, \| b_2 \|_2, \| b_3 \|_2)C \end{cases} \tag{5-49}$$

则 Q 是正交矩阵, R 是非奇异上三角矩阵,且 $A = QR$, 其中

$$Q = \begin{bmatrix} \frac{1}{\sqrt{6}} & \frac{1}{\sqrt{3}} & \frac{1}{\sqrt{2}} \\ \frac{2}{\sqrt{6}} & -\frac{1}{\sqrt{3}} & 0 \\ \frac{1}{\sqrt{6}} & \frac{1}{\sqrt{3}} & -\frac{1}{\sqrt{2}} \end{bmatrix}$$

$$\boldsymbol{R}=\begin{bmatrix}\sqrt{6} & & \\ & \sqrt{3} & \\ & & \frac{1}{\sqrt{2}}\end{bmatrix}\begin{bmatrix}1 & 1 & \frac{7}{6} \\ & 1 & \frac{1}{3} \\ & & 1\end{bmatrix}=\begin{bmatrix}\sqrt{6} & \sqrt{6} & \frac{7}{\sqrt{6}} \\ & \sqrt{3} & \frac{1}{\sqrt{3}} \\ & & \frac{1}{\sqrt{2}}\end{bmatrix}$$

注 5.1　对于 $m\times n$ 型矩阵 $\boldsymbol{A}$，只要 $\boldsymbol{A}$ 的 n 个列向量线性无关，则有 $\boldsymbol{A}=\boldsymbol{QR}$，其中 $\boldsymbol{Q}$ 是 $m\times n$ 型矩阵且满足 $\boldsymbol{Q}^{\mathrm{T}}\boldsymbol{Q}=\boldsymbol{I}$，$\boldsymbol{R}$ 是非奇异上三角矩阵.

例 5.8　用 Givens 变换求矩阵

$$\boldsymbol{A}=\begin{bmatrix}0 & 1 & 1 \\ 1 & 1 & 0 \\ 1 & 0 & 1\end{bmatrix}$$

的 $\boldsymbol{QR}$ 分解.

解：第 1 步，对 $\boldsymbol{A}$ 的第 1 列 $\boldsymbol{b}^{(1)}=(0,1,1)^{\mathrm{T}}$，构造 Givens 矩阵的乘积 $\boldsymbol{T}_1$，使 $\boldsymbol{T}_1\boldsymbol{b}^{(1)}=\|\boldsymbol{b}^{(1)}\|_2\boldsymbol{e}_1=\sqrt{2}\boldsymbol{e}_1$，其中 $\boldsymbol{e}_1=(1,0,0)^{\mathrm{T}}$.

取 $\boldsymbol{T}_{12}(0,1)=\begin{bmatrix}0 & 1 & 0 \\ -1 & 0 & 0 \\ 0 & 0 & 1\end{bmatrix}$，则 $\boldsymbol{T}_{12}\boldsymbol{b}^{(1)}=\begin{bmatrix}1 \\ 0 \\ 1\end{bmatrix}$.

取 $\boldsymbol{T}_{13}\left(\frac{1}{\sqrt{2}},\frac{1}{\sqrt{2}}\right)=\begin{bmatrix}\frac{1}{\sqrt{2}} & 0 & \frac{1}{\sqrt{2}} \\ 0 & 1 & 0 \\ -\frac{1}{\sqrt{2}} & 0 & \frac{1}{\sqrt{2}}\end{bmatrix}$，则 $\boldsymbol{T}_{13}(\boldsymbol{T}_{12}\boldsymbol{b}^{(1)})=\begin{bmatrix}\sqrt{2} \\ 0 \\ 0\end{bmatrix}$.

令 $\boldsymbol{T}_1=\boldsymbol{T}_{13}\boldsymbol{T}_{12}=\begin{bmatrix}0 & \frac{1}{\sqrt{2}} & \frac{1}{\sqrt{2}} \\ -1 & 0 & 0 \\ 0 & -\frac{1}{\sqrt{2}} & \frac{1}{\sqrt{2}}\end{bmatrix}$，则 $\boldsymbol{T}_1\boldsymbol{A}=\begin{bmatrix}\sqrt{2} & \frac{1}{\sqrt{2}} & \frac{1}{\sqrt{2}} \\ 0 & -1 & -1 \\ 0 & -\frac{1}{\sqrt{2}} & \frac{1}{\sqrt{2}}\end{bmatrix}$.

第 2 步，对 $\boldsymbol{A}^{(1)}=\begin{bmatrix}-1 & -1 \\ -\frac{1}{\sqrt{2}} & \frac{1}{\sqrt{2}}\end{bmatrix}$ 的第一列 $\boldsymbol{b}^{(2)}=\left(-1,-\frac{1}{\sqrt{2}}\right)^{\mathrm{T}}$ 构造矩阵 $\boldsymbol{T}_2$，使 $\boldsymbol{T}_2\boldsymbol{b}^{(2)}=\|\boldsymbol{b}^{(2)}\|_2\boldsymbol{e}_1$，其中 $\boldsymbol{e}_1=(1,0)^{\mathrm{T}}$.

取 $\boldsymbol{T}_{12}\left(-\sqrt{\frac{2}{3}},-\frac{1}{\sqrt{3}}\right)=\begin{bmatrix}-\sqrt{\frac{2}{3}} & -\frac{1}{\sqrt{3}} \\ \frac{1}{\sqrt{3}} & -\sqrt{\frac{2}{3}}\end{bmatrix}$，则 $\boldsymbol{T}_{12}\boldsymbol{b}^{(2)}=\begin{bmatrix}\sqrt{\frac{3}{2}} \\ 0\end{bmatrix}=\|\boldsymbol{b}^{(2)}\|_2\boldsymbol{e}_1$.

令 $\boldsymbol{T}_2=\boldsymbol{T}_{12}$，则

$$\boldsymbol{T}_2\boldsymbol{A}^{(1)} = \begin{bmatrix} \sqrt{\frac{3}{2}} & \frac{1}{\sqrt{6}} \\ 0 & -\frac{2}{\sqrt{3}} \end{bmatrix}$$

第 3 步，令 $\boldsymbol{T} = \begin{bmatrix} 1 & \\ & \boldsymbol{T}_2 \end{bmatrix}\boldsymbol{T}_1 = \begin{bmatrix} 0 & \frac{1}{\sqrt{2}} & \frac{1}{\sqrt{2}} \\ \frac{2}{\sqrt{6}} & \frac{1}{\sqrt{6}} & -\frac{1}{\sqrt{6}} \\ -\frac{1}{\sqrt{3}} & \frac{1}{\sqrt{3}} & -\frac{1}{\sqrt{3}} \end{bmatrix}$，则有

$$\boldsymbol{Q} = \boldsymbol{T}^{\mathrm{T}} = \begin{bmatrix} 0 & \frac{2}{\sqrt{6}} & -\frac{1}{\sqrt{3}} \\ \frac{1}{\sqrt{2}} & \frac{1}{\sqrt{6}} & \frac{1}{\sqrt{3}} \\ \frac{1}{\sqrt{2}} & -\frac{1}{\sqrt{6}} & -\frac{1}{\sqrt{3}} \end{bmatrix}, \boldsymbol{R} = \begin{bmatrix} \sqrt{2} & \frac{1}{\sqrt{2}} & \frac{1}{\sqrt{2}} \\ 0 & \frac{\sqrt{6}}{2} & \frac{1}{\sqrt{6}} \\ 0 & 0 & -\frac{2}{\sqrt{3}} \end{bmatrix}, \boldsymbol{A} = \boldsymbol{QR}$$

例 5.9 用 Householder 变换求矩阵

$$\boldsymbol{A} = \begin{bmatrix} 3 & 14 & 9 \\ 6 & 43 & 3 \\ 6 & 22 & 15 \end{bmatrix}$$

的 $\boldsymbol{QR}$ 分解.

解：对 $\boldsymbol{A}$ 的第一列，构造 Householder 矩阵如下：

$$\boldsymbol{b}^{(1)} = (3,6,6)^{\mathrm{T}}, \boldsymbol{b}^{(1)} - \|\boldsymbol{b}^{(1)}\|_2\boldsymbol{e}_1 = 6(-1,1,1)^{\mathrm{T}}, \boldsymbol{u} = \frac{1}{\sqrt{3}}(-1,1,1)^{\mathrm{T}}$$

令 $\boldsymbol{H}_1 = \boldsymbol{I} - 2\boldsymbol{u}\boldsymbol{u}^{\mathrm{T}} = \frac{1}{3}\begin{bmatrix} 1 & 2 & 2 \\ 2 & 1 & -2 \\ 2 & -2 & 1 \end{bmatrix}$，则 $\boldsymbol{H}_1\boldsymbol{A} = \begin{bmatrix} 9 & 48 & 15 \\ 0 & 9 & -3 \\ 0 & -12 & 9 \end{bmatrix}$.

对 $\boldsymbol{A}^{(1)} = \begin{bmatrix} 9 & -3 \\ -12 & 9 \end{bmatrix}$ 的第 1 列，构造 Householder 矩阵如下：

$$\boldsymbol{b}^{(2)} = (9,-12)^{\mathrm{T}}, \boldsymbol{b}^{(2)} - \|\boldsymbol{b}^{(2)}\|_2\boldsymbol{e}_1 = 6(-1,-2)^{\mathrm{T}}, \boldsymbol{u} = \frac{1}{\sqrt{5}}(-1,-2)^{\mathrm{T}}$$

令 $\boldsymbol{H}_2 = \boldsymbol{I} - 2\boldsymbol{u}\boldsymbol{u}^{\mathrm{T}} = \frac{1}{5}\begin{bmatrix} 3 & -4 \\ -4 & -3 \end{bmatrix}$，则 $\boldsymbol{H}_2\boldsymbol{A}^{(1)} = \begin{bmatrix} 15 & -9 \\ 0 & -3 \end{bmatrix}$.

最后，取 $\boldsymbol{S} = \begin{bmatrix} 1 & \\ & \boldsymbol{H}_2 \end{bmatrix}\boldsymbol{H}_1 = \frac{1}{15}\begin{bmatrix} 5 & 10 & 10 \\ -2 & 11 & -10 \\ -14 & 2 & 5 \end{bmatrix}$，则有

$$\boldsymbol{Q} = \boldsymbol{S}^{\mathrm{T}} = \frac{1}{15}\begin{bmatrix} 5 & -2 & -14 \\ 10 & 11 & 2 \\ 10 & -10 & 5 \end{bmatrix}, \boldsymbol{R} = \begin{bmatrix} 9 & 48 & 15 \\ 0 & 15 & -9 \\ 0 & 0 & -3 \end{bmatrix}，且 \boldsymbol{A} = \boldsymbol{QR}.$$

5.2.4　*QR* 算法

假设 $\boldsymbol{A}$ 为非奇异矩阵,则由定理 5.5 知 $\boldsymbol{A}$ 有 $\boldsymbol{QR}$ 分解,首先

$$\boldsymbol{A}=\boldsymbol{QR}$$

令 $\boldsymbol{A}_1=\boldsymbol{A}$, 对 $\boldsymbol{A}_1$ 作分解,得

$$\boldsymbol{A}_1=\boldsymbol{Q}_1\boldsymbol{R}_1$$

交换 $\boldsymbol{Q}_1$ 与 $\boldsymbol{R}_1$ 的次序,得

$$\boldsymbol{A}_2=\boldsymbol{R}_1\boldsymbol{Q}_1$$

再将 $\boldsymbol{A}_2$ 作 $\boldsymbol{QR}$ 分解,得

$$\boldsymbol{A}_2=\boldsymbol{Q}_2\boldsymbol{R}_2$$

又交换 $\boldsymbol{Q}_2$ 与 $\boldsymbol{R}_2$ 的次序,得

$$\boldsymbol{A}_3=\boldsymbol{R}_2\boldsymbol{Q}_2$$

如此反复下去,得迭代序列 $\{\boldsymbol{A}_k\}$ 如下:

$$\begin{cases}\boldsymbol{A}_1=\boldsymbol{A}\\ \boldsymbol{A}_k=\boldsymbol{R}_k\boldsymbol{Q}_k\\ \boldsymbol{A}_{k+1}=\boldsymbol{Q}_k\boldsymbol{R}_k,k=1,2,3,\cdots\end{cases}\tag{5-50}$$

称式(5-50)为矩阵 $\boldsymbol{A}$ 的 $\boldsymbol{QR}$ 算法.

由式(5-50)易知 $\boldsymbol{R}_k=\boldsymbol{Q}_k^{-1}\boldsymbol{A}_k$, 故 $\boldsymbol{A}_{k+1}=\boldsymbol{Q}_k^{-1}\boldsymbol{A}_k\boldsymbol{Q}_k$, 这表明矩阵序列 $\{\boldsymbol{A}_k\}$ 中的任何两个相邻矩阵都是相似的,从而每个 $\boldsymbol{A}_k$ 都与矩阵 $\boldsymbol{A}$ 相似.

定义 5.8　称矩阵序列 $\{\boldsymbol{A}_k\}$ 基本收敛到上三角矩阵,如果矩阵序列 $\{\boldsymbol{A}_k\}$ 当 $k\to\infty$ 时,其对角元素均收敛,且严格下三角部分元素收敛到零.

我们不加证明地给出下面的收敛定理,有兴趣的读者可参考文献[11].

定理 5.6　设 $\boldsymbol{A}\in\mathbf{R}^{n\times n}$, 其特征值满足

$$|\lambda_1|>|\lambda_2|>\cdots>|\lambda_n|>0\tag{5-51}$$

λ_i 对应特征向量 $\boldsymbol{x}_i(i=1,2,\cdots,n)$. 以 $\boldsymbol{x}_i$ 为列向量的方阵记为 $\boldsymbol{X}=[\boldsymbol{x}_1,\boldsymbol{x}_2,\cdots,\boldsymbol{x}_n]$. 设 $\boldsymbol{X}^{-1}=\boldsymbol{LU}$, 其中 $\boldsymbol{L}$ 为单位下三角矩阵, $\boldsymbol{U}$ 为上三角矩阵. 则由 $\boldsymbol{QR}$ 算法(5-50)所产生的序列 $\{\boldsymbol{A}_k\}$ 基本收敛到上三角矩阵,其对角元极限为

$$\lim_{k\to\infty}a_{ii}^{(k)}=\lambda_i(i=1,2,\cdots,n).$$

即

$$\lim_{k\to+\infty}\boldsymbol{A}_k=\begin{pmatrix}\lambda_1&*&\cdots&*\\0&\lambda_2&\cdots&*\\\vdots&0&\ddots&*\\0&\cdots&0&\lambda_n\end{pmatrix}$$

关于 $\boldsymbol{QR}$ 算法的深入讨论,见文献[12]等.

5.3 矩阵的满秩分解

由于满秩分解具有良好的性质,因而将一个非零矩阵分解为列满秩矩阵与行满秩矩阵的乘积是非常有意义的．特别地,矩阵的满秩分解将在第6章求广义逆矩阵时被多次使用．

定义5.9 设$\boldsymbol{A} \in \mathbf{C}_r^{m\times n}(r>0)$，如果存在矩阵$\boldsymbol{F} \in \mathbf{C}_r^{m\times r}$和$\boldsymbol{G} \in \mathbf{C}_r^{r\times n}$，使得

$$\boldsymbol{A} = \boldsymbol{F}\boldsymbol{G} \tag{5-52}$$

则称式(5-52)为矩阵$\boldsymbol{A}$的满秩分解(Full Rank Decomposition).

定理5.7 设$\boldsymbol{A} \in \mathbf{C}_r^{m\times n}(r>0)$，则$\boldsymbol{A}$有满秩分解式(5-52).

证明:因$r(\boldsymbol{A}) = r>0$，由矩阵的初等变换理论知,对$\boldsymbol{A}$施行有限多次初等行变换,可将$\boldsymbol{A}$化为阶梯形矩阵B，即

$$\boldsymbol{A} \xrightarrow{\text{行}} \boldsymbol{B} = \begin{pmatrix} \boldsymbol{G} \\ \boldsymbol{O} \end{pmatrix}, \boldsymbol{G} \in \mathbf{C}_r^{r\times n} \tag{5-53}$$

于是存在有限个m阶初等矩阵的乘积,记作$\boldsymbol{P}$，s. t.

$$\boldsymbol{P}\boldsymbol{A} = \boldsymbol{B} \text{或} \boldsymbol{A} = \boldsymbol{P}^{-1}\boldsymbol{B} \tag{5-54}$$

将$\boldsymbol{P}^{-1}$分块为

$$\boldsymbol{P}^{-1} = [\boldsymbol{F}\ \boldsymbol{S}], \boldsymbol{F} \in \mathbf{C}_r^{m\times r}, \boldsymbol{S} \in \mathbf{C}_{m-r}^{m\times(m-r)}$$

则有

$$\boldsymbol{A} = \boldsymbol{P}^{-1}\boldsymbol{B} = (\boldsymbol{F}\ \boldsymbol{S})\begin{pmatrix} \boldsymbol{G} \\ \boldsymbol{O} \end{pmatrix} = \boldsymbol{F}\boldsymbol{G}$$

其中$\boldsymbol{F}$是列满秩矩阵,$\boldsymbol{G}$是行满秩矩阵．

注5.2 A的满秩分解式(5-52)不是唯一的．

定义5.10 设$\boldsymbol{B} \in \mathbf{C}_r^{m\times n}(r>0)$，且满足下列条件:

(1) $\boldsymbol{B}$的前r行中每一行至少含有一个非零元素,且第一个非零元素是1,而后$m-r$行元素均为零;

(2)若$\boldsymbol{B}$中第i行的第一个非零元素1在第j_i列$(i=1,2,\cdots,r)$，则$j_1<j_2<\cdots<j_r$;

(3) $\boldsymbol{B}$中的$j_1, j_2, \cdots, j_r$列为单位矩阵$\boldsymbol{I}_m$的前r列,则称$\boldsymbol{B}$为Hermite标准形．

例如2×6型矩阵

$$\boldsymbol{B}_1 = \begin{bmatrix} 0 & 1 & 2 & 0 & 2 & 4 \\ 0 & 0 & 0 & 1 & 3 & 5 \end{bmatrix}$$

是Hermite标准形,但

$$\boldsymbol{B}_2 = \begin{bmatrix} 0 & 0 & 0 & 1 & 3 & 5 \\ 0 & 1 & 2 & 0 & 2 & 4 \end{bmatrix}$$

不是Hermite标准形,因为它不满足定义5.10中的(2)和(3)

任意矩阵 $A \in C_r^{m\times n}$ 可通过初等行变换化为 Hermite 标准形 B.

定理 5.8　设 $A \in C_r^{m\times n}(r>0)$ 的 Hermite 标准形为 B, 在 A 的满秩分解式(5-52)中, 可选取 F 为 A 的 $j_1, j_2, \cdots, j_r$ 列构成 $m\times r$ 型矩阵,而 G 为 B 的前 r 行构成的 $r\times n$ 型矩阵.

证明:存在 m 阶可逆矩阵 P, 使得 $PA = B$ 或 $A = P^{-1}B$, 依据定理 5.7 将 P^{-1} 分块为

$$P^{-1} = [F\ S],\ F \in C_r^{m\times r},\ S \in C_{m-r}^{m\times(m-r)}$$

可得满秩分解 $A = FG$, 其中 G 为 B 的前 r 行构成的 $r\times n$ 型矩阵.

下面确定满秩矩阵 F, 设 F 的 $j_1, j_2, \cdots, j_r$ 列构成单位阵 I_n 的前 r 列,构造 $n\times r$ 置换矩阵

$$P_1 = (e_{j_1}, e_{j_2}, \cdots, e_{j_r})$$

这里 $e_{j_i}(i = 1,2,\cdots r)$ 表示单位矩阵 I_n 的第 j_i 个列向量,因此

$$GP_1 = I_r,\ AP_1 = (FG)P_1 = F(GP_1) = F$$

即 $F = AP_1$ 为 A 的 $j_1, j_2, \cdots, j_r$ 列构成的矩阵.

例 5.10　求矩阵 $A = \begin{bmatrix} 0 & 0 & 1 \\ 2 & 1 & 1 \\ 2\mathrm{i} & \mathrm{i} & 0 \end{bmatrix}$ 的满秩分解,其中 $\mathrm{i} = \sqrt{-1}$.

解: $A \xrightarrow{\text{行}} \begin{bmatrix} 1 & 1/2 & 0 \\ 0 & 0 & 1 \\ 0 & 0 & 0 \end{bmatrix} = B$

由于 B 的第 1 列和第 3 列构成 I_3 的前两列,所以取 F 为 A 的第 1 列和第 3 列构成的 3×2 型矩阵,从而有

$$A = \begin{bmatrix} 0 & 1 \\ 2 & 1 \\ 2\mathrm{i} & 0 \end{bmatrix} \begin{bmatrix} 1 & 1/2 & 0 \\ 0 & 0 & 1 \end{bmatrix}$$

例 5.11　设 $A_i \in C^{m\times n}(i = 1,2)$. 证明

$$r(A_1 + A_2) \leqslant r(A_1) + r(A_2)$$

证明:如果 $A_1 = O$ 或 $A_2 = O$, 则结论成立. 以下设 $A_1 \neq O$ 且 $A_2 \neq O$. 设 A_1 与 A_2 的满秩分解分别为

$$A_1 = F_1G_1,\ A_2 = F_2G_2$$

则

$$A_1 + A_2 = F_1G_1 + F_2G_2 = [F_1\quad F_2]\begin{bmatrix} G_1 \\ G_2 \end{bmatrix}$$

从而有

$$r(A_1 + A_2) \leqslant r[F_1\quad F_2] \leqslant r(F_1) + r(F_2) = r(A_1) + r(A_2)$$

例 5.12　设 $A \in C_r^{m\times n}(r>0)$, 则有分解式

$$A = QR$$

其中 $Q \in C^{m\times r}$, s. t. $Q^{\mathrm{H}}Q = I$, 而 $R \in C_r^{r\times n}$.

证明: A 有满秩分解

$$A = FG$$

其中 $F \in \mathbf{C}_r^{m\times r}$, $G \in \mathbf{C}_r^{r\times n}$, 由定理5.5的注解知,可将 F 分解成

$$F = QR_1$$

其中 R_1 为 r 阶非奇异矩阵, Q 为 $m\times r$ 型矩阵,且 $Q^{\mathrm{H}}Q = I$. 于是有

$$A = QR_1G = QR$$

其中 $R = R_1G$, 它的 r 个行线性无关.

5.4 矩阵的奇异值分解

矩阵的奇异值分解在最优化问题、特征值问题、最小二乘方问题、广义逆矩阵问题以及统计学诸多方面都有着广泛而深刻的应用.

命题 5.1 设 $A \in \mathbf{C}_r^{m\times n}(r > 0)$, 则 $A^{\mathrm{H}}A$ 是 Hermite 矩阵,且其特征值均为非负实数,而正特征值有 r 个.

证明:由定理2.20可知, $A^{\mathrm{H}}A$ 是 Hermite 矩阵,且其特征值均为非负实数.

设 $\lambda_1,\lambda_2,\cdots,\lambda_n$ 为 $A^{\mathrm{H}}A$ 的全部特征值,由 Hermite 矩阵理论知,存在酉矩阵 U, s. t.

$$U^{\mathrm{H}}(A^{\mathrm{H}}A)U = \mathrm{diag}(\lambda_1,\lambda_2,\cdots,\lambda_n) \tag{5-55}$$

由定理1.17知 $r(AA^{\mathrm{H}}) = r(A) = r$, 使用式(5-55)知 $\mathrm{diag}(\lambda_1,\lambda_2,\cdots,\lambda_n)$ 的秩是 r, 因此满足 $\lambda_i > 0$ 的特征值有 r 个,其余的为0.

定义 5.11 设 $A \in \mathbf{C}_r^{m\times n}(r > 0)$, $A^{\mathrm{H}}A$ 的特征值为

$$\lambda_1 \geqslant \lambda_2 \geqslant \cdots \geqslant \lambda_r > \lambda_{r+1} = \cdots = \lambda_n = 0$$

则称 $\sigma_i = \sqrt{\lambda_i}(i = 1,2,\cdots,r)$ 为 A 的正奇异值,简称奇异值.

注意,矩阵 $A \in \mathbf{C}_r^{m\times n}$ 的奇异值的个数等于 A 等于 $r(A) = r > 0$.

例 5.13 求矩阵 $A = \begin{bmatrix} 1 & 0 \\ 0 & 1 \\ 1 & 0 \end{bmatrix}$ 的奇异值.

解:因为 $A^{\mathrm{H}}A = \begin{bmatrix} 1 & 0 & 1 \\ 0 & 1 & 0 \end{bmatrix}\begin{bmatrix} 1 & 0 \\ 0 & 1 \\ 1 & 0 \end{bmatrix} = \begin{bmatrix} 2 & 0 \\ 0 & 1 \end{bmatrix}$, 所以 A 的奇异值为 $\sigma_i = \sqrt{2}$, $\sigma_2 = 1$.

例 5.14 设 $A \in \mathbf{C}_r^{m\times n}(r > 0)$, $U \in \mathbf{C}^{m\times m}$ 为酉矩阵,则矩阵 UA 的奇异值与 A 的奇异值相同.

证明: A 的奇异值为 $A^{\mathrm{H}}A$ 的特征值的算术平方根, UA 的奇异值为 $(UA)^{\mathrm{H}}(UA) = A^{\mathrm{H}}(U^{\mathrm{H}}U)A = A^{\mathrm{H}}A$ 的特征值的算术平方根.

为了建立矩阵 A 的奇异值分解式,我们需要讨论 $A^{\mathrm{H}}A$, $A^{\mathrm{H}}A$ 的特征值与特征向量的关系. 首先由 Sylvester 定理(定理1.22)知, $A^{\mathrm{H}}A$ 与 AA^{H} 的非零特征值相同,所差仅为零特征值的重数. 对应非零特征值的特征向量之间的关系如何呢? 下面的命题回答了这个问题.

命题 5.2　设 $\lambda_1,\lambda_2,\cdots,\lambda_r$ 是 $A^{\mathrm{H}}A$ 的正特征值，其对应的特征向量为 $\boldsymbol{\alpha}_1,\boldsymbol{\alpha}_2,\cdots,\boldsymbol{\alpha}_r$，则 AA^{H} 对应于 $\lambda_1,\lambda_2,\cdots,\lambda_r$ 的特征向量为 $A\boldsymbol{\alpha}_1,A\boldsymbol{\alpha}_2,\cdots,A\boldsymbol{\alpha}_r$，且若 $\boldsymbol{\alpha}_1,\boldsymbol{\alpha}_2,\cdots,\boldsymbol{\alpha}_r$ 为正交向量组时也为正交向量组.

证明：因为 $A^{\mathrm{H}}A\boldsymbol{\alpha}_i=\lambda_i\boldsymbol{\alpha}_i(i=1,2,\cdots,r)$，所以有

$$AA^{\mathrm{H}}A\boldsymbol{\alpha}_i=\lambda_iA\boldsymbol{\alpha}_i(i=1,2,\cdots,r) \tag{5-56}$$

若能够证明 $A\boldsymbol{\alpha}_i\neq\boldsymbol{0}(i=1,2,\cdots,r)$，则式(5-56)表明 $A\boldsymbol{\alpha}_i$ 是 AA^{H} 对应特征值 $\lambda_i(i=1,2,\cdots,r)$ 的特征向量.

反证法. 假设 $A\boldsymbol{\alpha}_i=0$，则 $A^{\mathrm{H}}A\boldsymbol{\alpha}_i=\boldsymbol{0}=0\boldsymbol{\alpha}_i$，这与 $\boldsymbol{\alpha}_i$ 是对应 $A^{\mathrm{H}}A$ 的正特征值的特征向量的假设矛盾. 下面证明 $A\boldsymbol{\alpha}_i$ 与 $A\boldsymbol{\alpha}_j(i\neq j)$ 正交. 事实上，有

$$\langle A\boldsymbol{\alpha}_i,A\boldsymbol{\alpha}_j\rangle=(A\boldsymbol{\alpha}_j)^{\mathrm{H}}A\boldsymbol{\alpha}_i=\boldsymbol{\alpha}_j^{\mathrm{H}}A^{\mathrm{H}}A\boldsymbol{\alpha}_i=\lambda_i\boldsymbol{\alpha}_j^{\mathrm{H}}\boldsymbol{\alpha}_i=0$$

这表明 $A\boldsymbol{\alpha}_i\perp A\boldsymbol{\alpha}_j$.

注 5.3　由命题 5.2 的证明知

$$\|A\boldsymbol{\alpha}_i\|_2^2=\langle A\boldsymbol{\alpha}_i,A\boldsymbol{\alpha}_i\rangle=\lambda_i\boldsymbol{\alpha}_i^{\mathrm{H}}\boldsymbol{\alpha}_i=\lambda_i\ \|\boldsymbol{\alpha}_i\|_2^2$$

特别地，若 $\|\boldsymbol{\alpha}_i\|_2=1$，则 $\|A\boldsymbol{\alpha}_i\|_2=\sqrt{\lambda_i}(i=1,2,\cdots,r)$.

定理 5.9　设 $A\in\mathbf{C}_r^{m\times n}(r>0)$，则存在 m 阶酉矩阵 U 和 n 阶酉矩阵 V，使得

$$U^{\mathrm{H}}AV=\begin{pmatrix}\boldsymbol{\Sigma} & \boldsymbol{O}\\ \boldsymbol{O} & \boldsymbol{O}\end{pmatrix} \tag{5-57}$$

其中 $\boldsymbol{\Sigma}=\operatorname{diag}(\boldsymbol{\sigma}_1,\boldsymbol{\sigma}_2,\cdots,\boldsymbol{\sigma}_r)$，而 $\boldsymbol{\sigma}_i(i=1,2,\cdots,r)$ 为矩阵 A 的全部正奇异值.

将式(5-57)改写为

$$A=U\begin{pmatrix}\boldsymbol{\Sigma} & \boldsymbol{O}\\ \boldsymbol{O} & \boldsymbol{O}\end{pmatrix}V^{\mathrm{H}} \tag{5-58}$$

称式(5-58)为矩阵 A 的奇异值分解(Singular Value Decomposition).

证明：由 Hermite 矩阵理论知，$A^{\mathrm{H}}A$ 有 n 个两两正交的特征向量，设它们为 $\boldsymbol{\alpha}_1,\boldsymbol{\alpha}_2,\cdots,\boldsymbol{\alpha}_r,\cdots,\boldsymbol{\alpha}_n$，不妨设它们是标准正交的特征向量组，$\boldsymbol{\alpha}_1,\boldsymbol{\alpha}_2,\cdots,\boldsymbol{\alpha}_r$ 是对应 $A^{\mathrm{H}}A$ 的非零特征值 $\lambda_i(i=1,2,\cdots,r)$ 的特征向量，$\boldsymbol{\alpha}_{r+1},\cdots,\boldsymbol{\alpha}_n$ 是对应 $A^{\mathrm{H}}A$ 的零特征值的特征向量. 由 $N(A^{\mathrm{H}}A)=N(A)$ 知 $A\boldsymbol{\alpha}_j=0(j=r+1,\cdots,n)$.

令 $\boldsymbol{\beta}_i=\dfrac{1}{\sqrt{\lambda_i}}A\alpha_i(i=1,2,\cdots,r)$，由命题 5.2 知，$\boldsymbol{\beta}_1,\boldsymbol{\beta}_2,\cdots,\boldsymbol{\beta}_r$ 是 AA^{H} 对应特征值 $\lambda_i(i=1,2,\cdots,r)$ 的特征向量，且 $\boldsymbol{\beta}_1,\boldsymbol{\beta}_2,\cdots,\boldsymbol{\beta}_r$ 为标准正交的特征向量组，由基的扩充定理将 $\boldsymbol{\beta}_1,\boldsymbol{\beta}_2,\cdots,\boldsymbol{\beta}_r$ 扩充为 $\mathbf{C}^m$ 的一组标准正交基 $\boldsymbol{\beta}_1,\boldsymbol{\beta}_2,\cdots,\boldsymbol{\beta}_r,\boldsymbol{\beta}_{r+1},\cdots,\boldsymbol{\beta}_m$.

构造矩阵

$$U=(\boldsymbol{\beta}_1,\boldsymbol{\beta}_2,\cdots,\boldsymbol{\beta}_r,\cdots,\boldsymbol{\beta}_m),\ V=(\boldsymbol{\alpha}_1,\boldsymbol{\alpha}_2,\cdots,\boldsymbol{\alpha}_r,\cdots,\boldsymbol{\alpha}_n)$$

则 V 为 n 阶酉矩阵，U 为 m 阶酉矩阵，且

$$\begin{aligned}AV&=A(\boldsymbol{\alpha}_1,\boldsymbol{\alpha}_2,\cdots,\boldsymbol{\alpha}_r,\boldsymbol{\alpha}_{r+1},\cdots,\boldsymbol{\alpha}_n)\\&=(A\boldsymbol{\alpha}_1,A\boldsymbol{\alpha}_2,\cdots,A\boldsymbol{\alpha}_r,A\boldsymbol{\alpha}_{r+1},\cdots,A\boldsymbol{\alpha}_n)\\&=(\sqrt{\lambda_1}\boldsymbol{\beta}_1,\sqrt{\lambda_2}\boldsymbol{\beta}_2,\cdots,\sqrt{\lambda_r}\boldsymbol{\beta}_r,\boldsymbol{0},\cdots,\boldsymbol{0})\end{aligned}$$

$$= (\boldsymbol{\beta}_1, \boldsymbol{\beta}_2, \cdots, \boldsymbol{\beta}_r, \boldsymbol{\beta}_{r+1}, \cdots, \boldsymbol{\beta}_m)\begin{pmatrix} \mathrm{diag}(\boldsymbol{\sigma}_1, \boldsymbol{\sigma}_2, \cdots, \boldsymbol{\sigma}_r) & \boldsymbol{O} \\ \boldsymbol{O} & \boldsymbol{O} \end{pmatrix}$$

$$= \boldsymbol{U}\begin{pmatrix} \boldsymbol{\Sigma} & \boldsymbol{O} \\ \boldsymbol{O} & \boldsymbol{O} \end{pmatrix}$$

从而 $\boldsymbol{U}^{\mathrm{H}}\boldsymbol{A}\boldsymbol{V} = \begin{pmatrix} \boldsymbol{\Sigma} & \boldsymbol{O} \\ \boldsymbol{O} & \boldsymbol{O} \end{pmatrix}$ 或 $\boldsymbol{A} = \boldsymbol{U}\begin{pmatrix} \boldsymbol{\Sigma} & \boldsymbol{O} \\ \boldsymbol{O} & \boldsymbol{O} \end{pmatrix}\boldsymbol{V}^{\mathrm{H}}$.

由定理 5.9 的证明和定理 1.17 可知下列结论成立.

(1) $N(\boldsymbol{A}) = L(\boldsymbol{\alpha}_{r+1}, \boldsymbol{\alpha}_{r+2}, \cdots, \boldsymbol{\alpha}_n)$;

(2) $R(\boldsymbol{A}) = L(\boldsymbol{\beta}_1, \boldsymbol{\beta}_2, \cdots, \boldsymbol{\beta}_r)$;

(3) $N(\boldsymbol{A}^{\mathrm{H}}) = L(\boldsymbol{\beta}_{r+1}, \boldsymbol{\beta}_{r+2}, \cdots, \boldsymbol{\beta}_m)$;

(4) $\boldsymbol{A} = \boldsymbol{\sigma}_1\boldsymbol{\beta}_1\boldsymbol{\alpha}_1^{\mathrm{H}} + \boldsymbol{\sigma}_2\boldsymbol{\beta}_2\boldsymbol{\alpha}_2^{\mathrm{H}} + \cdots + \boldsymbol{\sigma}_r\boldsymbol{\beta}_r\boldsymbol{\alpha}_r^{\mathrm{H}}$;

(5) $r(\boldsymbol{A}) = r$.

式(3)表明 $\boldsymbol{\beta}_{r+1}, \boldsymbol{\beta}_{r+2}, \cdots, \boldsymbol{\beta}_m$ 是 $\boldsymbol{A}\boldsymbol{A}^{\mathrm{H}}$ 的对应于特征值零的特征向量.

矩阵 $\boldsymbol{A}$ 的奇异值分解式(4)或式(5-58)包含了 $\boldsymbol{A}$ 的丰富信息,是 Hermite 矩阵谱分解(定理 2.18)的推广,也使得其应用广泛. 如压缩数字化图形存储方法,矩阵 $\boldsymbol{A}$ 的元素表示原图形像素,对奇异值分解式(4)适当截取前 $k(k \leqslant r)$ 项,求和得矩阵 $\boldsymbol{A}_k$,其元素为原图形的像素近似值,存储 $\boldsymbol{A}_k$ 实现图形保真压缩.

注 5.4 $\boldsymbol{A}$ 的奇异值由 $\boldsymbol{A}$ 唯一确定,但是 $\boldsymbol{A}^{\mathrm{H}}\boldsymbol{A}$ 的特征向量是不唯一的,从而酉矩阵 $\boldsymbol{U}$ 和 $\boldsymbol{V}$ 也是不唯一的. 因此,矩阵 $\boldsymbol{A}$ 的奇异值分解式(5-58)也是不唯一的.

例 5.15 求矩阵 $\boldsymbol{A} = \begin{bmatrix} 1 & 0 & 1 \\ 0 & 1 & 1 \\ 0 & 0 & 0 \end{bmatrix}$ 的奇异值分解.

解: $\boldsymbol{A}^{\mathrm{T}}\boldsymbol{A} = \begin{bmatrix} 1 & 0 & 1 \\ 0 & 1 & 1 \\ 1 & 1 & 2 \end{bmatrix}$ 的特征值是 $\lambda_1 = 3, \lambda_2 = 1, \lambda_3 = 0$, 由此知 $r(\boldsymbol{A}) = 2$, $\boldsymbol{\Sigma} = \begin{bmatrix} \sqrt{3} & 0 \\ 0 & 1 \end{bmatrix}$. $\lambda_1, \lambda_2, \lambda_3$ 对应的特征向量依次为

$$\boldsymbol{\xi}_1 = (1,1,2)^{\mathrm{T}}, \boldsymbol{\xi}_2 = (1,-1,0)^{\mathrm{T}}, \boldsymbol{\xi}_3 = (1,1,-1)^{\mathrm{T}}$$

它们是彼此正交的,将其单位化得

$$\boldsymbol{\alpha}_1 = \left(\frac{1}{\sqrt{6}}, \frac{1}{\sqrt{6}}, \frac{2}{\sqrt{6}}\right)^{\mathrm{T}}, \boldsymbol{\alpha}_2 = \left(\frac{1}{\sqrt{2}}, -\frac{1}{\sqrt{2}}, 0\right)^{\mathrm{T}}, \boldsymbol{\alpha}_3 = \left(\frac{1}{\sqrt{3}}, \frac{1}{\sqrt{3}}, -\frac{1}{\sqrt{3}}\right)^{\mathrm{T}}$$

由此可得正交矩阵

$$\boldsymbol{V} = \begin{bmatrix} \frac{1}{\sqrt{6}} & \frac{1}{\sqrt{2}} & \frac{1}{\sqrt{3}} \\ \frac{1}{\sqrt{6}} & -\frac{1}{\sqrt{2}} & \frac{1}{\sqrt{3}} \\ \frac{2}{\sqrt{6}} & 0 & -\frac{1}{\sqrt{3}} \end{bmatrix}$$

计算

$$\boldsymbol{\beta}_1 = \frac{1}{\sqrt{\lambda_1}}\boldsymbol{A}\boldsymbol{\alpha}_1 = \left(\frac{1}{\sqrt{2}},\frac{1}{\sqrt{2}},0\right)^{\mathrm{T}},\boldsymbol{\beta}_2 = \frac{1}{\sqrt{\lambda_2}}\boldsymbol{A}\boldsymbol{\alpha}_2 = \left(\frac{1}{\sqrt{2}},-\frac{1}{\sqrt{2}},0\right)^{\mathrm{T}}$$

易知$\boldsymbol{\beta}_3 = (0,0,1)^{\mathrm{T}}$是$\boldsymbol{A}^{\mathrm{T}}\boldsymbol{x} = \boldsymbol{0}$的一个非零解,则有$\boldsymbol{A}\boldsymbol{A}^{\mathrm{T}}\boldsymbol{\beta}_3 = 0$,从而$\boldsymbol{\beta}_3$是$\boldsymbol{A}\boldsymbol{A}^{\mathrm{T}}$的对应特征值零的单位特征向量,且它与$\boldsymbol{\beta}_1,\boldsymbol{\beta}_2$都是正交的,因此$\boldsymbol{\beta}_1,\boldsymbol{\beta}_2,\boldsymbol{\beta}_3$为$\mathbf{R}^3$的一组标准正交基. 由此可得正交矩阵

$$\boldsymbol{U} = \begin{bmatrix} \frac{1}{\sqrt{2}} & \frac{1}{\sqrt{2}} & 0 \\ \frac{1}{\sqrt{2}} & -\frac{1}{\sqrt{2}} & 0 \\ 0 & 0 & 1 \end{bmatrix}$$

由定理 5.9 知,A 的奇异值分解为

$$\boldsymbol{A} = \boldsymbol{U}\begin{bmatrix} \sqrt{3} & 0 & 0 \\ 0 & 1 & 0 \\ 0 & 0 & 0 \end{bmatrix}\boldsymbol{V}^{\mathrm{T}}$$

例 5.16　求矩阵$\boldsymbol{A} = \begin{bmatrix} -1 & 0 \\ 0 & 1 \\ 2 & 0 \end{bmatrix}$的奇异值分解.

解:$\boldsymbol{A}^{\mathrm{T}}\boldsymbol{A} = \begin{bmatrix} 5 & 0 \\ 0 & 1 \end{bmatrix}$的特征值为$\lambda_1 = 5$,$\lambda_2 = 1$,故$r(\boldsymbol{A}) = 2$,$\boldsymbol{\Sigma} = \begin{bmatrix} \sqrt{5} & 0 \\ 0 & 1 \end{bmatrix}$. 易见对应特征值$\lambda_1 = 5,\lambda_2 = 1$的两两正交的单位特征向量为

$$\boldsymbol{\alpha}_1 = (1,0)^{\mathrm{T}},\ \boldsymbol{\alpha}_2 = (0,1)^{\mathrm{T}}$$

由此得正交矩阵

$$\boldsymbol{V} = \begin{bmatrix} 1 & 0 \\ 0 & 1 \end{bmatrix}$$

计算

$$\boldsymbol{\beta}_1 = \frac{1}{\sqrt{\lambda_1}}\boldsymbol{A}\boldsymbol{\alpha}_1 = \frac{1}{\sqrt{5}}(-1,0,2)^{\mathrm{T}},\boldsymbol{\beta}_2 = \frac{1}{\sqrt{\lambda_2}}\boldsymbol{A}\boldsymbol{\alpha}_2 = (0,1,0)^{\mathrm{T}}$$

为了求出$\boldsymbol{\beta}_3$,取齐次方程组$\boldsymbol{A}^{\mathrm{T}}\boldsymbol{x} = \boldsymbol{0}$的一个非零解为$\boldsymbol{x}_0 = (2,0,1)^{\mathrm{T}}$,将其单位化得$\boldsymbol{\beta}_3 = \frac{1}{\sqrt{5}}(2,0,1)^{\mathrm{T}}$,它是$\boldsymbol{A}\boldsymbol{A}^{\mathrm{T}}$的对应特征值零的单位特征向量,则$\boldsymbol{\beta}_1,\boldsymbol{\beta}_2,\boldsymbol{\beta}_3$为$\mathbf{R}^3$的一组标准正交基,由此可得正交矩阵

$$\boldsymbol{U} = \begin{pmatrix} -\frac{1}{\sqrt{5}} & 0 & \frac{2}{\sqrt{5}} \\ 0 & 1 & 0 \\ \frac{2}{\sqrt{5}} & 0 & \frac{1}{\sqrt{5}} \end{pmatrix}$$

由定理5.9知$\boldsymbol{A}$的奇异值分解为

$$\boldsymbol{A}=\boldsymbol{U}\begin{pmatrix}\sqrt{5} & 0\\ 0 & 1\\ 0 & 0\end{pmatrix}\boldsymbol{V}^{\mathrm{T}}$$

5.5 特征值的估计

矩阵特征值的计算与估计在理论上和实际应用中都是非常重要的,但要精确计算矩阵特征值是困难的,甚至有时是不可能的. 另外,在许多应用中并不需要精确计算矩阵的特征值,只需估计出它们所在的范围就够了. 例如,在线性系统理论研究中,通过估计系统矩阵$\boldsymbol{A}$的特征值是否有负实部,便可判定系统的稳定性;当研究一个迭代法的收敛性时,只需要判断迭代矩阵的特征值是否都落在单位圆内;等等.

5.5.1 特征值的界

设$\boldsymbol{A}=(a_{ij})\in\mathbf{C}^{n\times n}$,记$\boldsymbol{B}=(b_{ij})=\frac{1}{2}(\boldsymbol{A}+\boldsymbol{A}^{\mathrm{H}})$,$\boldsymbol{C}=(c_{ij})=\frac{1}{2}(\boldsymbol{A}-\boldsymbol{A}^{\mathrm{H}})$,则有$\boldsymbol{A}=\boldsymbol{B}+\boldsymbol{C}$. $\boldsymbol{B}$为Hermite矩阵,而$\boldsymbol{C}$满足$\boldsymbol{C}^{\mathrm{H}}=-\boldsymbol{C}^{\mathrm{H}}$,为反Hermite矩阵. Hermite矩阵的特征值是实数,可以证明,反Hermite矩阵的特征值是零或纯虚数.

设A的特征值为$\lambda_1,\lambda_2,\cdots,\lambda_n$.

设$\boldsymbol{A}$的特征值为$\lambda_1,\lambda_2,\cdots,\lambda_n$.

定理5.10 设$\boldsymbol{A}=(a_{ij})\in\mathbf{C}^{n\times n}$,则有不等式

$$\sum_{i=1}^{n}|\lambda_i|^2\leqslant\sum_{i=1}^{n}\sum_{j=1}^{n}|a_{ij}|^2 \tag{5-59}$$

且式(5-59)等号成立$\Leftrightarrow\boldsymbol{A}$为正规矩阵.

证明:由第二章的定理2.15,存在酉矩阵$\boldsymbol{U}$及上三角矩阵$\boldsymbol{T}$, s. t.

$$\boldsymbol{U}^{\mathrm{H}}\boldsymbol{A}\boldsymbol{U}=\boldsymbol{T}=(t_{ij})\in\mathbf{C}^{n\times n}$$

从而有$(\boldsymbol{U}^{\mathrm{H}}\boldsymbol{A}\boldsymbol{U})^{\mathrm{H}}=\boldsymbol{U}^{\mathrm{H}}\boldsymbol{A}^{\mathrm{H}}\boldsymbol{U}=\boldsymbol{T}^{\mathrm{H}}$,因此有

$$\boldsymbol{T}\boldsymbol{T}^{\mathrm{H}}=\boldsymbol{U}^{\mathrm{H}}\boldsymbol{A}\boldsymbol{U}\boldsymbol{U}^{\mathrm{H}}\boldsymbol{A}^{\mathrm{H}}\boldsymbol{U}=\boldsymbol{U}^{\mathrm{H}}\boldsymbol{A}\boldsymbol{A}^{\mathrm{H}}\boldsymbol{U} \tag{5-60}$$

$$\mathrm{tr}(\boldsymbol{T}\boldsymbol{T}^{\mathrm{H}})=\mathrm{tr}(\boldsymbol{A}\boldsymbol{A}^{\mathrm{H}}) \tag{5-61}$$

由式(5-61),得

$$\sum_{i=1}^{n}|\lambda_i|^2=\sum_{i=1}^{n}|t_{ii}|^2\leqslant\sum_{i=1}^{n}\sum_{j=1}^{n}|t_{ij}|^2=\|\boldsymbol{T}\|_F^2 \tag{5-62}$$

由于$\boldsymbol{A}$与$\boldsymbol{T}$是酉相似的,而在酉相似下,矩阵$\boldsymbol{A}$的Frobenius范数保持不变,故由式(5-62),得

$$\sum_{i=1}^{n}|\lambda_i|^2\leqslant\sum_{i=1}^{n}\sum_{j=1}^{n}|a_{ij}|^2=\|\boldsymbol{A}\|_F^2=\|\boldsymbol{T}\|_F^2$$

式(5－59)得证．第二个结论可由第 2 章定理 2.17 得到．

推论 5.3　设 $\boldsymbol{A},\boldsymbol{B},\boldsymbol{C}$ 如开头所述,则有

(1) $|\lambda_i| \leqslant n \cdot \max\limits_{1 \leqslant i,j \leqslant n} |a_{ij}|$；

(2) $|\mathrm{Re}(\lambda_i)| \leqslant n \cdot \max\limits_{1 \leqslant i,j \leqslant n} |b_{ij}|$；

(3) $|\mathrm{Im}(\lambda_i)| \leqslant n \cdot \max\limits_{1 \leqslant i,j \leqslant n} |c_{ij}|$．

推论 5.4　设 $\boldsymbol{A} = (a_{ij}) \in \mathbf{R}^{n \times n}$，则有

$$|\mathrm{Im}(\lambda_i)| \leqslant \sqrt{\frac{n(n-1)}{2}} \cdot \max_{1 \leqslant i,j \leqslant n} |c_{ij}|$$

例 5.17　估计下面矩阵的特征值的界．

$$\boldsymbol{A} = \begin{bmatrix} 0 & 0.2 & 0.1 \\ -0.2 & 0 & 0.2 \\ -0.1 & -0.2 & 0 \end{bmatrix}$$

解:因为 $\boldsymbol{B} = \frac{1}{2}(\boldsymbol{A} + \boldsymbol{A}^{\mathrm{H}}) = \boldsymbol{O}$，$\boldsymbol{C} = \frac{1}{2}(\boldsymbol{A} - \boldsymbol{A}^{\mathrm{H}}) = \boldsymbol{A}$，所以由推论 5.3 得

$$|\lambda_i| \leqslant 3 \times 0.2 = 0.6$$

$$|\mathrm{Re}(\lambda_i)| \leqslant 3 \times 0 = 0,\ \text{即}\ \mathrm{Re}(\lambda_i) = 0$$

$$|\mathrm{Im}(\lambda_i)| \leqslant 3 \times 0.2 = 0.6$$

若应用推论 5.4,则可得

$$|\mathrm{Im}(\lambda_i)| \leqslant \sqrt{\frac{3 \times (3-1)}{2}} \times 0.2 = 0.3464$$

故所给实反对称矩阵 $\boldsymbol{A}$ 的特征值的模不超过 0.3464,且由推论 5.4 得到的估计值比由推论 5.3 得到的更好些．

5.5.2　圆盘定理

本节利用矩阵本身的元素将对矩阵的特征值在复平面上的位置作出更准确的估计,这就是圆盘定理,或称盖尔(Gerschgorin)圆盘定理．

定义 5.12　设 $\boldsymbol{A} = (a_{ij}) \in \mathbf{C}^{n \times n}$，称由不等式

$$|z - a_{ii}| \leqslant R_i \tag{5-63}$$

在复平面上确定的区域为矩阵 $\boldsymbol{A}$ 的第 i 个 Gerschgorin 盖尔圆,并用 G_i 表示．其中

$$R_i = \sum_{\substack{j=1 \\ j \neq i}}^{n} |a_{ij}| \tag{5-64}$$

称为盖尔圆 G_i 的半径 $(i = 1,2,\cdots,n)$．

定理 5.11(盖尔圆盘定理 1)　矩阵 $\boldsymbol{A} = (a_{ij}) \in \mathbf{C}^{n \times n}$ 的所有特征值皆在它的 n 个盖尔圆的并集之内．

证明:设 λ 为 $\boldsymbol{A}$ 的任一特征值，$\boldsymbol{x} = (\xi_1,\xi_2,\cdots,\xi_n)^{\mathrm{T}}$ 为属于 λ 的特征向量．令 $|\xi_{i_0}| =$

$\max\limits_{1\leqslant i\leqslant n}|\xi_i|$，则 $\xi_{i_0}\neq 0$．由于 $\boldsymbol{Ax}=\lambda\boldsymbol{x}$，所以

$$\sum_{j=1}^{n} a_{i_0j}\xi_j = \lambda\xi_{i_0}$$

即

$$(\lambda - a_{i_0i_0})\xi_{i_0} = \sum_{\substack{j=1\\ j\neq i}}^{n} a_{i_0j}\xi_j$$

从而得

$$|\lambda - a_{i_0i_0}| = \left|\sum_{\substack{j=1\\ j\neq i}}^{n} a_{i_0j}\frac{\xi_j}{\xi_{i_0}}\right| \leqslant \sum_{\substack{j=1\\ j\neq i}}^{n}|a_{i_0j}|\frac{|\xi_j|}{|\xi_{i_0}|}\leqslant R_{i_0}$$

即 $\lambda\in G_{i_0}$，从而 $\lambda\in\bigcup\limits_{i=1}^{n}G_i$．

例 5.18 估计矩阵 $\boldsymbol{A}=\begin{pmatrix}20 & 5 & 0.8\\ 4 & 10 & 1\\ 1 & 2 & 10i\end{pmatrix}$ 的特征值的范围．

解：$\boldsymbol{A}$ 的 3 个盖尔圆为

$$G_1=\{z\in\mathbf{C}\,|\,|z-20|\leqslant 5+0.8=5.8\}$$

$$G_2=\{z\in\mathbf{C}\,|\,|z-10|\leqslant 4+1=5\}$$

$$G_3=\{z\in\mathbf{C}\,|\,|z-10i|\leqslant 1+2=3\}$$

从图 5－5 中可以看到，第一个盖尔圆 G_1 与第二个盖尔圆 G_2 是交结在一起的，它们的并集 $G_1\cup G_2$ 是一个连通区域．一般地，由矩阵 $\boldsymbol{A}$ 的 k 个相交的盖尔圆的并集构成的连通区域称为一个连通部分．孤立的一个盖尔圆是一个连通部分．例 5.18 中有两个连通部分．

定理 5.11 只是表明矩阵 $\boldsymbol{A}$ 的特征值落在 $\boldsymbol{A}$ 的 n 个盖尔圆的并集内，并未指出在哪个圆盘中有多少个特征值．下面的定理更进一步地描述了矩阵 $\boldsymbol{A}$ 的特征值的分布状况．

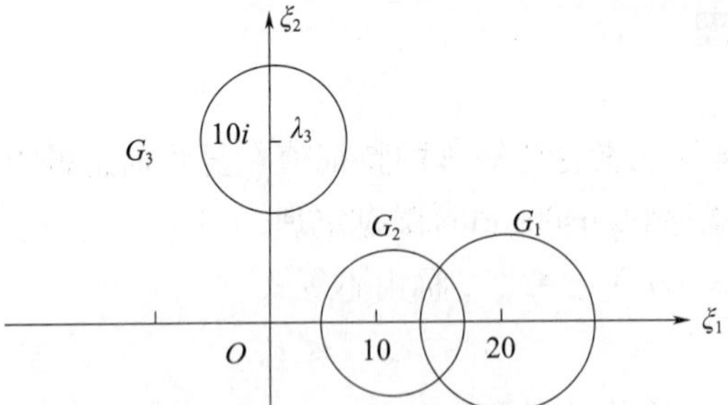

图 5－5　例 5.18 中 $\boldsymbol{A}$ 的 3 个盖尔圆

定理 5.12（盖尔圆盘定理 2）　矩阵 $\boldsymbol{A}\in\mathbf{C}^{n\times n}$ 的任一由 k 个盖尔圆组成的连通部分里有且仅有 $\boldsymbol{A}$ 的 k 个特征值（当 $\boldsymbol{A}$ 的盖尔圆相重时，按重复次数计数，特征值相同时也重复计算）．

根据定理 5.12 知，例 5.18 的 G_3 中有一个特征值，而由 G_1 和 G_2 组成的连通部分中有两个特征值．

由两个盖尔圆组成的连通部分中有且仅有两个特征值，但是有可能这两个特征值都落在两个圆盘的一个之中，而在另一个圆盘中没有特征值．

例 5.19　讨论矩阵 $\boldsymbol{A}=\begin{pmatrix}1 & -0.8\\ 0.5 & 0\end{pmatrix}$ 的特征值分布状况．

解：$\boldsymbol{A}$ 的两个特征值为 $\lambda_1=\frac{1}{2}(1+\sqrt{0.6}\mathrm{i})$，$\lambda_2=\frac{1}{2}(1-\sqrt{0.6}\mathrm{i})$，$\boldsymbol{A}$ 的两个盖尔圆为

$$G_1=\{z\in\mathbf{C}\mid |z-1|\leqslant 0.8\},\ G_2=\{z\in\mathbf{C}\mid |z|\leqslant 0.5\}$$

但由于

$$|\lambda_1|=|\lambda_2|=\sqrt{0.4}=0.632456>0.5$$

所以，$\boldsymbol{A}$ 的两个特征值都不在盖尔圆 G_2 中．

最后，应用盖尔圆定理讨论特征值的隔离问题．

设 $\boldsymbol{A}=(a_{ij})\in\mathbf{C}^{n\times n}$，构造对角矩阵

$$\boldsymbol{D}=\mathrm{diag}(\alpha_1,\alpha_2,\cdots,\alpha_n)$$

其中 α_i 均为正数（$i=1,2,\cdots,n$）．

由于

$$\boldsymbol{B}=\boldsymbol{DAD}^{-1}=\left(\frac{\alpha_i}{\alpha_j}a_{ij}\right)\tag{5-65}$$

与 $\boldsymbol{A}$ 相似，所以 $\boldsymbol{B}$ 与 $\boldsymbol{A}$ 的特征值集合相同．注意到 $\boldsymbol{B}$ 与 $\boldsymbol{A}$ 的主对角线元素对应相等，于是有下面的推论．

推论 5.5　若将式（5-63）中的 R_i 改作

$$r_i=\sum_{\substack{j=1\\ j\neq i}}^{n}|a_{ij}|\frac{\alpha_i}{\alpha_j}\tag{5-66}$$

则定理 5.11 与定理 5.12 的结论仍然成立．

利用此推论，有时能够得到特征值的更精确的范围．

例 5.20　试求隔离矩阵 $\boldsymbol{A}=\begin{pmatrix}4 & 1 & 0\\ 1 & 0 & -1\\ 1 & 1 & -4\end{pmatrix}$ 的特征值．

解：$\boldsymbol{A}$ 的 3 个盖尔圆为

$$G_1=\{z\in\boldsymbol{C}\mid |z-4|\leqslant 1\}$$

$$G_2=\{z\in\boldsymbol{C}\mid |z-0|\leqslant 2\}$$

$$G_3=\{z\in\boldsymbol{C}\mid |z+4|\leqslant 2\}$$

易见，G_2 与 G_3 相交，而 G_1 孤立（见图 5-6），其中恰好有 $\boldsymbol{A}$ 的一个特征值，记作 λ_1．由式（5-65），选取

$$\boldsymbol{D}=\mathrm{diag}(1,1,0.9)$$

则

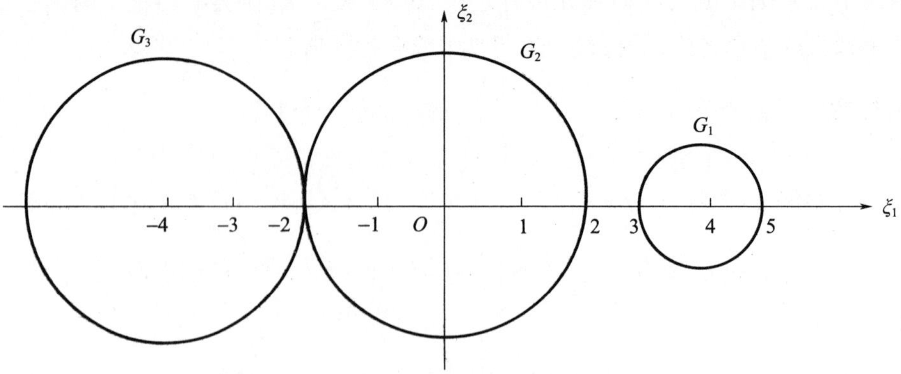

图 5-6　例 5.20 中 $\boldsymbol{A}$ 的 3 个盖尔圆

$$\boldsymbol{B}=\boldsymbol{DAD}^{-1}=\begin{pmatrix}4 & 1 & 0\\ 1 & 0 & -\dfrac{10}{9}\\ 0.9 & 0.9 & -4\end{pmatrix}$$

的 3 个盖尔圆为

$$G'_1=\{z\in\mathbf{C}\,|\,|z-4|\leqslant 1\}$$

$$G'_2=\left\{z\in\mathbf{C}\,\middle|\,|z-0|\leqslant\frac{19}{9}\right\}$$

$$G'_3=\{z\in\mathbf{C}\,|\,|z+4|\leqslant 1.8\}$$

易见，这是 3 个孤立的盖尔圆，每个盖尔圆中恰好有 $\boldsymbol{B}$ 的（也是 $\boldsymbol{A}$ 的）一个特征值（见图 5-7）. 因此 $\boldsymbol{A}$ 的 3 个特征值分别位于 G'_1（和 G_1 重合），G'_2 及 G'_3 之中.

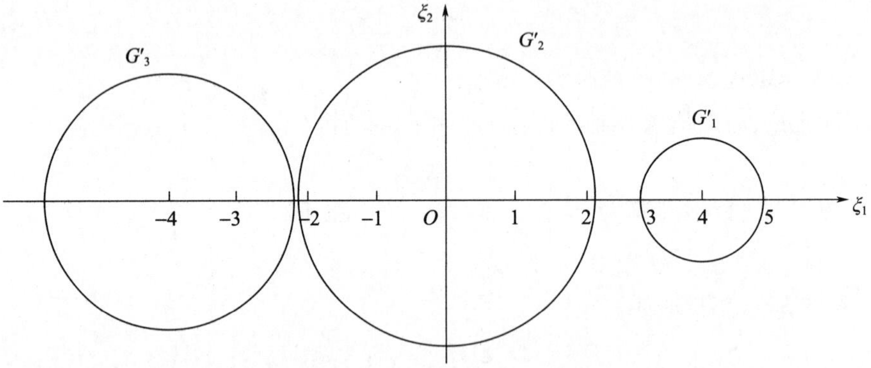

图 5-7　例 5.20 中 3 个孤立的盖尔圆

由于矩阵 $\boldsymbol{A}$ 是实矩阵，且每个盖尔圆内只有一个特征值，可推断，三个特征值的虚部一定为零，即特征值都是实数. 否则，由于实矩阵 $\boldsymbol{A}$ 的特征多项式是实系数多项式，它的复特征值一定成对出现，同每个盖尔圆内只有一个特征值矛盾. 于是对矩阵 $\boldsymbol{A}$ 的特征值区间估计为

$$3 \leqslant \lambda_1 \leqslant 5,\ -\frac{19}{9} \leqslant \lambda_2 \leqslant \frac{19}{9},\ -5.8 \leqslant \lambda_3 \leqslant 2.2$$

例 5.20 表明,对于给定的矩阵 $\boldsymbol{A}$, 适当选取正数 $\alpha_1,\alpha_2,\cdots,\alpha_n$, 可以获得只含 $\boldsymbol{A}$ 的一个特征值的孤立盖尔圆.

选取 $\alpha_1,\alpha_2,\cdots,\alpha_n$ 的一般方法是:观察 $\boldsymbol{A}$ 的 n 个盖尔圆,欲使第 i 个盖尔圆 G_i 的半径大(或小)一些,就取 $\alpha_i > 1$ (或 $\alpha_i < 1$),而取其余的 $\alpha_j = 1(j \neq i)$. 此时, $\boldsymbol{B} = \boldsymbol{DAD}^{-1}$ 的第 i 个盖尔圆 G'_i 的半径比 G_i 的半径大(或小),而 $\boldsymbol{B}$ 的其余盖尔圆的半径相对变小(或变大).

习　题

1. 求矩阵

$$\boldsymbol{A} = \begin{bmatrix} 5 & 2 & -4 & 0 \\ 2 & 1 & -2 & 1 \\ -4 & -2 & 5 & 0 \\ 0 & 1 & 0 & 2 \end{bmatrix}$$

的 $\boldsymbol{LDU}$ 分解与 Doolittle 分解.

2. 求对称正定矩阵

$$\boldsymbol{A} = \begin{bmatrix} 5 & 2 & -4 \\ 2 & 1 & -2 \\ -4 & -2 & 5 \end{bmatrix}$$

的 Cholesky 分解.

3. 设 $\boldsymbol{A} \in \mathbf{R}^{n\times n}$, 且

$$\boldsymbol{A} = \begin{bmatrix} \boldsymbol{A}_{11} & \boldsymbol{A}_{12} \\ \boldsymbol{A}_{21} & \boldsymbol{A}_{22} \end{bmatrix}$$

其中 $\boldsymbol{A}_{11} \in \mathbf{R}^{n_1\times n_1}$, $\boldsymbol{A}_{22} \in \mathbf{R}^{n_2\times n_2}$, $n_1 + n_2 = n$.

(1) 如果 $\boldsymbol{A}_{11}$ 可逆,则

$$\det \boldsymbol{A} = \det \boldsymbol{A}_{11} \cdot \det(\boldsymbol{A}_{22} - \boldsymbol{A}_{21}\boldsymbol{A}_{11}^{-1}\boldsymbol{A}_{12})$$

(2) 如果 $\boldsymbol{A}_{22}$ 可逆,则

$$\det \boldsymbol{A} = \det \boldsymbol{A}_{22} \cdot \det(\boldsymbol{A}_{22} - \boldsymbol{A}_{12}\boldsymbol{A}_{22}^{-1}\boldsymbol{A}_{21})$$

4. 设 $\boldsymbol{A} \in \mathbf{R}^{m\times n}$, $\boldsymbol{B} \in \mathbf{R}^{n\times m}$, 证明

$$\det(\boldsymbol{I}_m + \boldsymbol{AB}) = \det(\boldsymbol{I}_n + \boldsymbol{BA})$$

特别地,对于 $\boldsymbol{a} \in \mathbf{R}^{n\times 1}$, $\boldsymbol{b} \in \mathbf{R}^{n\times 1}$, 有

$$\det(\boldsymbol{I}_n + \boldsymbol{b}\boldsymbol{a}^{\mathrm{T}}) = 1 + \boldsymbol{a}^{\mathrm{T}}\boldsymbol{b}$$

5. 用 Givens 变换求矩阵

$$\boldsymbol{A} = \begin{bmatrix} 2 & 2 & 1 \\ 0 & 2 & 2 \\ 2 & 1 & 2 \end{bmatrix}$$

的 $\boldsymbol{QR}$ 分解.

6. 用 Householder 变换求矩阵

$$\boldsymbol{A}=\begin{bmatrix}0&4&1\\1&1&1\\0&3&2\end{bmatrix}$$

的 $\boldsymbol{QR}$ 分解.

7. 求矩阵

$$\boldsymbol{A}=\begin{bmatrix}1&2&3&0\\0&2&1&-1\\1&0&2&1\end{bmatrix}$$

的满秩分解.

8. 求矩阵

$$\boldsymbol{A}=\begin{bmatrix}1&0\\0&1\\1&1\end{bmatrix}$$

的奇异值分解.

9. 设 σ_1 和 σ_n 是矩阵 $\boldsymbol{A}$ 的最大奇异值和最小奇异值. 证明 $\sigma_1=\|\boldsymbol{A}\|_2$；当 $\boldsymbol{A}$ 可逆时，$\|\boldsymbol{A}^{-1}\|_2=\dfrac{1}{\sigma_n}$.

10. 设 $\boldsymbol{A}\in\mathbf{C}_r^{m\times n}(r>0,m\geqslant n)$，$\sigma_i$ 是 $\boldsymbol{A}$ 的奇异值. 证明 $\|\boldsymbol{A}\|_F^2=\sum\limits_{i=1}^{r}\sigma_i^2$.

11. 应用盖尔圆定理,求隔离矩阵

$$\boldsymbol{A}=\begin{bmatrix}20&3&1\\2&10&2\\8&1&0\end{bmatrix}$$

的特征值;再应用实矩阵特征值的性质,改进所得的结果.

第 6 章　广义逆矩阵

早在 1920 年，E. H. Moore 就提出了广义逆矩阵的概念．10 年后，Moore 的学生，我国数学家曾远荣先生将 Moore 的广义逆矩阵的概念推广到 Hilbert 空间中线性算子场合，并做了一系列有意义的工作．在之后的一段时期，由于人们不了解广义逆矩阵的用途，对其研究一直未给予足够的重视．随着科学技术的发展，需要广义逆矩阵理论的场合日渐增多．直到 1955 年，R. Penrose 独立地提出了与 Moore 的定义等价的广义逆矩阵的概念，情况才开始发生了变化．由于广义逆矩阵理论在数据处理、统计学、现代控制论以及最优化等诸多领域中的广泛应用逐渐为人们所认知，因此有力地推动了广义逆矩阵理论与应用的研究，使得这门学科获得了迅速的发展．如今，它已成为矩阵论的一个重要组成部分，而由我国数学家曾远荣先生发起的对 Hilbert 空间中线性算子广义逆的研究更是取得了长足的进展，现已形成了泛函分析的一个重要分支．

本章介绍 $m \times n$ 型矩阵 $\boldsymbol{A}$ 的广义逆的概念、性质及计算方法，重点介绍与线性方程组 $\boldsymbol{Ax} = \boldsymbol{b}$ 的各类解密切相关的四种广义逆，它们分别对应

(1)相容方程组 $\boldsymbol{Ax} = \boldsymbol{b}$ 的解；

(2)相容方程组 $\boldsymbol{Ax} = \boldsymbol{b}$ 的极小范数解；

(3)矛盾方程组 $\boldsymbol{Ax} = \boldsymbol{b}$ 的最小二乘解；

(4)矛盾方程组 $\boldsymbol{Ax} = \boldsymbol{b}$ 的极小范数最小二乘解．

6.1　线性方程组的求解问题

设 $\boldsymbol{A} \in \mathbf{C}^{m\times n}$，考虑线性方程组

$$\boldsymbol{Ax} = \boldsymbol{b} \tag{6-1}$$

其中 $\boldsymbol{b} \in \mathbf{C}^m$ 为给定的 m 维向量，而 $\boldsymbol{x} \in \mathbf{C}^n$ 为待定向量．

定义 6.1　若存在向量 $\boldsymbol{x} \in \mathbf{C}^n$ 满足方程组(6-1)，则称线性方程组(6-1)是“相容”的(Compatible)，否则称方程组(6-1)为“矛盾方程组”(Contradictory Equations)．

关于方程组(6-1)的求解问题，常见的有以下四种情形．

1. 相容方程组的求解问题

如果线性方程组(6-1)是相容的，即 $\boldsymbol{b} \in R(\boldsymbol{A})$，则其解可能有无穷多个，但在其通解中具有极小范数的解可以证明是唯一的，即存在唯一的 $\boldsymbol{x}_0 \in \mathbf{C}^n$，使得 $\|\boldsymbol{x}_0\| = \min\limits_{Ax=b}\|\boldsymbol{x}\|$．

定义 6.2　相容方程组(6-1)的通解中具有极小范数的解称为线性方程组(6-1)的“极小范数解”(Minimal Norm Solution)．

于是自然提出下一个问题.

2. 求相容方程组(6-1)的极小范数解的问题

如果线性方程组(6-1)是矛盾方程组,即 $\boldsymbol{b} \notin R(\boldsymbol{A})$, 则线性方程组(6-1)不存在通常意义下的解,但可以考虑求 $\boldsymbol{x} \in \mathbf{C}^n$, 使

$$\|\boldsymbol{A}\boldsymbol{x} - \boldsymbol{b}\| = \min_{\boldsymbol{y} \in R(\boldsymbol{A})} \|\boldsymbol{y} - \boldsymbol{b}\| \tag{6-2}$$

的问题. 于是便有下一个问题.

3. 求矛盾方程组的最小二乘解问题

定义 6.3 称式(6-2)是一个"最小二乘问题",其解称为线性方程组(6-1)的"最小二乘解"(Least Squares Solution).

可以证明,最小二乘解总是存在的,但可能有无穷多个. 在线性方程组(6-1)的最小二乘解集中具有极小范数的解则是唯一的.

定义 6.4 具有极小范数的最小二乘解称为线性方程组(6-1)的"极小范数最小二乘解"(Minimal Least Squares Solution). 于是又有下一个问题.

4. 求矛盾方程组(6-1)的极小范数最小二乘解问题

众所周知,如果 $\boldsymbol{A}$ 为 n 阶可逆矩阵,则对任意 $\boldsymbol{b} \in \mathbf{C}^n$, 方程组 $\boldsymbol{A}\boldsymbol{x} = \boldsymbol{b}$ 都有唯一解 $\boldsymbol{x} = \boldsymbol{A}^{-1}\boldsymbol{b}$. 对于 $m \times n$ 型矩阵 $\boldsymbol{A}$ 而言,通常的逆失去意义.

上述四类问题的解是否也能表达成一种紧凑的形式 $\boldsymbol{x} = \boldsymbol{G}\boldsymbol{b}$, 其中 $\boldsymbol{G}$ 是某个 $n \times m$ 型矩阵? 答案是肯定的,这就是引入矩阵的广义逆矩阵概念的主要动机.

为了便于读者学习,先给出广义逆矩阵的基本概念.

1955 年,R. Penrose 指出: 设 $\boldsymbol{A} \in \mathbf{C}^{m\times n}$, 若存在 $\boldsymbol{G} \in \mathbf{C}^{n\times m}$ 满足方程

$$(1)\ \boldsymbol{AGA} = \boldsymbol{A} \tag{6-3}$$

$$(2)\ \boldsymbol{GAG} = \boldsymbol{G} \tag{6-4}$$

$$(3)\ (\boldsymbol{AG})^{\mathrm{H}} = \boldsymbol{AG} \tag{6-5}$$

$$(4)\ (\boldsymbol{GA})^{\mathrm{H}} = \boldsymbol{GA} \tag{6-6}$$

则称矩阵 $\boldsymbol{G}$ 为矩阵 $\boldsymbol{A}$ 的 Moore-Penrose 广义逆,并把上面四个方程称为 Moore-Penrose 方程,简称 M-P 方程.

M-P 方程中每一个方程都各有一定的解释与应用,为此给出如下广义逆矩阵的定义.

定义 6.5 设 $\boldsymbol{A} \in \mathbf{C}^{m\times n}$, 若存在 $\boldsymbol{G} \in \mathbf{C}^{n\times m}$ 满足 M-P 方程(6-3)~(6-6)中的全部或一部分,则称矩阵 $\boldsymbol{G}$ 为矩阵 $\boldsymbol{A}$ 的广义逆矩阵,简称广义逆.

满足式(1)的广义逆矩阵称为 $\boldsymbol{A}$ 的$\{1\}$-逆矩阵,记作 $\boldsymbol{G} \in \boldsymbol{A}\{1\}$;满足式(1)与(2)的广义逆矩阵称为 $\boldsymbol{A}$ 的 $\{1,2\}$-逆矩阵,记作 $\boldsymbol{G} \in \boldsymbol{A}\{1,2\}$;类似有 $\boldsymbol{A}$ 的其他类别广义逆. 由组合原理知 $\boldsymbol{A}$ 的广义逆矩阵共有种类为

$$C_4^1 + C_4^2 + C_4^3 + C_4^4 = 15$$

其中本章涉及应用较多的 4 种,分述如下.

(1) $\boldsymbol{A}\{1\}$:其中任意一个确定的广义逆矩阵,称为 $\boldsymbol{g}$-逆矩阵,或 $\{1\}$-逆,记为 $\boldsymbol{A}^-$;

(2) $\boldsymbol{A}\{1,3\}$:其中任意一个确定的广义逆矩阵,称为极小二乘 $\boldsymbol{g}$-逆矩阵,或 $\{1,3\}$-

逆,记为 A_l^- ;

(3) $A\{1,4\}$:其中任意一个确定的广义逆矩阵,称为极小范数 g －逆矩阵,或 $\{1,4\}$ －逆,记为 A_m^- ;

(4) $A\{1,2,3,4\}$:唯一一个,称为极小最小二乘 g －逆矩阵,或 Moore－Penrose 广义逆,记为 A^+ .

后面学习中将会看到,只有 A^+ 是唯一确定的,且当 A 为非奇异方阵时, $A^+ = A^{-1}$. 其他各种广义逆矩阵均不唯一.

6.2　与相容方程组求解问题相应的广义逆矩阵 A^-

6.2.1　广义逆矩阵 A^- 的定义

设线性方程组(6－1)是相容的,即 $b \in R(A)$, 其中 $A \in \mathbf{C}^{m\times n}$.

定理 6.1　存在矩阵 $G \in \mathbf{C}^{n\times m}$ 使得 $\forall b \in R(A)$, $x = Gb$ 是线性方程组(6－1)的解 $\Leftrightarrow G$ 满足

$$AGA = A$$

证明:($\Rightarrow$) $\forall z \in \mathbf{C}^n$, $b = Az \in R(A)$. 由假设 $x = Gb$ 是线性方程组(6－1)的解,因此

$$AGb = b \tag{6-7}$$

将 $b = Az$ 代入式(6－7)得 $AGAz = Az$. 由 $z \in \mathbf{C}^n$ 的任意性知 $AGA = A$.

($\Leftarrow$)因为线性方程组(6－1)是相容的,即 $b \in R(A)$, 故存在 $z \in \mathbf{C}^n$ 使 $Az = b$. 由 $AGb = b$ 得 $AGb = AGAz = Az = b$, 这表明 $x = Gb$ 是线性方程组(6－1)的解.

定义 6.6　设 $A \in \mathbf{C}^{m\times n}$, 若存在 $G \in \mathbf{C}^{n\times m}$ 使得

$$AGA = A$$

则称 G 为 A 的 g －逆矩阵,或 $\{1\}$ －逆,记作 A^- .

注 6.1　(1)由 $AGb = b$ 知 $AA^-A = A$.

(2) $x = A^-b$ 是相容方程组 $Ax = b$ 的解.

(3)若 A 存在通常意义下的逆矩阵 A^- , 则 A^- 是 A 的 g －逆矩阵;反之不真. 这说明 g －逆矩阵是普通逆的推广.

6.2.2　g－逆矩阵的存在性及其通式

当矩阵 $A \in \mathbf{C}^{m\times n}$ 给定以后,视它为线性变换 $A:\mathbf{C}^n \to \mathbf{C}^m$, A 的零空间 $N(A)$ 也就确定了. 设 S 是 $N(A)$ 的一个补空间,一般来说,它不一定是 $N(A)$ 的正交补. 这时 n 维向量空间 $\mathbf{C}^n$ 有直和分解

$$\mathbf{C}^n = S \oplus N(\boldsymbol{A}) \tag{6-8}$$

类似地,设 $\mathfrak{A}$ 是 $R(\boldsymbol{A})$ 的一个补空间,则 $\mathbf{C}^m$ 有直和分解,即

$$\mathbf{C}^m = R(\boldsymbol{A}) \oplus \mathfrak{A} \tag{6-9}$$

命题 6.1 设 $\boldsymbol{A} \in \mathbf{C}^{m\times n}$,则 $\boldsymbol{A}|_S : S \to R(\boldsymbol{A})$ 为同构映射.

证明:因为 $\boldsymbol{A}:\mathbf{C}^n \to \mathbf{C}^m$ 为线性变换,故当将 $\boldsymbol{A}$ 的定义域限制到 S 上时,$\boldsymbol{A}|_S$ 仍为线性变换. 只需证明 $\boldsymbol{A}|_S : S \to R(\boldsymbol{A})$ 为双射(见图 6-1),即 $\forall \boldsymbol{y} \in R(\boldsymbol{A})$,方程 $\boldsymbol{A}|_S(\boldsymbol{x}) = \boldsymbol{y}$ 在 S 中有唯一解. 由于 $\boldsymbol{y} \in R(\boldsymbol{A})$,故 $\exists \boldsymbol{x} \in \mathbf{C}^n$, s. t. $\boldsymbol{y} = \boldsymbol{A}\boldsymbol{x}$. 由 $\mathbf{C}^n$ 的直和分解式(6-8)知 $\boldsymbol{x} = \boldsymbol{x}_1 + \boldsymbol{x}_2$,其中 $\boldsymbol{x}_1 \in S$, $\boldsymbol{x}_2 \in N(\boldsymbol{A})$,从而 $\boldsymbol{y} = \boldsymbol{A}\boldsymbol{x} = \boldsymbol{A}\boldsymbol{x}_1 + \boldsymbol{A}\boldsymbol{x}_2 = \boldsymbol{A}\boldsymbol{x}_1 = \boldsymbol{A}|_S(\boldsymbol{x}_1)$. 这表明方程 $\boldsymbol{A}|_S(\boldsymbol{x}) = \boldsymbol{y}$ 在 S 中有解.

证解的唯一性. 设 $\boldsymbol{A}|_S(\boldsymbol{x}) = \boldsymbol{y}$ 有另一个解 $\tilde{\boldsymbol{x}} \in S$. 记 $\hat{\boldsymbol{x}} = \tilde{\boldsymbol{x}} - \boldsymbol{x}_1$,则 $\hat{\boldsymbol{x}} \in S$ 且 $\boldsymbol{A}\hat{\boldsymbol{x}} = \boldsymbol{0}$,故 $\hat{\boldsymbol{x}} \in S \cap N(\boldsymbol{A}) = \{\boldsymbol{0}\}$,这推出 $\hat{\boldsymbol{x}} = \boldsymbol{0}$,从而 $\tilde{\boldsymbol{x}} = \boldsymbol{x}_1$.

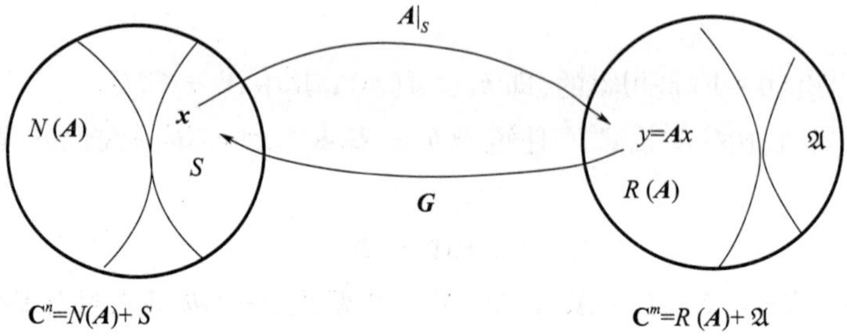

图 6-1 $\boldsymbol{A}|_S : S \to R(\boldsymbol{A})$ 为双射

由命题 6.1 知,$\boldsymbol{A}|_S$ 有逆映射,记为 $\boldsymbol{G} = [\boldsymbol{A}|_S]^{-1}$,则 $\boldsymbol{G} \in \mathbf{C}^{n\times m}$. 为了看清这个事实,将 $\boldsymbol{G}$ 的定义域从 $R(\boldsymbol{A})$ 扩张到整个 $\mathbf{C}^m = R(\boldsymbol{A}) \oplus \mathfrak{A}$ 上. 定义

$$\tilde{\boldsymbol{G}}\boldsymbol{x} = \begin{cases} \boldsymbol{G}\boldsymbol{x}, & \boldsymbol{x} \in R(\boldsymbol{A}) \\ \boldsymbol{0}, & \boldsymbol{x} \in \mathfrak{A} \end{cases} \tag{6-10}$$

则 $\tilde{\boldsymbol{G}}|_{R(\boldsymbol{A})} = \boldsymbol{G}$.

假设 $\dim S = r$,则 $\dim R(\boldsymbol{A}) = r$. 在 S 中取一组基 $\boldsymbol{v}_1, \boldsymbol{v}_2, \cdots, \boldsymbol{v}_r$,则 $\boldsymbol{A}\boldsymbol{v}_1, \boldsymbol{A}\boldsymbol{v}_2, \cdots, \boldsymbol{A}\boldsymbol{v}_r$ 构成 $R(\boldsymbol{A})$ 的一组基;另外在 $\mathfrak{A}$ 中取一组基 $\boldsymbol{\alpha}_1, \boldsymbol{\alpha}_2, \cdots, \boldsymbol{\alpha}_{m-r}$,则 $\boldsymbol{A}\boldsymbol{v}_1, \boldsymbol{A}\boldsymbol{v}_2, \cdots, \boldsymbol{A}\boldsymbol{v}_r, \boldsymbol{\alpha}_1, \boldsymbol{\alpha}_2, \cdots, \boldsymbol{\alpha}_{m-r}$ 构成 $\mathbf{C}^m$ 的一组基,因而矩阵 $(\boldsymbol{A}\boldsymbol{v}_1, \boldsymbol{A}\boldsymbol{v}_2, \cdots, \boldsymbol{A}\boldsymbol{v}_r, \boldsymbol{\alpha}_1, \boldsymbol{\alpha}_2, \cdots, \boldsymbol{\alpha}_{m-r})$ 为 $m\times m$ 型可逆方阵. 由式(6-10),得

$$\tilde{\boldsymbol{G}}(\boldsymbol{A}\boldsymbol{v}_1, \boldsymbol{A}\boldsymbol{v}_2, \cdots, \boldsymbol{A}\boldsymbol{v}_r, \boldsymbol{\alpha}_1, \boldsymbol{\alpha}_2, \cdots, \boldsymbol{\alpha}_{m-r})(\boldsymbol{v}_1, \boldsymbol{v}_2, \cdots, \boldsymbol{v}_r, 0, 0, \cdots, 0) \in \mathbf{C}^{n\times m}$$

因此 $\tilde{\boldsymbol{G}} = (\boldsymbol{v}_1, \boldsymbol{v}_2, \cdots, \boldsymbol{v}_r, \boldsymbol{0}, \boldsymbol{0}, \cdots, \boldsymbol{0})(\boldsymbol{A}\boldsymbol{v}_1, \boldsymbol{A}\boldsymbol{v}_2, \cdots, \boldsymbol{A}\boldsymbol{v}_r, \boldsymbol{\alpha}_1, \boldsymbol{\alpha}_2, \cdots, \boldsymbol{\alpha}_{m-r})^{-1}$ 为 $n\times m$ 型阵,从而 $\boldsymbol{G} = \tilde{\boldsymbol{G}}|_{R(\boldsymbol{A})}$ 为 $n\times m$ 型阵.

由 $\boldsymbol{G}$ 的定义易知,$\boldsymbol{A}\boldsymbol{G}\tilde{\boldsymbol{x}} = \tilde{\boldsymbol{x}}$, $\forall \tilde{\boldsymbol{x}} \in R(\boldsymbol{A})$. 从而有 $\forall \boldsymbol{x} \in \mathbf{C}^n$, $\boldsymbol{A}\boldsymbol{G}\boldsymbol{A}\boldsymbol{x} = \boldsymbol{A}\boldsymbol{x}$,此即 $\boldsymbol{A}\boldsymbol{G}\boldsymbol{A} = \boldsymbol{A}$. 这样就证明了 $\boldsymbol{A}$ 的 $\boldsymbol{g}$-逆矩阵的存在性.

定理6.2　设矩阵 $\boldsymbol{A}\in\mathbf{C}^{m\times n}$，则 $\boldsymbol{A}$ 总有 $\boldsymbol{g}$ -逆矩阵 $\boldsymbol{A}^-$.

注6.2　$\boldsymbol{G}$ 依赖于 S 的选取．由于分解式 $\mathbf{C}^n=S\oplus N(\boldsymbol{A})$ 不是唯一的，故满足 $\boldsymbol{AGA}=\boldsymbol{A}$ 的 $\boldsymbol{G}$ 不是唯一的．当 S 确定以后，由命题6.1和 $\boldsymbol{G}$ 的定义知线性变换 $\boldsymbol{G}$ 是唯一确定的，即使如此满足 $\boldsymbol{AGA}=\boldsymbol{A}$ 的 $\boldsymbol{G}$ 也不是唯一的．例如，由定义式(6-10)所给出的 $\tilde{\boldsymbol{G}}$ 也满足方程 $\boldsymbol{AGA}=\boldsymbol{A}$.

记 $\boldsymbol{A}\{1\}=\{\boldsymbol{G}\in\mathbf{C}^{n\times m}\mid\boldsymbol{AGA}=\boldsymbol{A}\}$，则有以下定理．

定理6.3　设 $\boldsymbol{A}\in\mathbf{C}^{m\times n}$，$\boldsymbol{A}^-$ 为 $\boldsymbol{A}$ 的 $\boldsymbol{g}$ -逆矩阵，则对任意 $\boldsymbol{V}\in\mathbf{C}^{n\times m}$，有

$$\boldsymbol{G}=\boldsymbol{A}^-+\boldsymbol{V}-\boldsymbol{A}^-\boldsymbol{AVAA}^-\in\boldsymbol{A}\{1\}$$

反之，$\forall\boldsymbol{G}_1\in\boldsymbol{A}\{1\}$，$\exists\boldsymbol{V}\in\mathbf{C}^{n\times m}$，使得 $\boldsymbol{G}_1$ 表示成上式形式．

证明：由于 $\boldsymbol{AA}^-\boldsymbol{A}=\boldsymbol{A}$，故

$$\boldsymbol{AGA}=\boldsymbol{AA}^-\boldsymbol{A}+\boldsymbol{AVA}-\boldsymbol{AA}^-\boldsymbol{AVAA}^-\boldsymbol{A}=\boldsymbol{A}+\boldsymbol{AVA}-\boldsymbol{AVA}=\boldsymbol{A}$$

故 $\boldsymbol{G}\in\boldsymbol{A}\{1\}$.

设 $\boldsymbol{G}_1\in\boldsymbol{A}\{1\}$，取 $\boldsymbol{V}=\boldsymbol{G}_1-\boldsymbol{A}^-$，则

$$\begin{aligned}&\boldsymbol{A}^-+(\boldsymbol{G}_1-\boldsymbol{A}^-)-\boldsymbol{A}^-\boldsymbol{A}(\boldsymbol{G}_1-\boldsymbol{A}^-)\boldsymbol{AA}^-\\&=\boldsymbol{G}_1-\boldsymbol{A}^-\boldsymbol{AG}_1\boldsymbol{AA}^-+\boldsymbol{A}^-\boldsymbol{AA}^-\boldsymbol{AA}^-\\&=\boldsymbol{G}_1-\boldsymbol{A}^-\boldsymbol{AA}^-+\boldsymbol{A}^-\boldsymbol{AA}^-=\boldsymbol{G}_1\end{aligned}$$

定理6.4　矩阵 $\boldsymbol{A}\in C^{m\times n}$ 有唯一 $\boldsymbol{g}$ -逆矩阵的充要条件是矩阵 $\boldsymbol{A}$ 为非奇异矩阵，且这个 $\boldsymbol{g}$ -逆矩阵与 $\boldsymbol{A}^{-1}$ 一致．

证明：将 $\boldsymbol{G}\in\boldsymbol{A}\{1\}$ 按列分块为 $\boldsymbol{G}=(\boldsymbol{g}_1,\boldsymbol{g}_2,\cdots,\boldsymbol{g}_m)$．设 $\boldsymbol{x}\in N(\boldsymbol{A})$，把 $\boldsymbol{x}$ 加到 $\boldsymbol{G}$ 的第 i 列得 $\boldsymbol{G}_1=(\boldsymbol{g}_1,\boldsymbol{g}_2,\cdots,\boldsymbol{g}_i+\boldsymbol{x},\cdots,\boldsymbol{g}_m)$，则 $\boldsymbol{G}_1\in\boldsymbol{A}\{1\}$，这是因为

$$\begin{aligned}\boldsymbol{AG}_1\boldsymbol{A}&=\boldsymbol{A}(\boldsymbol{g}_1,\boldsymbol{g}_2,\cdots,\boldsymbol{g}_i+\boldsymbol{x},\cdots,\boldsymbol{g}_m)\boldsymbol{A}\\&=(\boldsymbol{Ag}_1,\boldsymbol{Ag}_2,\cdots,\boldsymbol{Ag}_i+\boldsymbol{Ax},\cdots,\boldsymbol{Ag}_m)\boldsymbol{A}\\&=\boldsymbol{A}(\boldsymbol{g}_1,\boldsymbol{g}_2,\cdots,\boldsymbol{g}_i,\cdots,\boldsymbol{g}_m)\boldsymbol{A}\\&=\boldsymbol{AGA}=\boldsymbol{A}\end{aligned}$$

类似地，将 $\boldsymbol{G}\in\boldsymbol{A}\{1\}$ 按行分块为 $\boldsymbol{G}=\begin{bmatrix}\boldsymbol{\alpha}_1^{\mathrm{H}}\\\vdots\\\boldsymbol{\alpha}_i^{\mathrm{H}}\\\vdots\\\boldsymbol{\alpha}_n^{\mathrm{H}}\end{bmatrix}$．设 $\boldsymbol{y}\in N(\boldsymbol{A}^{\mathrm{H}})$，把 $\boldsymbol{y}^{\mathrm{H}}$ 加到 $\boldsymbol{G}$ 的第 i 行得 $\boldsymbol{G}_2=\begin{bmatrix}\boldsymbol{\alpha}_1^{\mathrm{H}}\\\vdots\\\boldsymbol{\alpha}_i^{\mathrm{H}}+\boldsymbol{y}^{\mathrm{H}}\\\vdots\\\boldsymbol{\alpha}_n^{\mathrm{H}}\end{bmatrix}$，则 $\boldsymbol{G}_2\in\boldsymbol{A}\{1\}$，这是因为

$$AG_2A = A\begin{bmatrix}\boldsymbol{\alpha}_1^{\mathrm{H}}\\ \vdots \\ \boldsymbol{\alpha}_i^{\mathrm{H}}+\boldsymbol{y}^{\mathrm{H}}\\ \vdots \\ \boldsymbol{\alpha}_n^{\mathrm{H}}\end{bmatrix}A = A\begin{bmatrix}\boldsymbol{\alpha}_1^{\mathrm{H}}A\\ \vdots \\ (\boldsymbol{\alpha}_i^{\mathrm{H}}+\boldsymbol{y}^{\mathrm{H}})A\\ \vdots \\ \boldsymbol{\alpha}_n^{\mathrm{H}}A\end{bmatrix} = A\begin{bmatrix}\boldsymbol{\alpha}_1^{\mathrm{H}}A\\ \vdots \\ \boldsymbol{\alpha}_i^{\mathrm{H}}A\\ \vdots \\ \boldsymbol{\alpha}_n^{\mathrm{H}}A\end{bmatrix} = A\begin{bmatrix}\boldsymbol{\alpha}_1^{\mathrm{H}}\\ \vdots \\ \boldsymbol{\alpha}_i^{\mathrm{H}}\\ \vdots \\ \boldsymbol{\alpha}_n^{\mathrm{H}}\end{bmatrix}A$$
$$= AGA = A$$

因此,A 的 g－逆矩阵的唯一性等价于 $N(A)=\{\boldsymbol{0}\}$ 与 $N(A^{\mathrm{H}})=\{\boldsymbol{0}\}$,即 $r(A)=n$,且 $r(A)=m$,这又等价于 A 的非奇异性. 由于 $AA^{-}A=A$,故 A 的唯一 g－逆矩阵为 A^{-1}.

6.2.3 g－逆矩阵的性质

$\forall \lambda \in \mathbf{C}$, 定义 $\lambda^{+}=\begin{cases}\lambda^{-1}, & \lambda \neq 0,\\ 0, & \lambda = 0.\end{cases}$

定理 6.5 设 $A\in \mathbf{C}^{m\times n}$, $G\in \mathbf{C}^{n\times m}$, $\lambda \in \mathbf{C}$, 则

(1) $(A^{-})^{\mathrm{H}} \in A^{\mathrm{H}}\{1\}$;

(2) $\lambda^{+}A^{-} \in (\lambda A)\{1\}$;

(3)若 P 和 Q 非奇异,则 $Q^{-1}A^{-}P^{-1} \in (PAQ)\{1\}$;

(4) $AGA=A \Leftrightarrow A^{\mathrm{H}}AGA=A^{\mathrm{H}}A$;

(5) $A(A^{\mathrm{H}}A)^{-}(A^{\mathrm{H}}A)=A$, $(A^{\mathrm{H}}A)(A^{\mathrm{H}}A)^{-}A^{\mathrm{H}}=A^{\mathrm{H}}$;

(6) $r(A^{-}) \geqslant r(A)$;

(7) AA^{-} 和 $A^{-}A$ 均为幂等矩阵且与 A 同秩;

(8) $R(AA^{-})=R(A)$, $N(A^{-}A)=N(A)$, $R((A^{-}A)^{\mathrm{H}})=R(A^{\mathrm{H}})$;

(9) $A^{-}A=I_n \Leftrightarrow R(A)=n$, $AA^{-}=I_m \Leftrightarrow R(A)=m$.

证明:(1)~(3)由 g－逆矩阵的定义直接验证.

(4) ($\Rightarrow$) 明显, ($\Leftarrow$) 设 $A^{\mathrm{H}}AGA=A^{\mathrm{H}}A$, 则

$$\begin{aligned}&(AGA-A)^{\mathrm{H}}(AGA-A)\\ &=(A^{\mathrm{H}}G^{\mathrm{H}}A^{\mathrm{H}}-A^{\mathrm{H}})(AGA-A)\\ &=(A^{\mathrm{H}}G^{\mathrm{H}}-I)(A^{\mathrm{H}}AGA-A^{\mathrm{H}}A)=O\end{aligned}$$

从而 $\forall x \in \mathbf{C}^n$, 有

$$x^{\mathrm{H}}(AGA-A)^{\mathrm{H}}(AGA-A)x=0$$

即

$$\|(AGA-A)x\|^2=((AGA-A)x)^{\mathrm{H}}(AGA-A)x=0$$

这推得 $\forall x \in \mathbf{C}^n$, $AGAx=Ax$, 故 $AGA=A$.

(5)注意到事实 $\forall B \in \mathbf{C}^{m\times n}$, $B^{\mathrm{H}}B=O \Leftrightarrow B=O$. 因此只需证明

$$[A(A^{\mathrm{H}}A)^{-}(A^{\mathrm{H}}A)-A]^{\mathrm{H}}[A(A^{\mathrm{H}}A)^{-}(A^{\mathrm{H}}A)-A]=O$$

事实上,有

$$[A(A^HA)^-(A^HA)-A]^H[A(A^HA)^-(A^HA)-A]$$
$$=[A^HA(A^HA)^-A^H-A^H][A(A^HA)^-(A^HA)-A]$$
$$=[A^HA(A^HA)^--I]A^H[A(A^HA)^-(A^HA)-A]$$
$$=[A^HA(A^HA)^--I][(A^HA)(A^HA)^-(A^HA)-A^HA]$$
$$=[A^HA(A^HA)^--I](A^HA-A^HA)=O$$

对第一式两边取共轭转置,可得第二式.

(6) 因 $r(A)=r(AA^-A)\leqslant\min\{r(A),r(A^-)\}$, 故 $r(A)\leqslant r(A^-)$.

(7)因 $AA^-A=A$, 故 $(AA^-)^2=AA^-,(A^-A)^2=A^-A$.

又 $r(A)\leqslant r(AA^-)\leqslant r(A)$, 故 $r(A)=r(AA^-)$. 类似地,由 $r(A)\leqslant r(A^-A)\leqslant r(A)$ 得 $r(A)=r(A^-A)$.

(8)因为 $R(AA^-)\subseteq R(A)$, 且 $\dim R(AA^-)=r(AA^-)=r(A)=\dim R(A)$, 故 $R(AA^-)=R(A)$. 同理可证其余两式.

(9) $(\Leftarrow)$ 因为 $r(A)=n$, 由(7)知 A^-A 是幂等矩阵并且 $r(A^-A)=r(A)=n$, 即 A^-A 为 n 阶可逆方阵. 在 $(A^-A)^2=A^-A$ 两边同乘以 $(A^-A)^{-1}$ 得 $A^-A=I_n$.

$(\Rightarrow)$ 由 $A^-A=I_n$ 知 $r(A^-A)=n$. 由(7)知 $r(A)=n$. 另一式可类似地证明.

6.2.4 g－逆矩阵的计算

设 $A\in\mathbf{C}^{m\times n}$, 分两种情况讨论:

(1)若 A 是行(或列)满秩的,则

$$A^-=A_R^-=A^H(AA^H)^{-1}\ (\text{或}\ A^-=A_L^-=(A^HA)^{-1}A^H)$$

(2)若 $r(A)=r<\min\{m,n\}$, 则此时有五种方法计算 A 的 g－逆矩阵 A^-.

方法1 将 A 满秩分解 $A=CD$, 其中 C 为列满秩矩阵, D 为行满秩矩阵,则 $A^-=D_R^{-1}C_L^{-1}$, 其中 $D_R^{-1}=D^H(DD^H)^{-1}$, $C_L^{-1}=(C^HC)^{-1}C^H$.

方法2 对 A 仅施行一系列(有限多次)行初等变换,即左乘一个可逆矩阵 P, 使得

$$PA=\begin{bmatrix}C\\O\end{bmatrix}$$

其中 $C\in\mathbf{C}^{r\times n}$, $r(C)=r$.

记 $A_1=\begin{bmatrix}C\\O\end{bmatrix}$, 则 A 的 g－逆矩阵 $A^-=A_1^-P$, 其中 $A_1^-=[C_R^{-1},O]\in\mathbf{C}^{n\times m}$, $C_R^{-1}=C^H(CC^H)^{-1}$.

方法3 对 A 仅施行列初等变换,即 A 右乘一个可逆矩阵 Q, 使得 $AQ=A_1=[C_1\quad O]\in\mathbf{C}^{m\times n}$, 其中 $C\in\mathbf{C}^{m\times r}$, $r(C)=r$, 则 A 的 g－逆矩阵为

$$A^-=QA_1^-$$

式中 $A_1^-=\begin{bmatrix}C_L^{-1}\\O\end{bmatrix}\in\mathbf{C}^{n\times m}$, $C_L^{-1}=(C^HC)^{-1}C^H$.

方法4 对 A 施行行与列的初等变换,即 A 左乘一个可逆矩阵 P, 右乘一个可逆矩阵 Q, 使得

$$PAQ = \begin{bmatrix} I_r & \\ & O \end{bmatrix}$$

则对任意矩阵 $L \in \mathbf{C}^{(n-r)\times(m-r)}$, $n \times m$ 型矩阵 $X = Q\begin{bmatrix} I_r & O \\ O & L \end{bmatrix}P$ 是 A 的一个 g -逆矩阵.

方法5 对 A 施行初等行变换化为 Hermite 标准形 B, 即左乘一个可逆矩阵 S, 使得 $SA = B$. 根据矩阵 B, 构造置换矩阵 T, 使得

$$SAT = BT = \begin{bmatrix} I_r & K \\ O & O \end{bmatrix}$$

其中 $K \in \mathbf{C}^{r\times(m-r)}$, 则对任意矩阵 $L \in \mathbf{C}^{(n-r)\times(m-r)}$, $n \times m$ 型矩阵 $X = T\begin{bmatrix} I_r & O \\ O & L \end{bmatrix}S$ 是 A 的一个 g -逆矩阵.

证明:只证方法 1 与方法 4,其余留作习题.

因为

$$A(D_R^{-1}C_L^{-1})A = CDD^{\mathrm{H}}(DD^{\mathrm{H}})^{-1}(C^{\mathrm{H}}C)^{-1}C^{\mathrm{H}}CD = CD = A$$

故

$$A^{-} = D_R^{-1}C_L^{-1} \in A\{1\}$$

因为

$$\begin{aligned} AXA &= P^{-1}\begin{bmatrix} I_r & O \\ O & O \end{bmatrix}Q^{-1}Q\begin{bmatrix} I_r & O \\ O & L \end{bmatrix}PP^{-1}\begin{bmatrix} I_r & O \\ O & O \end{bmatrix}Q^{-1} \\ &= P^{-1}\begin{bmatrix} I_r & O \\ O & O \end{bmatrix}Q^{-1} = A \end{aligned}$$

故 $x \in A\{1\}$.

例 6.1 设

$$A = \begin{bmatrix} 1 & 2 & 0 \\ 0 & 0 & 2 \\ 2 & 4 & 0 \end{bmatrix}$$

求 A 的 g -逆矩阵 A^{-}.

解: $r(A) = 2 < 3$, A 既非行满秩又非列满秩. 现用上述五种方法来解.

解法 1

因为

$$A \to \begin{bmatrix} 1 & 2 & 0 \\ 0 & 0 & 2 \\ 0 & 0 & 0 \end{bmatrix} \to \begin{bmatrix} 1 & 2 & 0 \\ 0 & 0 & 1 \\ 0 & 0 & 0 \end{bmatrix} = B$$

所以 $\boldsymbol{A}$ 的满秩分解为 $\boldsymbol{A}=\boldsymbol{CD}$，其中 $\boldsymbol{C}=\begin{bmatrix}1&0\\0&2\\2&0\end{bmatrix}$，$\boldsymbol{D}=\begin{bmatrix}1&2&0\\0&0&1\end{bmatrix}$.

于是

$$\begin{aligned}\boldsymbol{D}_R^{-1}&=\boldsymbol{D}^{\mathrm{H}}(\boldsymbol{D}\boldsymbol{D}^{\mathrm{H}})^{-1}\\&=\begin{bmatrix}1&0\\2&0\\0&1\end{bmatrix}\begin{bmatrix}5&0\\0&1\end{bmatrix}^{-1}=\begin{bmatrix}1&0\\2&0\\0&1\end{bmatrix}\begin{bmatrix}5&0\\0&1\end{bmatrix}^{-1}\\&=\begin{bmatrix}1&0\\2&0\\0&1\end{bmatrix}\frac{1}{5}\begin{bmatrix}5&0\\0&1\end{bmatrix}=\frac{1}{5}\begin{bmatrix}1&0\\2&0\\0&5\end{bmatrix}\end{aligned}$$

$$\begin{aligned}\boldsymbol{C}_L^{-1}&=(\boldsymbol{C}^{\mathrm{H}}\boldsymbol{C})^{-1}\boldsymbol{C}^{\mathrm{H}}=\begin{bmatrix}5&0\\0&4\end{bmatrix}^{-1}\begin{bmatrix}1&0&2\\0&2&0\end{bmatrix}\\&=\frac{1}{20}\begin{bmatrix}4&0\\0&5\end{bmatrix}\begin{bmatrix}1&0&2\\0&2&0\end{bmatrix}=\frac{1}{10}\begin{bmatrix}2&0&4\\0&5&0\end{bmatrix}\end{aligned}$$

因此

$$\boldsymbol{A}^{-}=\boldsymbol{D}_R^{-1}\boldsymbol{C}_L^{-1}=\frac{1}{5}\begin{bmatrix}1&0\\2&0\\0&1\end{bmatrix}\frac{1}{10}\begin{bmatrix}2&0&4\\0&5&0\end{bmatrix}=\frac{1}{50}\begin{bmatrix}2&0&4\\4&0&8\\0&25&0\end{bmatrix}$$

解法 2　对 $\boldsymbol{A}$ 仅施行行初等变换，求 $\boldsymbol{A}_1$ 和 $\boldsymbol{P}$ 可按下述程序一并进行：

$$(\boldsymbol{A}\;\vdots\;\boldsymbol{I})=\left[\begin{array}{ccc:ccc}1&2&0&1&0&0\\0&0&2&0&1&0\\2&4&0&0&0&1\end{array}\right]\to\left[\begin{array}{ccc:ccc}1&2&0&1&0&0\\0&0&2&0&1&0\\0&0&0&-2&0&1\end{array}\right]=(\boldsymbol{A}_1\;\vdots\;\boldsymbol{P})$$

求得

$$\boldsymbol{A}_1=\begin{bmatrix}1&2&0\\0&0&2\\0&0&0\end{bmatrix}=\begin{bmatrix}\boldsymbol{C}\\\boldsymbol{O}\end{bmatrix}=\boldsymbol{PA},\ \boldsymbol{P}=\begin{bmatrix}1&0&0\\0&1&0\\-2&0&1\end{bmatrix},\ \boldsymbol{C}=\begin{bmatrix}1&2&0\\0&0&2\end{bmatrix}$$

$$\boldsymbol{C}_R^{-1}=\boldsymbol{C}^{\mathrm{H}}(\boldsymbol{C}\boldsymbol{C}^{\mathrm{H}})^{-1}=\begin{bmatrix}1&0\\2&0\\0&2\end{bmatrix}\begin{bmatrix}5&0\\0&4\end{bmatrix}^{-1}=\begin{bmatrix}1&0\\2&0\\0&2\end{bmatrix}\frac{1}{20}\begin{bmatrix}4&0\\0&5\end{bmatrix}=\frac{1}{10}\begin{bmatrix}2&0\\4&0\\0&5\end{bmatrix}$$

于是

$$\boldsymbol{A}_1^{-}=[\boldsymbol{C}_R^{-1}\quad\boldsymbol{O}]=\frac{1}{10}\begin{bmatrix}2&0&0\\4&0&0\\0&5&0\end{bmatrix}$$

$$\boldsymbol{A}^{-}=\boldsymbol{A}_1^{-}\boldsymbol{P}=\frac{1}{10}\begin{bmatrix}2&0&0\\4&0&0\\0&5&0\end{bmatrix}\begin{bmatrix}1&0&0\\0&1&0\\-2&0&1\end{bmatrix}=\frac{1}{10}\begin{bmatrix}2&0&0\\4&0&0\\0&5&0\end{bmatrix}$$

解法 3 对 $\boldsymbol{A}$ 仅施行列初等变换,求 $\boldsymbol{A}_1$ 和 $\boldsymbol{Q}$. 可按下述程序一并进行:

$$\begin{bmatrix}\boldsymbol{A}\\ \cdots\\ \boldsymbol{I}\end{bmatrix}=\begin{bmatrix}1&2&0\\0&0&2\\2&4&0\\ \hdashline 1&0&0\\0&1&0\\0&0&1\end{bmatrix}\to\begin{bmatrix}1&0&0\\0&0&2\\2&0&0\\ \hdashline 1&-2&0\\0&1&0\\0&0&1\end{bmatrix}\to\begin{bmatrix}1&0&0\\0&0&2\\2&0&0\\ \hdashline 1&0&-2\\0&0&1\\0&1&0\end{bmatrix}=\begin{bmatrix}\boldsymbol{A}_1\\ \cdots\\ \boldsymbol{Q}\end{bmatrix}$$

其中

$$\boldsymbol{A}_1=\begin{bmatrix}1&0&0\\0&2&0\\2&0&0\end{bmatrix},\boldsymbol{Q}=\begin{bmatrix}1&0&-2\\0&0&1\\0&1&0\end{bmatrix}$$

故有

$$\boldsymbol{A}_1=[\boldsymbol{C},\boldsymbol{O}]=\boldsymbol{AQ}$$

其中

$$\boldsymbol{C}=\begin{bmatrix}1&0\\0&2\\2&0\end{bmatrix}$$

$$\begin{aligned}\boldsymbol{C}_L^{-1}&=(\boldsymbol{C}^{\mathrm{H}}\boldsymbol{C})^{-1}\boldsymbol{C}^{\mathrm{H}}\\&=\begin{bmatrix}5&0\\0&4\end{bmatrix}^{-1}\begin{bmatrix}1&0&2\\0&2&0\end{bmatrix}=\frac{1}{20}\begin{bmatrix}4&0\\0&5\end{bmatrix}\begin{bmatrix}1&0&2\\0&2&0\end{bmatrix}\\&=\frac{1}{20}\begin{bmatrix}4&0&8\\0&10&0\end{bmatrix}=\frac{1}{10}\begin{bmatrix}2&0&4\\0&5&0\end{bmatrix}\end{aligned}$$

$$\boldsymbol{A}^-=\boldsymbol{QA}_1^-=\frac{1}{10}\begin{bmatrix}1&0&-2\\0&0&1\\0&1&0\end{bmatrix}\begin{bmatrix}2&0&4\\0&5&0\\0&0&0\end{bmatrix}=\frac{1}{10}\begin{bmatrix}2&0&4\\0&0&0\\0&5&0\end{bmatrix}$$

解法 4 对 $\boldsymbol{A}$ 施行行与列初等变换,可按下述程序进行:

$$\begin{bmatrix}\boldsymbol{A}&\vdots&\boldsymbol{I}\\ \cdots&&\\ \boldsymbol{I}&&\end{bmatrix}=\begin{bmatrix}1&2&0&1&0&0\\0&0&2&0&1&0\\2&4&0&0&0&1\\ \hdashline 1&0&0&&&\\0&1&0&&&\\0&0&1&&&\end{bmatrix}\to\begin{bmatrix}1&0&0&1&0&0\\0&0&2&0&1&0\\0&0&0&-2&0&1\\ \hdashline 1&-2&0&&&\\0&1&0&&&\\0&0&1&&&\end{bmatrix}$$

$$\to\begin{bmatrix}1&0&0&1&0&0\\0&1&0&0&\frac{1}{2}&0\\0&0&0&-2&0&1\\ \hdashline 1&0&-2&&&\\0&0&1&&&\\0&1&0&&&\end{bmatrix}=\begin{bmatrix}\boldsymbol{I}_2&\boldsymbol{O}&\vdots&\\&&\vdots&\boldsymbol{P}\\ \boldsymbol{O}&0&\vdots&\\ \hdashline &\boldsymbol{Q}&&\end{bmatrix}$$

$$PAQ=\begin{bmatrix} I_2 & O \\ O & 0 \end{bmatrix}$$

故

$$\begin{aligned} A^- &= Q\begin{bmatrix} I_2 & O \\ O & c \end{bmatrix}P \\ &= \begin{bmatrix} 1 & 0 & -2 \\ 0 & 0 & 1 \\ 0 & 1 & 0 \end{bmatrix}\begin{bmatrix} 1 & 0 & 0 \\ 0 & 1 & 0 \\ 0 & 0 & c \end{bmatrix}\begin{bmatrix} 1 & 0 & 0 \\ 0 & \frac{1}{2} & 1 \\ -2 & 0 & 1 \end{bmatrix} \\ &= \begin{bmatrix} 1 & 0 & -2c \\ 0 & 0 & c \\ 0 & 1 & 0 \end{bmatrix}\begin{bmatrix} 1 & 0 & 0 \\ 0 & \frac{1}{2} & 0 \\ -2 & 0 & 1 \end{bmatrix} \\ &= \begin{bmatrix} 1+4c & 0 & -2c \\ -2c & 0 & c \\ 0 & \frac{1}{2} & 0 \end{bmatrix} \end{aligned}$$

式中 $c \in \mathbf{C}$ 任意.

解法 5　对 A 施行初等行变换化为 Hermite 标准形 B, 即左乘以一个可逆矩阵 S, 使得 $SA=B$. 再右乘以一个置换矩阵 T, 使得 $SAT=\begin{bmatrix} I_r & O \\ O & O \end{bmatrix}$.

上述过程可按下述程序进行:

$$(A \vdots I)=\left[\begin{array}{ccc:ccc} 1 & 2 & 0 & 1 & 0 & 0 \\ 0 & 0 & 2 & 0 & 1 & 0 \\ 2 & 4 & 0 & 0 & 0 & 1 \end{array}\right] \to \left[\begin{array}{ccc:ccc} 1 & 2 & 0 & 1 & 0 & 0 \\ 0 & 0 & 1 & 0 & \frac{1}{2} & 0 \\ 0 & 0 & 0 & -2 & 0 & 0 \end{array}\right]$$

可见 $S=\begin{bmatrix} 1 & 0 & 0 \\ 0 & \frac{1}{2} & 0 \\ -2 & 0 & 0 \end{bmatrix}$, $B=\begin{bmatrix} 1 & 2 & 0 \\ 0 & 0 & 1 \\ 0 & 0 & 0 \end{bmatrix}$ 使得 $SA=B$.

由 B 知, 取置换矩阵 $T=\begin{bmatrix} 1 & 0 & 0 \\ 0 & 0 & 1 \\ 0 & 1 & 0 \end{bmatrix}$, 则有 $SAT=\left[\begin{array}{cc:c} 1 & 0 & 2 \\ 0 & 1 & 0 \\ \hdashline 0 & 0 & 0 \end{array}\right]=\begin{bmatrix} I_2 & K \\ O & 0 \end{bmatrix}$, 式中 $K=\begin{bmatrix} 2 \\ 0 \end{bmatrix}$.

因此

$$\begin{aligned} A^- &= T\begin{bmatrix} I_2 & O \\ O & c \end{bmatrix}S \\ &= \begin{bmatrix} 1 & 0 & 0 \\ 0 & 0 & 1 \\ 0 & 1 & 0 \end{bmatrix}\begin{bmatrix} 1 & 0 & 0 \\ 0 & 1 & 0 \\ 0 & 0 & c \end{bmatrix}\begin{bmatrix} 1 & 0 & 0 \\ 0 & \frac{1}{2} & 0 \\ -2 & 0 & 0 \end{bmatrix} \end{aligned}$$

$$= \begin{bmatrix} 1 & 0 & 0 \\ 0 & 0 & c \\ 0 & 1 & 0 \end{bmatrix} \begin{bmatrix} 1 & 0 & 0 \\ 0 & \frac{1}{2} & 0 \\ -2 & 0 & 0 \end{bmatrix} = \begin{bmatrix} 1 & 0 & 0 \\ -2c & 0 & 0 \\ 0 & \frac{1}{2} & 0 \end{bmatrix}$$

其中 $c \in \mathbf{C}$ 任意.

用解法 1 至解法 3 计算时,均涉及计算矩阵的逆,而用解法 4 与解法 5 计算不涉及矩阵的逆.

6.2.5 用 A^- 表示相容方程组的通解

相容的方程组必有解,问题是它的所有解如何表示. 下面给出用线性方程组的系数矩阵的 $\boldsymbol{g}$ - 逆矩阵表示的通解.

定理 6.6 **(相容方程组的通解)** 相容方程组

$$\boldsymbol{Ax} = \boldsymbol{b}$$

的通解为

$$\boldsymbol{x} = \boldsymbol{A}^- \boldsymbol{b} + (\boldsymbol{I}_n - \boldsymbol{A}^- \boldsymbol{A})\boldsymbol{y} \tag{6-11}$$

其中 $\boldsymbol{y} \in \mathbf{C}^n$.

证明:首先证明 $\forall \boldsymbol{y} \in \mathbf{C}^n$, 式(6-11)中的 $\boldsymbol{x}$ 确为方程组 $\boldsymbol{Ax} = \boldsymbol{b}$ 的解. 由于 $\boldsymbol{Ax} = \boldsymbol{b}$ 是相容的,故存在 $\boldsymbol{x}_0 \in \mathbf{C}^n$ 使得 $\boldsymbol{Ax}_0 = \boldsymbol{b}$, 因此对式(6-11)中的 $\boldsymbol{x}$, 有

$$\begin{aligned} \boldsymbol{Ax} &= \boldsymbol{A}[\boldsymbol{A}^- \boldsymbol{b} + (\boldsymbol{I}_n - \boldsymbol{A}^- \boldsymbol{A})\boldsymbol{y}] \\ &= \boldsymbol{AA}^- \boldsymbol{Ax}_0 + (\boldsymbol{A} - \boldsymbol{AA}^- \boldsymbol{A})\boldsymbol{y} \\ &= \boldsymbol{Ax}_0 + (\boldsymbol{A} - \boldsymbol{A})\boldsymbol{y} = \boldsymbol{b} \end{aligned}$$

其次证明,对 $\boldsymbol{Ax} = \boldsymbol{b}$ 的任一解 $\boldsymbol{x}_0$, 都有 $\boldsymbol{y} \in \mathbf{C}^n$, 使 $\boldsymbol{x}_0$ 表示成式(6-11)的形式,即取 $\boldsymbol{y} = \boldsymbol{x}_0$, 有

$$\begin{aligned} \boldsymbol{A}^- \boldsymbol{b} + (\boldsymbol{I}_n - \boldsymbol{A}^- \boldsymbol{A})\boldsymbol{x}_0 &= \boldsymbol{A}^- \boldsymbol{b} + \boldsymbol{x}_0 - \boldsymbol{A}^- \boldsymbol{Ax}_0 \\ &= \boldsymbol{A}^- \boldsymbol{b} + \boldsymbol{x}_0 - \boldsymbol{A}^- \boldsymbol{b} = \boldsymbol{x}_0 \end{aligned}$$

推论 6.1 齐次线性方程组

$$\boldsymbol{Ax} = \boldsymbol{0}$$

的通解为

$$\boldsymbol{x} = (\boldsymbol{I}_n - \boldsymbol{A}^- \boldsymbol{A})\boldsymbol{y} \tag{6-12}$$

式中 $\boldsymbol{y} \in \mathbf{C}^n$.

由于 $\boldsymbol{A}^- \boldsymbol{b}$ 是相容方程组 $\boldsymbol{Ax} = \boldsymbol{b}$ 的解,由式(6-11)和式(6-12)可得相容方程组的结构:非齐次线性方程组的通解为它的一个特解加上对应的齐次线性方程组的通解.

例 6.2 求解线性方程组 $\begin{cases} x_1 + 2x_2 - x_3 = 1 \\ -x_2 + 2x_3 = 2 \end{cases}$.

解：系数矩阵为 $A=\begin{bmatrix}1 & 2 & -1\\ 0 & -1 & 2\end{bmatrix}$，$b=\begin{bmatrix}1\\ 2\end{bmatrix}$. 因 $r(A)=r(A\,\vdots\,b)=2$，故方程组相容，其通解为 $x=A^{-}b+(I_3-A^{-}A)y$，$y\in\mathbf{C}^3$.

因为 A 为行满秩，所以

$$A^{-}=A_R^{-1}=A^{\mathrm{H}}(AA^{\mathrm{H}})^{-1}=\begin{bmatrix}1 & 0\\ 2 & -1\\ -1 & 2\end{bmatrix}\begin{bmatrix}6 & -4\\ -4 & 5\end{bmatrix}^{-1}$$

$$=\begin{bmatrix}1 & 2\\ 2 & -1\\ -1 & 2\end{bmatrix}\cdot\frac{1}{14}\begin{bmatrix}5 & 4\\ 4 & 6\end{bmatrix}=\frac{1}{14}\begin{bmatrix}5 & 4\\ 6 & 2\\ 3 & 8\end{bmatrix}$$

从而

$$A^{-}A=\frac{1}{14}\begin{bmatrix}5 & 4\\ 6 & 2\\ 3 & 8\end{bmatrix}\begin{bmatrix}1 & 2 & -1\\ 0 & -1 & 2\end{bmatrix}$$

$$=\frac{1}{14}\begin{bmatrix}5 & 6 & 3\\ 6 & 10 & -2\\ 3 & -2 & 13\end{bmatrix}$$

因此，通解为

$$x=A^{-}b+(I-A^{-}A)y$$

$$=\frac{1}{14}\begin{bmatrix}5 & 4\\ 6 & 2\\ 3 & 8\end{bmatrix}\begin{bmatrix}1\\ 2\end{bmatrix}+\left[I-\frac{1}{14}\begin{bmatrix}5 & 6 & 3\\ 6 & 10 & -2\\ 3 & -2 & 13\end{bmatrix}\right]\begin{bmatrix}y_1\\ y_2\\ y_3\end{bmatrix}$$

$$=\frac{1}{14}\begin{bmatrix}13\\ 10\\ 19\end{bmatrix}+\frac{1}{14}\begin{bmatrix}9 & -6 & -3\\ -6 & 4 & 2\\ -3 & 2 & 1\end{bmatrix}\begin{bmatrix}y_1\\ y_2\\ y_3\end{bmatrix}$$

式中 $y=(y_1,y_2,y_3)^{\mathrm{T}}\in\mathbf{C}^3$ 为任意向量.

6.3　相容方程组的极小范数解与广义逆 A_m^{-}

6.3.1　广义逆 A_m^{-} 的引入背景

设线性方程组

$$Ax=b \tag{6-13}$$

是相容的，其中 $A\in\mathbf{C}^{m\times n}$，$b\in\mathbf{C}^m$.

则线性方程组(6－13)的通解为

$$x = A^- b + (I - A^- A)y \tag{6-14}$$

式中 $A^- \in A\{1\}$，$y \in \mathbf{C}^n$ 为任意向量.

现在要在这些解中找出一个解 $x_0 \in \mathbf{C}^n$，对于线性方程组(6－13)的任何解 x，都有

$$\| x_0 \| \leqslant \| x \| \tag{6-15}$$

记 $S_b = \{x \in \mathbf{C}^n \mid Ax = b\}$. 则式(6－15)可表述成 $x_0 \in S_b$，使得

$$\| x_0 \| = \min_{x \in S_b} \| x \| \tag{6-16}$$

这样的解 x_0 称为是相容方程组(6－13)的“极小范数解”.

现在的问题如下：

(1)上述相容方程组(6－13)的极小范数解 x_0 是否存在？若存在是否唯一？

(2)是否存在这样的矩阵 $G \in \mathbf{C}^{n\times m}$，使得 $\forall b \in R(A)$，$x = Gb$ 为线性方程组(6－13)的极小范数解？

6.3.2 极小范数解的特征

定理 6.7(极小范数解的存在唯一性) 设 $S_b \neq \varnothing$，则存在唯一的 $x_0 \in S_b$，使得式(6－15)或式(6－16)成立.

证明：由正交分解式 $\mathbf{C}^n = N^\perp(A) \oplus N(A)$ 可知，$\forall x \in S_b$，存在唯一分解式 $x = x_1 + x_2$，其中 $x_1 \in N^\perp(A)$，$x_2 \in N(A)$，从而有 $b = Ax = Ax_1$，这推出 $x_1 \in S_b \cap N^\perp(A) \neq \varnothing$. 取 $x_0 \in S_b \cap N^\perp(A)$，则 $\forall x \in S_b$，由于 $x = x - x_0 + x_0$，$x - x_0 \in N(A)$，$x_0 \in N^\perp(A)$，故有 $\| x \|^2 = \| x - x_0 \|^2 + \| x_0 \|^2 \geqslant \| x_0 \|^2$，即 $\forall x \in S_b$，$\| x_0 \| \leqslant \| x \|$，或 $\| x_0 \| = \min\limits_{x \in S_b} \| x \|$. 这就证明了方程组(6－13)的极小范数解的存在性.

证明极小范数解的唯一性.

设 $\tilde{x}$ 是线性方程组(6－13)的另一个极小范数解，则 $\tilde{x} \in N^\perp(A)$. 事实上，设 $\tilde{x} = \tilde{x}_1 + \tilde{x}_2$，其中 $\tilde{x}_1 \in N^\perp(A)$，$\tilde{x}_2 \in N(A)$，则必有 $\tilde{x}_2 = \mathbf{0}$. 若否，设 $\tilde{x}_2 \neq \mathbf{0}$，则 $\| \tilde{x} \|^2 = \| \tilde{x}_1 \|^2 + \| \tilde{x}_2 \|^2 > \| \tilde{x}_1 \|^2$，从而有 $\| \tilde{x} \| > \| \tilde{x}_1 \|$，另外，$b = A\tilde{x} = A\tilde{x}_1$，这与 $\tilde{x}$ 是线性方程组(6－13)的极小范数解矛盾. 因此 $\tilde{x}_2 = \mathbf{0}$，从而 $\tilde{x} = \tilde{x}_1 \in N^\perp(A)$. 令 $x = \tilde{x} - x_0$，则 $x \in N^\perp(A) \cap N(A) = \{\mathbf{0}\}$，故 $x = \mathbf{0}$，即 $\tilde{x} = x_0$，这就证明了相容方程组(6－13)的极小范数解的唯一性.

从定理 6.7 的证明过程可知，相容方程组(6－13)的极小范数解有下述特征.

定理 6.8(相容方程组极小范数解的特征) x_0 是相容方程组(6－13)的极小范数解 $\Leftrightarrow x_0 \in N^\perp(A) \cap S_b$.

定理 6.9 设 $G \in \mathbf{C}^{n\times m}$，$\forall b \in R(A)$，$Gb$ 都是线性方程组(6－13)的极小范数解 $\Leftrightarrow G$ 满足

$$AGA = A$$
$$(GA)^{H} = GA$$

证明:(⇒)因为 $\forall b \in R(A)$, Gb 都是线性方程组(6-13)的解,由定理6.1知, G 满足方程 $AGA = A$.

依假设 $\forall x \in C^n$, $b = Ax \in R(A)$, Gb 都是相容方程组(6-13)的极小范数解,由定理6.8知 $Gb = GAx \in N^{\perp}(A)$;另外,由于 $AGA = A$, 故

$$\forall x \in \mathbf{C}^n, A(I - GA)x = (A - AGA)x = 0$$
$$(I - GA)x \in N(A)$$

因此

$$\forall x \in \mathbf{C}^n, (I - GA)x \perp GAx \tag{6-17}$$

从而

$$(GAx)^{H}(I - GA)x = 0 \tag{6-18}$$

于是

$$\forall x \in \mathbf{C}^n, x^{H} (GA)^{H}(I - GA)x = 0 \tag{6-19}$$

由 $x \in \mathbf{C}^n$ 的任意性知

$$(GA)^{H}(I - GA) = O \tag{6-20}$$

即

$$(GA)^{H} = (GA)^{H}(GA) \tag{6-21}$$

在式(6-21)两边取共轭转置,得

$$GA = (GA)^{H}(GA) \tag{6-22}$$

因此, G 满足方程 $(GA)^{H} = GA$.

(⇐)由于 G 满足方程 $AGA = A$, 由定理6.1知, $\forall b \in R(A)$, Gb 是式(6-13)的解,从而 $Gb \in S_b$;由于 G 满足方程 $(GA)^{H} = GA$, 注意到 $\forall b \in R(A)$, 存在 $u \in \mathbf{C}^n$, 使得 $b = Au$, 从而有 $Gb = (GA)u = (GA)^{H}u = A^{H}(G^{H}u) \in R(A^{H}) = N^{\perp}(A)$, 因而 $\forall b \in R(A)$, $Gb \in N^{\perp}(A) \cap S_b$.

由定理6.8知, Gb 是相容方程组(6-13)的极小范数解.

如果在直和分解式(6-8)中取 $S = N^{\perp}(A)$, 由命题6.1知 $A|_{N^{\perp}(A)}:N^{\perp}(A) \to R(A)$ 为同构映射(变换),从而它有逆映射(变换),记作 $G = [A|_{N^{\perp}(A)}]^{-1}$, 则 $G:R(A) \to N^{\perp}(A)$ 也是同构映射(变换)(见图6-2). 容易看出, $G \in \mathbf{C}^{n\times m}$ 且满足方程 $AGA = A$, 从而由定理6.1知 $\forall b \in R(A)$, Gb 是相容方程组(6-9)的解,即 $Gb \in S_b$. 另外,由 G 的定义知 $\forall b \in R(A)$, $Gb \in N^{\perp}(A)$, 这样就有 $\forall b \in R(A)$, $Gb \in N^{\perp}(A) \cap S_b$. 由定理6.8知 $\forall b \in R(A)$, Gb 是相容方程组(6-13)的极小范数解. 这就得到以下定理.

定理6.10　设 $A \in \mathbf{C}^{m\times n}$, 则存在 $G \in \mathbf{C}^{n\times m}$, 使得 $\forall b \in R(A)$, Gb 是相容方程组(6-13)的极小范数解.

定义6.7　$\forall b \in R(A)$ 使 $x = Gb$ 是线性方程组 $Ax = b$ 的极小范数解的矩阵 G, 称为 A 的极小范数 g-逆矩阵,或 $\{1,4\}$-逆矩阵,记为 A_m^-.

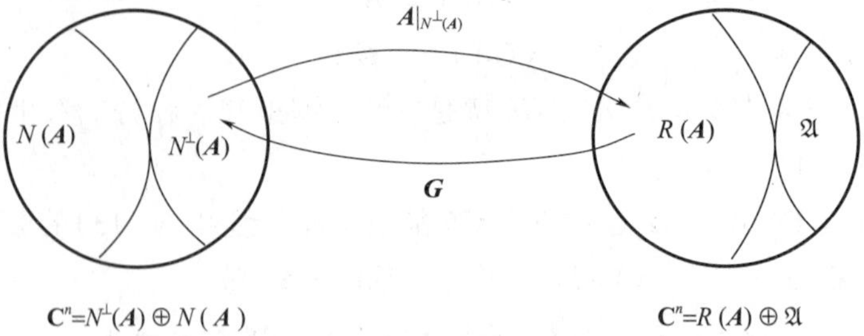

图 6-2　$G:R(A)\to N^{\perp}(A)$ 是同构映射(变换)

注 6.3　(1)由于 G 仅在 $R(A)$ 上有定义,而 $\mathbf{C}^m = R(A)\oplus\mathfrak{A}$. 当 $\mathfrak{A}\neq\{0\}$ 时,定义 $\tilde{G}:\mathbf{C}^m\to N^{\perp}(A)$ 为 $\tilde{G}x = \tilde{G}(x_1 + x_2) = Gx_1$, $x\in C^m$, $x_1\in R(A)$, $x_2\in\mu$, 则 $\tilde{G}\in\mathbf{C}^{n\times m}$, 且 $\forall b\in R(A)$, $\tilde{G}b$ 是线性方程组 $Ax=b$ 的极小范数解,从而 $\tilde{G}$ 满足方程 $AGA = A$ 与 $(GA)^H = GA$, 它也是 A 的极小范数 g-逆矩阵,但 $\tilde{G}\neq G$.

(2) A 的极小范数 g 逆的全体记作 $A\{1,4\}$, 由定理 6.8 知

$$A\{1,4\} = \{G\in\mathbf{C}^{n\times m}\mid G \text{ 满足方程 } AGA = A \text{ 与 } (GA)^H = GA\}$$

虽然 A_m^- 不是唯一的,但相容方程组 $Ax=b$ 的极小范数解 A_m^-b 却是唯一的.

6.3.3　极小范数 g-逆矩阵 A_m^- 的计算

定理 6.11　设 $A\in\mathbf{C}^{m\times n}$, 则

(1)当 A 为行(或列)满秩时,则有

$$A_m^- = A_R^{-1} = A^H(AA^H)^{-1}\ (\text{或 } A_m^- = A_L^- = (A^HA)^{-1}A^H) \tag{6-23}$$

(2)当 $r(A) = r < \min\{m,n\}$ 时,将 A 满秩分解为 $A = CD$, 其中 C 为列满秩, D 为行满秩,则有

$$A_m^- = D_R^{-1}C_L^{-1} \tag{6-24}$$

(3) $A_m^- = A^H(AA^H)^-$ 或 $A_m^- = (A^HA)^-A^H$　(6-25)

证明:(1)因为 $r(AA^H) = r(A) = m$, 而 $AA^H\in\mathbf{C}^{m\times m}$, 故 AA^H 可逆, A 的右逆 A_R^{-1} 存在 $A_R^{-1} = A^H(AA^H)^{-1}$, 从而 $AA_R^{-1}A = (AA^H)(AA^H)^{-1}A = A$, 即 A_R^{-1} 满足方程 $AGA = A$. 由于

$$\begin{aligned}(A_R^{-1}A)^H &= (A^H(AA^H)^{-1}A)^H = A^H((AA^H)^{-1})^HA\\ &= A^H((AA^H)^H)^{-1}A = A^H(AA^H)^{-1}A = A_R^{-1}A\end{aligned}$$

因此, A_R^{-1} 也满足方程 $(GA)^H = GA$. 类似地可证 A_L^{-1} 满足方程 $AGA = A$ 与 $(GA)^H = GA$, 故式(6-23)成立.

(2)记 $G = D_R^{-1}C_L^{-1}$, 则 $AGA = CDD_R^{-1}C_L^{-1}CD = CD = A$, 故 G 满足方程 $AGA = A$. 由于 $(GA)^H = (D_R^{-1}C_L^{-1}CD)^H = (D_R^{-1}D)^H = D^H(D_R^{-1})^H$

$$= D^H(D^H(DD^H)^{-1})^H \quad (\text{使用了式(6-23)})$$

$$= D^{H}(DD^{H})^{-1}D = D_R^{-1}D \quad \text{（再次使用了式(6-23)）}$$

$$= D_R^{-1}D_L^{-1}CD = GA$$

故 G 满足方程 $(GA)^{H} = GA$，式(6-24)成立.

(3)令 $G = A^{H}(AA^{H})^{-}$，则由定理6.5的(1)得

$$(GA)^{H} = (A^{H}(AA^{H})^{-}A)^{H} = A^{H}((AA^{H})^{-})^{H}A$$

$$= A^{H}((AA^{H})^{H})^{-}A = A^{H}(AA^{H})^{-}A = GA$$

由定理6.5之(5)第二式知 $A(A^{H}(AA^{H})^{-})A = A$，即 $AGA = A$，因此 G 满足方程 $AGA = A$ 与 $(GA)^{H} = GA$. 从而有 $G \in A\{1,4\}$. 类似可证

$$A_m^{-} = (A^{H}A)^{-}A^{H} \in A\{1,4\}$$

6.3.4　极小范数 g－逆矩阵的通式

对于给定的矩阵 $A \in \mathbf{C}^{m\times n}$，一般来说，它的极小范数 g－逆矩阵 A_m^{-} 不是唯一的，现给出它的通式.

命题6.2　设 $A \in \mathbf{C}^{m\times n}$，则

$$G \in A\{1,4\} \Leftrightarrow GA = A_m^{-}A,\ G \in \mathbf{C}^{n\times m}$$

证明：($\Leftarrow$)由于

$$AGA = AA_m^{-}A = A$$

故 $G \in A\{1\}$. 再由

$$(GA)^{H} = (A_m^{-}A)^{H} = A_m^{-}A = GA$$

故 $G \in A\{1,4\}$.

($\Rightarrow$)设 $G \in A\{1,4\}$，则

$$AGA = A,\ (GA)^{H} = GA$$

于是有

$$A_m^{-}A = A_m^{-}AGA = (A_m^{-}A)(GA)$$

$$= (A_m^{-}A)^{H}(GA)^{H} = A^{H}(A_m^{-})^{H}A^{H}G^{H}$$

$$= (AA_m^{-}A)^{H}G^{H} = A^{H}G^{H} = (GA)^{H} = GA$$

定理6.12　设 $A \in \mathbf{C}^{m\times n}$，则 A 的任何一个极小范数 g－逆矩阵 G 必可表示成

$$G = A_m^{-} + Z(I - AA_m^{-}) \tag{6-26}$$

其中 $Z \in \mathbf{C}^{n\times m}$，$A_m^{-}$ 为 A 的某一个极小范数 g－逆矩阵.

证明：首先证明 $\forall Z \in \mathbf{C}^{n\times m}$，由式(6-26)所确定的 $G \in A\{1,4\}$，事实上，有

$$GA = [A_m^{-} + Z(I - AA_m^{-})]A = A_m^{-}A + Z(I - AA_m^{-})A$$

$$= A_m^{-}A + Z(A - AA_m^{-}A)$$

$$= A_m^{-}A + Z(A - A) = A_m^{-}A$$

由命题6.2知 $G \in A\{1,4\}$.

反之，$\forall G \in A\{1,4\}$，取 $Z = G - A_m^{-} \in C^{n\times m}$.

由命题6.2知 $GA = A_m^- A$，于是

$$0 = (G - A_m^-)A = (G - A_m^-)AA_m^-$$

从而有

$$G = A_m^- + G - A_m^- = A_m^- + (G - A_m^-) - (G - A_m^-)AA_m^-$$
$$= A_m^- + (G - A_m^-)(I - AA_m^-) = A_m^- + Z(I - AA_m^-)$$

推论6.2 设 $A \in \mathbf{C}^{m\times n}$，$r(A) = m$，则矩阵 A 的极小范数 g -逆矩阵 A_m^- 是唯一的，$A_m^- = A_R^- = A^H(AA^H)^{-1}$.

证明：当 $r(A) = m$ 时，由定理6.10知，$A_m^- = A^H(AA^H)^{-1}$ 是 A 的一个极小范数 g -逆矩阵．此时，$AA_m^- = I$．由定理6.11中式(6-26)知

$$\forall G \in A\{1,4\},\ G = A_m^- + Z(I - AA_m^-) = A_m^- = A^H(AA^H)^{-1}$$

值得指出的是，A 的右逆并不是唯一的．当 A 为行满秩时，它的极小范数 g -逆矩阵的唯一性可由 A_m^- 的定义直接看出．因为此时 $R(A) = \mathbf{C}^m$，$\mathfrak{A} = \{\mathbf{0}\}$，$G = [A|_{N^{\perp}(A)}]^{-1}: \mathbf{C}^m \to N^{\perp}(A)$ 唯一确定，这时满足方程 $AGA = A$ 与 $(GA)^H = GA$ 的 G 是唯一的(见图6-3)．

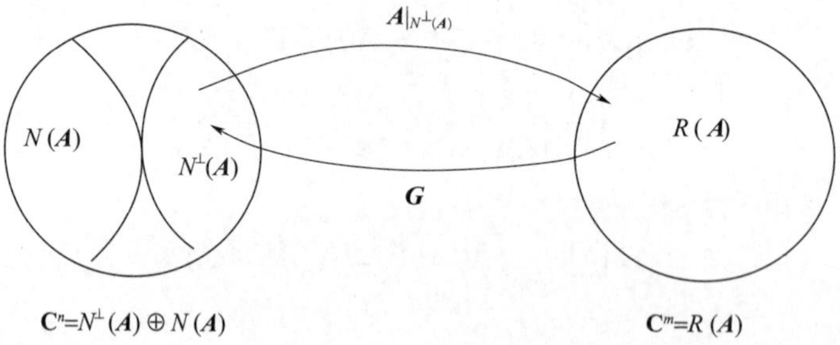

图6-3　方程 $AGA = A$ 与 $(GA)^H = GA$ 的 G 唯一

例6.3 求线性方程组 $Ax = b$ 的极小范数解，其中

$$A = \begin{bmatrix} 1 & 2 & -1 \\ 0 & -1 & 2 \end{bmatrix},\ b = \begin{bmatrix} 1 \\ 2 \end{bmatrix}$$

解：因为 $r(A) = r(Ab) = 2$，所以方程组 $Ax = b$ 是相容的．由于 A 为行满秩，故 $A_m^- = A_R^{-1} = A^H(AA^H)^{-1}$ 是 A 的唯一极小范数 g -逆矩阵．由例6.2知

$$A_m^- = A_R^{-1} = \frac{1}{14}\begin{bmatrix} 5 & 4 \\ 6 & 2 \\ 3 & 8 \end{bmatrix}$$

因此，极小范数解为

$$x = A_m^- b = \frac{1}{14}\begin{bmatrix} 5 & 4 \\ 6 & 2 \\ 3 & 8 \end{bmatrix}\begin{bmatrix} 1 \\ 2 \end{bmatrix} = \frac{1}{14}\begin{bmatrix} 13 \\ 10 \\ 19 \end{bmatrix}$$

6.4　矛盾方程组的最小二乘解与广义逆 A_l^-

6.4.1　矛盾方程组的最小二乘解的存在性与特征

设线性方程组

$$\boldsymbol{Ax} = \boldsymbol{b} \tag{6-27}$$

为矛盾方程组，即 $\boldsymbol{b} \notin R(\boldsymbol{A})$，其中 $\boldsymbol{b} \in \mathbf{C}^m$，$\boldsymbol{A} \in \mathbf{C}^{m\times n}$，$\boldsymbol{x} \in \mathbf{C}^n$.

现在考虑下述问题：对于给定的向量 $\boldsymbol{b} \in \mathbf{C}^m$，找 $\boldsymbol{x}_0 \in \mathbf{C}^n$，使得

$$\| \boldsymbol{Ax}_0 - \boldsymbol{b} \| = \min_{x \in C^n} \| \boldsymbol{Ax} - \boldsymbol{b} \| \tag{6-28}$$

满足式(6-28)的 $\boldsymbol{x}_0 \in \mathbf{C}^n$ 称为矛盾方程组(6-27)的最小二乘解.

首先，证明矛盾方程组(6-27)的最小二乘解是存在的. 为此目的，对 $\mathbf{C}^m$ 作正交分解

$$\mathbf{C}^m = R(\boldsymbol{A}) \oplus N(\boldsymbol{A}^{\mathrm{H}}) \tag{6-29}$$

其中

$$N(\boldsymbol{A}^{\mathrm{H}}) = R^{\perp}(\boldsymbol{A})$$

于是 $\forall \boldsymbol{b} \in \mathbf{C}^m$，存在唯一分解

$$\boldsymbol{b} = \boldsymbol{b}_1 + \boldsymbol{b}_2 \tag{6-30}$$

其中 $\boldsymbol{b}_1 \in R(\boldsymbol{A})$，$\boldsymbol{b}_2 \in N(\boldsymbol{A}^{\mathrm{H}})$，从而存在 $\boldsymbol{x}_0 \in \mathbf{C}^n$，使得

$$\boldsymbol{b}_1 = \boldsymbol{Ax}_0,\ \boldsymbol{b}_2 = \boldsymbol{b} - \boldsymbol{b}_1 = \boldsymbol{b} - \boldsymbol{Ax}_0 \tag{6-31}$$

因为 $\forall \boldsymbol{x} \in \mathbf{C}^n$，有

$$\boldsymbol{b} - \boldsymbol{Ax} = \boldsymbol{b}_1 - \boldsymbol{Ax} + \boldsymbol{b}_2 = \boldsymbol{Ax}_0 - \boldsymbol{Ax} + \boldsymbol{b} - \boldsymbol{Ax}_0 \tag{6-32}$$

而 $\boldsymbol{Ax}_0 - \boldsymbol{Ax} \in R(\boldsymbol{A})$，$\boldsymbol{b} - \boldsymbol{Ax}_0 = \boldsymbol{b}_2 \in N(\boldsymbol{A}^{\mathrm{H}})$，应用勾股定理得，$\forall \boldsymbol{x} \in \mathbf{C}^n$，有

$$\| \boldsymbol{b} - \boldsymbol{Ax} \|^2 = \| \boldsymbol{Ax}_0 - \boldsymbol{Ax} \|^2 + \| \boldsymbol{b} - \boldsymbol{Ax}_0 \|^2 \geqslant \| \boldsymbol{b} - \boldsymbol{Ax}_0 \|^2$$

即

$$\| \boldsymbol{b} - \boldsymbol{Ax}_0 \| = \min_{x \in \mathbf{C}^n} \| \boldsymbol{b} - \boldsymbol{Ax} \|$$

因此，$\boldsymbol{x}_0$ 是矛盾方程组(6-27)的最小二乘解.

设 $\boldsymbol{x}_0$ 是矛盾方程组(6-27)的最小二乘解，则 $\forall \boldsymbol{x} \in \mathbf{C}^n$，有

$$\| \boldsymbol{b} - \boldsymbol{Ax}_0 \| \leqslant \| \boldsymbol{b} - \boldsymbol{Ax} \| \tag{6-33}$$

$\boldsymbol{b} \in \mathbf{C}^m$ 有唯一分解式

$$\boldsymbol{b} = \boldsymbol{b}_1 + \boldsymbol{b}_2$$

其中 $\boldsymbol{b}_1 \in R(\boldsymbol{A})$，$\boldsymbol{b}_2 \in N(\boldsymbol{A}^{\mathrm{H}})$，

既然 $\boldsymbol{b}_1 \in R(\boldsymbol{A})$，故存在 $\boldsymbol{u} \in \mathbf{C}^n$，使得 $\boldsymbol{b}_1 = \boldsymbol{Au}$. 我们断言 $\boldsymbol{b}_1 = \boldsymbol{Ax}_0$，若否，由于

$$\boldsymbol{b} - \boldsymbol{Ax}_0 = \boldsymbol{b}_1 - \boldsymbol{Ax}_0 + \boldsymbol{b}_2$$

而 $\boldsymbol{b}_1 - \boldsymbol{Ax}_0 \in R(\boldsymbol{A})$，$\boldsymbol{b}_2 \in N(\boldsymbol{A}^{\mathrm{H}})$，则由勾股定理得

$$\|\boldsymbol{b}-\boldsymbol{A}\boldsymbol{x}_0\|^2=\|\boldsymbol{b}_1-\boldsymbol{A}\boldsymbol{x}_0\|^2+\|\boldsymbol{b}_2\|^2>\|\boldsymbol{b}_2\|^2$$
$$\Rightarrow\|\boldsymbol{b}-\boldsymbol{A}\boldsymbol{x}_0\|>\|\boldsymbol{b}_2\|=\|\boldsymbol{b}-\boldsymbol{b}_1\|=\|\boldsymbol{b}-\boldsymbol{A}\boldsymbol{u}\|$$

这与式(6-33)矛盾. 因此, $\boldsymbol{b}_1=\boldsymbol{A}\boldsymbol{x}_0$, 从而有 $\boldsymbol{b}-\boldsymbol{A}\boldsymbol{x}_0=\boldsymbol{b}_2\in N(\boldsymbol{A}^{\mathrm{H}})$. 这就证明了如下定理.

定理 6.13 矛盾方程组(6-27)的最小二乘解存在,且 $\boldsymbol{x}_0$ 是矛盾方程组(6-27)的最小二乘解 $\Leftrightarrow \boldsymbol{b}-\boldsymbol{A}\boldsymbol{x}_0\in N(\boldsymbol{A}^{\mathrm{H}})$.

由定理6.13容易证明下面的定理.

定理 6.14 存在矩阵 $\boldsymbol{G}\in\mathbf{C}^{n\times m}$, 使得 $\forall\boldsymbol{b}\in\mathbf{C}^m$, $\boldsymbol{G}\boldsymbol{b}$ 是矛盾方程组(6-27)的最小二乘解 $\Leftrightarrow\boldsymbol{G}$ 满足

$$\boldsymbol{AGA}=\boldsymbol{A}$$
$$(\boldsymbol{AG})^{\mathrm{H}}=\boldsymbol{AG}$$

证明:($\Rightarrow$)因为 $\forall\boldsymbol{b}\in\mathbf{C}^m$, $\boldsymbol{G}\boldsymbol{b}$ 是矛盾方程组(6-27)的最小二乘解,由定理6.13知

$$\forall\boldsymbol{b}\in\mathbf{C}^m,\ \boldsymbol{b}-\boldsymbol{AGb}\in N(\boldsymbol{A}^{\mathrm{H}})$$
$$\Rightarrow\boldsymbol{A}^{\mathrm{H}}(\boldsymbol{I}-\boldsymbol{AG})\boldsymbol{b}=\boldsymbol{0},\ \forall\boldsymbol{b}\in\mathbf{C}^m$$
$$\Rightarrow\boldsymbol{A}^{\mathrm{H}}(\boldsymbol{I}-\boldsymbol{AG})=\boldsymbol{0}$$

即

$$\boldsymbol{A}^{\mathrm{H}}=\boldsymbol{A}^{\mathrm{H}}\boldsymbol{AG}\tag{6-34}$$

在式(6-34)两边取共轭转置,得

$$\boldsymbol{A}=(\boldsymbol{AG})^{\mathrm{H}}\boldsymbol{A}\tag{6-35}$$

在式(6-35)两边右乘以 $\boldsymbol{G}$, 得

$$\boldsymbol{AG}=(\boldsymbol{AG})^{\mathrm{H}}\boldsymbol{AG}\tag{6-36}$$

在式(6-36)两边取共轭转置,得

$$(\boldsymbol{AG})^{\mathrm{H}}=(\boldsymbol{AG})^{\mathrm{H}}(\boldsymbol{AG})\tag{6-37}$$

即 $\boldsymbol{G}$ 满足 $(\boldsymbol{AG})^{\mathrm{H}}=\boldsymbol{AG}$.

由式(6-35)与式(6-37),得

$$\boldsymbol{A}=(\boldsymbol{AG})^{\mathrm{H}}\boldsymbol{A}=\boldsymbol{AGA}$$

即 $\boldsymbol{G}$ 满足 $\boldsymbol{AGA}=\boldsymbol{A}$.

($\Leftarrow$) $\forall\boldsymbol{b}\in\mathbf{C}^m$, $\boldsymbol{b}$ 有唯一分解式

$$\boldsymbol{b}=\boldsymbol{b}_1+\boldsymbol{b}_2\tag{6-38}$$

其中 $\boldsymbol{b}_1\in R(\boldsymbol{A})$, $\boldsymbol{b}_2\in N(\boldsymbol{A}^{\mathrm{H}})$.

因为线性方程组 $\boldsymbol{Ax}=\boldsymbol{b}_1$ 为相容方程组, $\boldsymbol{G}$ 满足方程 $\boldsymbol{AGA}=\boldsymbol{A}$, 由定理6.1知, $\boldsymbol{G}\boldsymbol{b}_1$ 是方程组 $\boldsymbol{Ax}=\boldsymbol{b}_1$ 的解,即

$$\boldsymbol{AG}\boldsymbol{b}_1=\boldsymbol{b}_1\tag{6-39}$$

又 $\boldsymbol{b}_2\in N(\boldsymbol{A}^{\mathrm{H}})$, 故

$$\boldsymbol{A}^{\mathrm{H}}\boldsymbol{b}_2=\boldsymbol{0}\tag{6-40}$$

再注意到 $\boldsymbol{G}$ 满足方程 $(\boldsymbol{AG})^{\mathrm{H}}=\boldsymbol{AG}$, 我们有 $\forall\boldsymbol{b}\in\mathbf{C}^m$, 有

$$b - AGb = b_1 - AGb_1 + b_2 - AGb_2$$
$$= b_1 - b_1 + b_2 - (AG)^{\mathrm{H}}b_2 = b_2 - G^{\mathrm{H}}(A^{\mathrm{H}}b_2) = b_2 \in N(A^{\mathrm{H}})$$

由定理6.13知，$\forall b \in \mathbf{C}^m$，$Gb$ 是矛盾方程组(6－27)的最小二乘解.

现在的问题是，在定理6.14中所述的矩阵 $G \in \mathbf{C}^{n\times m}$ 是否存在？下面给出 G 的存在性证明.

定理6.15　设 $A \in \mathbf{C}^{m\times n}$，则存在 $G \in \mathbf{C}^{n\times m}$ 满足方程 $AGA = A$ 与 $(AG)^{\mathrm{H}} = AG$.

证明：设

$$\mathbf{C}^n = S \oplus N(A) \tag{6-41}$$

其中 S 为 $N(A)$ 一个补空间.

$$\mathbf{C}^m = R(A) \oplus N(A^{\mathrm{H}}) \tag{6-42}$$

则由命题6.1知，$A|_S: S\to R(A)$ 为同构映射. 它的逆记为 $G = [A|_S]^{-1}$，则 $\tilde{G}: R(A)\to S$ 也是同构映射(见图6－4). 但 G 的定义域仅是 $R(A)$. 我们要找的矩阵 $G \in \mathbf{C}^{n\times m}$ 应对 $\forall b \in \mathbf{C}^m$ 有定义. 为此，用下述方法将 $\tilde{G}$ 的定义域从 $R(A)$ 扩张到 $\mathbf{C}^m$ 上：$\forall b \in \mathbf{C}^m$，$b$ 有唯一分解式(6－38)，即 $b = b_1 + b_2$，$b_1 \in R(A)$，$b_2 \in N(A^{\mathrm{H}})$.

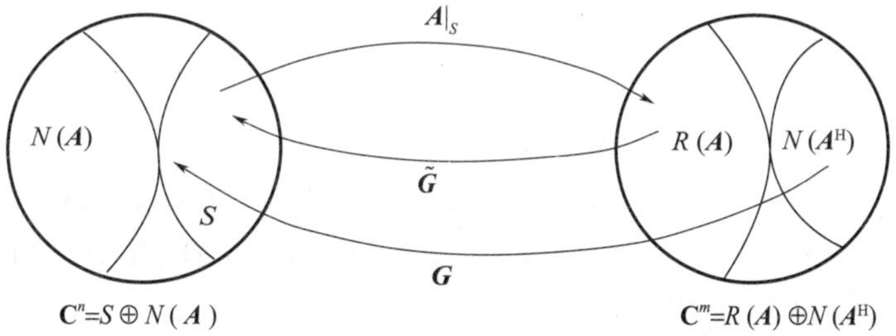

图6－4　$\tilde{G}: R(A)\to S$ 是同构映射

定义 $G: \mathbf{C}^m \to S$ 为

$$Gb = G(b_1 + b_2) = \tilde{G}b_1 \tag{6-43}$$

则 $G \in \mathbf{C}^{n\times m}$ 满足方程 $AGA = A$ 与 $(AG)^{\mathrm{H}} = AG$.

事实上，在 $R(A)$ 上，$G = \tilde{G}$ 满足方程 $AGA = A$. 由 $\tilde{G}$ 的定义知 $\forall b \in \mathbf{C}^m$，$b = b_1 + b_2$，$b_1 \in R(A)$，$b_2 \in N(A^{\mathrm{H}})$ (见图6－5)，从而有 $AGb_1 = b_1$，于是 $\forall b \in \mathbf{C}^m$，$b - AGb = b_1 - AGb_1 + b_2 = b_2 \in N(A^{\mathrm{H}})$.

由定理6.13知，$\forall b \in \mathbf{C}^m$，$Gb$ 是矛盾方程组(6－27)的最小二乘解. 再由定理6.14知，G 满足方程 $AGA = A$ 与 $(AG)^{\mathrm{H}} = AG$.

定义6.8　设 $A \in \mathbf{C}^{m\times n}$，若有 $G \in \mathbf{C}^{n\times m}$ 满足方程 $AGA = G$ 与 $(AG)^{\mathrm{H}} = AG$，则称 G 为 A 的最小二乘 g－逆矩阵或 $\{1,3\}$－逆矩阵，记成 A_l^-.

在定理6.15中所定义的 G 与 $N(A)$ 的补空间 S 有关. 由于 $N(A)$ 的补空间一般来说不是唯一的，故 A 的最小二乘 g－逆矩阵一般来说也不是唯一的.

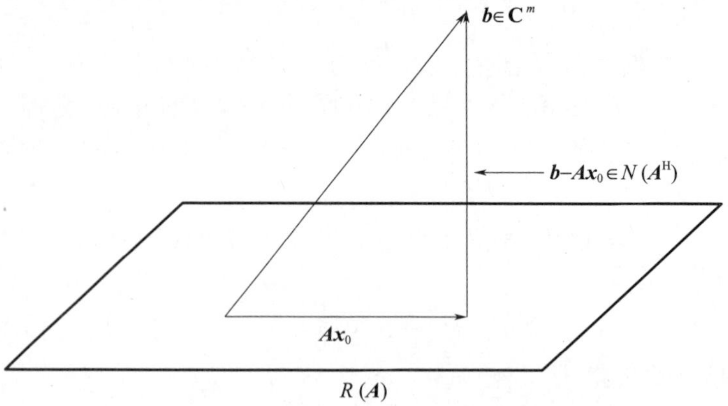

图 6-5　$\forall b \in \mathbf{C}^m, b = b_1 + b_2, b_1 \in R(A), b_2 \in N(A^H)$

$$A\{3\} = \{G \in \mathbf{C}^{n\times m} \mid G \text{ 满足方程 } (AG)^H = AG\}$$

$$A\{1,3\} = \{G \in \mathbf{C}^{n\times m} \mid G \text{ 满足方程 } AGA = G \text{ 与 } (AG)^H = AG\}$$

6.4.2　广义逆矩阵 A_l^- 的计算

定理 6.16　设 $A \in \mathbf{C}^{m\times n}$，则

(1) 当 $r(A) = m$ ($r(A) = n$) 时，有

$$A_l^- = A_R^{-1} = A^H(AA^H)^{-1} \ (\text{或 } A_l^- = A_L^{-1} = (A^HA)^{-1}A^H) \tag{6-44}$$

(2) 当 $r(A) = r < \min\{m,n\}$ 时，将 A 满秩分解 $A = CD$，其中 C 为列满秩，D 为行满秩，则

$$A_l^- = A^- = D_R^{-1}C_L^{-1} \tag{6-45}$$

(3) $A_l^- = (A^HA)^-A^H$ 或 $A_l^- = A^H(AA^H)^-$　(6-46)

证明：上述结论均可由定义直接验明，仅证(3)中第一式．令 $G = (A^HA)^-A^H$，只需验证 G 满足方程 $AGA = G$ 与 $(AG)^H = AG$ 即可．使用定理 6.5 性质(4)得

$$A^HAGA = A^HA(A^HA)^-A^HA = A^HA \Leftrightarrow AGA = A$$

故 G 满足方程 $AGA = G$．

又 $AG = A(A^HA)^-A$．两边取共轭转置，得

$$(AG)^H = [A(A^HA)^-A^H]^H = A[(A^HA)^-]^HA^H$$
$$= A[(A^HA)^H]^-A^H = A(A^HA)^-A^H = AG$$

故 G 也满足方程 $(AG)^H = AG$．

例 6.4　求矛盾方程组

$$\begin{cases} x_1 + 2x_2 = 1 \\ 2x_1 + x_2 = 0 \\ x_1 + x_2 = 0 \end{cases}$$

的最小二乘解．

解：$A=\begin{bmatrix}1&2\\2&1\\1&1\end{bmatrix}$，$b=\begin{bmatrix}1\\0\\0\end{bmatrix}$，由于 $r(A,b)=3$，$r(A)=2$，故所给方程组为矛盾方程组，A 为列满秩，故由式(6-44)得

$$\begin{aligned}A_l^- &= A_L^{-1} = (A^{\mathrm H}A)^{-1}A^{\mathrm H}\\ &= \left[\begin{bmatrix}1&2&1\\2&1&1\end{bmatrix}\begin{bmatrix}1&2\\2&1\\1&1\end{bmatrix}\right]^{-1}\begin{bmatrix}1&2&1\\2&1&1\end{bmatrix}\\ &= \begin{bmatrix}6&5\\5&6\end{bmatrix}^{-1}\begin{bmatrix}1&2&1\\2&1&1\end{bmatrix}\\ &= \frac{1}{11}\begin{bmatrix}6&-5\\-5&6\end{bmatrix}\begin{bmatrix}1&2&1\\2&1&1\end{bmatrix}\\ &= \frac{1}{11}\begin{bmatrix}-4&7&1\\7&-4&1\end{bmatrix}\end{aligned}$$

由此可得最小二乘解为

$$x = A_l^- b = \frac{1}{11}\begin{bmatrix}-4&7&1\\7&-4&1\end{bmatrix}\begin{bmatrix}1\\0\\0\end{bmatrix} = \frac{1}{11}\begin{bmatrix}-4\\7\end{bmatrix}$$

6.4.3　最小二乘 g - 逆矩阵的通式

命题 6.3　设 $A_l^- \in A\{1,3\}$，$G \in \mathbf{C}^{n\times m}$，则

$$G \in A\{1,3\} \Leftrightarrow AG = AA_l^- \tag{6-47}$$

证明：($\Leftarrow$)设 G 满足式(6-47)，要证明 $G \in A\{1,3\}$．

在式(6-47)两边右乘以 A，得

$$AGA = AA_l^-A = A$$

故 $G \in A\{1\}$．又 $A_l^- \in A\{3\}$，于是有

$$(AG)^{\mathrm H} = (AA_l^-)^{\mathrm H} = AA_l^- = AG$$

故 $G \in A\{3\}$．

($\Rightarrow$)设 $G \in A\{1,3\}$，要证明 $AG = AA_l^-$．事实上，有

$$\begin{aligned}AA_l^- &= AGAA_l^- = (AG)^{\mathrm H}(AA_l^-)^{\mathrm H} = G^{\mathrm H}A^{\mathrm H}(A_l^-)^{\mathrm H}A^{\mathrm H}\\ &= G^{\mathrm H}(AA_l^-A)^{\mathrm H} = G^{\mathrm H}A^{\mathrm H} = (AG)^{\mathrm H} = AG\end{aligned}$$

定理 6.17　设 $A \in \mathbf{C}^{m\times n}$，$A_l^- \in A\{1,3\}$，则对 $\forall G \in A\{1,3\}$，

$$G = A_l^- + (I_n - A_l^-A)Z,\ Z \in \mathbf{C}^{n\times m} \tag{6-48}$$

证明：首先证明 $\forall Z \in \mathbf{C}^{n\times m}$，由式(6-48)所确定的 $G \in A\{1,3\}$．事实上，有

$$\begin{aligned}AG &= AA_l^- + A(I_n - A_l^-A)Z\\ &= AA_l^- + (A - AA_l^-A)Z = AA_l^-\end{aligned}$$

由命题 6.3 知, $G \in A\{1,3\}$.

再证明 $G \in A\{1,3\}$, 存在 $Z \in \mathbf{C}^{n\times m}$, 使 G 具有式(6-48)的形式. 事实上,取 $Z = G - A_l^-$ 即可. 由命题 6.3 知 $AG = AA_l^-$, 故

$$\begin{aligned}
&A_l^- + (I_n - A_l^-A)(G - A_l^-)\\
&= A_l^- + G - A_l^- - A_l^-AG + A_l^-AA_l^-\\
&= A_l^- + G - A_l^- - A_l^-AA_l^- + A_l^-AA_l^- = G
\end{aligned}$$

定理 6.18 矛盾方程组 $Ax = b$ 的最小二乘解的通式为

$$x = A_l^-b + (I_n - A_l^-A)y, \quad y \in \mathbf{C}^n \tag{6-49}$$

证明:首先证明由式(6-49)所确定的向量 x 是矛盾方程组 $Ax = b$ 的最小二乘解. 事实上, $\forall b \in \mathbf{C}^m$, b 有唯一分解式 $b = b_1 + b_2$, $b_1 \in R(A)$, $b_2 \in N(A^H)$, 从而 $AA_l^-b_1 = b_1$, $A^Hb_2 = 0$, 于是有

$$\begin{aligned}
b - Ax &= b_1 - AA_l^-b_1 + b_2 - AA_l^-b_2 - (A - AA_l^-A)y\\
&= b_2 - AA_l^-b_2 = b_2 - (AA_l^-)^Hb_2 = b_2 - A_l^-A^Hb_2\\
&= b_2 \in N(A^H)
\end{aligned}$$

由定理 6.13 知, x 是矛盾方程组 $Ax = b$ 的最小二乘解. 再证矛盾方程组 $Ax = b$ 的任一个最小二乘解 x_0 必可表成式(6-49)的形式. 事实上,因为 x_0 与 A_l^-b 都是矛盾方程 $Ax = b$ 的最小二乘解,由定理 6.13 知 $b - Ax_0 \in N(A^H)$, 且 $b - AA_l^-b \in N(A^H)$, 从而有 $A^H(b - Ax_0) = 0$, 且 $A^H(b - AA_l^-b) = 0$, 这推出 $A^Hb = A^HAx_0$, 且 $A^Hb = A^HAA_l^-b$, 因此,有

$$A^HAx_0 = A^HAA_l^-b$$

即

$$A^HA(x_0 - A_l^-b) = 0 \tag{6-50}$$

记 $x = x_0 - A_l^-b$, 在式(6-50)中左乘 x^H, 得

$$x^HA^HAx = 0$$

即

$$(Ax)^H(Ax) = 0$$

亦即 $\|Ax\|^2 = 0$, 故 $Ax = 0$, 即 $x \in N(A)$.

由齐次线性方程组 $Ax = 0$ 的通解式(6-12)知,存在某 $y_0 \in \mathbf{C}^n$, 使得

$$x = (I_n - A_l^-A)y_0 \tag{6-51}$$

式(6-51)也就是 $x_0 = A_l^-b + (I_n - A_l^-A)y_0$.

可以证明,当 A 为列满秩时, A_l^- 是唯一的.

推论 6.3 设 $r(A) = n$, 则 A 的最小二乘 g-逆矩阵是唯一的,即

$$A_l^- = A_L^{-1} = (A^HA)^{-1}A^H \tag{6-52}$$

证明:由定理 6.16 知,由式(6-52)所给出的 A_l^- 是 A 的一个最小二乘 g-逆矩阵,此时 $A_l^-A = A_L^-A = I_n$.

再由定理 6.17 知, $\forall G \in A\{1,3\}$, 有

$$\begin{aligned}G &= A_l^- + (I_n - A_l^- A)Z \\ &= A_l^- + 0 = A_l^- = A_L^- = (A^H A)^{-1} A^H\end{aligned}$$

推论 6.4　设 $r(A) = n$，则矛盾方程组 $Ax = b$ 的最小二乘解是唯一的.

证明：由定理 6.18 之式(6-49)知，此时 $Ax = b$ 的任一最小二乘解为 $x = A_l^- b$. 再由推论 6.3 知，$A_l^- b$ 是唯一确定的，即 $x = A_l^- b = (A^H A)^{-1} A^H b$.

值得指出的是，A 的左逆并不是唯一的.

当 A 为列满秩时，齐次线性方程组 $Ax = 0$ 只有零解，即 $N(A) = \{0\}$，此时在 C^n 的直和分解式中 $S = C^n$，从而 $A: C^n \to R(A)$ 是唯一确定的同构映射，记其逆为 $\tilde{G}: R(A) \to C^n$，并将 $\tilde{G}$ 从 $R(A)$ 扩张到 $C^m = R(A) \oplus N(A^H)$ 上，则 $\tilde{G}$ 的扩张是唯一的(见图 6-6). 事实上，设 G_1, G_2 为 $\tilde{G}$ 的任何两个扩张，即 $G_i|_{R(A)} = \tilde{G}$，$G_i \in A\{1,3\}$，$(i = 1,2)$. 要证明 $G_1 = G_2$，只要证明 $AG_1 = AG_2$ 即可，因为，如果有 $AG_1 = AG_2$，则在两边右乘 A_L^-，得

$$G_1 = A_L^- A G_1 = A_L^- A G_2 = G_2$$

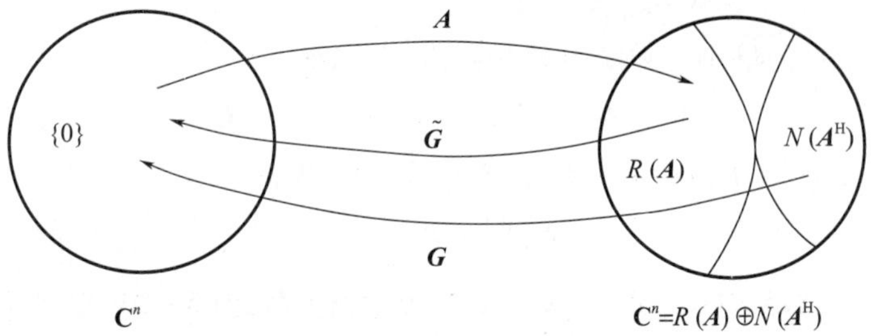

图 6-6　$\tilde{G}$ 的扩张唯一

下证 $AG_1 = AG_2$. $\forall b \in C^m$，b 有唯一的分解式

$$b = b_1 + b_2,\ b_1 \in R(A),\ b_2 \in N(A^H)$$

从而 $AG_1 b = AG_1 b_1 + AG_1 b_2 = b_1 + (AG_1)^H b_2 = b_1 + G_1^H A^H b_2 = b_1$，而

$$\begin{aligned}AG_2 b &= AG_2 b_1 + AG_2 b_2 \\ &= b_1 + (AG_2)^H b_2 = b_1 + G_2^H A^H b_2 = b_1\end{aligned}$$

故 $\forall b \in C^m$，$AG_1 b = AG_2 b$. 因此，$AG_1 = AG_2$，故有 $G_1 = G_2$.

当 A 为列满秩时，$\tilde{G}$ 的任何扩张 $G: C^m \to C^n$ 只能是

$$Gx = \begin{cases}\tilde{G}x, & x \in R(A) \\ 0, & x \in N(A^H)\end{cases}$$

因为此时 $A\{1,3\} = \{G\} = \{A_l^-\}$ 只含一个元素，且 $G = A_l^- = A_L^{-1} = (A^H A)^{-1} A^H$. 故 $\forall x \in N(A^H)$，$Gx = A_l^- x = (A^H A)^{-1} A^H x = 0$.

6.5 矛盾方程组的极小最小二乘解与广义逆 A^+

6.5.1 矛盾方程组的极小最小二乘解

设线性方程组

$$\boldsymbol{Ax} = \boldsymbol{b} \tag{6-53}$$

为矛盾方程组,其中 $\boldsymbol{A} \in \mathbf{C}^{m\times n}$, $\boldsymbol{b} \in \mathbf{C}^m$, $\boldsymbol{b} \notin R(\boldsymbol{A})$.

由 6.4 节讨论知道, $\boldsymbol{x}_0 \in \mathbf{C}^n$ 是矛盾方程组 $\boldsymbol{Ax} = \boldsymbol{b}$ 的最小二乘解

$$\Leftrightarrow \|\boldsymbol{b} - \boldsymbol{Ax}_0\| \leqslant \|\boldsymbol{b} - \boldsymbol{Ax}\|,\ \forall \boldsymbol{x} \in \mathbf{C}^n$$

$$\Leftrightarrow \|\boldsymbol{b} - \boldsymbol{Ax}_0\| = \min_{x\in C^n} \|\boldsymbol{b} - \boldsymbol{Ax}\|$$

$$\Leftrightarrow \boldsymbol{b} - \boldsymbol{Ax}_0 \in N(\boldsymbol{A}^{\mathrm{H}})$$

$$\Leftrightarrow \boldsymbol{A}^{\mathrm{H}}\boldsymbol{Ax}_0 = \boldsymbol{A}^{\mathrm{H}}\boldsymbol{b}$$

矛盾方程组(6-53)的最小二乘解总是存在的,且其通式为

$$\boldsymbol{x} = \boldsymbol{A}_l^- \boldsymbol{b} + (\boldsymbol{I}_n - \boldsymbol{A}_l^- \boldsymbol{A})\boldsymbol{y},\ \boldsymbol{y} \in \mathbf{C}^n \tag{6-54}$$

记 $S_l = \{\boldsymbol{x} \in \mathbf{C}^n \mid \boldsymbol{A}^{\mathrm{H}}\boldsymbol{Ax} = \boldsymbol{A}^{\mathrm{H}}\boldsymbol{b}\}$, 则 $S_l \neq \varnothing$. 找 $\boldsymbol{x}_0 \in \mathbf{C}^n$, 使得

$$\|\boldsymbol{x}_0\| = \min_{x\in S_l} \|\boldsymbol{x}\| \tag{6-55}$$

定义 6.9 称满足式(6-55)的 $\boldsymbol{x}_0 \in \mathbf{C}^n$ 为矛盾方程组(6-53)的极小范数最小二乘解,简称极小最小二乘解.

定理 6.19 $\boldsymbol{x}_0 \in \mathbf{C}^n$ 是矛盾方程组(6-53)的极小最小二乘解 $\Leftrightarrow \boldsymbol{x}_0 \in S_l \cap R(\boldsymbol{A}^{\mathrm{H}})$.

证明:($\Rightarrow$)设 $\boldsymbol{x}_0$ 是矛盾方程组(6-53)的极小最小二乘解,则由式(6-55)知

$$\|\boldsymbol{x}_0\| \leqslant \|\boldsymbol{x}\|,\ \forall \boldsymbol{x} \in S_l \tag{6-56}$$

因 $\boldsymbol{x}_0 \in S_l$, 故 $\boldsymbol{A}^{\mathrm{H}}\boldsymbol{Ax}_0 = \boldsymbol{A}^{\mathrm{H}}\boldsymbol{b}$. 由 $\mathbf{C}^n = R(\boldsymbol{A}^{\mathrm{H}}) \oplus N(\boldsymbol{A})$ 得

$$\boldsymbol{x}_0 = \boldsymbol{x}_1 + \boldsymbol{x}_2,\ \boldsymbol{x}_1 \in R(\boldsymbol{A}^{\mathrm{H}}),\ \boldsymbol{x}_2 \in N(\boldsymbol{A}) \tag{6-57}$$

从而有 $\boldsymbol{A}^{\mathrm{H}}\boldsymbol{b} = \boldsymbol{A}^{\mathrm{H}}\boldsymbol{Ax}_0 = \boldsymbol{A}^{\mathrm{H}}\boldsymbol{Ax}_1 + \boldsymbol{A}^{\mathrm{H}}\boldsymbol{Ax}_2 = \boldsymbol{A}^{\mathrm{H}}\boldsymbol{Ax}_1$, 这推出 $\boldsymbol{x}_1 \in S_l \cap R(\boldsymbol{A}^{\mathrm{H}})$. 我们断言 $\boldsymbol{x}_2 = \boldsymbol{0}$. 若 $\boldsymbol{x}_2 \neq \boldsymbol{0}$, 则因 $\boldsymbol{x}_1 \perp \boldsymbol{x}_2$, 由式(6-57)与勾股定理得 $\|\boldsymbol{x}_0\| > \|\boldsymbol{x}_1\| \geqslant \|\boldsymbol{x}_0\|$, 矛盾. 因此,由式(6-57)知 $\boldsymbol{x}_0 = \boldsymbol{x}_1 \in S_l \cap R(\boldsymbol{A}^{\mathrm{H}})$.

($\Leftarrow$) 设 $\boldsymbol{x}_0 \in S_l \cap R(\boldsymbol{A}^{\mathrm{H}})$, 要证明 $\boldsymbol{x}_0$ 是矛盾方程组(6-53)的极小最小二乘解. 事实上, $\forall \boldsymbol{x} \in S_l$, $\boldsymbol{x} = \boldsymbol{x}_0 + \boldsymbol{x} - \boldsymbol{x}_0$. 由于 $\boldsymbol{x}, \boldsymbol{x}_0 \in S_l$, 故

$$\boldsymbol{A}^{\mathrm{H}}\boldsymbol{Ax} = \boldsymbol{A}^{\mathrm{H}}\boldsymbol{Ax}_0 = \boldsymbol{A}^{\mathrm{H}}\boldsymbol{b} \tag{6-58}$$

从而 $\boldsymbol{A}^{\mathrm{H}}\boldsymbol{A}(\boldsymbol{x} - \boldsymbol{x}_0) = \boldsymbol{0}$, 这推得 $\boldsymbol{x} - \boldsymbol{x}_0 \in N(\boldsymbol{A}^{\mathrm{H}}\boldsymbol{A})$. 但 $N(\boldsymbol{A}^{\mathrm{H}}\boldsymbol{A}) = N(\boldsymbol{A})$, 故 $\boldsymbol{x} - \boldsymbol{x}_0 \in N(\boldsymbol{A})$. 由勾股定理得 $\|\boldsymbol{x}\| \geqslant \|\boldsymbol{x}_0\|$, $\forall \boldsymbol{x} \in S_l$. 这表明 $\boldsymbol{x}_0$ 是矛盾方程组(6-53)的极小最小二乘解.

推论 6.5 矛盾方程组(6-53)的极小最小二乘解存在且唯一.

证明：因为 $S_l \neq \varnothing$，所以可以取 $\boldsymbol{x}_0 \in S_l$．由定理6.19的必要性证明过程可知，$\boldsymbol{x}_0$ 的正交分解式 $\boldsymbol{x}_0 = \boldsymbol{x}_1 + \boldsymbol{x}_2$ 中，$\boldsymbol{x}_1 \in R(\boldsymbol{A}^{\mathrm{H}}) \cap S_l$．由定理6.19知，$\boldsymbol{x}_1$ 是矛盾方程组(6－53)的极小最小二乘解．

证唯一性．设 $\tilde{\boldsymbol{x}}_1, \hat{\boldsymbol{x}}_1$ 是矛盾方程组(6－53)的两个极小最小二乘解，则由定理6.19知，$\hat{\boldsymbol{x}}_1, \hat{\boldsymbol{x}}_1 \in S_l \cap R(\boldsymbol{A}^{\mathrm{H}})$．由于 $\boldsymbol{A}^{\mathrm{H}}\boldsymbol{A}(\tilde{\boldsymbol{x}}_1 - \hat{\boldsymbol{x}}_1) = \boldsymbol{A}^{\mathrm{H}}\boldsymbol{A}\tilde{x}_1 - \boldsymbol{A}^{\mathrm{H}}\boldsymbol{A}\hat{\boldsymbol{x}}_1 = \boldsymbol{A}^{\mathrm{H}}\boldsymbol{b} - \boldsymbol{A}^{\mathrm{H}}\boldsymbol{b} = \boldsymbol{0}$，故 $\tilde{\boldsymbol{x}}_1 - \hat{\boldsymbol{x}}_1 \in N(\boldsymbol{A}^{\mathrm{H}}\boldsymbol{A}) = N(\boldsymbol{A})$，从而有

$$\tilde{\boldsymbol{x}}_1 - \hat{\boldsymbol{x}}_1 \in R(\boldsymbol{A}^{\mathrm{H}}) \cap N(\boldsymbol{A}) = \{\boldsymbol{0}\}$$

故 $\tilde{\boldsymbol{x}}_1 = \hat{\boldsymbol{x}}_1$．

由推论6.5知 $S_l \cap R(A^H)$ 为单点集，即 $S_l \cap R(\boldsymbol{A}^{\mathrm{H}}) = \{\boldsymbol{x}_0\}$．

对于矛盾方程组(6－53)的极小最小二乘解，能否找到一个矩阵 $\boldsymbol{G} \in \mathbf{C}^{n\times m}$，使得 $\forall \boldsymbol{b} \in \mathbf{C}^m$，$\boldsymbol{Gb}$ 是方程组(6－53)的极小最小二乘解？答案是肯定的．

首先，若这样的矩阵 $\boldsymbol{G} \in \mathbf{C}^{n\times m}$ 存在，则它是唯一的．假设有两个矩阵 $\boldsymbol{G}_i \in \mathbf{C}^{n\times m}(i=1,2)$，使得 $\forall \boldsymbol{b} \in \mathbf{C}^m$，$\boldsymbol{G}_i\boldsymbol{b}$ 都是矛盾方程组(6－53)的极小最小二乘解，则由定理6.19的推论知，$\forall \boldsymbol{b} \in \mathbf{C}^m$，$\boldsymbol{G}_1\boldsymbol{b} = \boldsymbol{G}_2\boldsymbol{b}$，这表明 $\boldsymbol{G}_1 = \boldsymbol{G}_2$．

其次，介绍矩阵 $\boldsymbol{G}$ 具有的特征．

$\forall \boldsymbol{b} \in \mathbf{C}^m$，$\boldsymbol{Gb}$ 是矛盾方程组(6－53)的极小最小二乘解

$$\Leftrightarrow \forall \boldsymbol{b} \in \mathbf{C}^m, \boldsymbol{Gb} \in S_l \cap R(\boldsymbol{A}^{\mathrm{H}}) = \{\boldsymbol{Gb}\} \tag{6-59}$$

由定理6.14及式(6－59)知，G 满足方程 $\boldsymbol{AGA} = \boldsymbol{G}$ 与 $(\boldsymbol{AG})^{\mathrm{H}} = \boldsymbol{AG}$．$\forall \boldsymbol{x} \in \mathbf{C}^n$，$\boldsymbol{Ax} \in \mathbf{C}^m$，再由式(6－59)知

$$\boldsymbol{GAx} \in S_l \cap R(\boldsymbol{A}^{\mathrm{H}}) \tag{6-60}$$

$$(\boldsymbol{GA})(\boldsymbol{GA})^{\mathrm{H}}, \quad \boldsymbol{x} \in \mathbf{C}^m$$
$$\Rightarrow (\boldsymbol{GA})(\boldsymbol{GA})^{\mathrm{H}}\boldsymbol{x} \in S_l \cap R(\boldsymbol{A}^{\mathrm{H}}) \tag{6-61}$$

由定理6.19的推论知，$\forall \boldsymbol{x} \in \mathbf{C}^n$，有

$$(\boldsymbol{GA})(\boldsymbol{GA})^{\mathrm{H}}\boldsymbol{x} = \boldsymbol{GAx} \tag{6-62}$$

由 $\boldsymbol{x}$ 的任意性，知

$$(\boldsymbol{GA})(\boldsymbol{GA})^{\mathrm{H}} = \boldsymbol{GA} \tag{6-63}$$

在式(6－63)两边取共轭转置，得

$$(\boldsymbol{GA})(\boldsymbol{GA})^{\mathrm{H}} = (\boldsymbol{GA})^{\mathrm{H}} \tag{6-64}$$

因此，$\boldsymbol{G}$ 满足方程 $(\boldsymbol{GA})^{\mathrm{H}} = \boldsymbol{GA}$．

由于

$$\forall \boldsymbol{b} \in \mathbf{C}^m, \Rightarrow \boldsymbol{Gb} \in S_l \cap R(\boldsymbol{A}^{\mathrm{H}}) \tag{6-65}$$

而

$$\boldsymbol{AGb} \in \boldsymbol{C}^m$$
$$\Rightarrow \boldsymbol{GAGb} \in S_l \cap R(\boldsymbol{A}^{\mathrm{H}}) \tag{6-66}$$

由式(6－65)、式(6－66)及 $S_l \cap R(\boldsymbol{A}^{\mathrm{H}})$ 为单点集，得

$$\forall \boldsymbol{b} \in \mathbf{C}^m, \boldsymbol{GAGb} = \boldsymbol{Gb} \tag{6-67}$$

由 $\boldsymbol{b} \in \mathbf{C}^m$ 的任意性推知 $\boldsymbol{G}$ 满足方程 $\boldsymbol{GAG} = \boldsymbol{G}$.

至此,我们论证了:如果存在 $\boldsymbol{G} \in \mathbf{C}^{n\times m}$, 使得 $\forall \boldsymbol{b} \in \mathbf{C}^m$, $\boldsymbol{Gb}$ 是矛盾方程组(6-53)的极小最小二乘解,则 $\boldsymbol{G}$ 满足定义 6.5 中的四个方程,这里不妨再列出

$$\boldsymbol{AGA} = \boldsymbol{A} \tag{6-68}$$

$$\boldsymbol{GAG} = \boldsymbol{G} \tag{6-69}$$

$$(\boldsymbol{AG})^{\mathrm{H}} = \boldsymbol{AG} \tag{6-70}$$

$$(\boldsymbol{GA})^{\mathrm{H}} = \boldsymbol{GA} \tag{6-71}$$

反之,若存在 $\boldsymbol{G} \in \mathbf{C}^{n\times m}$, 满足式(6-68)~式(6-71),则 $\forall \boldsymbol{b} \in \mathbf{C}^m$, $\boldsymbol{Gb}$ 是矛盾方程组(6-53)的极小最小二乘解.

事实上,由于 $\boldsymbol{G}$ 满足式(6-68)与式(6-70),故由定理 6.14 知, $\forall \boldsymbol{b} \in \mathbf{C}^m$, $\boldsymbol{Gb} \in S_l$. 由于 $\forall \boldsymbol{b} \in \mathbf{C}^m = R(\boldsymbol{A}) \oplus N(\boldsymbol{A}^{\mathrm{H}})$ 有唯一分解式, $\boldsymbol{b} = \boldsymbol{b}_1 + \boldsymbol{b}_2$, 其中 $\boldsymbol{b}_1 \in R(\boldsymbol{A})$, $\boldsymbol{b}_2 \in N(\boldsymbol{A}^{\mathrm{H}})$, 从而存在 $\boldsymbol{u} \in \mathbf{C}^n$, 使得 $\boldsymbol{Au} = \boldsymbol{b}_1$, $\boldsymbol{A}^{\mathrm{H}}\boldsymbol{b}_2 = \boldsymbol{0}$. 由于 $\boldsymbol{G}$ 满足式(6-69)与式(6-71),故有

$$\begin{aligned} \boldsymbol{Gb} &= \boldsymbol{G}(\boldsymbol{b}_1 + \boldsymbol{b}_2) = \boldsymbol{Gb}_1 + \boldsymbol{Gb}_2 = \boldsymbol{GAu} + \boldsymbol{GAGb}_2 \\ &= (\boldsymbol{GA})^{\mathrm{H}}\boldsymbol{u} + (\boldsymbol{GA})^{\mathrm{H}}\boldsymbol{Gb}_2 = \boldsymbol{A}^{\mathrm{H}}\boldsymbol{G}^{\mathrm{H}}\boldsymbol{u} + \boldsymbol{A}^{\mathrm{H}}\boldsymbol{G}^{\mathrm{H}}\boldsymbol{Gb}_2 \in R(\boldsymbol{A}^{\mathrm{H}}) \end{aligned}$$

因此, $\forall \boldsymbol{b} \in \mathbf{C}^m$, $\boldsymbol{Gb} \in S_l \cap R(\boldsymbol{A}^{\mathrm{H}})$. 由定理6.19 知, $\forall \boldsymbol{b} \in \mathbf{C}^m$, $\boldsymbol{Gb}$ 是矛盾方程组(6-53)的极小最小二乘解.

定理 6.20 设 $\boldsymbol{A} \in \mathbf{C}^{m\times n}$, $\boldsymbol{G} \in \mathbf{C}^{n\times m}$, 则 $\forall \boldsymbol{b} \in \mathbf{C}^m$, $\boldsymbol{Gb}$ 是矛盾方程组(6-53)的极小最小二乘解 $\Leftrightarrow \boldsymbol{G}$ 满足式(6-68)~式(6-71).

定理 6.21 设 $\boldsymbol{A} \in \mathbf{C}^{m\times n}$, 则存在 $\boldsymbol{G} \in \mathbf{C}^{n\times m}$, 满足式(6-68)~式(6-71).

证明:由式(6-54)得

$$\begin{aligned} \boldsymbol{Ax} &= \boldsymbol{A}[\boldsymbol{A}_l^-\boldsymbol{b} + (\boldsymbol{I}_n - \boldsymbol{A}_l^-\boldsymbol{A})\boldsymbol{y}] \\ &= \boldsymbol{AA}_l^-\boldsymbol{b} + (\boldsymbol{A} - \boldsymbol{AA}_l^-\boldsymbol{A})\boldsymbol{y} = \boldsymbol{AA}_l^-\boldsymbol{b} \end{aligned}$$

故方程组 $\boldsymbol{Ax} = \boldsymbol{AA}_l^-\boldsymbol{b}$ 为相容方程组,则 $\boldsymbol{x} = \boldsymbol{A}_m^-\boldsymbol{AA}_l^-\boldsymbol{b}$ 为方程组 $\boldsymbol{Ax} = \boldsymbol{AA}_l^-\boldsymbol{b}$ 的极小范数解.

记 $\boldsymbol{G} = \boldsymbol{A}_m^-\boldsymbol{AA}_l^-$, 则 $\boldsymbol{x} = \boldsymbol{Gb} \in S_l$. 事实上,有

$$\begin{aligned} \boldsymbol{A}^{\mathrm{H}}\boldsymbol{Ax} &= \boldsymbol{A}^{\mathrm{H}}\boldsymbol{AA}_m^-\boldsymbol{AA}_l^-\boldsymbol{b} = \boldsymbol{A}^{\mathrm{H}}\boldsymbol{AA}_l^-\boldsymbol{b} = \boldsymbol{A}^{\mathrm{H}}(\boldsymbol{AA}_l^-)^{\mathrm{H}}\boldsymbol{b} \\ &= \boldsymbol{A}^{\mathrm{H}}(\boldsymbol{A}_l^-)^{\mathrm{H}}\boldsymbol{A}^{\mathrm{H}}\boldsymbol{b} = \boldsymbol{A}^{\mathrm{H}}\boldsymbol{b} \end{aligned}$$

故 $\boldsymbol{x} = \boldsymbol{Gb} \in S_l \cap R(\boldsymbol{A}^{\mathrm{H}})$.

因此, $\forall \boldsymbol{b} \in \mathbf{C}^m$, $\boldsymbol{x} = \boldsymbol{Gb}$ 是矛盾方程组(6-53)的极小最小二乘解. 由定理6.20 知, $\boldsymbol{G} = \boldsymbol{A}_m^-\boldsymbol{AA}_l^-$ 满足式(6-68)~式(6-71).

定义 6.10 设 $\boldsymbol{A} \in \mathbf{C}^{m\times n}$, 若存在 $\boldsymbol{G} \in \mathbf{C}^{n\times m}$ 满足式(6-68)~式(6-71),则称矩阵 $\boldsymbol{G}$ 为矩阵 $\boldsymbol{A}$ 的 Moore-Penrose 广义逆或极小最小二乘 $\boldsymbol{g}$-逆矩阵,记作 $\boldsymbol{A}^+$.

注 6.4 (1)由于 $\boldsymbol{G} = \boldsymbol{A}_m^-\boldsymbol{AA}_l^- \in S_l \cap R(\boldsymbol{A}^{\mathrm{H}})$, 而 $S_l \cap R(\boldsymbol{A}^{\mathrm{H}})$ 为单点集,故满足式(6-68)~式(6-71)的 $\boldsymbol{G}$ 是唯一的,即 $\boldsymbol{A}^+$ 是唯一的, $\boldsymbol{A}^+ = \boldsymbol{A}_m^-\boldsymbol{AA}_l^-$, 因此矛盾方程组 $\boldsymbol{Ax} = \boldsymbol{b}$ 的极小最小二乘解是 $\boldsymbol{x} = \boldsymbol{A}^+\boldsymbol{b}$, 相容方程组 $\boldsymbol{Ax} = \boldsymbol{b}$ 的极小范数解为 $\boldsymbol{x} = \boldsymbol{A}^+\boldsymbol{b}$. 同时,式(6-11)与(6-49)有一个统一形式 $\boldsymbol{x} = \boldsymbol{A}^+\boldsymbol{b} + (\boldsymbol{I}_n - \boldsymbol{A}^+\boldsymbol{A})\boldsymbol{y}$, $\boldsymbol{y} \in \mathbf{C}^n$.

(2)虽然一般说来，A_m^-，A_l^- 不是唯一的，但 $G = A_m^- A A_l^-$ 却是唯一的，这也可以由 A_m^- 与 A_l^- 的定义过程得到解释.

为了得到 A_m^-，我们将 $\mathbf{C}^n$ 作正交直和分解：

$$\mathbf{C}^n = N^{\perp}(A) \oplus N(A) = R(A^{\mathrm{H}}) \oplus N(A)$$

为了得到 A_l^-，我们将 $\mathbf{C}^m$ 作正交直和分解：

$$\mathbf{C}^m = R(A) \oplus R^{\perp}(A) = R(A) \oplus N(A^{\mathrm{H}})$$

由此以来，$G = [A\mid_{R(A^{\mathrm{H}})}]: R(A) \to R(A^{\mathrm{H}})$ 是唯一确定的，因此具有性质 $\forall b \in \mathbf{C}^m$，$Gb \in S_l \cap R(A^{\mathrm{H}})$ 的 G 的扩张 $\tilde{G}: \mathbf{C}^m \to R(A^{\mathrm{H}})$ 也是唯一确定的，它只能是

$$\tilde{G}x = \begin{cases} Gx, & x \in R(A) \\ 0, & x \in N(A^{\mathrm{H}}) \end{cases}$$

故 $A^+ = \tilde{G}: \mathbf{C}^m \to R(A^{\mathrm{H}})$ 唯一确定(见图 6-7).

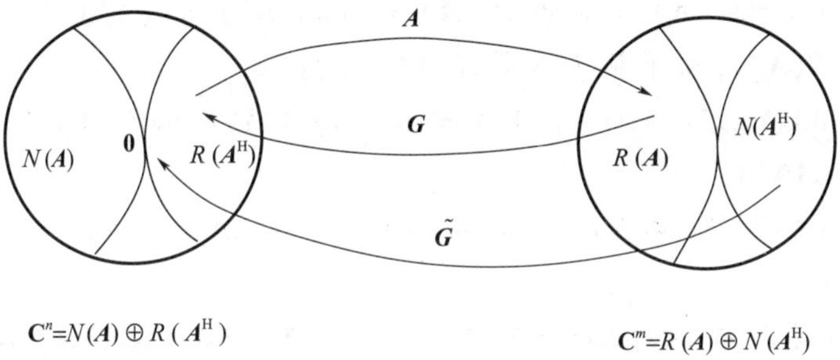

图 6-7　$A^+ = \tilde{G}: \mathbf{C}^m \to R(A^{\mathrm{H}})$ 唯一确定

6.5.2　广义逆矩阵 A^+ 的常用性质

定理 6.22　设 $A \in \mathbf{C}^{m\times n}$，则

(1) $r(A) = r(A^+) = r(A^+A) = r(AA^+)$；

(2) $R(A^+) = R(A^{\mathrm{H}})$，$N(A^+) = N(A^{\mathrm{H}})$；

(3) $R(A^+A) = R(A^+)$，$N(AA^+) = N(A^+)$；

(4) $R(AA^+) = R(A)$，$N(A^+A) = N(A)$；

(5) $(A^+)^+ = A$；

(6) $(A^+)^{\mathrm{H}} = (A^{\mathrm{H}})^+$；

(7) $(\lambda A)^+ = \dfrac{1}{\lambda}A^+$，$\lambda \in \mathbf{C}$，$\lambda \neq 0$；

(8) $A^{\mathrm{H}} = A^{\mathrm{H}}AA^+ = A^+AA^{\mathrm{H}}$；

(9) $A = AA^{\mathrm{H}}(A^{\mathrm{H}})^+ = (A^{\mathrm{H}})^+A^{\mathrm{H}}A$；

(10) $A^+ = (A^{\mathrm{H}}A)^+A^{\mathrm{H}} = A^{\mathrm{H}}(AA^{\mathrm{H}})^+$；

(11) $(A^{\mathrm{H}}A)^+ = A^+(A^{\mathrm{H}})^+$，$(AA^{\mathrm{H}})^+ = (A^{\mathrm{H}})^+A^+$；

(12) $(\boldsymbol{UAV})^{+} = \boldsymbol{V}^{\mathrm{H}}\boldsymbol{A}^{+}\boldsymbol{U}^{\mathrm{H}}$，其中 $\boldsymbol{U}^{\mathrm{H}}\boldsymbol{U} = \boldsymbol{I}_m$，$\boldsymbol{V}^{\mathrm{H}}\boldsymbol{V} = \boldsymbol{I}_n$；

(13) $\boldsymbol{A}^{+}\boldsymbol{AB} = \boldsymbol{A}^{+}\boldsymbol{AC} \Leftrightarrow \boldsymbol{AB} = \boldsymbol{AC}$；

(14) $m - r(\boldsymbol{I}_m - \boldsymbol{AA}^{+}) = n - r(\boldsymbol{I}_n - \boldsymbol{A}^{+}\boldsymbol{A}) = r(\boldsymbol{A}) = r(\boldsymbol{A}^{+})$.

证明：(1) 由于 $\boldsymbol{A} = \boldsymbol{AA}^{+}\boldsymbol{A}$，$\boldsymbol{A}^{+} = \boldsymbol{A}^{+}\boldsymbol{AA}^{+}$，故

$$r(\boldsymbol{A}) = r(\boldsymbol{AA}^{+}\boldsymbol{A}) \leqslant r(\boldsymbol{A}^{+}\boldsymbol{A}) \leqslant r(\boldsymbol{A}^{+}) = r(\boldsymbol{A}^{+}\boldsymbol{AA}^{+}) \leqslant r(\boldsymbol{AA}^{+}) \leqslant r(\boldsymbol{A})$$

从而有 $r(\boldsymbol{A}) = r(\boldsymbol{A}^{+}) = r(\boldsymbol{A}^{+}\boldsymbol{A}) = r(\boldsymbol{AA}^{+})$.

(2) 因为 $\forall \boldsymbol{b} \in \mathbf{C}^m$，$\boldsymbol{A}^{+}\boldsymbol{b} \in R(\boldsymbol{A}^{\mathrm{H}})$，故 $R(\boldsymbol{A}^{+}) \subseteq R(\boldsymbol{A}^{\mathrm{H}})$. 但

$$\dim R(\boldsymbol{A}^{+}) = r(\boldsymbol{A}^{+}) = r(\boldsymbol{A}) = r(\boldsymbol{A}^{\mathrm{H}}) = \dim R(\boldsymbol{A}^{\mathrm{H}})$$

故 $R(\boldsymbol{A}^{+}) = R(\boldsymbol{A}^{\mathrm{H}})$. 由于 $N(\boldsymbol{A}^{\mathrm{H}}) \subseteq N(\boldsymbol{A}^{+})$，而

$$\dim N(\boldsymbol{A}^{\mathrm{H}}) = m - r(\boldsymbol{A}^{\mathrm{H}}) = m - r(\boldsymbol{A}) = m - r(\boldsymbol{A}^{+}) = \dim N(\boldsymbol{A}^{+})$$

故 $N(\boldsymbol{A}^{+}) = N(\boldsymbol{A}^{\mathrm{H}})$.

(3) 由于 $R(\boldsymbol{A}^{+}\boldsymbol{A}) \subseteq R(\boldsymbol{A}^{+})$，再由 (1) 知

$$r(\boldsymbol{A}^{+}\boldsymbol{A}) = \dim R(\boldsymbol{A}^{+}\boldsymbol{A}) = \dim R(\boldsymbol{A}^{+}) = r(\boldsymbol{A}^{+})$$

故 $R(\boldsymbol{A}^{+}\boldsymbol{A}) = R(\boldsymbol{A}^{+})$，由于 $N(\boldsymbol{A}^{+}) \subseteq N(\boldsymbol{AA}^{+})$，而

$$\dim N(\boldsymbol{A}^{+}) = m - r(\boldsymbol{A}^{+}) = m - r(\boldsymbol{AA}^{+}) = \dim N(\boldsymbol{AA}^{+})$$

故 $N(\boldsymbol{A}^{+}) = N(\boldsymbol{AA}^{+})$.

(4) 由于 $R(\boldsymbol{AA}^{+}) \subseteq R(\boldsymbol{A})$，而 $\dim R(\boldsymbol{AA}^{+}) = r(\boldsymbol{AA}^{+}) = r(\boldsymbol{A}) = \dim R(\boldsymbol{A})$，故 $R(\boldsymbol{AA}^{+}) = R(\boldsymbol{A})$.

由于 $N(\boldsymbol{A}) \subseteq N(\boldsymbol{A}^{+}\boldsymbol{A})$，而 $\dim N(\boldsymbol{A}) = n - r(\boldsymbol{A}) = n - r(\boldsymbol{A}^{+}\boldsymbol{A}) = \dim N(\boldsymbol{A}^{+}\boldsymbol{A})$，故 $N(\boldsymbol{A}) = N(\boldsymbol{A}^{+}\boldsymbol{A})$.

(5) 由 $\boldsymbol{A}^{+}$ 的定义知 $\boldsymbol{A}^{+}: \mathbf{C}^m \to R(\boldsymbol{A}^{\mathrm{H}})$，$\boldsymbol{A}^{+} \in \mathbf{C}^{n\times m}$，

$$\boldsymbol{A}^{+}\boldsymbol{x} = \begin{cases} \boldsymbol{Gx}, & \boldsymbol{x} \in R(\boldsymbol{A}) \\ \boldsymbol{0}, & \boldsymbol{x} \in N(\boldsymbol{A}^{\mathrm{H}}) \end{cases} \tag{6-72}$$

其中 $\boldsymbol{G} = [\boldsymbol{A}|_{R(\boldsymbol{A}^{\mathrm{H}})}]^{-1}: R(\boldsymbol{A}) \to R(\boldsymbol{A}^{\mathrm{H}})$ 为同构映射.

由于 $\mathbf{C}^n = R(\boldsymbol{A}^{+}) \oplus N((\boldsymbol{A}^{+})^{\mathrm{H}}) = R(\boldsymbol{A}^{\mathrm{H}}) \oplus N(\boldsymbol{A})$，使用 (2) 中的 $R(\boldsymbol{A}^{+}) = R(\boldsymbol{A}^{\mathrm{H}})$，故由正交分解的唯一性得 $N((\boldsymbol{A}^{+})^{\mathrm{H}}) = N(\boldsymbol{A})$. 注意到 $G = \boldsymbol{A}^{+}|_{R(\boldsymbol{A})}: R(\boldsymbol{A}) \to R(\boldsymbol{A}^{\mathrm{H}})$ 为同构映射，$G^{-1} = \boldsymbol{A}|_{R(\boldsymbol{A}^{\mathrm{H}})}$，由式 (6-72) 知

$$(\boldsymbol{A}^{+})^{+}\boldsymbol{x} = \begin{cases} \boldsymbol{Ax}, & \boldsymbol{x} \in R(\boldsymbol{A}^{+}) = R(\boldsymbol{A}^{\mathrm{H}}) \\ \boldsymbol{0}, & \boldsymbol{x} \in N((\boldsymbol{A}^{+})^{\mathrm{H}}) = N(\boldsymbol{A}) \end{cases}$$

因此，$(\boldsymbol{A}^{+})^{+} = \boldsymbol{A}$.

(6) 由 $\boldsymbol{A}^{+}$ 的定义知

$$\boldsymbol{A}^{+}\boldsymbol{x} = \begin{cases} [\boldsymbol{A}|_{R(\boldsymbol{A}^{\mathrm{H}})}]^{-1}\boldsymbol{x}, & \boldsymbol{x} \in R(\boldsymbol{A}) \\ \boldsymbol{0}, & \boldsymbol{x} \in N(\boldsymbol{A}^{\mathrm{H}}) \end{cases}$$

故

$$(\boldsymbol{A}^{\mathrm{H}})^{+}\boldsymbol{x} = \begin{cases} [\boldsymbol{A}^{\mathrm{H}}|_{R(\boldsymbol{A})}]^{-1}\boldsymbol{x}, & \boldsymbol{x} \in R(\boldsymbol{A}^{\mathrm{H}}) \\ \boldsymbol{0}, & \boldsymbol{x} \in N(\boldsymbol{A}) \end{cases}$$

$$= \begin{cases} ([A|_{R(A^H)}]^{-1})^H x, & x \in R(A^H) \\ 0, & x \in N(A) \end{cases}$$
$$= (A^+)^H x$$

(7) 由 A^+ 的定义得

$$(\lambda A)^+ x = \begin{cases} [\lambda A|_{R(A^H)}]^{-1} x, & x \in R(A) \\ 0, & x \in N(A^H) \end{cases}$$
$$= \begin{cases} \frac{1}{\lambda}[A|_{R(A^H)}]^{-1} x, & x \in R(A) \\ 0, & x \in N(A^H) \end{cases}$$
$$= \frac{1}{\lambda} A^+ x$$

(8) 由 $A = AA^+A$ 得

$$A^H = (AA^+A)^H = A^H(AA^+)^H = A^H AA^+$$

而

$$A^H = (A(A^+A))^H = (A^+A)^H A^H = A^+AA^H$$

(9) 对(8)中的 $A^H = A^+AA^H$ 取共轭转置再使用(6)中的公式,得

$$A = AA^H(A^+)^H = AA^H(A^H)^+$$

同理

$$A = (A^H AA^+)^H = (A^+)^H A^H A = (A^H)^- A^H A$$

(10) $\forall b \in \mathbf{C}^m$, A^+b 是矛盾方程组 $Ax = b$ 的极小最小二乘解,但 $(A^HA)^+A^Hb$ 是相容方程组 $A^HAx = A^Hb$ 的极小范数解,它也是矛盾方程组 $Ax = b$ 的极小最小二乘解,由极小最小二乘解的唯一性知, $A^+b = (A^HA)^+A^Hb$, $\forall b \in \mathbf{C}^m$, 故 $A^+ = (A^HA)^+A^H$. 为证明(10)中的第二式,首先注意到事实, $(AA^H)^H = AA^H$, 使用(6)中的公式得 $((AA^H)^+)^H = (AA^H)^+$. 在第一式 $A^+ = (A^HA)^+A^H$ 中用 A^H 置换 A, 得

$$(A^H)^+ = (AA^H)^+A \tag{6-73}$$

使用(6)中的公式,得

$$(A^+)^H = (AA^H)^+A \tag{6-74}$$

在式(6-73)两边取共轭转置得 $A^+ = A^H(AA^H)^+$.

(11) 在 $A^+ = (A^HA)^+A^H$ 两边右乘 $(A^H)^+$, 得

$$A^+(A^H)^+ = (A^HA)^+A^H(A^H)^+ = (A^HA)^+A^H(A^+)^H$$
$$= (A^HA)^+(A^+A)^H = (A^HA)^+A^+A = (A^HA)^+$$

这就证明了(11)中的第一式. 在第一式中用 A^H 去置换 A 即得第二式.

(12) 首先使用(10)与(11)中的第二式,得

$$\begin{aligned} (AV)^+ &= (AV)^H(AV(AV)^H)^+ \\ &= V^HA^H(AVV^HA^H)^+ = V^HA^H(AA^H)^+ \\ &= V^HA^H(A^H)^+A^+ = V^HA^H(A^+)^HA^+ = V^H(A^+A)^HA^+ \\ &= V^HA^+AA^+ = V^HA^+ \end{aligned} \tag{6-75}$$

再由(10)中的第一式,得

$$\begin{aligned}(\boldsymbol{UAV})^{+} &= (\boldsymbol{V}^{\mathrm{H}}\boldsymbol{A}^{\mathrm{H}}\boldsymbol{U}^{\mathrm{H}}\boldsymbol{UAV})^{+}(\boldsymbol{UAV})^{\mathrm{H}} \\ &= (\boldsymbol{V}^{\mathrm{H}}\boldsymbol{A}^{\mathrm{H}}\boldsymbol{AV})^{+}(\boldsymbol{V}^{\mathrm{H}}\boldsymbol{A}^{\mathrm{H}}\boldsymbol{U}^{\mathrm{H}}) \\ &= ((\boldsymbol{AV}^{\mathrm{H}})(\boldsymbol{AV}))^{+}(\boldsymbol{V}^{\mathrm{H}}\boldsymbol{A}^{\mathrm{H}}\boldsymbol{U}^{\mathrm{H}})\end{aligned} \tag{6-76}$$

再由(11)中的第一式,得

$$\begin{aligned}((\boldsymbol{AV})^{\mathrm{H}}(\boldsymbol{AV}))^{+} &= (\boldsymbol{AV})^{+}((\boldsymbol{AV})^{\mathrm{H}})^{+} \\ &= (\boldsymbol{AV})^{+}((\boldsymbol{AV})^{+})^{\mathrm{H}} \quad (\text{使用了}(6))\end{aligned} \tag{6-77}$$

将式(6-77)代入式(6-76),得

$$\begin{aligned}(\boldsymbol{UAV})^{+} &= (\boldsymbol{AV})^{+}((\boldsymbol{AV})^{+})^{\mathrm{H}}(\boldsymbol{AV})^{\mathrm{H}}\boldsymbol{U}^{\mathrm{H}} \\ &= (\boldsymbol{AV})^{+}((\boldsymbol{AV})(\boldsymbol{AV})^{+})^{\mathrm{H}}\boldsymbol{U}^{\mathrm{H}} \\ &= (\boldsymbol{AV})^{+}(\boldsymbol{AV})(\boldsymbol{AV})^{+}\boldsymbol{U}^{\mathrm{H}} \quad (\text{使用了式}(6-70)) \\ &= (\boldsymbol{AV})^{+}\boldsymbol{U}^{\mathrm{H}} \quad (\text{使用了式}(6-69)) \\ &= \boldsymbol{V}^{\mathrm{H}}\boldsymbol{A}^{+}\boldsymbol{U}^{\mathrm{H}}. \quad (\text{使用了式}(6-75))\end{aligned}$$

(13)($\Rightarrow$)在 $\boldsymbol{A}^{+}\boldsymbol{AB} = \boldsymbol{A}^{+}\boldsymbol{AC}$ 两边左乘 $\boldsymbol{A}$, 得

$$\boldsymbol{AA}^{+}\boldsymbol{AB} = \boldsymbol{AA}^{+}\boldsymbol{AC}$$

使用式(6-68),得 $\boldsymbol{AB} = \boldsymbol{AC}$.

($\Leftarrow$)在 $\boldsymbol{AB} = \boldsymbol{AC}$ 两边同时左乘 $\boldsymbol{A}^{+}$ 即得.

(14) 因为 $\boldsymbol{I}_m = \boldsymbol{AA}^{+} + (\boldsymbol{I}_m - \boldsymbol{AA}^{+})$, 所以有

$$m \leqslant r(\boldsymbol{AA}^{+}) + r(\boldsymbol{I}_m - \boldsymbol{AA}^{+}) \tag{6-78}$$

另一方面, $R(\boldsymbol{I}_m - \boldsymbol{AA}^{+}) \subseteq N(\boldsymbol{AA}^{+})$ (6-79)

事实上, $\forall \boldsymbol{y} \in R(\boldsymbol{I}_m - \boldsymbol{AA}^{+})$, 存在 $\boldsymbol{x} \in \mathbf{C}^m$, 使得

$$\boldsymbol{y} = R(\boldsymbol{I}_m - \boldsymbol{AA}^{+})\boldsymbol{x} \tag{6-80}$$

用 $\boldsymbol{AA}^{+}$ 作用于式(6-80)两边,并使用式(6-69),得

$$\begin{aligned}\boldsymbol{AA}^{+}\boldsymbol{y} &= \boldsymbol{AA}^{+}\boldsymbol{x} - \boldsymbol{AA}^{+}\boldsymbol{AA}^{+}\boldsymbol{x} \\ &= \boldsymbol{AA}^{+}\boldsymbol{x} - \boldsymbol{AA}^{+}\boldsymbol{x} \\ &= \boldsymbol{0}\end{aligned}$$

这表明 $\boldsymbol{y} \in N(\boldsymbol{AA}^{+})$. 因此,式(6-79)成立.

因而得

$$\begin{aligned}r(\boldsymbol{I}_m - \boldsymbol{AA}^{+}) &= \dim R(\boldsymbol{I}_m - \boldsymbol{AA}^{+}) \\ &\leqslant \dim N(\boldsymbol{AA}^{+}) \\ &= m - r(\boldsymbol{AA}^{+})\end{aligned}$$

即

$$r(\boldsymbol{AA}^{+}) + r(\boldsymbol{I}_m - \boldsymbol{AA}^{+}) \leqslant m \tag{6-81}$$

结合式(6-78)与式(6-81),得

$$r(\boldsymbol{AA}^{+}) + r(\boldsymbol{I}_m - \boldsymbol{AA}^{+}) = m$$

即

$$m - r(\boldsymbol{I}_m - \boldsymbol{A}\boldsymbol{A}^+) = r(\boldsymbol{A}\boldsymbol{A}^+) = r(\boldsymbol{A}) = r(\boldsymbol{A}^+)$$

类似可证第二式.

6.5.3　广义逆矩阵 A^+ 的计算方法

定理 6.23　设 $\boldsymbol{A} \in \mathbf{C}^{m\times n}$, 则有

(1) 如果 $\boldsymbol{A}$ 为可逆方阵, 则 $\boldsymbol{A}^+ = \boldsymbol{A}^{-1}$.

(2) 如果 $\boldsymbol{A} = \begin{bmatrix} \boldsymbol{B} & \boldsymbol{O} \\ \boldsymbol{O} & \boldsymbol{O} \end{bmatrix}_{m\times n}$, 其中 $\boldsymbol{B}$ 为可逆方阵, 则 $\boldsymbol{A}^+ = \begin{bmatrix} \boldsymbol{B}^{-1} & \boldsymbol{O} \\ \boldsymbol{O} & \boldsymbol{O} \end{bmatrix}_{n\times m}$.

(3) 如果 $\boldsymbol{A} = \mathrm{diag}(d_1, d_2, \cdots, d_n)$, $d_i \in C\ (i = 1, 2, \cdots, n)$, 则 $\boldsymbol{A}^+ = \mathrm{diag}(d_1^+, d_2^+, \cdots, d_n^+)$, 其中 $d_i^+ = \begin{cases} \dfrac{1}{d_i}, & \text{当 } d_i \neq 0 \text{ 时}; \\ 0, & \text{当 } d_i = 0 \text{ 时}. \end{cases}$

(4) 如果 $\boldsymbol{A}$ 为行满秩矩阵, 则 $\boldsymbol{A}^+ = \boldsymbol{A}^{\mathrm{H}}(\boldsymbol{A}\boldsymbol{A}^{\mathrm{H}})^{-1}$.

(5) 如果 $\boldsymbol{A}$ 为列满秩矩阵, 则 $\boldsymbol{A}^+ = (\boldsymbol{A}^{\mathrm{H}}\boldsymbol{A})^{-1}\boldsymbol{A}^{\mathrm{H}}$.

(6) 如果 $\boldsymbol{A}$ 有满秩分解 $\boldsymbol{A} = \boldsymbol{C}\boldsymbol{D}$, 其中 $\boldsymbol{C} \in \mathbf{C}^{m\times r}$, $\boldsymbol{D} \in \mathbf{C}^{r\times m}$, 且 $r(\boldsymbol{C}) = r(\boldsymbol{D}) = r = r(\boldsymbol{A}) < \min\{m, n\}$, 则 $\boldsymbol{A}^+ = \boldsymbol{D}_R^{-1}\boldsymbol{C}_L^{-1} = \boldsymbol{D}^{\mathrm{H}}(\boldsymbol{D}\boldsymbol{D}^{\mathrm{H}})^{-1}(\boldsymbol{C}^{\mathrm{H}}\boldsymbol{C})^{-1}\boldsymbol{C}^{\mathrm{H}}$.

(7) 如果 $\boldsymbol{A}$ 有奇异值分解 $\boldsymbol{A} = \boldsymbol{U}\sum_r \boldsymbol{V}^{\mathrm{H}}$, 其中

$$\sum_r = \begin{bmatrix} \boldsymbol{\Sigma} & \\ & \boldsymbol{O} \end{bmatrix}_{m\times n}, \boldsymbol{\Sigma} = \mathrm{diag}(\sigma_1, \sigma_2, \cdots, \sigma_r), \sigma_i > 0, \boldsymbol{U}^{\mathrm{H}}\boldsymbol{U} = \boldsymbol{I}_m, \boldsymbol{V}^{\mathrm{H}}\boldsymbol{V} = \boldsymbol{I}_n$$

则

$$\boldsymbol{A}^+ = \boldsymbol{V}\sum\nolimits_r^+ \boldsymbol{U}^{\mathrm{H}}$$

式中

$$\sum\nolimits_r^+ = \begin{bmatrix} \boldsymbol{\Sigma}^{-1} & \\ & \boldsymbol{O} \end{bmatrix}_{n\times m}, \boldsymbol{\Sigma}^{-1} = \mathrm{diag}(\sigma_1^{-1}, \sigma_2^{-1}, \cdots, \sigma_r^{-1})$$

或

$$\boldsymbol{A}^+ = \boldsymbol{V}_1\left(\sum\nolimits^2\right)^{-1}\boldsymbol{V}_1^{\mathrm{H}}\boldsymbol{A}^{\mathrm{H}}, (\boldsymbol{\Sigma}^2)^{-1} = \mathrm{diag}(\sigma_1^{-2}, \sigma_2^{-2}, \cdots, \sigma_r^{-2})$$

其中 $\boldsymbol{V}_1$ 由属于 $\boldsymbol{A}^{\mathrm{H}}\boldsymbol{A}$ 的特征值 $\sigma_1^2, \sigma_2^2, \cdots, \sigma_r^2$ 的 r 个单位正交特征向量构成.

(8) 如果 $\boldsymbol{A}$ 有分解 $\boldsymbol{A} = \boldsymbol{Q}\boldsymbol{R}$, 其中 $\boldsymbol{Q}^{\mathrm{H}}\boldsymbol{Q} = \boldsymbol{I}_m$, $\boldsymbol{R}$ 是非奇异的上三角阵, $\boldsymbol{A}$ 为列满秩, 则 $\boldsymbol{A}^+ = \boldsymbol{R}^{-1}\boldsymbol{Q}^{\mathrm{H}}$.

(9) 设 $\{\boldsymbol{v}_1, \boldsymbol{v}_2, \cdots, \boldsymbol{v}_r\}$ 为 $R(\boldsymbol{A}^{\mathrm{H}})$ 中的一组基, 而 $\{\boldsymbol{\beta}_1, \boldsymbol{\beta}_2, \cdots, \boldsymbol{\beta}_{m-r}\}$ 为 $N(\boldsymbol{A}^{\mathrm{H}})$ 中的一组基, 则

$$\boldsymbol{A}^+ = (\boldsymbol{v}_1, \boldsymbol{v}_2, \cdots, \boldsymbol{v}_r, \boldsymbol{0}, \boldsymbol{0}, \cdots, \boldsymbol{0})(\boldsymbol{A}\boldsymbol{v}_1, \boldsymbol{A}\boldsymbol{v}_2, \cdots, \boldsymbol{A}\boldsymbol{v}_r, \boldsymbol{\beta}_1, \boldsymbol{\beta}_2, \cdots, \boldsymbol{\beta}_{m-r})^{-1}$$

证明: (1) 由于 $\boldsymbol{A}$ 为满秩方阵, 故 $\forall \boldsymbol{b} \in \mathbf{C}^m$, 方程组 $\boldsymbol{A}\boldsymbol{x} = \boldsymbol{b}$ 为相容方程组, 且 $\forall \boldsymbol{b} \in \mathbf{C}^m$, 相容方程组 $\boldsymbol{A}\boldsymbol{x} = \boldsymbol{b}$ 有唯一解 $\boldsymbol{x} = \boldsymbol{A}^{-1}\boldsymbol{b}$, 而 $\boldsymbol{A}^+\boldsymbol{b}$ 是相容方程组 $\boldsymbol{A}\boldsymbol{x} = \boldsymbol{b}$ 的极小范数解, 故 $\boldsymbol{A}^+ = \boldsymbol{A}^{-1}$.

(2)设$G=\begin{bmatrix} B^{-1} & O \\ O & O \end{bmatrix}$,则$G$满足式(6-68)~式(6-71).由$A^+$的唯一性知$A^+=G$.

(3) 取$B=\begin{bmatrix} d_1 & & & & \\ & d_2 & & & \\ & & \ddots & & \\ & & & d_r & \\ & & & & O \end{bmatrix}$, $d_i \neq 0\ (i=1,2,\cdots,r)$, 则由(2)得

$$A^+=\begin{bmatrix} B^{-1} & O \\ O & O \end{bmatrix}=\begin{bmatrix} d_1^{-1} & & & & \\ & d_2^{-1} & & & \\ & & \ddots & & \\ & & & d_r^{-1} & \\ & & & & O \end{bmatrix}=\mathrm{diag}(d_1^+,d_2^+,\cdots,d_n^+)$$

(4)因A为行满秩,故$r(AA^{\mathrm{H}})=r(A)=m$, 即$AA^{\mathrm{H}}$为$m$阶可逆方阵. 由定理6.22之(10)中的第二式得$A^+=A^{\mathrm{H}}(AA^{\mathrm{H}})^+=A^{\mathrm{H}}(AA^{\mathrm{H}})^{-1}$.

(5)因A为列满秩,故$r(A^{\mathrm{H}}A)=r(A)=n$, 即$A^{\mathrm{H}}A$为$n$阶可逆方阵. 由定理6.22之(10)中的第一式得$A^+=(A^{\mathrm{H}}A)^+A^{\mathrm{H}}=(A^{\mathrm{H}}A)^{-1}A^{\mathrm{H}}$.

(6)因为此时$A_m^-=D_R^{-1}C_L^{-1}=A_l^-$, 故

$$\begin{aligned} A^+ &= A_m^-AA_l^-=D_R^{-1}C_L^{-1}CDD_R^{-1}C_L^{-1}=D_R^{-1}C_L^{-1} \\ &= D^{\mathrm{H}}(DD^{\mathrm{H}})^{-1}(C^{\mathrm{H}}C)^{-1}C^{\mathrm{H}} \end{aligned}$$

(7)由定理6.22中(12)以及定理6.23中(2)可得

$$A^+=(U\sum\nolimits_r V^{\mathrm{H}})^+=V\sum\nolimits_r^+U^{\mathrm{H}}$$

其中

$$\sum\nolimits_r^+=\begin{bmatrix} \sigma_1^{-1} & & & & \\ & \sigma_2^{-1} & & & \\ & & \ddots & & \\ & & & \sigma_r^{-1} & \\ & & & & O \end{bmatrix}_{n\times m}$$

(8)由(5)得

$$A^+=(R^{\mathrm{H}}Q^{\mathrm{H}}QR)^{-1}R^{\mathrm{H}}Q^{\mathrm{H}}=(R^{\mathrm{H}}R)^{-1}R^{\mathrm{H}}Q^{\mathrm{H}}=R^{-1}Q^{\mathrm{H}}$$

(9)由于$\mathbf{C}^m=R(A)\oplus N(A^{\mathrm{H}})$, 而$\{Av_1,Av_2,\cdots,Av_r\}$为$R(A)$中的一组基,故$\{Av_1,Av_2,\cdots,Av_r,\beta_1,\beta_2,\cdots,\beta_{m-r}\}$为$\mathbf{C}^m$中的一组基. 由$A^+$之定义得

$$A^+(Av_1,Av_2,\cdots,Av_r,\beta_1,\beta_2,\cdots,\beta_{m-r})=(v_1,v_2,\cdots,v_r,0,0,\cdots,0)$$

因此

$$A^+=(v_1,v_2,\cdots,v_r,0,0,\cdots,0)(Av_1,Av_2,\cdots,Av_r,\beta_1,\beta_2,\cdots,\beta_{m-r})^{-1}$$

推论6.6　（秩1公式）设 $\boldsymbol{A}\in\mathbf{C}_1^{m\times n}$，则 $\boldsymbol{A}^{+}=\dfrac{1}{\sum\limits_{i,j}|a_{ij}|^2}\boldsymbol{A}^{\mathrm{H}}$.

证明：$\boldsymbol{A}\in\mathbf{C}_1^{m\times n}$，则矩阵 $\boldsymbol{A}$ 仅有一个正奇异值，不妨设为 σ_1，σ_1^2 是矩阵 $\boldsymbol{A}^{\mathrm{H}}\boldsymbol{A}$ 唯一的非零特征值，设其对应的特征向量为 $\boldsymbol{\alpha}$. 由定理6.23中(7)知 $\boldsymbol{V}_1=\dfrac{\boldsymbol{\alpha}}{\|\boldsymbol{\alpha}\|}$ 且

$$\boldsymbol{A}^{+}=\boldsymbol{V}_1\frac{1}{\sigma_1^2}\boldsymbol{V}_1^{\mathrm{H}}\boldsymbol{A}^{\mathrm{H}}=\frac{1}{\sigma_1^2}\boldsymbol{V}_1\boldsymbol{V}_1^{\mathrm{H}}\boldsymbol{A}^{\mathrm{H}}=\frac{1}{\sigma_1^2}\boldsymbol{A}^{\mathrm{H}}$$

根据矩阵特征值与矩阵迹的关系知，$\sigma_1^2=\mathrm{tr}(\boldsymbol{A}^{\mathrm{H}}\boldsymbol{A})=\sum\limits_{i,j}|a_{ij}|^2$.

例6.5　设 $\boldsymbol{A}\in\mathbf{C}^{m\times n}$，$\boldsymbol{B}\in\mathbf{C}^{p\times q}$，则有

$$\begin{bmatrix}\boldsymbol{A}&\boldsymbol{O}\\\boldsymbol{O}&\boldsymbol{B}\end{bmatrix}^{+}=\begin{bmatrix}\boldsymbol{A}^{+}&\boldsymbol{O}\\\boldsymbol{O}&\boldsymbol{B}^{+}\end{bmatrix}$$

$$\begin{bmatrix}\boldsymbol{O}&\boldsymbol{A}\\\boldsymbol{B}&\boldsymbol{O}\end{bmatrix}^{+}=\begin{bmatrix}\boldsymbol{O}&\boldsymbol{B}^{+}\\\boldsymbol{A}^{+}&\boldsymbol{O}\end{bmatrix}$$

$$\begin{bmatrix}\boldsymbol{A}\\\boldsymbol{O}\end{bmatrix}^{+}=[\boldsymbol{A}^{+}\quad\boldsymbol{O}],\ [\boldsymbol{A}\quad\boldsymbol{O}]^{+}=\begin{bmatrix}\boldsymbol{A}^{+}\\\boldsymbol{O}\end{bmatrix}$$

例6.6　$\boldsymbol{A}=\begin{bmatrix}1&1&2\\2&2&4\end{bmatrix}$，求 $\boldsymbol{A}^{+}$.

解：$\boldsymbol{A}\to\begin{bmatrix}1&1&2\\0&0&0\end{bmatrix}$，故 $r(\boldsymbol{A})=1$. 利用秩1公式，得

$$\boldsymbol{A}^{+}=\frac{1}{30}\begin{bmatrix}1&2\\1&2\\2&4\end{bmatrix}$$

例6.7　求方程组

$$\begin{cases}x_1+x_3+x_4=1\\2x_1+x_2+2x_3+x_4=2\\2x_1+2x_3+2x_4=3\\4x_1+2x_2+4x_3+2x_4=4\end{cases}$$

的极小范数最小二乘解及其模.

解：(1)求出 $\boldsymbol{A}$ 的Hermite标准型.

$$\boldsymbol{A}\xrightarrow{\text{行}}\begin{bmatrix}1&0&1&1\\0&1&0&-1\\0&0&0&0\\0&0&0&0\end{bmatrix}$$

(2)作出 $\boldsymbol{A}$ 的满秩分解.

$$\boldsymbol{A}=\begin{bmatrix}1&0\\2&1\\2&0\\4&2\end{bmatrix}\begin{bmatrix}1&0&1&1\\0&1&0&-1\end{bmatrix}=\boldsymbol{CD}$$

(3)计算 $\boldsymbol{D}_R^{-1}$ 与 $\boldsymbol{C}_L^{-1}$.

$$\boldsymbol{D}_R^{-1}=\boldsymbol{D}^{\mathrm{H}}(\boldsymbol{D}\boldsymbol{D}^{\mathrm{H}})^{-1}=\begin{bmatrix}1&0\\0&1\\1&0\\1&-1\end{bmatrix}\begin{bmatrix}3&-1\\-1&2\end{bmatrix}^{-1}=\frac{1}{5}\begin{bmatrix}2&1\\1&3\\2&1\\1&-2\end{bmatrix}$$

$$\boldsymbol{C}_L^{-}=(\boldsymbol{C}^{\mathrm{H}}\boldsymbol{C})^{-1}\boldsymbol{C}^{\mathrm{H}}=\begin{bmatrix}25&10\\10&5\end{bmatrix}^{-1}\begin{bmatrix}1&2&2&4\\0&1&0&2\end{bmatrix}=\frac{1}{5}\begin{bmatrix}1&0&2&0\\-2&1&-4&2\end{bmatrix}$$

(4)计算 $\boldsymbol{A}^{+}$.

$$\boldsymbol{A}^{+}=\boldsymbol{D}_R^{-1}\boldsymbol{C}_L^{-1}=\frac{1}{5}\begin{bmatrix}2&1\\1&3\\2&1\\1&-2\end{bmatrix}\cdot\frac{1}{5}\begin{bmatrix}1&0&2&0\\-2&1&-4&2\end{bmatrix}$$

$$=\frac{1}{25}\begin{bmatrix}0&1&0&2\\-5&3&-10&6\\0&1&0&2\\5&-2&10&-4\end{bmatrix}$$

(5)计算方程组的极小范数最小二乘解.

$$\boldsymbol{x}=\boldsymbol{A}^{+}\boldsymbol{b}=\frac{1}{25}\begin{bmatrix}0&1&0&2\\-5&3&-10&6\\0&1&0&2\\5&-2&10&-4\end{bmatrix}\begin{bmatrix}1\\2\\3\\4\end{bmatrix}=\frac{1}{5}\begin{bmatrix}2\\-1\\2\\3\end{bmatrix}$$

$\|\boldsymbol{x}\|=\frac{3}{5}\sqrt{2}$, 而 $\|\boldsymbol{A}\boldsymbol{x}-\boldsymbol{b}\|=\frac{\sqrt{5}}{5}$.

例 6.8 设某平面运动物体的轨迹近似满足椭圆方程为 $\frac{x^2}{a^2}+\frac{y^2}{b^2}=1$, 若物体经过三点 $A(1,\sqrt{2})$, $B(\sqrt{2},2)$, $C(0,0)$, 依据数据估计椭圆方程.

解:将点代入方程,得方程组

$$\boldsymbol{A}\boldsymbol{u}=\boldsymbol{b}$$

这里 $\boldsymbol{u}=\left(\frac{1}{a^2},\frac{1}{b^2}\right)$, $\boldsymbol{A}=\begin{bmatrix}1&2\\2&4\\0&0\end{bmatrix}$, $\boldsymbol{b}=\begin{bmatrix}1\\1\\1\end{bmatrix}$. 这是一个矛盾方程组,求解该方程组的极小范数最小二乘解即可.

$$\boldsymbol{u}=\boldsymbol{A}^{+}\boldsymbol{b}=\frac{1}{25}\begin{bmatrix}1&2&0\\2&4&0\end{bmatrix}\begin{bmatrix}1\\1\\1\end{bmatrix}=\frac{1}{25}\begin{bmatrix}3\\6\end{bmatrix}$$

因此,椭圆方程为 $\frac{x^2}{3/25}+\frac{y^2}{6/25}=1$.

线性方程组的最小二乘解问题在数据拟合上具有重要应用。

习　题

1. 设 $A \in \mathbf{C}^{m\times r}$, $B \in \mathbf{C}^{r\times m}$, $r(A) = r(B) = r > 0$, 证明 $(AB)^+ = B^+A^+$. 举例说明在一般情况下, $(AB)^+ \neq B^+A^+$.

2. 设 H 是幂等的 Hermite 矩阵,证明 $H^+ = H$.

3. 证明 $H^+ = H \Leftrightarrow H^2$ 为幂等 Hermite 矩阵且 $r(H^2) = r(H)$.

4. 证明若 A 是正规矩阵,即 $A^{\mathrm{H}}A = AA^{\mathrm{H}}$, 则 $A^+A = AA^+$, 且 $(A^+)^n = (A^n)^+$, 其中 $n \geqslant 1$ 为自然数. 举例说明在一般情况下, $(A^+)^n \neq (A^n)^+$.

5. 证明 向量 x 是方程组 $Ax = b$ 的最小二乘解 $\Leftrightarrow$ 存在向量 y, 使得向量 $\begin{bmatrix} y \\ x \end{bmatrix}$ 为 $\begin{bmatrix} I & A \\ A^{\mathrm{H}} & O \end{bmatrix}\begin{bmatrix} y \\ x \end{bmatrix} = \begin{bmatrix} b \\ 0 \end{bmatrix}$ 的解.

6. 设 $A \in \mathbf{C}^{m\times n}$, 列向量 $b_1, b_2, \cdots, b_k \in \mathbf{C}^m$. 证明存在向量 $x_0 \in \mathbf{C}^n$, 使得 $\min\limits_{x\in C^n}\sum\limits_{i=1}^{k} \| Ax - b_i \|^2 = \sum\limits_{i=1}^{k} \| Ax_0 - b_i \|^2 \Leftrightarrow x_0$ 是方程组 $Ax = \dfrac{1}{k}\sum\limits_{i=1}^{k} b_i$ 的最小二乘解.

7. 设 $A_i \in \mathbf{C}^{m\times n}$, 列向量 $b_i \in \mathbf{C}^m (i = 1,2,\cdots,k)$. 证明存在向量 $x_0 \in \mathbf{C}^n$, 使得 $\min\limits_{x\in C^n}\sum\limits_{i=1}^{k} \| A_ix - b_i \|^2 = \sum\limits_{i=1}^{k} \| A_ix_0 - b_i \|^2 \Leftrightarrow x_0$ 为方程组 $\left(\sum\limits_{i=1}^{k} A_i^{\mathrm{H}}A_i\right)x = \sum\limits_{i=1}^{k} A_i^{\mathrm{H}}b_i$ 的解.

8. 设 $A \in \mathbf{C}^{m\times n}$, $b \in \mathbf{C}^m$, $a > 0$, 证明满足 $\min\limits_{x\in C^n}\{ \| Ax - b \|^2 + a^2 \| x \|^2 \}$ 的 x 为 $x = (A^{\mathrm{H}}A + a^2 I)^{-1}A^{\mathrm{H}}b$.

9. 设 $A \in \mathbf{C}^{m\times n}$, $\varepsilon > 0$, 证明 $A^+ = \lim\limits_{\varepsilon\to 0} A^{\mathrm{H}}(AA^{\mathrm{H}} + \varepsilon^2 I)^{-1}$. 利用上述公式计算矩阵

$$A = \begin{bmatrix} 1 & 0 & 0 \\ 0 & 1 & -1 \\ 1 & 0 & 0 \\ 2 & 1 & -1 \end{bmatrix}$$

的广义逆 A^+.

10. 设 $A = \begin{bmatrix} 1 & 2 & -1 \\ 0 & -1 & 2 \end{bmatrix}$, $b = (1\quad 2)^{\mathrm{T}}$, 求方程组 $Ax = b$ 的极小范数解.

11. 已知 $A = \begin{bmatrix} 1 & 2 \\ 2 & 1 \\ 1 & 1 \end{bmatrix}$, $b = \begin{bmatrix} 1 \\ 0 \\ 0 \end{bmatrix}$, 求矛盾方程组 $Ax = b$ 的最小二乘解.

12. 用满秩分解法求下列矩阵的广义逆 A^+:

(1) $A = \begin{bmatrix} 1 & 1 & 1 & 1 \\ 1 & 2 & 3 & 4 \\ 0 & 1 & 2 & 3 \end{bmatrix}$；(2) $A = \begin{bmatrix} 1 & 1 & 0 & 1 \\ 0 & 1 & 1 & 0 \\ 1 & 2 & 1 & 1 \end{bmatrix}$.

13. 设$\boldsymbol{A} \in \mathbf{C}^{n\times n}$, $\boldsymbol{A}^2 = \boldsymbol{A}$且$\boldsymbol{A}^{\mathrm{H}} = \boldsymbol{A}$, 证明$\mathbf{C}^n = R(\boldsymbol{A}) \oplus N(\boldsymbol{A})$且$N(\boldsymbol{A}) = R^{\perp}(\boldsymbol{A})$.

14. 证明$R((\boldsymbol{A}^{+})^{\mathrm{H}}) = R(\boldsymbol{A})$, $N((\boldsymbol{A}^{+})^{\mathrm{H}}) = N(\boldsymbol{A})$.

15. 设$\boldsymbol{A} \in \mathbf{C}^{n\times n}$, 证明$[\boldsymbol{A}^{\mathrm{H}}|_{R(\boldsymbol{A})}]^{\mathrm{H}} = \boldsymbol{A}|_{R(\boldsymbol{A}^{\mathrm{H}})}$.

第 7 章　特殊矩阵

所谓特殊矩阵，是指矩阵的元素数值或其所具有的性质有某些特性的矩阵．前面接触到的对角矩阵、三角矩阵、对称矩阵、Hermite 矩阵、正交矩阵、酉矩阵等都是特殊矩阵．本章介绍几类特殊的矩阵：非负矩阵、M－矩阵、对角占优矩阵、Hankel 矩阵与 Hadamard 矩阵，它们在众多科学技术领域内都有应用．

7.1　非负矩阵

在数理经济学、概率论、弹性系统微振动理论等领域，常常出现非负矩阵．

定义 7.1　设 $\boldsymbol{A}=(a_{ij})\in\mathbf{R}^{m\times n}$，如果 $a_{ij}\geqslant 0$，则称 $\boldsymbol{A}$ 为非负矩阵，记作 $\boldsymbol{A}\geqslant 0$．如果 $a_{ij}>0$，则称 $\boldsymbol{A}$ 为正矩阵，记作 $\boldsymbol{A}>0$．

特别地，当 $\boldsymbol{A}$ 为一向量 $\boldsymbol{x}$ 时，非负矩阵与正矩阵常称为非负向量与正向量．

对于任意的 $\boldsymbol{A}=(a_{ij})\in\mathbf{C}^{m\times n}$，则 $|\boldsymbol{A}|=(|a_{ij}|)_{m\times n}$ 也是非负矩阵，这里 $|a_{ij}|$ 表示元素 a_{ij} 的模．$\boldsymbol{A}=(a_{ij})$、$\boldsymbol{B}=(b_{ij})\in\mathbf{R}^{m\times n}$，如果 $\boldsymbol{A}-\boldsymbol{B}\geqslant 0$，可记作 $\boldsymbol{A}\geqslant\boldsymbol{B}$．

性质 7.1　设 $\boldsymbol{A},\boldsymbol{B},\boldsymbol{C},\boldsymbol{D}\in\mathbf{C}^{m\times n}$，下面结论成立．

(1) 若 $\boldsymbol{A}\geqslant 0,\boldsymbol{B}\geqslant 0,a,b$ 是任意非负实数，则 $a\boldsymbol{A}+b\boldsymbol{B}\geqslant 0$；

(2) 若 $0\leqslant\boldsymbol{A}\leqslant\boldsymbol{B}$，$0\leqslant\boldsymbol{C}\leqslant\boldsymbol{D}$，则 $0\leqslant\boldsymbol{AC}\leqslant\boldsymbol{BD}$；

(3) 若 $0\leqslant\boldsymbol{A}\leqslant\boldsymbol{B}$，对任意正整数 m，有 $0\leqslant\boldsymbol{A}^m\leqslant\boldsymbol{B}^m$；

(4) $|\boldsymbol{AB}|\leqslant|\boldsymbol{A}||\boldsymbol{B}|$；

(5) 若 $|\boldsymbol{A}|\leqslant\boldsymbol{B}$，则 $\|\boldsymbol{A}\|_2\leqslant\||\boldsymbol{A}|\|_2\leqslant\|\boldsymbol{B}\|_2$．

证明：(1) ~ (4) 显然成立．下仅证明 (5) 成立．

因为 $\forall\boldsymbol{x}\in\mathbf{C}^n$，有

$$|\boldsymbol{Ax}|\leqslant|\boldsymbol{A}||\boldsymbol{x}|\leqslant\boldsymbol{B}|\boldsymbol{x}|$$

所以

$$\|\boldsymbol{Ax}\|_2=\||\boldsymbol{Ax}|\|_2\leqslant\||\boldsymbol{A}||\boldsymbol{x}|\|_2\leqslant\|\boldsymbol{B}|\boldsymbol{x}|\|_2$$

于是

$$\max_{\||\boldsymbol{x}|\|_2=1}\|\boldsymbol{Ax}\|_2=\max_{\||\boldsymbol{x}|\|_2=1}\||\boldsymbol{Ax}|\|_2\leqslant\max_{\||\boldsymbol{x}|\|_2=1}\||\boldsymbol{A}||\boldsymbol{x}|\|_2\leqslant\max_{\||\boldsymbol{x}|\|_2=1}\|\boldsymbol{B}|\boldsymbol{x}|\|_2$$

由定理 3.5 知

$$\|\boldsymbol{A}\|_2\leqslant\||\boldsymbol{A}|\|_2\leqslant\|\boldsymbol{B}\|_2$$

任一非负矩阵 $\boldsymbol{A}$ 的谱半径 $\rho(\boldsymbol{A})$ 性质良好．

性质 7.2 （谱半径的单调性）设 $A=(a_{ij}), B=(b_{ij})\in \mathbf{C}^{m\times n}$, 若 $|A|\leqslant B$, 则

$$\rho(A)\leqslant\rho(|A|)\leqslant\rho(B)$$

证明:由性质 7.1 的(3)与(4)得,对任意正整数 m, 有 $|A^m|\leqslant|A|^m\leqslant B^m$. 由性质 7.1 的(5)可知

$$\|A^m\|_2\leqslant\||A|^m\|_2\leqslant\|B^m\|_2$$

从而

$$\|A^m\|_2^{\frac{1}{m}}\leqslant\||A|^m\|_2^{\frac{1}{m}}\leqslant\|B^m\|_2^{\frac{1}{m}} \tag{7-1}$$

因为 $\rho(A)^m=\rho(A^m)=\|A^m\|_2$, 所以对所有正整数 m, 有

$$\rho(A)\leqslant\|A^m\|_2^{\frac{1}{m}}$$

另外,对任意 $\varepsilon>0$, 矩阵 $\tilde{A}=(\rho(A)+\varepsilon)^{-1}A$ 的谱半径小于1,则有 $\lim\limits_{m\to\infty}\tilde{A}^m=O$, 于是 $\lim\limits_{m\to\infty}\|\tilde{A}^m\|_2=0$. 因此,存在正整数 k 使得当 $m>k$ 时, $\|\tilde{A}^m\|_2<1$, 即对所有 $m>k$, 有 $\|A^m\|_2\leqslant(\rho(A)+\varepsilon)^m$ 或

$$\|A^m\|_2^{\frac{1}{m}}\leqslant\rho(A)+\varepsilon$$

故

$$\lim_{m\to\infty}\|A^m\|_2^{\frac{1}{m}}=\rho(A) \tag{7-2}$$

同理,可知

$$\lim_{m\to\infty}\||A^m|\|_2^{\frac{1}{m}}=\rho(|A|),\ \lim_{m\to\infty}\|B^m\|_2^{\frac{1}{m}}=\rho(B) \tag{7-3}$$

故由式(7-1)、式(7-2)与式(7-3)知,性质 7.2 成立.

推论 7.1 设 $A=(a_{ij})$、$B=(b_{ij})\in\mathbf{C}^{m\times n}$, $0\leqslant A\leqslant B$, 则 $\rho(A)\leqslant\rho(B)$.

1907 年,佩龙(Perron)建立了正矩阵的特征值与特征向量的重要性质,这就是下面的佩龙定理(参见文献[10]).

定理 7.1 设 $A=(a_{ij})\in\mathbf{R}^{n\times n}$, $A>0$, 则

(1) $\rho(A)$ 为 A 的一个正特征值,其对应的特征向量至少有一个正向量;

(2) A 的任何其他特征值 λ, 都有 $\lambda<\rho(A)$;

(3) $\rho(A)$ 为 A 的特征多项式的单根.

定义 7.2 设 $A=(a_{ij})\in\mathbf{R}^{n\times n}$ 是非负矩阵,如果 A 的每一行上的元素之和都等于1,即 $\sum\limits_{j=1}^{n}a_{ij}=1$, $i=1,2,\cdots,n$, 则称 A 为随机矩阵. 如果 A 的每一列上的元素之和也都等于1,即 $\sum\limits_{i=1}^{n}a_{ij}=1$, $j=1,2,\cdots,n$, 则称 A 为双随机矩阵.

定理 7.2 设 $A=(a_{ij})\in\mathbf{R}^{n\times n}$ 是随机矩阵,则 $\rho(A)=1$.

证明:因为 A 是随机矩阵,所以 A 的每一行元素之和为1,则 $\|A\|_\infty=1$. 令 $x=(1,1,\cdots,1)^{\mathrm{T}}$, 显然 $Ax=x=\|A\|_\infty x$, 即 x 是对应于特征值 $\|A\|_\infty$ 的特征向量, $\|A\|_\infty$ 是特征值,从而 $\|A\|_\infty\leqslant\rho(A)$, 而 $\rho(A)\leqslant\|A\|_\infty$, 因此 $\rho(A)=\|A\|_\infty=1$.

从以上证明可知, n 阶随机矩阵 A 有特征值 1 且对应于 1 的特征向量为 $x=$

$(1,1,\cdots,1)^{\mathrm{T}}$. 反之,如果 n 阶非负矩阵 $\boldsymbol{A}$ 有特征值 1 且对应于 1 的特征向量为 $\boldsymbol{x}=(1,1,\cdots,1)^{\mathrm{T}}$, 则 $\boldsymbol{A}$ 是随机矩阵. 于是有如下结论.

推论 7.2　n 阶非负矩阵 $\boldsymbol{A}$ 是随机矩阵 $\Leftrightarrow \boldsymbol{x}=(1,1,\cdots,1)^{\mathrm{T}}$ 满足 $\boldsymbol{Ax}=\boldsymbol{x}$.

容易证明,两个随机矩阵之积仍是随机矩阵.

双随机矩阵是特殊的随机矩阵,由其定义易知若 $\boldsymbol{A}$ 是双随机矩阵,则 $\rho(\boldsymbol{A})=1$, 且 $\boldsymbol{x}=(1,1,\cdots,1)^{\mathrm{T}}$ 是 $\boldsymbol{A}$ 与 $\boldsymbol{A}^{\mathrm{T}}$ 对应于特征值 1 的特征向量.

7.2　不可约矩阵

用置换矩阵(定义 5.3) $\boldsymbol{P}=[\boldsymbol{e}_{j_1},\boldsymbol{e}_{j_2},\cdots,\boldsymbol{e}_{j_n}]$ 左乘 n 阶方阵 $\boldsymbol{A}$ 相当于将 $\boldsymbol{A}$ 的行的次序重新排列成 $j_1,j_2,\cdots,j_n$, 即 $\boldsymbol{A}$ 的第 i 行变成第 j_i 行 $(i=1,2,\cdots,n)$;用置换矩阵 $\boldsymbol{P}=[\boldsymbol{e}_{j_1},\boldsymbol{e}_{j_2},\cdots,\boldsymbol{e}_{j_n}]$ 右乘 n 阶方阵 $\boldsymbol{A}$ 相当于将 $\boldsymbol{A}$ 的列的次序重新排列成 $j_1,j_2,\cdots,j_n$, 即 $\boldsymbol{A}$ 的第 i 列变成第 j_i 列 $(i=1,2,\cdots,n)$. 置换矩阵是可逆的,且有 $\boldsymbol{P}^{-1}=\boldsymbol{P}^{\mathrm{T}}$.

定义 7.3　设矩阵 $\boldsymbol{A}=(a_{ij})\in\mathbf{R}^{n\times n}(n\geqslant 2)$, 如果存在 n 阶置换矩阵 $\boldsymbol{P}$, 使得

$$\boldsymbol{PAP}^{\mathrm{T}}=\begin{bmatrix}\boldsymbol{A}_{11} & \boldsymbol{A}_{12}\\ \boldsymbol{O} & \boldsymbol{A}_{22}\end{bmatrix}$$

其中 $\boldsymbol{A}_{11}$ 为 r 阶方阵,其中 $\boldsymbol{A}_{22}$ 为 $n-r$ 阶方阵 $(1\leqslant r<n)$,则称 $\boldsymbol{A}$ 为可约矩阵,否则称 $\boldsymbol{A}$ 为不可约矩阵.

显然正矩阵是不可约矩阵.

可约矩阵可用于线性方程组求解. 如果线性方程组 $\boldsymbol{Ax}=\boldsymbol{b}$ 的系数矩阵 $\boldsymbol{A}$ 可约,则存在置换矩阵 $\boldsymbol{P}$, 使得

$$\boldsymbol{PAP}^{\mathrm{T}}=\begin{bmatrix}\boldsymbol{A}_{11} & \boldsymbol{A}_{12}\\ \boldsymbol{O} & \boldsymbol{A}_{22}\end{bmatrix}$$

于是原方程组可化为

$$\boldsymbol{PAP}^{\mathrm{T}}\boldsymbol{Px}=\boldsymbol{Pb}$$

记 $\boldsymbol{y}=\boldsymbol{Px}=[\boldsymbol{y}_1^{\mathrm{T}},\boldsymbol{y}_2^{\mathrm{T}}]^{\mathrm{T}}$, $\bar{\boldsymbol{b}}=\boldsymbol{Pb}=[\boldsymbol{b}_1^{\mathrm{T}},\boldsymbol{b}_2^{\mathrm{T}}]^{\mathrm{T}}$, 则

$$\begin{cases}\boldsymbol{A}_{11}\boldsymbol{y}_1+\boldsymbol{A}_{12}\boldsymbol{y}_2=\bar{\boldsymbol{b}}_1\\ \boldsymbol{A}_{22}\boldsymbol{y}_2=\bar{\boldsymbol{b}}_2\end{cases}$$

于是方程组化为两个独立的低阶方程组,比直接解原方程组简单.

由定义 7.3 直接得如下性质.

性质 7.3　设矩阵 $\boldsymbol{A}=(a_{ij})\in\mathbf{R}^{n\times n}$, 则

(1) $\boldsymbol{A}$ 为不可约矩阵 $\Leftrightarrow\boldsymbol{A}^{\mathrm{T}}$ 为不可约矩阵;

(2) $\boldsymbol{A}$ 为不可约非负矩阵, $\boldsymbol{B}$ 为 n 阶非负矩阵,则 $\boldsymbol{A}+\boldsymbol{B}$ 为不可约非负矩阵.

佩龙定理 7.1 可以推广到非负不可约矩阵上.

定理 7.3　设 $\boldsymbol{A}=(a_{ij})\in\mathbf{R}^{n\times n}$ 为非负不可约矩阵,则

(1) $\rho(\boldsymbol{A})$ 为 $\boldsymbol{A}$ 的一个正特征值,其对应的特征向量至少有一个正向量;

(2) $\rho(\boldsymbol{A})$ 为 $\boldsymbol{A}$ 的特征多项式的单根;

(3)当 $\boldsymbol{A}$ 的任意元素(一个或多个)增加时, $\rho(\boldsymbol{A})$ 增加.

其中结论(3)由推论 7.1 即得.

例 7.1 对非负不可约矩阵

$$\boldsymbol{A}=\begin{bmatrix}1&2&0\\2&1&3\\0&2&1\end{bmatrix}$$

其谱半径 $\rho(\boldsymbol{A})=1+\sqrt{10}$, 而属于 $\rho(\boldsymbol{A})$ 的正特征向量是 $(2,\sqrt{10},2)^{\mathrm{T}}$, 并且模等于 $\rho(\boldsymbol{A})$ 的特征值有 $1+\sqrt{10}$ 也只有一个.

例 7.2 设

$$\boldsymbol{A}=\begin{bmatrix}0&0&1&0\\0&0&1&1\\0&1&0&0\\1&1&0&0\end{bmatrix}$$

显然 $\boldsymbol{A}$ 是不可约非负矩阵,可以计算 $\boldsymbol{A}$ 的特征值是 $\lambda_1=\sqrt{1+\sqrt{2}}$, $\lambda_2=-\sqrt{1+\sqrt{2}}$, $\lambda_3=i\sqrt{\sqrt{2}-1}$, $\lambda_4=-i\sqrt{\sqrt{2}-1}$. $|\lambda_1|=|\lambda_2|=\rho(\boldsymbol{A})$, $\rho(\boldsymbol{A})=\lambda_1$.

7.3 对角占优矩阵

对角占优矩阵是计算数学中应用非常广泛的矩阵类,它较多出现于经济价值模型和反网络系统的系数矩阵及解某些确定微分方程的数值解法中,在信息、系统论、现代经济学等众多领域都有着十分重要的应用.

定义 7.4 设 n 阶矩阵 $\boldsymbol{A}=(a_{ij})_{n\times n}$ 满足

$$|a_{ii}|\geqslant\sum_{j=1,j\neq i}^{n}|a_{ij}|,\ i=1,2,\cdots,n$$

则称 $\boldsymbol{A}$ 为行对角占优矩阵.

设 n 阶矩阵 $\boldsymbol{A}=(a_{ij})_{n\times n}$ 为满足

$$|a_{ii}|>\sum_{j=1,j\neq i}^{n}|a_{ij}|,\ i=1,2,\cdots,n$$

则称 $\boldsymbol{A}$ 为强对角占优矩阵.

类似有列对角占优矩阵,列对角占优矩阵的转置矩阵是行对角占优. 我们研究行对角占优矩阵性质即可.

定义 7.5 设 n 阶矩阵 $\boldsymbol{A}=(a_{ij})_{n\times n}$ 满足

(1) $\boldsymbol{A}$ 为对角占优矩阵;

(2) $\boldsymbol{A}$ 为不可约矩阵;

(3)严格不等式 $|a_{ii}| > \sum_{j=1,j\neq i}^{n} |a_{ij}|$ 至少有一个对下标 $i \in N$ 成立.

则称 $\boldsymbol{A}$ 为不可约对角占优矩阵.

强对角占优矩阵与不可约对角占优矩阵具有如下性质.

性质 7.4　设 n 阶矩阵 $\boldsymbol{A} = (a_{ij})_{n\times n}$ 为强对角占优矩阵与不可约对角占优矩阵,且 $a_{ii} > 0(i = 1,2,\cdots,n)$, 则 $\mathrm{Re}\lambda_i(\boldsymbol{A}) > 0, i = 1,2,\cdots,n$, 且 $\det \boldsymbol{A} > 0$. 这里 $\mathrm{Re}\lambda_i(\boldsymbol{A}) > 0$ 表示矩阵特征值实部.

定义 7.6　对 n 阶矩阵 $\boldsymbol{A} = (a_{ij})_{n\times n}$, 如果存在正对角矩阵 $\boldsymbol{D}$, 使得 $\boldsymbol{AD}$ 为强对角占优矩阵,则称 $\boldsymbol{A}$ 为拟对角占优矩阵.

例 7.3　设

$$\boldsymbol{A} = \begin{bmatrix} 1 & 1 & 1 \\ 0 & 1 & 1 \\ 0 & 0 & 1 \end{bmatrix}$$

取 $\boldsymbol{D} = \begin{bmatrix} 1 & & \\ & 0.3 & \\ & & 0.1 \end{bmatrix}$, 则

$$\boldsymbol{AD} = \begin{bmatrix} 1 & 0.3 & 0.1 \\ & 0.3 & 0.1 \\ & & 0.1 \end{bmatrix}$$

为强对角占优矩阵,于是 $\boldsymbol{A}$ 为拟对角占优矩阵.

性质 7.5　拟对角占优矩阵 $\boldsymbol{A}$ 的对角元素 $a_{ii} \neq 0(i = 1,2,\cdots,n)$, 且 $\det \boldsymbol{A} \neq 0$;如果 $a_{ii} > 0(i = 1,2,\cdots,n)$, 则 $\mathrm{Re}\,\lambda_i(\boldsymbol{A}) > 0, i = 1,2,\cdots,n$, 且 $\det \boldsymbol{A} > 0$.

定理 7.4　矩阵 $\boldsymbol{A}$ 为拟对角占优矩阵 $\Leftrightarrow$ 存在正对角矩阵 $\boldsymbol{D}_1$ 和 $\boldsymbol{D}_2$ 使得 $\boldsymbol{D}_1\boldsymbol{A}\boldsymbol{D}_2$ 为强对角占优.

强对角占优矩阵显然是拟对角占优矩阵,可以证明,不可约对角占优矩阵为拟对角占优矩阵.

7.4　M 矩阵

M 矩阵术语由美国数学家 Ostrowski 在 1937 年首先提出,随后数学家进一步发展了 M 矩阵理论. M 矩阵经常出现在大系统稳定性中弱关联问题、偏微分方程的有限差分法和有限元法、运筹学中的线性余问题以及概率统计中 Markov 过程等研究领域内.

定义 7.7　n 阶矩阵 $\boldsymbol{A} = (a_{ij}) \in \mathbf{R}^{n\times n}$, 如果 $a_{ij} \leqslant 0, i \neq j$, 则称 $\boldsymbol{A}$ 为 Z-型矩阵.

定义 7.8　n 阶矩阵 $\boldsymbol{A} = (a_{ij})_{n\times n}$ 为 Z-型矩阵,且矩阵 $\boldsymbol{A}$ 的所有顺序主子式是正的,则称 $\boldsymbol{A}$ 为 M 矩阵.

如果 $\boldsymbol{A}$ 为 Z-型矩阵,则在 40 种等价条件下 $\boldsymbol{A}$ 为 M 矩阵. 我们这里以定理的形式给出其中较为重要的 11 种(参见文献[13]).

定理 7.5 如果 $\boldsymbol{A}$ 为 Z－型矩阵,则下述提法等价.

(1)存在一个向量 $\boldsymbol{\xi} \geqslant 0$ 使得 $\boldsymbol{A\xi} > 0$;

(2)存在一个向量 $\boldsymbol{\xi} > 0$ 使得 $\boldsymbol{A\xi} > 0$;

(3)存在正对角矩阵 $\boldsymbol{D}$ 使得 $\boldsymbol{AD}$ 的每一行元素之和为正;

(4) $\boldsymbol{A}$ 的主对角元素为正,且 $\boldsymbol{A}$ 为拟对角占优矩阵;

(5)若任意正对角矩阵 $\boldsymbol{D}$ 满足 $\boldsymbol{D} \geqslant \boldsymbol{A}$, 则 $\boldsymbol{D}^{-1}$ 存在且 $\rho(\boldsymbol{D}^{-1}(\boldsymbol{D}_A - \boldsymbol{A})) < 1$, 这里 $\boldsymbol{D}_A = \mathrm{diag}(a_{11}, a_{22}, \cdots, a_{nn})$;

(6)如果 $\boldsymbol{B}$ 为 Z－型矩阵, $\boldsymbol{B} \geqslant \boldsymbol{A}$, 则 $\boldsymbol{B}^{-1}$ 存在;

(7) $\boldsymbol{A}$ 的实特征值都是正实数;

(8) $\boldsymbol{A}$ 的一切主子式都是正数;

(9) $\boldsymbol{A}$ 的所有顺序主子式为正数;

(10) $\boldsymbol{A}$ 能做三角分解 $\boldsymbol{A} = \boldsymbol{LU}$, 并且下三角矩阵 $\boldsymbol{L}$ 与上三角矩阵 $\boldsymbol{U}$ 都是具有正对角元素的 Z－型矩阵;

(11) $\boldsymbol{A}^{-1}$ 存在,且 $\boldsymbol{A}^{-1} \geqslant 0$.

证明:(1) ⇒ (2) 由存在一个向量 $\boldsymbol{\eta} \geqslant 0$ 使得 $\boldsymbol{A\eta} > 0$, 利用连续性,存在 $\varepsilon > 0$ 使得 $\boldsymbol{A}(\boldsymbol{\eta} + \varepsilon \boldsymbol{e}) > 0$, 其中 $\boldsymbol{e} = (1,1,\cdots 1)^{\mathrm{T}}$, 于是取 $\boldsymbol{\xi} = \boldsymbol{\eta} + \varepsilon \boldsymbol{e}$, 则 $\boldsymbol{\xi} > 0$.

(2) ⇒ (3) 由于存在一个向量 $\boldsymbol{\xi} = (\xi_1, \xi_2, \cdots, \xi_n)^{\mathrm{T}} > 0$ 使得 $\boldsymbol{A\xi} > 0$. 取 $\boldsymbol{D} = \mathrm{diag}(\xi_1, \xi_2, \cdots, \xi_n)$, 则 $\boldsymbol{\xi} = \boldsymbol{De}$, 于是 $\boldsymbol{ADe} > 0$, 即 $\boldsymbol{AD}$ 的每一行元素之和为正.

(3) ⇒ (4) 取 $\boldsymbol{B} = (b_{ij})_{n\times n} = \boldsymbol{AD}$, 则 $\boldsymbol{Be} > 0$, 即 $b_{ii} > -\sum_{i\neq j} b_{ij}, i,j = 1,2,\cdots,n$. 注意 $\boldsymbol{A}$ 为 Z－型矩阵,而 $\boldsymbol{D}$ 非负对角,因此 $\boldsymbol{B} = \boldsymbol{AD}$ 也为 Z－型矩阵,有 $b_{ij} \leqslant 0$, 从而 $-b_{ij} = |b_{ij}|$, 得 $b_{ii} > \sum_{i\neq j} |b_{ij}|, i,j = 1,2,\cdots,n$. 所以 $\boldsymbol{AD}$ 正对角占优,并且由 $b_{ii} = \xi_i a_{ii} > 0$ 知 $a_{ii} > 0$.

(4) ⇒ (5) 由于 $\boldsymbol{A}$ 为拟对角占优矩阵,存在正对角矩阵 $\boldsymbol{D}_1$ 使得 $\boldsymbol{B} = (b_{ij})_{n\times n} = \boldsymbol{AD}_1$ 正对角占优. 记 $\boldsymbol{D}_B = \mathrm{diag}(b_{11}, b_{22}, \cdots, b_{nn})$. 对于矩阵 $\boldsymbol{I} - \boldsymbol{D}_B^{-1}\boldsymbol{B}$ 的任意特征值 λ, 存在特征向量 $\boldsymbol{\xi} = (\xi_1, \xi_2, \cdots, \xi_n)^{\mathrm{T}} \neq 0$ 使得 $(\boldsymbol{I} - \boldsymbol{D}_B^{-1}\boldsymbol{B})\boldsymbol{\xi} = \lambda \boldsymbol{\xi}$. 令 $|\xi_{i_0}| = \max |\xi_i|$, 则

$$\lambda \xi_{i_0} = \sum_{j\neq i_0} b_{i_0 i_0}^{-1} b_{i_0 j} \xi_j$$

由于 $\boldsymbol{B} = (b_{ij})_{n\times n}$ 对角占优,因此

$$|\lambda| |\boldsymbol{\xi}_{i_0}| = \max |\lambda \boldsymbol{\xi}_{i_0}| \leqslant |b_{i_0 i_0}^{-1}| \sum_{j\neq i_0} |b_{i_0 j}| |\xi_j| \leqslant |\boldsymbol{\xi}_{i_0}| |b_{i_0 i_0}^{-1}| \sum_{j\neq i_0} |b_{i_0 j}| < |\boldsymbol{\xi}_{i_0}|$$

从而 $|\lambda| < 1$, 即 $\rho(\boldsymbol{I} - \boldsymbol{D}_B^{-1}\boldsymbol{B}) < 1$.

若存在 $\boldsymbol{D} = \mathrm{diag}(d_1, d_2, \cdots, d_n) \geqslant \boldsymbol{A}$, 由于 $a_{ii} > 0$, 所以 $d_i \geqslant a_{ii}$ 保证 $\boldsymbol{D}^{-1}$ 存在且 $\boldsymbol{D}^{-1} > 0$; 依据 $\boldsymbol{D} - \boldsymbol{A} \geqslant 0$ 可知 $\boldsymbol{D}^{-1}(\boldsymbol{D}_A - \boldsymbol{A})$ 非负,则由推论 7.1 中的非负矩阵性质,得

$$\rho(\boldsymbol{D}^{-1}(\boldsymbol{D}_A - \boldsymbol{A})) \leqslant \rho(\boldsymbol{D}_A^{-1}(\boldsymbol{D}_A - \boldsymbol{A})) = \rho(\boldsymbol{I} - \boldsymbol{D}_A^{-1}\boldsymbol{A}))$$

由于

$$\rho(\boldsymbol{I} - \boldsymbol{D}_A^{-1}\boldsymbol{A}) = \rho(\boldsymbol{I} - \boldsymbol{D}_B^{-1}\boldsymbol{B})$$

则 $\rho(\boldsymbol{D}^{-1}(\boldsymbol{D}_A - \boldsymbol{A})) \leqslant \rho(\boldsymbol{I} - \boldsymbol{D}_B^{-1}\boldsymbol{B}) < 1$.

(5) ⇒ (6) 由于满足 $\boldsymbol{D} \geqslant \boldsymbol{A}$ 任意正对角矩阵 $\boldsymbol{D}$ 的逆矩阵 $\boldsymbol{D}^{-1}$ 存在,则必然由 $a_{ii} > 0$.

设 $\boldsymbol{D}_D$ 与 $\boldsymbol{D}_A$ 表示矩阵 $\boldsymbol{D}$ 与 $\boldsymbol{A}$ 对角线部分，由 $\boldsymbol{D} \geqslant \boldsymbol{A}$ 知 $\boldsymbol{D}_D \geqslant \boldsymbol{D}_A$，从而 $\boldsymbol{D}_D^{-1}$ 存在且 $\rho(\boldsymbol{D}_D^{-1}(\boldsymbol{D}_A - \boldsymbol{A})) < 1$．对任意 Z－型矩阵 $\boldsymbol{B}$，由 $\boldsymbol{B} \geqslant \boldsymbol{A}$ 可知

$$\boldsymbol{D}_A - \boldsymbol{A} \geqslant \boldsymbol{D}_B - \boldsymbol{B} \geqslant 0$$

故

$$\rho(\boldsymbol{D}_B^{-1}(\boldsymbol{D}_B - \boldsymbol{B})) \leqslant \rho(\boldsymbol{D}_B^{-1}(\boldsymbol{D}_A - \boldsymbol{A})) < 1$$

即

$$\rho(\boldsymbol{I} - \boldsymbol{D}_B^{-1}\boldsymbol{B}) < 1$$

这说明 $\boldsymbol{D}_B^{-1}\boldsymbol{B}$ 非奇异，即 $\boldsymbol{B}^{-1}$ 存在．

(6) ⇒ (7) 令 $\boldsymbol{B} = \boldsymbol{A} + \alpha\boldsymbol{I}$，$\alpha$ 为任意非负实数．因为 $\boldsymbol{B} \geqslant \boldsymbol{A}$，所以 $\boldsymbol{B}^{-1}$ 存在．于是 $-\alpha$ 不是 $\boldsymbol{A}$ 的特征值，因此 $\boldsymbol{A}$ 要有实特征值，必为正实数．

(7)⇒(8) 设 $\boldsymbol{B}$ 与 $\boldsymbol{A}$ 为 Z－型矩阵，且 $\boldsymbol{B} \geqslant \boldsymbol{A}$，则 $\exists \beta > 0$，使得

$$\boldsymbol{H} = \boldsymbol{I} - \beta\boldsymbol{A} \geqslant \boldsymbol{I} - \beta\boldsymbol{B} = \boldsymbol{G} \geqslant 0$$

由(7)得到 $1 > \lambda_{\max}(\boldsymbol{H}) \geqslant \lambda_{\max}(\boldsymbol{G}) \geqslant 0$，$\lambda_{\max}(\cdot)$ 表示矩阵的最大特征值，于是

$$\sum_{k=0}^{\infty} \boldsymbol{H}^k = (\boldsymbol{I} - \boldsymbol{H})^{-1} = (\beta\boldsymbol{A})^{-1} \geqslant 0$$

$$\sum_{k=0}^{\infty} \boldsymbol{G}^k = (\boldsymbol{I} - \boldsymbol{G})^{-1} = (\beta\boldsymbol{B})^{-1} \geqslant 0$$

即 $\boldsymbol{A}^{-1}$、$\boldsymbol{B}^{-1}$ 都存在，且 $\boldsymbol{A}^{-1} \geqslant \boldsymbol{B}^{-1} \geqslant 0$．

对于任意 $\gamma \geqslant 0$，令 $\boldsymbol{C} = \boldsymbol{B} + \gamma\boldsymbol{I}$，由 $\boldsymbol{C} \geqslant \boldsymbol{A}$ 知 $\boldsymbol{C}^{-1}$ 均存在，说明矩阵 $\boldsymbol{B}$ 实特征值必为正实数．

下面用数学归纳法进一步证明 $\det \boldsymbol{B} \geqslant \det \boldsymbol{A} > 0$．

两个矩阵阶数为 n 时表示为 $\boldsymbol{A}_n$ 与 $\boldsymbol{B}_n$．当 $n = 1$ 时，显然成立．设 $n = k$ 时 $\det \boldsymbol{B}_k \geqslant \det \boldsymbol{A}_k > 0$ 成立．当 $n = k + 1$ 时，令

$$\tilde{\boldsymbol{A}}_{k+1} = \begin{bmatrix} \boldsymbol{A}_k & 0 \\ 0 & a_{k+1,k+1} \end{bmatrix}$$

$\tilde{\boldsymbol{A}}_{k+1}$ 为 Z－型矩阵且 $\tilde{\boldsymbol{A}}_{k+1} \geqslant \boldsymbol{A}_{k+1}$，由(7)知 $\tilde{\boldsymbol{A}}_{k+1}$ 的实特征值为正，从而 $a_{k+1,k+1} > 0$.

由 $\boldsymbol{A}^{-1} \geqslant \boldsymbol{B}^{-1} \geqslant 0$ 知

$$\frac{\operatorname{adj} \boldsymbol{A}_{k+1}}{\det \boldsymbol{A}_{k+1}} \geqslant \frac{\operatorname{adj} \boldsymbol{B}_{k+1}}{\det \boldsymbol{B}_{k+1}} \geqslant 0$$

这里有 $\operatorname{adj} \boldsymbol{A}_{k+1}$ 与 $\operatorname{adj} \boldsymbol{B}_{k+1}$ 是 $\boldsymbol{A}_{k+1}$ 与 $\boldsymbol{B}_{k+1}$ 的伴随矩阵，从而有

$$\frac{\det \boldsymbol{A}_k}{\det \boldsymbol{A}_{k+1}} \geqslant \frac{\det \boldsymbol{B}_k}{\det \boldsymbol{B}_{k+1}} \geqslant 0$$

结合 $\det \boldsymbol{B}_k \geqslant \det \boldsymbol{A}_k > 0$ 可以知道 $0 < \det \boldsymbol{A}_{k+1} < \det \boldsymbol{B}_{k+1}$，即 $\det \boldsymbol{B} \geqslant \det \boldsymbol{A} > 0$ 成立.

考虑矩阵 $\boldsymbol{A}$ 的任意主子式 $\boldsymbol{A}_k$，K 表示 $\boldsymbol{A}_k$ 在 $\boldsymbol{A}$ 中的行(列)序数集．定义矩阵

$$\boldsymbol{B} = (b_{ij}),\ b_{ij} = \begin{cases} a_{ij}, i,j \in K \\ a_{ii}, i = j \notin K \\ 0, \text{其他} \end{cases}$$

则 $\boldsymbol{B}$ 为 Z－型矩阵且 $\boldsymbol{B} \geqslant \boldsymbol{A}$．于是

$$\det \boldsymbol{B} = \det \boldsymbol{A}_k \prod_{i \notin K} a_{ii} \geqslant \det \boldsymbol{A} > 0$$

又因为 $a_{ii} > 0$，所以 $\det \boldsymbol{A}_k > 0$.

(8) ⇒ (9)既然顺序主子式是特殊的主子式,结论显然成立．

(9) ⇒ (10)用数学归纳法．如果 $\boldsymbol{A}$ 的一切主子式都是正值,则依据 Gauss 消去法有 $\boldsymbol{A} = \boldsymbol{LU}$，这里 $\boldsymbol{L}$ 与 $\boldsymbol{U}$ 分别是下三角矩阵与上三角矩阵．并且主对角元素均为正数．

下面用数学归纳法证明 $\boldsymbol{L}$ 与 $\boldsymbol{U}$ 为 Z－型矩阵．

设 $\boldsymbol{A}_n$ 表示阶数为 n 的方阵．当 $n = 1$ 时,显然成立．设 $n = k$ 时有 $\boldsymbol{A}_k = \boldsymbol{L}_k\boldsymbol{U}_k$，其中 $\boldsymbol{L}_k$ 与 $\boldsymbol{U}_k$ 分别为 k 阶具有正对角元素的下三角 Z－型矩阵与上三角 Z－型矩阵．当 $n = k+1$ 时,令

$$\boldsymbol{A}_{k+1} = \begin{bmatrix} \boldsymbol{A}_k & \boldsymbol{a}^{\mathrm{T}} \\ \boldsymbol{b} & a_{k+1,k+1} \end{bmatrix}$$

由(9)知 $\boldsymbol{A}_{k+1}$ 的各阶顺序主子式为正,因此可以进行三角分解,假设

$$\boldsymbol{A}_{k+1} = \boldsymbol{L}_{k+1}\boldsymbol{U}_{k+1}$$

即

$$\begin{bmatrix} \boldsymbol{A}_k & \boldsymbol{a}^{\mathrm{T}} \\ \boldsymbol{b} & a_{k+1,k+1} \end{bmatrix} = \begin{bmatrix} \boldsymbol{L}_k & \boldsymbol{O} \\ \boldsymbol{c} & \alpha \end{bmatrix}\begin{bmatrix} \boldsymbol{U}_k & \boldsymbol{d}^{\mathrm{T}} \\ \boldsymbol{O} & \beta \end{bmatrix} \tag{7-4}$$

并且 $\alpha > 0$、$\beta > 0$．对比等式(7－4)两边元素,得

$$\boldsymbol{a}^{\mathrm{T}} = \boldsymbol{L}_k\boldsymbol{d}^{\mathrm{T}} \leqslant 0,\ \boldsymbol{b} = \boldsymbol{c}\boldsymbol{U}_k \leqslant 0$$

由于 $\boldsymbol{L}_k$ 与 $\boldsymbol{U}_k$ 是下三角 Z－型矩阵与上三角 Z－型矩阵,易知 $\boldsymbol{U}_k^{-1} \geqslant 0$，$\boldsymbol{L}_k^{-1} \geqslant 0$，于是

$$\boldsymbol{L}_k^{-1}\boldsymbol{L}_k\boldsymbol{d}^{\mathrm{T}} \leqslant 0,\ \boldsymbol{c}\boldsymbol{U}_k\boldsymbol{U}_k^{-1} \leqslant 0$$

即

$$\boldsymbol{d}^{\mathrm{T}} \leqslant 0, \boldsymbol{c} \leqslant 0$$

于是 $\boldsymbol{L}_{k+1}$ 与 $\boldsymbol{U}_{k+1}$ 是 Z－型矩阵．假设成立．从而 $\boldsymbol{L}$ 与 $\boldsymbol{U}$ 为 Z－型矩阵．

(10) ⇒ (11) 设 $\boldsymbol{A} = \boldsymbol{LU}$，因为 $\boldsymbol{L}$ 与 $\boldsymbol{U}$ 是具有正对角元素的三角 Z－型矩阵,由于 $\boldsymbol{U}^{-1} \geqslant 0$，$\boldsymbol{L}^{-1} \geqslant 0$，从而 $\boldsymbol{A}^{-1} = \boldsymbol{U}^{-1}\boldsymbol{L}^{-1} \geqslant 0$．

(11) ⇒ (1)令 $\boldsymbol{x} = \boldsymbol{A}^{-1}\boldsymbol{e}$，$\boldsymbol{e} = (1,1,\cdots,1)$，则 $\boldsymbol{x} \geqslant 0$，但 $\boldsymbol{Ax} = \boldsymbol{e} > 0$．

因此上述 11 种提法等价．

依据 M 矩阵定义,如果 $\boldsymbol{A}$ 为 Z－型矩阵且满足如上(1)～(11)任意一条件,则 $\boldsymbol{A}$ 为 M 矩阵.

推论 7.3 如果 $\boldsymbol{A}$ 为 Z－型矩阵，$\boldsymbol{A}$ 的主对角元素为正,且 $\boldsymbol{A}$ 为强对角占优或不可约对角占优,则 $\boldsymbol{A}$ 为 M 矩阵．

推论 7.4 如果 $\boldsymbol{A}$ 为 Z－型对称矩阵,则 $\boldsymbol{A}$ 为 M 矩阵的充分必要条件是 $\boldsymbol{A}$ 为正定矩阵.

定理 7.6 n 阶矩阵 $\boldsymbol{A} = (a_{ij})_{n\times n}$ 为 M 矩阵，$\boldsymbol{B}$ 是 Z－型矩阵,且 $\boldsymbol{B} \geqslant \boldsymbol{A}$，则

(1) $\boldsymbol{B}$ 是 M 矩阵;

(2) $\boldsymbol{B}^{-1}$ 存在,且 $\boldsymbol{A}^{-1} \geqslant \boldsymbol{B}^{-1} \geqslant 0$；

(3) $\det \boldsymbol{B} \geqslant \det \boldsymbol{A} > 0$.

证明：n 阶矩阵 $\boldsymbol{A} = (a_{ij})_{n\times n}$ 为M矩阵，必为Z-型矩阵．$\boldsymbol{B}$ 是Z-型矩阵，且 $\boldsymbol{B} \geqslant \boldsymbol{A}$，由定理7.5(7) ⇒ (8)知 $\boldsymbol{B}^{-1}$ 存在，且 $\boldsymbol{A}^{-1} \geqslant \boldsymbol{B}^{-1} \geqslant 0$ 及 $\det \boldsymbol{B} \geqslant \det \boldsymbol{A} > 0$，即定理7.6(2)与(3)成立．既然 $\boldsymbol{B}^{-1}$ 存在且 $\boldsymbol{B}^{-1} \geqslant 0$，定理7.5(11)知 $\boldsymbol{B}$ 是M矩阵．

定理7.7　n 阶矩阵 $\boldsymbol{A} = (a_{ij})_{n\times n}$ 为M矩阵 ⇔ $\boldsymbol{A} = s\boldsymbol{I} - \boldsymbol{B}$，$\boldsymbol{B} \geqslant 0$，且 $\rho(\boldsymbol{B}) < s$．

证明：若 $\boldsymbol{A} = (a_{ij})_{n\times n}$ 为M矩阵，显然 $\boldsymbol{A} = s\boldsymbol{I} - \boldsymbol{B}$．反之，若 $\boldsymbol{A} = s\boldsymbol{I} - \boldsymbol{B}$，则 $\boldsymbol{A}$ 是Z-型矩阵，并且由 $\rho(\boldsymbol{B}) < s$ 知矩阵 $\boldsymbol{A}$ 的特征值均是正的，因此 $\boldsymbol{A}$ 是M矩阵．

定义7.9　n 阶矩阵 $\boldsymbol{A} = (a_{ij})_{n\times n}$ 为Z-型矩阵，且矩阵 $\boldsymbol{A}$ 的所有主子式是非负的，则称 $\boldsymbol{A}$ 为广义M矩阵．

对比定义7.6与定义7.7，可以知道M矩阵与广义M矩阵的区别在于前者必须是非奇异矩阵，后者可以是非奇异矩阵也可以是奇异矩阵．

定理7.8　如果 $\boldsymbol{A}$ 为Z-型矩阵，则下述提法等价．

(1) $\boldsymbol{A}$ 的实特征值都是非负实数；

(2) $\boldsymbol{A}$ 的一切主子式都是正数；

(3) 对每一个 $\varepsilon > 0$，$\boldsymbol{A} + \varepsilon\boldsymbol{I}$ 是M矩阵；

(4) $\boldsymbol{A}$ 能做三角分解 $\boldsymbol{A} = \boldsymbol{LU}$，并且下三角矩阵 $\boldsymbol{L}$ 与上三角矩阵 $\boldsymbol{U}$ 都是具有非负对角元素的Z-型矩阵．

例7.4　图论理论中常用的一个矩阵为拉普拉斯矩阵

$$\boldsymbol{L} = (-a_{ij})_{n\times n} = \boldsymbol{D} - \boldsymbol{A}$$

这里 $\boldsymbol{L}$ 描述一个无向简单图 G 的拓扑结构，$\boldsymbol{A}$ 为图的邻接矩阵：若节点 i 与 j 之间有连接，则 $a_{ij} = a_{ji} > 0$，否则 $a_{ij} = a_{ji} = 0$．$\boldsymbol{D}$ 为图的度矩阵：$\boldsymbol{D} = \mathrm{diag}(a_{11}, a_{22}, \cdots, a_{nn})$，$a_{ii} = -\sum_{i\neq j, j=1}^{n} a_{ij} = -\sum_{i\neq j, i=1}^{n} a_{ji}$ 为节点 i 的度值，即 $\sum_{j=1}^{n} a_{ij} = \sum_{i=1}^{n} a_{ji} = 0$．

拉普拉斯矩阵 $\boldsymbol{L}$ 具有如下性质．

(1) $\boldsymbol{L}$ 是实对称矩阵；

(2) $\boldsymbol{L}$ 是广义M矩阵；

(3) $\boldsymbol{L}$ 的任何行列之和为零，$\boldsymbol{L}$ 有特征值0，对应的特征向量为 $(1,1,\cdots,1)^{\mathrm{T}}$；

(4) ∃ 正交矩阵 $\boldsymbol{P}$ 使得 $\boldsymbol{P}^{\mathrm{T}}\boldsymbol{LP} = \mathrm{diag}(\lambda_1, \lambda_2, \cdots, \lambda_n)$，$\lambda_1$ 为 $\boldsymbol{L}$ 的特征值，$i = 1,2,\cdots,n$；

(5) 若 G 是连通的，则 $\boldsymbol{L}$ 是不可约矩阵，此时 $\boldsymbol{L}$ 仅有一个重数为1的零特征值，其他的为正值．

7.5　H矩阵、Hankel矩阵和Hadamard矩阵

定义7.10　设 n 阶矩阵 $\boldsymbol{A} = (a_{ij}) \in \mathbf{C}^{n\times n}$，并设

$$H(\boldsymbol{A}) = (c_{ij}) \in \mathbf{R}^{n\times n}$$

其中

$$c_{ij}=\begin{cases}|a_{ij}|, j=i,\\ -|a_{ij}|, j\neq i,\end{cases}, i,j=1,2,\cdots,n$$

则称 $H(\boldsymbol{A})$ 为 $\boldsymbol{A}$ 的比较矩阵.

定义 7.11 设 n 阶矩阵 $\boldsymbol{A}=(a_{ij})\in\mathbf{C}^{n\times n}$,如果 $\boldsymbol{A}$ 的比较矩阵是 M 矩阵,则称 $\boldsymbol{A}$ 为 H 矩阵.

依据 H 矩阵定义,可以知道下面性质成立.

性质 7.6 设 n 阶矩阵 $\boldsymbol{A}=(a_{ij})\in\mathbf{C}^{n\times n}$,则

(1) $H(\boldsymbol{A})$ 是 Z-型矩阵;

(2) $H(\boldsymbol{A})=\boldsymbol{A}\Leftrightarrow\boldsymbol{A}$ 为 Z-型矩阵;

(3) $\boldsymbol{A}$ 为 M 矩阵 $\Leftrightarrow H(\boldsymbol{A})=\boldsymbol{A}$,且 $\boldsymbol{A}$ 为 H 矩阵.

定理 7.9 设 $\boldsymbol{A}$、$\boldsymbol{B}\in\mathbf{C}^{n\times n}$,$\boldsymbol{A}$ 是 M 矩阵,$H(\boldsymbol{B})\geqslant\boldsymbol{A}$,则

(1) $\boldsymbol{B}$ 是 $\boldsymbol{H}$ 矩阵;

(2) $\boldsymbol{B}$ 是非奇异的,且 $\boldsymbol{A}^{-1}\geqslant|\boldsymbol{B}^{-1}|\geqslant 0$;

(3) $|\det\boldsymbol{B}|\geqslant\det\boldsymbol{A}>0$.

证明:(1)$\boldsymbol{A}$ 是 M 矩阵,$H(\boldsymbol{B})\geqslant\boldsymbol{A}$,由定理 7.6 知 $H(\boldsymbol{B})$ 是 M 矩阵,因此 $\boldsymbol{B}$ 是 H 矩阵.

(2)取对角酉矩阵

$$\boldsymbol{D}=\operatorname{diag}\left(\frac{\bar{b}_{11}}{|b_{11}|},\frac{\bar{b}_{22}}{|b_{22}|},\cdots,\frac{\bar{b}_{nn}}{|b_{nn}|}\right)$$

则 $\boldsymbol{DB}$ 的主对角元素是正数 $|b_{11}|,|b_{22}|,\cdots,|b_{nn}|$. 由定理 7.6 知 $\boldsymbol{A}$ 可以表示为

$$\boldsymbol{A}=s\boldsymbol{I}-\boldsymbol{P},\boldsymbol{P}\geqslant 0,\text{且}\rho(\boldsymbol{P})<s$$

令 $\boldsymbol{R}=s\boldsymbol{I}-\boldsymbol{DB}$,有

$$|\boldsymbol{R}|=\begin{bmatrix}|s-|b_{11}|| & |b_{12}| & \cdots & |b_{1n}|\\ |b_{21}| & |s-|b_{22}|| & \cdots & |b_{2n}|\\ \vdots & \vdots & & \vdots\\ |b_{n1}| & |b_{n2}| & \cdots & |s-|b_{nn}||\end{bmatrix}\leqslant\boldsymbol{P}+\boldsymbol{A}-H(\boldsymbol{B})\leqslant\boldsymbol{P}$$

根据性质 7.2 得

$$\rho(\boldsymbol{R})\leqslant\rho(|\boldsymbol{R}|)\leqslant\rho(\boldsymbol{P})<s$$

因此 $\boldsymbol{DB}=s\boldsymbol{I}-\boldsymbol{R}$ 可逆,故 $\boldsymbol{B}$ 非奇异,而且

$$|\boldsymbol{B}^{-1}|=|(\boldsymbol{DB})^{-1}|=|s^{-1}(\boldsymbol{I}-s^{-1}\boldsymbol{R})^{-1}|=\left|\sum_{k=0}^{\infty}s^{-k-1}\boldsymbol{R}^k\right|\leqslant\left|\sum_{k=0}^{\infty}s^{-k-1}\boldsymbol{P}^k\right|=\boldsymbol{A}^{-1}$$

(3)类似于定理 7.5 的(7) $\Rightarrow$ (8)的推导有

$$\frac{\operatorname{adj}\boldsymbol{A}}{\det\boldsymbol{A}}=\boldsymbol{A}^{-1}\geqslant|\boldsymbol{B}^{-1}|=\frac{|\operatorname{adj}\boldsymbol{B}|}{|\det\boldsymbol{B}|}$$

结合 $\det\boldsymbol{B}_{n-1}\geqslant\det\boldsymbol{A}_{n-1}>0$,得 $|\det\boldsymbol{B}|\geqslant\det\boldsymbol{A}>0$.

在数据处理、有限元素法、概率统计以及滤波器理论等科学技术领域内,常常遇到下面具有 $2n-1$ 个元素的 n 阶方阵

$$A = \begin{bmatrix} a_0 & a_{-1} & a_{-2} & \cdots & a_{-n+1} \\ a_1 & a_0 & a_{-1} & \cdots & a_{-n+2} \\ a_2 & a_1 & a_0 & \cdots & a_{-n+3} \\ \vdots & \vdots & \vdots & & \vdots \\ a_{n-2} & a_{n-3} & a_{n-4} & \cdots & a_{-1} \\ a_{n-1} & a_{n-2} & a_{n-3} & \cdots & a_0 \end{bmatrix}$$

其中位于任意一条平行于主对角线上的元素全相同．称其为 Toeplitz 矩阵,简称为 T 矩阵.

与 T 矩阵紧密相联系的是如下 Hankel 矩阵．

定义 7.12　设 $n+1$ 阶矩阵

$$A = \begin{bmatrix} a_0 & a_1 & a_2 & \cdots & a_n \\ a_1 & a_2 & a_3 & \cdots & a_{n+1} \\ a_2 & a_3 & a_4 & \cdots & a_{n+2} \\ \vdots & \vdots & \vdots & & \vdots \\ a_{n-1} & a_n & a_{n+1} & \cdots & a_{2n-1} \\ a_n & a_{n+1} & a_{n+2} & \cdots & a_{2n} \end{bmatrix} \tag{7-5}$$

其中位于任意一条平行于副对角线的直线上有相同元素．则称 $\boldsymbol{A}$ 为 Hankel 矩阵．

现在给出 Hankel 矩阵在数据拟合方面的应用．

例 7.5　已知一组二维数据,即平面上的 m 个点 (x_i, y_i), $i = 1,2,\cdots,m$, x_i 互不相同,寻求一个多项式函数 $f(x)$, 使 $f(x)$ 在最小二乘准则下与所有数据点最为接近,即曲线拟合得最好．

设

$$f(x) = \beta_0 + \beta_1 x + \cdots + \beta_n x^n \qquad (n \leqslant m) \tag{7-6}$$

记

$$J(\beta_0, \beta_1, \cdots, \beta_n) = \sum_{i=1}^{m} (f(x_i) - y_i)^2$$

要求 $\beta_0, \beta_1, \cdots, \beta_m$ 使 J 达到最小．

利用极值的必要条件 $\dfrac{\partial J}{\partial \beta_k} = 0(k = 0,1,\cdots,m)$, 得到关于 $\beta_0, \beta_1, \cdots, \beta_m$ 的线性方程组

$$\begin{cases} \sum\limits_{i=1}^{m} \left[\sum\limits_{i=0}^{n} \beta_i x_i^i - y_i \right] = 0 \\ \sum\limits_{i=1}^{m} x_i \left[\sum\limits_{i=0}^{n} \beta_i x_i^i - y_i \right] = 0 \\ \cdots \\ \sum\limits_{i=1}^{m} x_i^m \left[\sum\limits_{i=0}^{m} \beta_i x_i^i - y_i \right] = 0 \end{cases} \tag{7-7}$$

记

$$R=\begin{pmatrix}1 & x_1 & x_1^2 & \cdots & x_1^n\\ 1 & x_2 & x_2^2 & \cdots & x_2^n\\ 1 & x_3 & x_3^2 & \cdots & x_3^n\\ \vdots & \vdots & \vdots & & \vdots\\ 1 & x_m & x_m^2 & \cdots & x_m^n\end{pmatrix}, u=(\beta_0,\beta_1,\cdots,\beta_n)^{\mathrm{T}}, y=(y_1,y_2,\cdots,y_m)^{\mathrm{T}}$$

式(7－7)可以表示为

$$R^{\mathrm{T}}(Ru-y)=0$$

即

$$A_{n+1}u=b$$

其中$A_{n+1}=R^{\mathrm{T}}R$是形如(7－5)的 Hankel 矩阵,且$a_k=\sum_{i=1}^{m}x_i^k(k=0,1,\cdots,n)$,$b=R^{\mathrm{T}}y$. 可见拟合问题转化为 Hankel 矩阵为系数矩阵的线性方程组求解问题. 由于$x_i(i=1,2,\cdots,m)$互不相同,依据 Vandermonde 行列式性质知,矩阵R的前n行构成满秩方阵,即矩阵R为列满秩($n\leqslant m$),于是A_{n+1}为n阶可逆矩阵,于是该方程组有唯一解

$$u=A_{n+1}^{-1}b \tag{7-8}$$

解式(7－8)为最小二乘解. 当然,依据数据,由式(7－5)得矛盾方程组$Ru=y$,使用矩阵的广义逆可求该方程组的最小二乘解而解决原问题. R为列满秩,利用式(6－40)得最小二乘解

$$u=(R^{\mathrm{T}}R)^{-1}R^{\mathrm{T}}y \tag{7-9}$$

由于$u=A_{n+1}^{-1}b=(R^{\mathrm{T}}R)^{-1}R^{\mathrm{T}}y$,因此式(7－8)与式(7－9)的结果一致.

在网络、逻辑电路、编码、数字信号处理等领域内,有重要应用的一类矩阵为 Hadamard 矩阵.

定义 7.13 设n阶矩阵$H=(a_{ij})\in\mathbf{R}^{n\times n}$,如果$H$的全体元素取 1 或 －1,并且满足$HH^{\mathrm{T}}=nI$,则称$H$为 Hadamard 矩阵. 若$H$的第一行与第一列都是 1,则称$H$为正规的 Hadamard 矩阵.

例如,1 阶与 2 阶正规的 Hadamard 矩阵为$H_1=(1)$,$H_2=\begin{pmatrix}1 & 1\\ 1 & -1\end{pmatrix}$.

若$H=(a_{ij})\in\mathbf{R}^{n\times n}$是 Hadamard 矩阵,则有如下性质.

(1) $\det H=n^{\frac{n}{2}}$或$\det H=-n^{\frac{n}{2}}$;

(2) H^{T}是 Hadamard 矩阵;

(3) 任意交换H的两行(列),用(－1)乘以H的任意一行(列),仍得 Hadamard 矩阵;

(4)当$n>2$时,矩阵H的阶数n是 4 的倍数.

一般地,2^k阶正规的 Hadamard 矩阵为$H_{2^k}=\begin{pmatrix}H_{2^{k-1}} & H_{2^{k-1}}\\ H_{2^{k-1}} & -H_{2^{k-1}}\end{pmatrix}$.

习　题

1. 设矩阵 $\boldsymbol{A}$ 为强对角占优矩阵或不可约对角占优矩阵，证明线性方程组 $\boldsymbol{Ax} = \boldsymbol{0}$ 只有零解.

2. 设矩阵 $\boldsymbol{A}$ 为对角占优矩阵且 $a_{ii} > 0(i = 1,2,\cdots,n)$，证明矩阵 $\boldsymbol{A}$ 的特征值都具有正实部.

3. 设 $\boldsymbol{A}$ 与 $\boldsymbol{B}$ 都是非负不可约矩阵，证明矩阵 $\boldsymbol{A} + \boldsymbol{B}$ 也是非负不可约矩阵.

4. 设 $\boldsymbol{A} = (a_{ij})_{n\times n}$ 为三角矩阵，证明如果 $a_{ii} > 0$，$a_{ij} \leqslant 0(i \neq j)$，则 $\boldsymbol{A}$ 是 M 矩阵.

5. 设 $\boldsymbol{A}$ 与 $\boldsymbol{B}$ 都是 M 矩阵，则 $\boldsymbol{A} + \boldsymbol{B}$ 是否为 M 矩阵?

6. 设 $\boldsymbol{A}$ 为 n 阶非奇异 M 矩阵，$\boldsymbol{x}$ 是 n 维列向量，证明若 $\boldsymbol{Ax} \geqslant \boldsymbol{0}$，则 $\boldsymbol{x} \geqslant \boldsymbol{0}$.

附录 A　一元多项式理论

多项式是代数学中最基本的研究对象之一,它不仅与高次方程的求解有关,而且是学习矩阵论的基本工具,这里简要介绍一元多项式的某些基本理论,以便帮助读者更好地理解矩阵论的有关理论.

1. 一元多项式的概念

定义 A.1　设 P 是由一些复数组成的集合,$0,1 \in P$,如果 $\forall a,b \in P$, $a \pm b$, $a \cdot b$, $\frac{a}{b}(b \neq 0) \in P$, 则称 P 是一个数域.

最重要的两个数域是实数域和复数域,分别用 **R** 和 **C** 表示.

定义 A.2　设 n 是一非负整数,形式表达式为

$$a_n x^n + a_{n-1} x^{n-1} + \cdots + a_0 \qquad (A-1)$$

其中 $a_i \in P(i = 0,1,2,\cdots,n)$ 称为系数在数域 P 中的一元多项式,简称为数域 P 上的一元多项式.

在式(A-1)中,如果 $a_n \neq 0$, 则 $a_n x^n$ 称为多项式(A-1)的首项, a_n 称为首项系数, n 称为多项式(A-1)的次数,记作 $\partial(f(x))$. 特别地,当 $a_n = 1$ 时,称多项式(A-1)为首 1 多项式.

以下用 $P[x]$ 表示数域 P 上的一元多项式的全体.

2. 整除的概念

一般说来,用多项式去除另一个多项式其商未必是一个多项式,但我们有下面的带余除法.

定理 A.1　(带余式除法)对于 $P[x]$ 中任意两个多项式 $f(x)$ 与 $g(x)$, 其中 $g(x) \neq 0$, 一定有多项式 $q(x)$ 、$r(x)$, s. t.

$$f(x) = q(x)g(x) + r(x) \qquad (A-2)$$

其中 $\partial(r(x)) < \partial(g(x))$ 或者 $r(x) = 0$, 并且这样的 $q(x)$ 、$r(x)$ 是由 $f(x)$ 与 $g(x)$ 所唯一确定的.

称 $q(x)$ 为用 $g(x)$ 除 $f(x)$ 之商;称 $r(x)$ 为用 $g(x)$ 除 $f(x)$ 之余式. 当 $r(x) = 0$ 时, $f(x) = q(x)g(x)$, 称 $g(x)$ 整除 $f(x)$, 用 $g(x) \mid f(x)$ 表示,而称 $g(x)$ 为 $f(x)$ 的因式, $f(x)$ 称为 $g(x)$ 的倍式.

推论 A.1　对于数域 P 上的任意两个多项式 $f(x)$ 、$g(x)$, $g(x) \neq 0$, 则

$$g(x) \mid f(x) \Leftrightarrow r(x) = 0$$

定理 A.2　(余数定理)设 $f(x) \in P[x]$ 是一元多项式,用 $(x-\alpha)$ 去除多项式 $f(x)$,

所得的余式是常数 $f(\alpha)$.

证明：用 $x-\alpha$ 去除 $f(x)$，设商为 $q(x)$，余式为一常数 c，则 $f(x)=(x-\alpha)q(x)+c$，以 α 代替 x 得，$f(\alpha)=c$.

称数 α 为 $f(x)$ 的零点或根，如果 $f(\alpha)=0$.

推论 A.2　α 是 $f(x)$ 的零点 $\Leftrightarrow (x-\alpha)\mid f(x)$.

3. 最大公因式

定义 A.3　如果 $d(x)$ 满足条件

(1) $d(x)\mid f_i(x)\ (i=1,2,\cdots,s)$；

(2) 如果 $\varphi(x)\mid f_i(x)\ (i=1,2,\cdots,s)\Rightarrow\varphi(x)\mid d(x)$.

则 $d(x)$ 称为多项式 $f_i(x)\ (i=1,2,\cdots,s)$ 的一个最大公因式.

用 $(f(x),g(x))$ 表示 $f(x)$ 与 $g(x)$ 的那个首 1 的最大公因式.

4. 最小公倍式

定义 A.4　如果

(1) $c(x)$ 是 $f(x)$ 与 $g(x)$ 的公倍式，即 $q_i(x)\in P[x]$ 满足

$$c(x)=q_1(x)f(x)=q_2(x)g(x)$$

(2) $c(x)$ 整除 $f(x)$ 与 $g(x)$ 的任一公倍式，则称多项式 $c(x)$ 是多项式 $f(x)$ 与 $g(x)$ 的最小公倍式. 用 $[f(x),g(x)]$ 表示 $f(x)$ 与 $g(x)$ 的最小公倍式，则有下述结论

$$[f(x),g(x)]=\frac{f(x)\cdot g(x)}{(f(x),g(x))}$$

证明：略.

5. 复系数与实系数多项式的因式分解

定理 A.3　(代数基本定理) 每个次数 $\geqslant 1$ 的复系数多项式在复数域中至少有一根.

本定理可由著名的 Liouville 定理证得.

由根与一次因式的关系知，每个次数 $\geqslant 1$ 的复系数多项式在复数域上至少有一个一次因式. 因此有如下定理成立.

定理 A.4　每个次数 $\geqslant 1$ 的复系数多项式在复数域上都可以唯一地分解成一次因式的乘积，即

$$f(x)=a_n(x-\alpha_1)^{n_1}(x-\alpha_2)^{n_2}\cdots(x-\alpha_s)^{n_s} \tag{A-3}$$

其中 $\alpha_1,\alpha_2,\cdots,\alpha_s$ 是不同的复数，$n_1,n_2,\cdots,n_s$ 是正整数，$n=\partial(f(x))=\sum\limits_{i=1}^{s}n_i$，$s\leqslant n$. (A-3) 称为 n 次复系数多项式 $f(x)$ 的标准分解式，它表明每个 n 次复系数多项式在复数域中恰有 n 个根(重根按重数计算).

定理 A.5　每个次数 $\geqslant 1$ 的实系数多项式在实数域上都可以唯一地分解成一次因式与二次不可约因式的乘积，即

$$f(x)=a_n(x-c_1)^{l_1}(x-c_2)^{l_2}\cdots(x-c_s)^{l_s}(x^2+p_1x+q_1)^{k_1}\cdots(x^2+p_rx+q_r)^{k_r}$$

式中 $c_i,p_i,q_i\in R$，l_i,k_i 为正整数，$x^2+p_ix+q_i$ 是不可约的二次三项式.

6. 一元 n 次多项式方程根与系数关系

考虑数域 **C** 上的一元 n 次多项式方程 $a_n x^n + a_{n-1} x^{n-1} + \cdots + a_1 x + a_0 = 0$，依据定理 A.4 方程有 n 个根 $\alpha_1, \alpha_2, \cdots, \alpha_n$（重根按重数计算），且有

$$a_n x^n + a_{n-1} x^{n-1} + \cdots + a_1 x + a_0 = a_n (x - \alpha_1)(x - \alpha_2) \cdots (x - \alpha_n)$$

两边多项式相等，多项式系数相同，因此有如下定理成立.

定理 A.6 （**韦达定理**）设 $\alpha_1, \alpha_2, \cdots, \alpha_n$ 为一元 n 次多项式方程 $a_n x^n + a_{n-1} x^{n-1} + \cdots + a_1 x + a_0 = 0$ 的 n 个根，则有

$$\alpha_1 + \alpha_2 + \cdots + \alpha_n = -\frac{a_{n-1}}{a_n}$$

$$\alpha_1 \alpha_2 + \alpha_1 \alpha_3 + \cdots \alpha_1 \alpha_n + \alpha_2 \alpha_3 + \cdots + \alpha_2 \alpha_n + \cdots + \alpha_{n-1} \alpha_n = \frac{a_{n-2}}{a_n}$$

$$\alpha_1 \alpha_2 \alpha_3 + \alpha_1 \alpha_2 \alpha_4 + \cdots \alpha_1 \alpha_2 \alpha_n + \alpha_2 \alpha_3 \alpha_4 + \cdots + \alpha_{n-2} \alpha_{n-1} \alpha_n = (-1)^3 \frac{a_{n-3}}{a_n}$$

$$\vdots$$

$$\alpha_1 \alpha_2 \cdots \alpha_n = (-1)^n \frac{a_0}{a_n}$$

附录 B　多元函数理论

多元函数是分析学中最基本的内容之一,尤其是多元连续函数理论,它不仅在分析学中占有重要地位,而且也是学习矩阵论所必需的基本知识. 不了解多元函数理论,就无法深刻理解矩阵论中的许多重要结论. 附录 B 简要介绍实数理论与多元函数理论,重点给出有限维赋范线性空间中多元连续函数的最值存在定理,作为应用,导出著名的"变分引理"与"投影定理",最后给出凸函数的概念判定法则与简单应用.

1. 上(下)确界的概念

定义 B.1　设 A 为实数集 $\mathbf{R}=(-\infty,+\infty)$ 中的一个数集, $m,M\in\mathbf{R}$ 为两个固定的实数,称 M 是数集 A 的一个上界,如果

$$\forall a\in A, a\leqslant M$$

称 m 是数集 A 的一个下界,如果

$$\forall a\in A, a\geqslant m$$

称数集 A 是有界的,如果 A 既有上界又有下界.

明显地,若数集 $A\subset\mathbf{R}$ 有上界 M, 则大于 M 的任何实数都是 A 的上界;同理,若数集 $A\subset\mathbf{R}$ 有下界 m, 则小于 m 的任何实数都是 A 的下界,问题是:是否有数集 $A\subset\mathbf{R}$ 的最小上界与最大下界?

定义 B.2　称 $a\in\mathbf{R}$ 是数集 $B\subset\mathbf{R}$ 的最小上界或上确界,如果

(1) a 是数集 A 的上界;

(2) $\forall\varepsilon>0,\exists a_\varepsilon\in A, s.t.\ a_\varepsilon>a-\varepsilon$, 记做 $a=\sup A$.

称 $b\in\mathbf{R}$ 是数集 $B\in\mathbf{R}$ 的最大下界或下确界,如果

(1) b 是数集 B 的一个下界;

(2) $\forall\varepsilon>0,\exists b_\varepsilon\in B$, s. t. $b_\varepsilon<b+\varepsilon$, 记做 $b=\inf B$.

在数学研究中,公理是无须证明的定理,下面陈述两个关于"确界存在"的公理.

公理 B.1　任何非空的有上界的数集 $A\subset\mathbf{R}$ 必有上确界.

公理 B.2　任何非空的有下界的数集 $B\subset\mathbf{R}$ 必有下确界.

注 B.1　公理 B.1 与公理 B.2 是等价的.

注 B.2　根据定义 B.2 易知,若 $a=\sup A$, 则存在一个数列 $\{a_n\}\subset A$, s. t. $a_n\to a$ $(n\to\infty)$;若 $b=\inf B$, 则存在一个数列 $\{b_n\}\subset B$, s. t. $b_n\to b(n\to\infty)$.

使用公理 B.1 与公理 B.2 容易证明单调有界原理.

定理 B.1　任何单调增加且有上界的数列 $\{x_n\}$ 必有极限,而且 $\lim\limits_{n\to\infty}x_n=\sup\{x_n\}$;任何单调递减且有下界的数列 $\{y_n\}$ 必有极限,而且 $\lim\limits_{n\to\infty}y_n=\inf\{y_n\}$.

一般说来,有界数列未必有极限,如 $\{x_n\}$: $-1,1,-1,1,\cdots$ 是一个有界数列,它没有极限,但它有两个收敛子列.

定理 B.2 任何有界数列 $\{x_n\}\subset\mathbf{R}$ 必有收敛子列;任何有界序列 $\{\alpha_n\}\subset\boldsymbol{R}^m$ 必有收敛子列,其中 $m\geqslant 1$ 为固定自然数.

对于一个给定的有界数列,我们考虑它的上(下)极限之概念.

设 $\{x_n\}$ 为 $\mathbf{R}$ 中的一个有界数列,固定 $n\geqslant 1$, 考察数集 $A=\{x_n,x_{n+1},\cdots\}$, 则 A 是 $\mathbf{R}$ 中的有界数集,由公理 B.1 知 $\sup A$ 存在,记作 $h_n=\sup\limits_{k\geqslant n}\{x_k\}$, 易知, $\{h_n\}$ 是单调递减的且有下界,使用定理 B.1 知 $\lim\limits_{n\to\infty}h_n$ 存在,由公理 B.2 知 $\inf A$ 存在,记作 $m_n=\inf\limits_{k\geqslant n}\{x_k\}$, 易知 $\{m_n\}$ 是单调增加的且有上界,使用定理 B.1 知 $\lim\limits_{n\to\infty}m_n$ 存在,因此,我们有下面的定义.

定义 B.3 设 $\{x_n\}$ 为 $\mathbf{R}$ 中的一个有界数列,分别称 $\lim\limits_{n\to\infty}h_n$ 与 $\lim\limits_{n\to\infty}m_n$ 为 $\{x_n\}$ 的上极限与下极限,记作 $\overline{\lim\limits_{n\to\infty}}x_n=\lim\limits_{n\to\infty}h_n$ 与 $\underline{\lim\limits_{n\to\infty}}x_n=\lim\limits_{n\to\infty}m_n$.

注 B.3 $\{x_n\}$ 的上极限,即 $\{x_n\}$ 的所有收敛子列的最大值;而 $\{x_n\}$ 的下极限,即 $\{x_n\}$ 的所有收敛子列的最小值.

定理 B.3 设 $\{x_n\}$ 为 $\mathbf{R}$ 中的一个数列,则 $\{x_n\}$ 收敛于 $x\in\mathbf{R}\Leftrightarrow\underline{\lim\limits_{n\to\infty}}x_n=\overline{\lim\limits_{n\to\infty}}x_n$.

2. 多元连续函数最值定理

定义 B.4 设 C 是 n 维赋范线性空间 X 中的非空子集,称函数 $f:C\to\mathbf{R}$ 在 $\boldsymbol{x}\in C$ 点为下半连续的,如果 $\forall\{\boldsymbol{x}_k\}\subset C,\ \boldsymbol{x}_k\to\boldsymbol{x}(k\to\infty)$ 恒有

$$f(\boldsymbol{x})\leqslant\underline{\lim_{k\to\infty}}f(\boldsymbol{x}_k)$$

称函数 $f:C\to\mathbf{R}$ 在 $\boldsymbol{x}\in C$ 点为上半连续的,如果 $\forall\{\boldsymbol{x}_k\}\subset C,\ \boldsymbol{x}_k\to\boldsymbol{x}(k\to\infty)$, 恒有

$$\overline{\lim_{k\to\infty}}f(\boldsymbol{x}_k)\leqslant f(\boldsymbol{x})$$

称函数 $f:C\to\mathbf{R}$ 在 $\boldsymbol{x}\in C$ 点是连续的,如果 $\forall\{\boldsymbol{x}_k\}\subset C,\ \boldsymbol{x}_k\to\boldsymbol{x}(k\to\infty)$ 恒有

$$\lim_{k\to\infty}f(\boldsymbol{x}_k)=f(\boldsymbol{x})$$

称 $f:C\to\mathbf{R}$ 是(上、下半)连续的,如果 $f:C\to\mathbf{R}$ 在每一点 $\boldsymbol{x}\in C$ 是(上、下半)连续的.

显然 $f:C\to\mathbf{R}$ 是连续的 $\Leftrightarrow f:C\to\mathbf{R}$ 既是上半连续又是下半连续的.

定理 B.4 设 C 是 $\mathbf{R}^n$ 中的非空闭子集, $f:C\to\mathbf{R}$ 是下半连续函数,如果 C 是有界或者 $f:C\to\mathbf{R}$ 是"强制"的:

$$f(\boldsymbol{x})\to+\infty\ (\|\boldsymbol{x}\|\to\infty)$$

则 $\exists\boldsymbol{x}_0\in C$, s. t.

$$f(\boldsymbol{x}_0)=\min\{f(\boldsymbol{x})\mid\boldsymbol{x}\in C\}$$

等价地

$$f(\boldsymbol{x}_0)\leqslant f(\boldsymbol{x}),\ \forall\boldsymbol{x}\in C$$

证明:记 $b=\inf f(C)=\inf\{f(\boldsymbol{x})\mid\boldsymbol{x}\in C\}$, 则 $b\in\mathbf{R}$.

由下确界之定义知, $\exists\{\boldsymbol{x}_k\}\subset C$, s. t. $f(\boldsymbol{x}_k)\to\boldsymbol{b}(k\to\infty)$.

由假设, C 是有界闭的或者 $f:C\to\mathbf{R}$ 是强制的, $\{\boldsymbol{x}_k\}$ 一定是一个有界序列,依据定理

B.2 知，$\{\boldsymbol{x}_k\}$ 必有收敛子列，不妨设 $\boldsymbol{x}_k \to \boldsymbol{x}_0 (k\to\infty)$，因为 C 是闭的，故 $\boldsymbol{x}_0 \in C$. 使用 $f: C\to\mathbf{R}$ 的下半连续性，得

$$b \leqslant f(\boldsymbol{x}_0) \leqslant \varliminf_{k\to\infty} f(\boldsymbol{x}_k) = b$$

这推得 $b = f(\boldsymbol{x}_0)$，即

$$f(\boldsymbol{x}_0) = \min\{f(\boldsymbol{x}) \mid \boldsymbol{x}\in C\}$$

等价地 $f(\boldsymbol{x}_0) \leqslant f(\boldsymbol{x}), \forall \boldsymbol{x}\in C$.

推论 B.1　设 C 为 $\mathbf{R}^n$ 中的非空闭子集，$f: C\to\mathbf{R}$ 是上半连续的，如果 C 是有界的或者 $f: C\to\mathbf{R}$ 是"强制"的：

$$f(\boldsymbol{x}) \to -\infty \ (\|\boldsymbol{x}\|\to\infty)$$

则 $\exists \boldsymbol{x}_1 \in C$, s. t.

$$f(\boldsymbol{x}_1) = \max\{f(\boldsymbol{x}) \mid \boldsymbol{x}\in C\}$$

等价地 $f(\boldsymbol{x}) \leqslant f(\boldsymbol{x}_1), \forall \boldsymbol{x}\in C$.

定理 B.5　设 $\boldsymbol{C}$ 为 $\mathbf{R}^n$ 中的非空闭子集，$f: C\to\mathbf{R}$ 是连续函数，如果 C 是有界的或者 $f: C\to\mathbf{R}$ 是"强制"的：

$$|f(\boldsymbol{x})| \to +\infty \ (\|\boldsymbol{x}\|\to\infty)$$

则 $\exists \boldsymbol{x}_0, \boldsymbol{x}_1 \in C$, s. t.

$$f(\boldsymbol{x}_0) = \min\{f(\boldsymbol{x}) \mid \boldsymbol{x}\in C\}, f(\boldsymbol{x}_1) = \max\{f(\boldsymbol{x}) \mid \boldsymbol{x}\in C\}.$$

使用定理 B.5 可以证明 n 维赋范线性空间 V^n 中的任意两种范数都是彼此等价的.

定理 B.6　设 V^n 为 n 维赋范线性空间，$\{\boldsymbol{e}_1, \boldsymbol{e}_2, \cdots, \boldsymbol{e}_n\}$ 为 V^n 的一个基底，$\forall \boldsymbol{x}\in V^n$，$\boldsymbol{x} = \sum_{i=1}^{n} \xi_i \boldsymbol{e}_i$，$\|\cdot\|_1$ 与 $\|\cdot\|_2$ 是 V^n 上的任意两种范数，则存在正常数 c_1, c_2, c_3, c_4, s. t.

(1) $c_1 \left(\sum_{i=1}^{n} |\xi_i|^2\right)^{\frac{1}{2}} \leqslant \|\boldsymbol{x}\|_1 \leqslant c_2 \left(\sum_{i=1}^{n} |\xi_i|^2\right)^{\frac{1}{2}}$；

(2) $c_3 \|\boldsymbol{x}\|_1 \leqslant \|\boldsymbol{x}\|_2 \leqslant c_4 \|\boldsymbol{x}\|_1$.

推论 B.2　设 V^n 为 n 维赋范线性空间，$\{\boldsymbol{e}_1, \boldsymbol{e}_2, \cdots, \boldsymbol{e}_n\}$ 为 V^n 的一个基底，$\boldsymbol{x}^{(k)} = \sum_{i=1}^{n} \xi_i^{(k)} \boldsymbol{e}_i$ 是 V^n 中的一个向量序列 $(k\geqslant 1)$，$\boldsymbol{x} = \sum_{i=1}^{n} \xi_i \boldsymbol{e}_i$，则

$$\boldsymbol{x}^{(k)} \xrightarrow{\|\cdot\|} \boldsymbol{x} (k\to\infty) \Leftrightarrow \xi_i^{(k)} \to \xi_i (k\to\infty) (i = 1, 2, \cdots, n)$$

这就是说，在 n 维赋范线性空间 V^n 中，向量序列依范数收敛等价于相应的数列依坐标收敛.

使用推论 B.2 可以将定理 B.4、推论 B.1 与定理 B.5 推广到一般 n 维赋范线性空间的场合，为此目的，我们先给出 n 维赋范线性空间 V^n 中闭集的定义.

定义 B.5　设 C 为 n 维赋范线性空间 V^n 的一个非空子集，称 C 是闭的，如果 $\forall \{\boldsymbol{x}_k\} \subset C$，$\boldsymbol{x}_k \xrightarrow{\|\cdot\|} \boldsymbol{x} (k\to\infty)$，恒有 $\boldsymbol{x}\in C$.

使用定义 B.5 与推论 B.2 不难证明，n 维赋范线性空间 V^n 的任一子空间 W 都是 V^n

的闭子空间.

定理 B.7 设 C 为 n 维赋范线性空间 V^n 的一个非空闭子集,$f:C\to\mathbf{R}$ 是下半连续函数,如果 C 是有界的或者 $f:C\to\mathbf{R}$ 是"强制"的:

$$f(\boldsymbol{x})\to+\infty\ (\|\boldsymbol{x}\|\to\infty)$$

则 $\exists\boldsymbol{x}_0\in C$, s. t.

$$f(\boldsymbol{x}_0)=\min\{f(\boldsymbol{x})\mid\boldsymbol{x}\in C\}$$

等价地 $f(\boldsymbol{x}_0)\leqslant f(\boldsymbol{x}),\forall\boldsymbol{x}\in C$.

推论 B.3 设 C 是 n 维赋范线性空间 V^n 中的非空闭子集,$f:C\to\mathbf{R}$ 是上半连续函数,如果 C 是有界的或者 $f:C\to\mathbf{R}$ 是"强制"的:

$$f(\boldsymbol{x})\to-\infty\ (\|\boldsymbol{x}\|\to\infty)$$

则 $\exists\boldsymbol{x}_1\in C$, s. t.

$$f(\boldsymbol{x}_1)=\max\{f(\boldsymbol{x})\mid\boldsymbol{x}\in C\}$$

等价地 $f(\boldsymbol{x})\leqslant f(\boldsymbol{x}_1)$, $\forall\boldsymbol{x}\in C$.

定理 B.8 设 C 是 n 维赋范线性空间 V^n 中的非空闭子集,$f:C\to\mathbf{R}$ 是连续函数. 如果 C 是有界的或者 $f:C\to\mathbf{R}$ 是"强制"的:

$$|f(\boldsymbol{x})|\to+\infty\ (\|\boldsymbol{x}\|\to\infty)$$

则 $\exists\boldsymbol{x}_0,\boldsymbol{x}_1\in C$, s. t.

$$f(\boldsymbol{x}_0)=\min\{f(\boldsymbol{x})\mid\boldsymbol{x}\in C\},f(\boldsymbol{x}_1)=\max\{f(\boldsymbol{x})\mid\boldsymbol{x}\in C\}$$

3. 变分引理及其推论

将定理 B.7 应用于 n 维欧式空间(酉空间)V^n 中的非空闭子集 C 以及函数 $f:C\to\mathbf{R}$,这里 $f(\boldsymbol{\gamma})=|\boldsymbol{\beta}-\boldsymbol{\gamma}|,\beta\in V^n$ 是任一固定的向量,$|\cdot|$ 是由内积 $(\cdot,\cdot)$ 所诱导的模或范数,即 $|\boldsymbol{\gamma}|=\sqrt{(\boldsymbol{\gamma},\boldsymbol{\gamma})}$, $\forall\boldsymbol{r}\in V^n$. 容易验证,$(V^n,|\cdot|)$ 是一个 n 维赋范线性空间,$f:C\to\mathbf{R}^+$ 是连续的且强制的:

$$f(\boldsymbol{r})\to+\infty\ (|\boldsymbol{r}|\to\infty)$$

应用定理 B.7, $\exists\boldsymbol{\alpha}\in C$, s. t.

$$f(\boldsymbol{\alpha})=|\boldsymbol{\beta}-\boldsymbol{\alpha}|=\min\{|\boldsymbol{\beta}-\boldsymbol{\gamma}|\mid\boldsymbol{\gamma}\in C\}$$

等价地 $|\boldsymbol{\beta}-\boldsymbol{\alpha}|\leqslant|\boldsymbol{\beta}-\boldsymbol{\gamma}|,\forall\boldsymbol{\gamma}\in C$.

我们自然要问:满足上述不等式的 $\boldsymbol{\alpha}\in C$ 是否唯一? 观察 $\mathbf{R}^2$ 中的两种情况.

图 B-1 表明 $\boldsymbol{\beta}$ 在 C 中有唯一的最近点 $\boldsymbol{\alpha}$;而图 B-2 表明 $\boldsymbol{\beta}$ 在 C 中有两个最近点 $\boldsymbol{\alpha}_1$ 与 $\boldsymbol{a}_2$. 图 B-1 是一个凸集,而图 B-2 不是凸集.

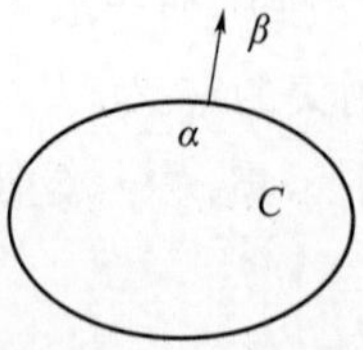

图 B-1 凸集情况

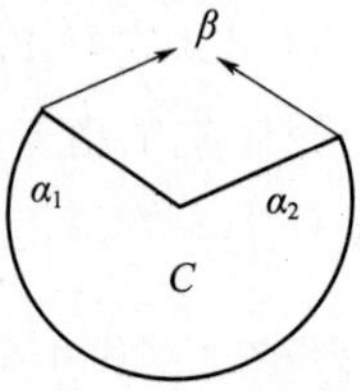

图 B-2 非凸集情况

定义 B.6　称子集 $C \subset V^n$ 是凸的，如果 $\forall t \in [0,1]$，$\forall \boldsymbol{x},\boldsymbol{y} \in C$，有

$$t\boldsymbol{x} + (1-t)\boldsymbol{y} \in C$$

即连接 C 中任意两点的线段恒在 C 中.

例 B.1　线性空间 V 的任意一子空间都是凸的；而赋范线性空间 V^n 的任一子空间都是非空闭凸子集.

定理 B.9　（变分引理）设 C 为 n 维欧式空间（酉空间）V^n 中的非空闭凸子集，则 $\forall \boldsymbol{\beta} \in V^n$，存在唯一 $\boldsymbol{\alpha} \in C$，s. t.

$$|\boldsymbol{\beta} - \boldsymbol{\alpha}| = \min\{|\boldsymbol{\beta} - \boldsymbol{\gamma}| \,|\, \boldsymbol{\gamma} \in C\}$$

等价地 $|\boldsymbol{\beta} - \boldsymbol{a}| \leqslant |\boldsymbol{\beta} - \boldsymbol{\gamma}|$，$\forall \boldsymbol{\gamma} \in C$.

证明：$\boldsymbol{\alpha} \in C$ 的存在性由定理 B.7 保证，我们只需证明唯一性. 假设 a_1 是 β 的另外一个最佳近似向量，即

$$|\boldsymbol{\beta} - \boldsymbol{a}_1| = |\boldsymbol{\beta} - \boldsymbol{a}| \leqslant |\boldsymbol{\beta} - \boldsymbol{\gamma}|,\ \forall \boldsymbol{\gamma} \in C$$

使用平行四边形法则，得

$$2\left|\frac{\boldsymbol{\alpha}_1 - \boldsymbol{\alpha}}{2}\right|^2 + 2\left|\frac{\boldsymbol{\alpha}_1 + \boldsymbol{\alpha}}{2} - \boldsymbol{\beta}\right|^2 = |\boldsymbol{\alpha}_1 - \boldsymbol{\beta}|^2 + |\boldsymbol{\beta} - \boldsymbol{a}|^2$$

移项得

$$\left|\frac{\boldsymbol{\alpha}_1 - \boldsymbol{\alpha}}{2}\right|^2 = \frac{1}{2}|\boldsymbol{\alpha}_1 - \boldsymbol{\beta}|^2 + \frac{1}{2}|\boldsymbol{\beta} - \boldsymbol{\alpha}|^2 - \left|\frac{\boldsymbol{\alpha}_1 + \boldsymbol{\alpha}}{2} - \boldsymbol{\beta}\right|^2$$

因为 C 是凸的，$\boldsymbol{\alpha}_1,\boldsymbol{\alpha} \in C$，故 $\dfrac{\boldsymbol{\alpha}_1 + \boldsymbol{\alpha}}{2} \in C$，从而 $\left|\dfrac{\boldsymbol{\alpha}_1 + \boldsymbol{\alpha}}{2} - \boldsymbol{\beta}\right| \geqslant |\boldsymbol{\beta} - \boldsymbol{\alpha}|$.

于是得

$$\left|\frac{\boldsymbol{\alpha}_1 - \boldsymbol{\alpha}}{2}\right|^2 \leqslant |\boldsymbol{\beta} - \boldsymbol{\alpha}|^2 - |\boldsymbol{\beta} - \boldsymbol{\alpha}|^2 = 0$$

因此 $\boldsymbol{\alpha}_1 = \boldsymbol{\alpha}$.

由上述“变分引理”可以导出下述“变分不等式”的解的存在唯一性定理.

定理 B.10　设 C 是 n 维欧氏空间（酉空间）V^n 中的非空闭凸子集，则 $\forall \boldsymbol{\beta} \in V^n$，$\exists$ 唯一 $\boldsymbol{\alpha} \in C$，s. t.

$$\mathrm{Re}(\boldsymbol{\beta} - \boldsymbol{\alpha}, \boldsymbol{\gamma} - \boldsymbol{\alpha}) \leqslant 0, \forall \boldsymbol{\gamma} \in C \tag{B-1}$$

式（B-1）称为“变分不等式”，图 B-3 给出了变分不等式（B-1）的几何解释：$\forall \boldsymbol{\gamma} \in C$，向量 $\boldsymbol{\beta} - \boldsymbol{\alpha}$ 与向量 $\boldsymbol{\gamma} - \boldsymbol{\alpha}$ 之间的夹角恒为钝角.

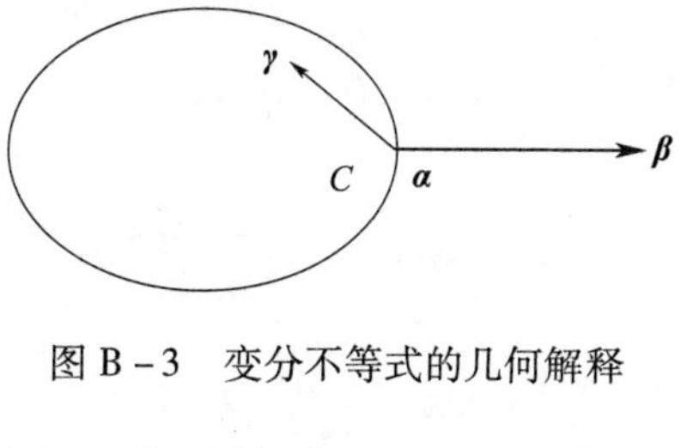

图 B-3　变分不等式的几何解释

证明：由变分引理知，$\forall \boldsymbol{\beta} \in V^n$，存在唯一 $\boldsymbol{\alpha} \in C$，s. t.

$$|\boldsymbol{\beta}-\boldsymbol{\gamma}| \geqslant |\boldsymbol{\beta}-\boldsymbol{\alpha}|, \forall \boldsymbol{\gamma} \in C$$

使用欧氏(酉)空间 V^n 中的恒等式得

$$|\boldsymbol{\beta}-\boldsymbol{\gamma}|^2 \geqslant |\boldsymbol{\beta}-\boldsymbol{\alpha}|^2 = |\boldsymbol{\beta}-\boldsymbol{\gamma}+\boldsymbol{\gamma}-\boldsymbol{\alpha}|^2 =$$
$$|\boldsymbol{\beta}-\boldsymbol{\gamma}|^2 + 2\mathrm{Re}(\boldsymbol{\beta}-\boldsymbol{\gamma},\boldsymbol{\gamma}-\boldsymbol{\alpha}) + |\boldsymbol{\gamma}-\boldsymbol{\alpha}|^2$$

这推出

$$0 \geqslant 2\mathrm{Re}(\boldsymbol{\beta}-\boldsymbol{\gamma},\boldsymbol{\gamma}-\boldsymbol{\alpha}) + |\boldsymbol{\gamma}-\boldsymbol{\alpha}|^2, \ \forall \boldsymbol{\gamma} \in C$$

$\forall \tau \in C$, 记 $\boldsymbol{\gamma}_t = t\tau + (1-t)\boldsymbol{\alpha}$, $t \in [0,1]$. 因为 C 是凸的,故 $\boldsymbol{\gamma}_t \in C$.

将 $\boldsymbol{\gamma}_t - \boldsymbol{\alpha} = t(\boldsymbol{\tau}-\boldsymbol{\alpha})$ 带入前面的不等式,得

$$0 \geqslant 2t\mathrm{Re}(\boldsymbol{\beta}-\boldsymbol{\gamma}_t,\boldsymbol{\tau}-\boldsymbol{\alpha}) + t^2|\boldsymbol{\tau}-\boldsymbol{\alpha}|^2, \ \forall \boldsymbol{\tau} \in C$$

消去 $t > 0$ 后,再令 $t \to 0^+$ 得

$$0 \geqslant \mathrm{Re}(\boldsymbol{\beta}-\boldsymbol{\alpha},\boldsymbol{\tau}-\boldsymbol{\alpha}), \forall \boldsymbol{\tau} \in C$$

以 $\boldsymbol{\gamma} \in C$ 替换 $\boldsymbol{\tau} \in C$ 即得结论.

定理 B.11 设 C 是 n 维欧氏(酉)空间 V^n 中的非空闭凸子集,则 $\forall \boldsymbol{\beta} \in V^n$, 存在唯一 $\boldsymbol{\alpha} \in C$, s. t.

$$\mathrm{Re}(\boldsymbol{\beta}-\boldsymbol{\alpha},\boldsymbol{\gamma}-\boldsymbol{\alpha}) \leqslant 0, \ \forall \boldsymbol{\gamma} \in C$$

$\Leftrightarrow \forall \boldsymbol{\beta} \in V^n$, 存在唯一 $\boldsymbol{\alpha} \in C$, s. t. $|\boldsymbol{\beta}-\boldsymbol{\gamma}| \geqslant |\boldsymbol{\beta}-\boldsymbol{\alpha}|$, $\forall \boldsymbol{\gamma} \in C$.

在上述定理 B.11 中取 C 为 n 维欧氏(酉)空间 V^n 中的子空间,就可以得到下面的重要结果.

定理 B.12 设 V_1 为 n 维欧氏(酉)空间 V^n 的子空间,则下述断言彼此等价.

(1) $\forall \boldsymbol{\beta} \in V^n$, $\exists$ 唯一 $\boldsymbol{\alpha} \in V_1$, s. t. $|\boldsymbol{\beta}-\boldsymbol{\gamma}| \geqslant |\boldsymbol{\beta}-\boldsymbol{\alpha}|$, $\forall \boldsymbol{\gamma} \in V_1$;

(2) $\forall \boldsymbol{\beta} \in V^n$, $\exists$ 唯一 $\boldsymbol{\alpha} \in V_1$, s. t. $\boldsymbol{\beta}-\boldsymbol{\alpha} \in V_1^{\perp}$;

(3) $V^n = V_1 \oplus V_1^{\perp}$.

证明:(1) $\Rightarrow$ (2). 使用定理 B.10 知, $\forall \boldsymbol{\beta} \in V^n$, $\exists$ 唯一 $\boldsymbol{\alpha} \in V_1$, s. t.

$$\mathrm{Re}(\boldsymbol{\beta}-\boldsymbol{\alpha},\boldsymbol{\gamma}-\boldsymbol{\alpha}) \leqslant 0, \ \forall \boldsymbol{\gamma} \in V_1$$

因 V_1 是 V^n 的子空间, $\boldsymbol{a} \in V_1$, 故 $\forall \lambda \in K$ (数域), $\forall z \in V_1$, $\boldsymbol{\gamma}_\lambda = \lambda z + \boldsymbol{\alpha} \in V_1$, 从而

$$\mathrm{Re}(\boldsymbol{\beta}-\boldsymbol{\alpha},\lambda z) \leqslant 0, \ \forall z \in V_1$$

即

$$\mathrm{Re}\overline{\lambda}(\boldsymbol{\beta}-\boldsymbol{\alpha},z) \leqslant 0, \ \forall z \in V_1$$

取 $\lambda = (\boldsymbol{\beta}-\boldsymbol{\alpha},z)$, 则

$$\overline{\lambda} = \overline{(\boldsymbol{\beta}-\boldsymbol{\alpha},z)}$$

因而有

$$\mathrm{Re}\,|(\boldsymbol{\beta}-\boldsymbol{\alpha},z)|^2 \leqslant 0, \ \forall z \in V_1$$

故

$$(\boldsymbol{\beta}-\boldsymbol{\alpha},z) = 0, \ \forall z \in V_1$$

即

$$\boldsymbol{\beta}-\boldsymbol{\alpha}\in V_1^{\perp}$$

(2) ⇒ (3). 因为 $\forall\boldsymbol{\beta}\in V^n$, $\exists$ 唯一 $\boldsymbol{\alpha}\in V_1$, s. t. $\boldsymbol{\beta}=\boldsymbol{\alpha}+\boldsymbol{\beta}-\boldsymbol{\alpha}$, 而 $\boldsymbol{\beta}-\boldsymbol{\alpha}\in V_1^{\perp}$, $V_1\cap V^{\perp}=\{0\}$, 故

$$V^n=V_1\oplus V_1^{\perp}$$

(3) ⇒ (1). $\forall\boldsymbol{\beta}\in V^n$, $\exists\boldsymbol{\alpha}\in V_1$, s. t.

$$\boldsymbol{\beta}-\boldsymbol{\alpha}\in V_1^{\perp}$$

从而有 $\forall\boldsymbol{\gamma}\in V_1$, $(\boldsymbol{\beta}-\boldsymbol{\alpha},\boldsymbol{\alpha}-\boldsymbol{\gamma})=0.$

这推出

$$\begin{aligned}|\boldsymbol{\beta}-\boldsymbol{\gamma}|^2&=|\boldsymbol{\beta}-\boldsymbol{\alpha}+\boldsymbol{\alpha}-\boldsymbol{\gamma}|^2\\&=|\boldsymbol{\beta}-\boldsymbol{a}|^2+2\mathrm{Re}(\boldsymbol{\beta}-\boldsymbol{\alpha},\boldsymbol{\alpha}-\boldsymbol{\gamma})+|\boldsymbol{\alpha}-\boldsymbol{\gamma}|^2\\&=|\boldsymbol{\beta}-\boldsymbol{a}|^2+|\boldsymbol{\alpha}-\boldsymbol{\gamma}|^2\\&\geqslant|\boldsymbol{\beta}-\boldsymbol{a}|^2,\ \forall\boldsymbol{\gamma}\in V_1\end{aligned}$$

即 $|\boldsymbol{\beta}-\boldsymbol{\gamma}|\geqslant|\boldsymbol{\beta}-\boldsymbol{\alpha}|$, $\forall\boldsymbol{\gamma}\in V_1$.

推论 B.4 (投影定理) 设 V^n 为 n 维欧氏(酉)空间, V_1 为 V^n 的子空间,则存在唯一正交投影 $P_{V_1}:V^n\to V_1$ 满足

(1) $\forall\boldsymbol{\beta}\in V^n$, $\mathrm{P}_{V_1}\boldsymbol{\beta}=\boldsymbol{\beta}_1$, $\boldsymbol{\beta}=\boldsymbol{\beta}_1+\boldsymbol{\beta}_2$; $\boldsymbol{\beta}_1\in V_1$, $\boldsymbol{\beta}_2\in V_1^{\perp}$;

(2) $P_{V_1}^2=P_{V_1}$;

(3) $R(P_{V_1})=V_1$, $N(P_{V_1})=V_1^{\perp}$.

注 B.4 当 P_{V_1} 限制在 V_1 上时它是恒等变换,而当 P_{V_1} 限制在 $V_1^{\perp}$ 上时它是零变换.

应用上面的投影定理于 $V_1=R(\boldsymbol{A})$, 这里 $\boldsymbol{A}=(a_{ij})\in\mathbf{C}^{m\times n}$ 为 $m\times n$ 型矩阵,则容易证明

$$R^{\perp}(\boldsymbol{A})=N(\boldsymbol{A}^{\mathrm{H}}),\ R^{\perp}(\boldsymbol{A}^{\mathrm{H}})=N(\boldsymbol{A})$$

从而有

$$\mathbf{C}^m=R(\boldsymbol{A})\oplus N(\boldsymbol{A}^{\mathbf{H}}),\ \mathbf{C}^n=R(\boldsymbol{A}^{\mathbf{H}})\oplus N(\boldsymbol{A})$$

4. 凸函数理论与应用

定义 B.7 设 f 为定义在区间 I 上的函数,若 $\forall x_1,x_2\in I$ 与任意实数 $t\in[0,1]$ 都有

$$f[tx_1+(1-t)x_2]\leqslant tf(x_1)+(1-t)f(x_2)$$

则称 f 为 I 上的凸函数(Convex Function);若当 $x_1\neq x_2$ 时上述不等式严格成立,则称 f 是 I 上的严格凸函数(Strictly Convex Function).

类似地,可以定义区间 I 上的严格凹函数(Strictly Concave Function),只需将上述不等式中的"$\leqslant$"改为"$\geqslant$"("$<$"改为"$>$").

显然 f 为 I 上的(严格)凸函数 ⇔ $-f$ 为 I 上的(严格)凹函数.

定理 B.13 设 f 在区间 I 上可导,则下述断言彼此等价.

(1) f 是 I 上的凸函数;

(2) f' 是 I 上的增函数;

(3) $\forall x_1,x_2\in I$, 有 $f(x_2)\geqslant f(x_1)+f'(x_1)(x_2-x_1)$.

定理 B.14 设f在区间I上二阶可导,则在I上f为(严格)凸函数$\Leftrightarrow f''(x) \geqslant 0$, $\forall x \in I$(使得$f''(x) \geqslant 0$的点集构不成一个区间).

类似地,有下述结论.

定理 B.15 设f在区间I上可导,则下述断言是彼此等价.

(1) f是I上的凹函数;

(2) f'是I上的减函数;

(3) $\forall x_1, x_2 \in I$, 有$f(x_2) \leqslant f(x_1) + f'(x_1)(x_2 - x_1)$.

注 B.5 定理 B.13 式(3)表明凸函数f的图像总是位于过点$(x_1, f(x_1))$处的切线的上方.定理 B.14(3)式表明凹函数f的图像总是位于过点$(x_1, f(x_1))$处的切线的下方.

定理 B.16 设f在区间I上二阶可导,则在I上f为(严格)凸函数$\Leftrightarrow f''(x) \leqslant 0$, $\forall x \in I$(使得$f''(x) = 0$的点集构不成一个区间).

例 B.2 $f(x) = -\ln x$与$g(x) = x^s (s > 1)$在区间$I = (0, +\infty)$上都是严格凸函数,而$h(x) = \ln x$与$p(x) = x^s (s < 1)$在区间$I = (0, +\infty)$上都是严格凹函数.

定理 B.17 (Jensen 不等式) 设f为区间I上的凸函数,则$\forall x_i \in I$, $\lambda_i > 0 (i = 1, 2, \cdots, n)$, $\sum_{i=1}^{n} \lambda_i = 1$, 有

$$f\left(\sum_{i=1}^{n} \lambda_i x_i\right) \leqslant \sum_{i=1}^{n} \lambda_i f(x_i)$$

应用 Jensen 不等式于区间$I = (0, +\infty)$上的严格凸函数$f(x) = -\ln x$便可导出加权算数-几何平均不等式

$$\prod_{i=1}^{n} x_i^{\lambda_i} \leqslant \sum_{i=1}^{n} \lambda_i x_i$$

其中$\lambda_i \in (0,1)$, $\sum_{i=1}^{n} \lambda_i = 1$.

当$n = 2$时, $x_1^{\lambda_1} \cdot x_2^{\lambda_2} \leqslant \lambda_1 x_1 + \lambda_2 x_2$, 其中$\lambda_i \in (0,1)$, $\sum_{i=1}^{2} \lambda_i = 1$.

对于$p > 1$与$q > 1$满足

$$\frac{1}{p} + \frac{1}{q} = 1,\ a, b > 0$$

取$\lambda_1 = \frac{1}{p}$, $\lambda_2 = \frac{1}{q}$, $x_1 = a^p$, $x_2 = b^a$, 则有

$$a \cdot b \leqslant \frac{1}{p} a^p + \frac{1}{q} b^q$$

这个不等式是至关重要的,由它可以导出著名的 Hölder 不等式:

$\forall \boldsymbol{x} = (x_1, x_2, \cdots x_n)^{\mathrm{T}}$与$\boldsymbol{y} = (y_1, y_2, \cdots y_2)^{\mathrm{T}} \in \mathbf{C}^n$, $\boldsymbol{x} \neq \boldsymbol{0}, \boldsymbol{y} \neq \boldsymbol{0}$, 有

$$\sum_{i=1}^{n} |x_i y_i| \leqslant \sum_{i=1}^{n} |x_i| |y_i| \leqslant \left(\sum_{i=1}^{n} |x_i|^p\right)^{\frac{1}{p}} \left(\sum_{i=1}^{n} |y_i|^q\right)^{\frac{1}{q}} \tag{B-2}$$

其中 $p>1$ 与 $q>1$，满足 $\frac{1}{p}+\frac{1}{q}=1$.

事实上，取 $a_i=\frac{|x_i|}{\left(\sum\limits_{i=1}^{n}|x_i{}^p|\right)^{\frac{1}{p}}}$ 与 $b_i=\frac{|y_i|}{\left(\sum\limits_{i=1}^{n}|y_i|^q\right)^{\frac{1}{q}}}$，则

$$\frac{|x_i||y_i|}{\left(\sum\limits_{i=1}^{n}|x_i|^p\right)^{\frac{1}{p}}\left(\sum\limits_{i=1}^{n}|y_i|^q\right)^{\frac{1}{q}}}\leqslant\frac{1}{p}\frac{|x_i|^p}{\left(\sum\limits_{i=1}^{n}|x_i|^p\right)}+\frac{1}{q}\frac{|y_i|^q}{\left(\sum\limits_{i=1}^{n}|y_i|^q\right)}$$

对 $i=1,2,\cdots,n$ 两边作和，得

$$\frac{\sum\limits_{i=1}^{n}|x_i||y_i|}{\left(\sum\limits_{i=1}^{n}(|x_i{}^p|)^{\frac{1}{P}}\right)\left(\sum\limits_{i=1}^{n}|y_i^q|^{\frac{1}{q}}\right)}\leqslant\frac{1}{p}+\frac{1}{q}=1$$

因此(B－2)成立，显然(B－2)对于 $x=y=0$ 也成立.

当 $p=q=2$ 时便可得到欧氏空间 $\mathbf{R}^n$ 与酉空间 $\mathbf{C}^n$ 中的 Canchy－Schwarz 不等式：

$$\left|\sum_{i=1}^{n}x_iy_i\right|\leqslant\sum_{i=1}^{n}|x_i||y_i|\leqslant\left(\sum_{i=1}^{n}|x_i|^2\right)^{\frac{1}{2}}\left(\sum_{i=1}^{n}|y_i^2|\right)^{\frac{1}{2}}$$

使用 Hölder 不等式容易推出 Minkowski 不等式：

$\forall p\geqslant 1$，$\boldsymbol{x}=(x_1,x_2,\cdots,x_n)^{\mathrm{T}}$，$\boldsymbol{y}=(y_1,y_2,\cdots,y_2)^{\mathrm{T}}\in\mathbf{C}^n$，有

$$\left(\sum_{i=1}^{n}|x_i+y_i|^p\right)^{\frac{1}{p}}\leqslant\left(\sum_{i=1}^{n}|x_i|^p\right)^{\frac{1}{p}}+\left(\sum_{i=1}^{n}|y_i|^p\right)^{\frac{1}{p}}\tag{B－3}$$

$\forall\boldsymbol{x}=(x_1,x_2,\cdots,x_2)^{\mathrm{T}}\in\mathbf{C}^n$，定义

$$\|\boldsymbol{x}\|_p=\left(\sum_{i=1}^{n}|x_i|^p\right)^{\frac{1}{p}},\ p\geqslant 1$$

则 $\|\boldsymbol{x}\|_p$ 是 $\mathbf{C}^n$ 上的一种范数，称为 p－范数或 l_p－范数．事实上：

(1) $\forall\boldsymbol{x}=(x_1,x_2,\cdots,x_2)^{\mathrm{T}}\in\mathbf{C}^n$，$\boldsymbol{x}\neq\mathbf{0}$，有 $\|\boldsymbol{x}\|_p=\left(\sum\limits_{i=1}^{n}|x_i|^p\right)^{\frac{1}{p}}>0$；

(2) $\forall a\in K$，$\forall\boldsymbol{x}=(x_1,x_2,\cdots,x_2)^{\mathrm{T}}\in\mathbf{C}^n$，有

$$\|a\boldsymbol{x}\|_p=\left(\sum_{i=1}^{n}|ax_i{}^p|\right)^{\frac{1}{p}}=|a|\left(\sum_{i=1}^{n}|x_i|^p\right)^{\frac{1}{p}}=|a|\,\|\boldsymbol{x}\|_p$$

(3)使用 Minkowski 不等式(B－3)，得

$$\|\boldsymbol{x}+\boldsymbol{y}\|_p\leqslant\|\boldsymbol{x}\|_p+\|\boldsymbol{y}\|_p,\ \forall\boldsymbol{x},\boldsymbol{y}\in\mathbf{C}^n$$

依范数的定义知，$\|\boldsymbol{x}\|_p$ 是 $\mathbf{C}^n$ 上的一种范数，容易证明：$\lim\limits_{P\to+\infty}\|\boldsymbol{x}\|_p=\max\limits_{1\leqslant i\leqslant n}|x_i|=\|\boldsymbol{x}\|_\infty$

最后我们给出定理 B.7 中 f 存在唯一最小值点 $\boldsymbol{x}_0 \in C$ 的一个条件,此条件就是要求 $f:C \to \mathbf{R}$ 是严格凸函数.

将定义 B.7 中区间 I 改为 n 维赋范线性空间 V^n 中的凸子集,可定义凸集上的(严格)凸函数.

定理 B.18 设 C 是 n 维赋范线性空间 V^n 中的非空闭凸子集,$f:C \to \mathbf{R}$ 是下半连续的严格凸函数,如果 C 是有界的或者 f 是"强制"的:

$$f(\boldsymbol{x}) \to +\infty \ (\ \|\boldsymbol{x}\| \to \infty\ )$$

则存在唯一 $\boldsymbol{x}_0 \in C$, s. t.

$$f(\boldsymbol{x}_0) = \min\{f(\boldsymbol{x}) \mid \boldsymbol{x} \in C\}$$

等价地,存在唯一 $\boldsymbol{x}_0 \in C$, s. t.

$$f(\boldsymbol{x}_0) \leqslant f(\boldsymbol{x}),\ \forall \boldsymbol{x} \in C$$

证明:由定理 B.7 知, $\exists \boldsymbol{x}_0 \in C$, s. t.

$$f(\boldsymbol{x}_0) \leqslant f(\boldsymbol{x}),\ \forall \boldsymbol{x} \in C$$

只需证上述 $\boldsymbol{x}_0 \in C$ 是唯一的.

假设 $\boldsymbol{x}_1 \in C$ 也满足 $f(\boldsymbol{x}_1) \leqslant f(\boldsymbol{x})$, $\forall \boldsymbol{x} \in C$, 因 C 是凸集,故

$$\boldsymbol{x}_t = t\boldsymbol{x}_0 + (1-t)\boldsymbol{x}_1 \in C,\ \forall t \in [0,1]$$

因为 $f:C \to \mathbf{R}$ 是凸函数,故有

$$f(\boldsymbol{x}_t) \leqslant tf(\boldsymbol{x}_0) + (1-t)f'(\boldsymbol{x}_1) \leqslant f(\boldsymbol{x}),\ \forall \boldsymbol{x} \in C$$

而

$$f(\boldsymbol{x}_t) \geqslant f(\boldsymbol{x}_0), f(\boldsymbol{x}_t) \geqslant f(\boldsymbol{x}_1)$$

故有

$$f(\boldsymbol{x}_t) = f(\boldsymbol{x}_0) = f(\boldsymbol{x}_1) = tf(\boldsymbol{x}_0) + (1-t)f(\boldsymbol{x}_1)$$

又 $f:C \to \mathbf{R}$ 是严格凸函数,故 $\boldsymbol{x}_1 = \boldsymbol{x}_0$.

设 V^n 为 n 维欧氏(酉)空间, C 为 V^n 中的非空闭凸子集, $\forall \boldsymbol{\beta} \in V^n$, 考虑函数 $f:C \to \mathbf{R}$, $f(\boldsymbol{\gamma}) = |\boldsymbol{\beta} - \boldsymbol{\gamma}|^2$, $\boldsymbol{\gamma} \in C$, 则 $f:C \to \mathbf{R}$ 是连续的严格凸函数且是"强制"的:

$$f(\boldsymbol{\gamma}) \to +\infty \ (\ |\boldsymbol{\gamma}| \to \infty\ )$$

f 的连续性与强制性前面已经讨论过了,这里我们只需验证 $f:C \to \mathbf{R}$ 是严格凸的: $\forall t \in [0,1]$, $\forall \boldsymbol{\gamma}_1, \boldsymbol{\gamma}_2 \in C$, 有

$$\begin{aligned}
0 \leqslant f(t\boldsymbol{\gamma}_1 + (1-t)\boldsymbol{\gamma}_2) &= |\boldsymbol{\beta} - t\boldsymbol{\gamma}_1 - (1-t)\boldsymbol{\gamma}_2|^2 \\
&= |t(\boldsymbol{\beta} - \boldsymbol{\gamma}_1) + (1-t)(\boldsymbol{\beta} - \boldsymbol{\gamma}_2)|^2 \\
&= t\,|\boldsymbol{\beta} - \boldsymbol{\gamma}_1|^2 + (1-t)\,|\boldsymbol{\beta} - \boldsymbol{\gamma}_2|^2 - t(1-t)\,|\boldsymbol{\gamma}_1 - \boldsymbol{\gamma}_2|^2 \\
&= tf(\boldsymbol{\gamma}_1) + (1-t)f(\boldsymbol{\gamma}_2) - t(1-t)\,|\boldsymbol{\gamma}_1 - \boldsymbol{\gamma}_2|^2
\end{aligned}$$

这推出

$$f(t\boldsymbol{\gamma}_1 + (1-t)\boldsymbol{\gamma}_2) \leqslant tf(\boldsymbol{\gamma}_1) + (1-t)f(\boldsymbol{\gamma}_2)$$

与

$$f(t\boldsymbol{\gamma}_1 + (1-t)\boldsymbol{\gamma}_2) < tf(\boldsymbol{\gamma}_1) + (1-t)f(\boldsymbol{\gamma}_2)\ (\text{若 } \boldsymbol{\gamma}_1 = \boldsymbol{\gamma}_2\ )$$

这表明 $f: C \to \mathbf{R}$ 是严格凸函数.

使用定理 B. 18 容易导出前面的“变分引理”定理 B. 9.

下面给出定理 B. 18 在无穷维 Banach 空间 E 中的形式,它的证明要用到泛函分析的更多知识,这里省略该证明.

定理 B. 19　设 E 为自反 Banach 空间, C 为 E 中的非空闭凸子集, $f: C \to \mathbf{R}$ 是下半连续的凸函数,如果 C 是有界的或者 f 是“强制”的:

$$f(\boldsymbol{x}) \to +\infty \ (\|\boldsymbol{x}\| \to \infty)$$

则 $\exists \boldsymbol{x}_0 \in C$, s. t.

$$f(\boldsymbol{x}_s) = \min\{f(\boldsymbol{x}) \mid \boldsymbol{x} \in C\}$$

如果 $f: C \to \mathbf{R}$ 还是严格凸函数,则上述 $\boldsymbol{x}_0 \in C$ 是唯一的.

附录 C　基于 MATLAB 的矩阵运算

MATLAB 是美国 MathWorks 公司推出的针对矩阵运算的高级计算机语言，目前为国际公认的一款优秀科技应用软件．它将数值计算、可视化和编程功能集成在非常便于使用的环境中．本教材许多矩阵计算可以用 MATLAB 实现．

1. 矩阵的生成

(1) 直接输入．同一行的元素用逗号或空格分开；不同行的元素用分号或回车分开；矩阵用方括号括起来．例如 A = [16,3,2,13; 5,10,11,8]．

(2) 特殊矩阵．例如：

zeros(m,n)：m × n 全 0 阵；

eye(m,n)：m × n 对角线 1 矩阵；

ones(m,n)：m × n 全 1 阵．

2. 矩阵的基本运算

(1) 四则运算：+ 加法、- 减法、* 乘法、^ 乘幂、\\ 左除、/ 右除．遵循线性代数中的运算条件和运算规律．

(2) 点运算：点乘法、点乘幂、点左除与点右除．它们是相同维数的矩阵之间对应元素的运算．

3. 矩阵理论相关数值计算

(1) 获取矩阵规模 size(A)．

(2) 共轭转置 A'．

(3) 求特征根与特征向量 [V,D] = eig(A)．

(4) 矩阵的秩 r(A)．

(5) 矩阵的迹 trace(A)．

(6) 方阵的行列式的值 det(A)．

(7) 矩阵的行最简形 rref(A)．

(8) 矩阵的正交化 orth(A)．

(9) 矩阵的约当标准形 [P,J] = Jordan(A)．

(10) 非奇异矩阵的逆 inv(A)．

(11) 矩阵的广义逆 pinv(A)；于是 $\boldsymbol{Ax} = \boldsymbol{b}$ 的极小范数解命令为 x = pinv(A) * b.

(12) 矩阵的对角度元素提取 diag(A)．

(13) 矩阵的伴随矩阵 compan(A)．

(14) 矩阵的范数．

1 - 范数 norm(A,1)；

2 - 范数 norm(A,2) 或 norm(A)；

∞ –范数 norm(A,inf);

(15)矩阵的分解.

三角分解 [L,U] = lu(A);

QR 分解 [Q,R] = qr(A);

奇异值分解 [U,S,V] = svd(A);

(16) 矩阵函数计算.

指数函数 expm(A);

对数函数 logm(A);

平方根函数 sqrtm(A);

通用矩阵函数 funm(A,@ fun),如 funm(A,@ exp) = expm(A),funm(A,@ sin) 就是计算矩阵函数 sinA.

例 C.1　已知

$$\boldsymbol{A}=\begin{pmatrix}2 & 0 & 0\\ 1 & 1 & 1\\ 1 & -1 & 3\end{pmatrix}$$

(1)求矩阵 $\boldsymbol{A}$ 的约当标准形,并求变换矩阵 $\boldsymbol{P}$;

(2)求 $\boldsymbol{A}$ 的逆或广义逆.

编辑程序如下.

```
A = [2 0 0; 1 1 1; 1 -1 3];
r = rank(A)
[P,J] = jordan(A)
G = pinv(A)
```

程序运行结果为

```
r = 3                                   (矩阵的秩为 3)
P =
   0     1    -1                        (可逆矩阵 P)
   1     0     0
   1     0     1
J =                                     (约当标准形)
   2     1     0
   0     2     0
   0     0     2
G =
   0.5000    0.0000    -0.0000          (逆矩阵)
  -0.2500    0.7500    -0.2500
  -0.2500    0.2500     0.2500
```

使用 MATLAB 软件可以快速地进行矩阵数值计算. 当然对于求解微分方程组,MATLAB 提供了 ode23 与 ode45 龙格库塔命令.

习题参考答案

第 1 章

1. 使用例 1.20.

2. 利用定义.

3. 利用相似矩阵具有相同的特征多项式.

4. 利用复数为实数的等价条件.

5. 使用定理 1.33.

6. 按定义证.

7. 按定义证.

8. $\begin{bmatrix} -3 & 48 & -26 \\ 0 & 95 & -61 \\ 0 & -61 & 34 \end{bmatrix}$.

9. $\lambda_1 = \lambda_2 = 1$, 对应特征向量为 $k(3,-6,20)^{\mathrm{T}}(k \neq 0)$;

$\lambda_3 = -2$, 对应特征向量为 $k(0,0,1)^{\mathrm{T}}(k \neq 0)$.

10. 按定义证.

11. (1) $m(\lambda) = (\lambda - 9)(\lambda + 9) = \lambda^2 - 81$;

(2) $m(\lambda) = \lambda^2 - 2a_0 + (a_0^2 + a_1^2 + a_2^2 + a_3^2)$.

12. (1) $\begin{bmatrix} 1 & 0 & 0 \\ 0 & 2 & 0 \\ 0 & 0 & -1 \end{bmatrix}$; (2) $\begin{bmatrix} 1 & 0 & 0 \\ 0 & j & 0 \\ 0 & 0 & -j \end{bmatrix}$.

13. 按定义证.

14. $R(\sigma^2)$ 的基为 $(1,0,0)$, 维数为 1; $\mathrm{Ker}(\sigma^2)$ 的基为 $(0,1,0)$, $(0,0,1)$, 维数为 2.

15. (1) $\boldsymbol{C} = \dfrac{1}{2}\begin{bmatrix} -4 & -3 & 3 \\ 2 & 3 & 3 \\ 2 & 1 & -5 \end{bmatrix}$;

(2) σ 在基 x_1, x_2, x_3 下的矩阵为 $\boldsymbol{C}$;

(3) σ 在基 y_1, y_2, y_3 下的矩阵为 $\boldsymbol{C}^{-1}\boldsymbol{C}\boldsymbol{C} = \boldsymbol{C}$.

16. 利用秩不等式.

17. 利用直和的等价条件.

第 2 章

1. (1)按定义验证;(2)$(\boldsymbol{e}_i,\boldsymbol{e}_j)=\boldsymbol{e}_i\boldsymbol{A}\boldsymbol{e}_j^{\mathrm{T}}=\boldsymbol{e}_{ij}$知 $\mathbf{R}^n$ 中基 $\boldsymbol{e}_1,\boldsymbol{e}_2,\cdots,\boldsymbol{e}_n$ 的度量矩阵为 $\boldsymbol{A}$;

(3) $\left|\sum_{i=1,j=1}^{n} a_{ij}\xi_i\eta_j\right| \leqslant \sqrt{\sum_{i=1,j=1}^{n} a_{ij}\xi_i\xi_j}\cdot\sqrt{\sum_{i=1,j=1}^{n} a_{ij}\eta_i\eta_j}$.

2. 按线性无关的定义与奇次线性方程组只有零解的充要条件.

3. 按正交变换的定义.

4. 按内积定义.

5. 利用线性变换下的矩阵.

6. 按定义.

7. 利用实对称矩阵可正交对角化与幂等矩阵的性质.

8. 利用定义.

9~13. 利用实对称矩阵可正交对角化.

14. 利用酉变换不改变矩阵的 F-范数.

15. 使用定理 2.15.

16. $\begin{cases}2x_1-x_2-x_3-x_4=0\\4x_1+x_3-3x_5=0\end{cases}$.

17. Schmidt 正交化,然后单位化.

$$\boldsymbol{\beta}_1=\boldsymbol{\alpha}_1$$

$$\boldsymbol{\beta}_2=\boldsymbol{\alpha}_2-\frac{(\boldsymbol{\alpha}_2,\boldsymbol{\beta}_1)}{(\boldsymbol{\beta}_1,\boldsymbol{\beta}_1)}\boldsymbol{\beta}_1$$

$$\boldsymbol{\beta}_3=\boldsymbol{\alpha}_3-\frac{(\boldsymbol{\alpha}_3,\boldsymbol{\beta}_1)}{(\boldsymbol{\beta}_1,\boldsymbol{\beta}_1)}\boldsymbol{\beta}_1-\frac{(\boldsymbol{\alpha}_3,\boldsymbol{\beta}_2)}{(\boldsymbol{\beta}_2,\boldsymbol{\beta}_2)}\boldsymbol{\beta}_2$$

$$\vdots$$

$$\boldsymbol{\beta}_n=\boldsymbol{\alpha}_n-\frac{(\boldsymbol{\alpha}_n,\boldsymbol{\beta}_1)}{(\boldsymbol{\beta}_1,\boldsymbol{\beta}_1)}\boldsymbol{\beta}_1-\frac{(\boldsymbol{\alpha}_n,\boldsymbol{\beta}_2)}{(\boldsymbol{\beta}_2,\boldsymbol{\beta}_2)}\boldsymbol{\beta}_2-\cdots-\frac{(\boldsymbol{\alpha}_n,\boldsymbol{\beta}_{n-1})}{(\boldsymbol{\beta}_{n-1},\boldsymbol{\beta}_{n-1})}\boldsymbol{\beta}_{n-1}$$

$$\boldsymbol{p}_1=\frac{\boldsymbol{\beta}_1}{|\boldsymbol{\beta}_1|},\boldsymbol{p}_2=\frac{\boldsymbol{\beta}_2}{|\boldsymbol{\beta}_2|},\cdots,\boldsymbol{p}_n=\frac{\boldsymbol{\beta}_n}{|\boldsymbol{\beta}_n|}$$

故 $\boldsymbol{p}_1,\boldsymbol{p}_2,\cdots,\boldsymbol{p}_n$ 为 V^n 为一组标准正交基.

18~22 不作要求.

第 3 章

1. 按范数的定义.

2. 按范数的定义.

3. 利用特征值与特征向量的定义,考虑相容范数.
4. 使用定理 3.7.
5. 使用 Banach 压缩映像原理.
6. 注意到 λ^{-1} 为 $\boldsymbol{A}^{-1}$ 的特征值,使用相容范数.
7. 使用 Jordan 标准形.

第 4 章

1. $\rho(\boldsymbol{A}) < 1$, 即 $-\frac{1}{2} < C$

2. $$e^{\boldsymbol{A}} = \frac{1}{6}\begin{bmatrix} 6e^2 & 4e^2 - 3e - e^{-1} & 2e^2 - 3e + e^{-1} \\ 0 & 3e + 3e^{-1} & 3e - 3e^{-1} \\ 0 & 3e - 3e^{-1} & 3e + 3e^{-1} \end{bmatrix};$$

$$e^{t\boldsymbol{A}}(t \in \mathbf{R}) = \frac{1}{6}\begin{bmatrix} 6e^{2t} & 4e^{2t} - 3e^{t} - e^{-t} & 2e^{2t} - 3e^{t} + e^{-t} \\ 0 & 3e^{t} + 3e^{-t} & 3e^{t} - 3e^{-t} \\ 0 & 3e^{t} - 3e^{-t} & 3e^{t} + 3e^{-t} \end{bmatrix};$$

$$\sin\boldsymbol{A} = \frac{1}{6}\begin{bmatrix} \sin 2 & 4\sin 2 - 2\sin 1 & 2\sin 2 - 4\sin 1 \\ 0 & 0 & 6\sin 1 \\ 0 & 6\sin 1 & 0 \end{bmatrix}.$$

3. 利用指数公式.
4. 利用指数公式.

5. $$\int_0^2 \boldsymbol{A}(t)\,dt = \begin{bmatrix} \frac{1}{2}(e^2 - 1) & 1 & \frac{1}{3} \\ 1 - e^{-1} & e^2 - 1 & 0 \\ \frac{3}{2} & 0 & 0 \end{bmatrix};$$

$$\frac{d}{dt}\int_0^{t^2} \boldsymbol{A}(s)\,ds = \begin{bmatrix} 2te^{2t^2} & 2t^3e^{t^2} & 2t^5 \\ 2te^{-t^2} & 4te^{2t^2} & 0 \\ 6t^3 & 0 & 0 \end{bmatrix}.$$

6. (1) $$e^{t\boldsymbol{A}} = \begin{bmatrix} -e^{-2t} - 4e^{-t} & -e^{-2t} - 2e^{-t} \\ -e^{-2t} - 2e^{-t} & -e^{-2t} - e^{-t} \end{bmatrix};$$

(2) $$e^{t\boldsymbol{A}} = \begin{bmatrix} \frac{1}{2}(e^{t} + e^{3t}) & -\frac{1}{14}(19e^{t} + 3e^{3t} - 22e^{-2t}) & \frac{1}{7}(6e^{t} + 5e^{3t} - 11e^{-2t}) \\ -\frac{1}{2}(e^{t} - e^{3t}) & \frac{1}{14}(19e^{t} - 3e^{3t} - 2e^{-2t}) & -\frac{1}{7}(6e^{t} - 5e^{3t} - e^{-2t}) \\ -\frac{1}{2}(e^{t} - e^{3t}) & \frac{1}{14}(19e^{t} + 3e^{3t} - 16e^{-2t}) & -\frac{1}{7}(6e^{t} - 5e^{3t} - 8e^{-2t}) \end{bmatrix};$$

(3) $e^{tA}=e^{-2t}\begin{bmatrix}1+2t & t & 0\\ 0 & 1+2t & t\\ -8t & -12t & 1-4t\end{bmatrix}$;

(4) $e^{tA}=\begin{bmatrix}e^{-2t} & e^{-2t}-e^{-3t} & 3e^{-2t}-e^{-3t}\\ 0 & e^{-3t} & 0\\ 0 & 2e^{-2t}-2e^{-3t} & e^{-2t}\end{bmatrix}$.

7. $e^{A}=\begin{bmatrix}1 & \frac{1-e^{-2}}{2}\\ 0 & e^{-2}\end{bmatrix}$, $\sin\boldsymbol{A}=\begin{bmatrix}0 & \frac{\sin 2}{2}\\ 0 & -\sin 2\end{bmatrix}$, $\cos t\boldsymbol{A}=\begin{bmatrix}1 & \sin^2 t\\ 0 & \cos 2t\end{bmatrix}$.

8. 例如，$\boldsymbol{A}^{(k)}=\begin{bmatrix}2^{-k} & 0\\ 0 & 2^{-k}\end{bmatrix}$，$\boldsymbol{A}^{(k)}\to\boldsymbol{A}=\begin{bmatrix}0 & 0\\ 0 & 0\end{bmatrix}(k\to\infty)$. $\boldsymbol{A}^{(k)}$ 可逆，$\boldsymbol{A}$ 不可逆.

9. 利用矩阵序列的乘积公式.

10. (1)发散；(2)发散.

11. $\begin{bmatrix}4 & -1\\ 4 & 0\end{bmatrix}$.

12. $\boldsymbol{x}(t)=\left(e^{7t}-e^{-5t},\dfrac{2e^{7t}+e^{-5t}}{3}\right)^{\mathrm{T}}$.

13. $\boldsymbol{x}(t)=e^{2t}(1-2t,1+4t)^{\mathrm{T}}$.

14. 由于 $e^{tA}=\boldsymbol{B}(t)=\begin{pmatrix}t & \cos t\\ 3 & 2^{t}\end{pmatrix}$，两边求导，得 $\boldsymbol{A}e^{tA}=\boldsymbol{B}'(t)$，令 $t=0$，有 $\boldsymbol{A}=\boldsymbol{B}'(0)=\begin{pmatrix}1 & 1\\ 0 & 1\end{pmatrix}$

第 5 章

1. $\boldsymbol{A}=\begin{bmatrix}1 & 0 & 0 & 0\\ \frac{2}{5} & 1 & 0 & 0\\ -\frac{4}{5} & -2 & 1 & 0\\ 0 & 5 & 2 & 1\end{bmatrix}\begin{bmatrix}5 & 0 & 0 & 0\\ 0 & \frac{1}{5} & 0 & 0\\ 0 & 0 & 1 & 0\\ 0 & 0 & 0 & -7\end{bmatrix}\begin{bmatrix}1 & \frac{2}{5} & -\frac{4}{5} & 0\\ 0 & 1 & -2 & 5\\ 0 & 0 & 1 & 2\\ 0 & 0 & 0 & 1\end{bmatrix}$.

2. $\boldsymbol{A}=\begin{bmatrix}\sqrt{5} & & \\ \frac{2}{\sqrt{5}} & \frac{1}{\sqrt{5}} & \\ -\frac{4}{\sqrt{5}} & -\frac{2}{\sqrt{5}} & 1\end{bmatrix}\begin{bmatrix}\sqrt{5} & \frac{2}{\sqrt{5}} & -\frac{4}{\sqrt{5}}\\ & \frac{1}{\sqrt{5}} & -\frac{2}{\sqrt{5}}\\ & & 1\end{bmatrix}$.

3. 利用分块矩阵与拉普拉斯公式.

拉普拉斯定理．设在行列式 D 中任意取定了 $k\ (1 \leqslant k \leqslant n-1)$ 行，由这 k 行元素所组成的一切 k 阶子式与它们的代式余子式的乘积之和等于行列式 D.

4. 利用分块矩阵与拉普拉斯公式．

5. $$Q = \begin{bmatrix} \frac{1}{\sqrt{2}} & \frac{1}{3\sqrt{2}} & -\frac{2}{3} \\ 0 & \frac{4}{3\sqrt{2}} & \frac{1}{3} \\ \frac{1}{\sqrt{2}} & \frac{1}{3\sqrt{2}} & \frac{2}{3} \end{bmatrix}, R = \begin{bmatrix} 2\sqrt{2} & \frac{3}{\sqrt{2}} & \frac{3}{\sqrt{2}} \\ & \frac{3}{\sqrt{2}} & \frac{7}{3\sqrt{2}} \\ & & \frac{4}{3} \end{bmatrix}.$$

6. $$A = QR = \begin{bmatrix} 0 & \frac{4}{5} & \frac{3}{5} \\ 1 & 0 & 0 \\ 0 & \frac{3}{5} & \frac{4}{5} \end{bmatrix}\begin{bmatrix} 1 & 1 & 1 \\ 0 & 5 & 2 \\ 0 & 0 & -1 \end{bmatrix}.$$

7. $$A = \begin{bmatrix} 1 & 2 \\ 0 & 2 \\ 1 & 0 \end{bmatrix}\begin{bmatrix} 1 & 0 & 2 & 1 \\ 0 & 1 & \frac{1}{2} & -\frac{1}{2} \end{bmatrix}.$$

8. $$V = \begin{bmatrix} \frac{1}{\sqrt{2}} & -\frac{1}{\sqrt{2}} \\ \frac{1}{\sqrt{2}} & \frac{1}{\sqrt{2}} \end{bmatrix}, U = \begin{bmatrix} \frac{1}{\sqrt{6}} & -\frac{1}{\sqrt{2}} & -\frac{1}{\sqrt{3}} \\ \frac{1}{\sqrt{6}} & \frac{1}{\sqrt{2}} & -\frac{1}{\sqrt{3}} \\ \frac{2}{\sqrt{6}} & 0 & \frac{1}{\sqrt{3}} \end{bmatrix}, A = U\begin{bmatrix} \sqrt{3} & 0 \\ 0 & 1 \\ 0 & 0 \end{bmatrix}V^{\mathrm{T}}.$$

9. 利用定理 3.5.

10. 利用例 3.10，奇异值分解定理以及酉变换不改变 F－范数．

11. $\lambda_1 \in [16,24], \lambda_2 \in [6.5,13.5], \lambda_3 \in [-6,6]$.

第 6 章

1. 使用定理 6.23(6) 可得结论；反例如下：$A = [1,0], B = \begin{bmatrix} 1 \\ 1 \end{bmatrix}$.

2. 由 Moore－Penrose 广义逆的定义直接验证．

3. 应用 Moore－Penrose 广义逆的定义、性质与秩不等式可得．

4. 应用定理 6.22(10) 可得．

5. 应用定理 6.13 可得．

6. 应用定理 6.13 可得．

7. 应用定理 6.13 可得．

8. 由第 7 题推出.

9. 利用奇异值分解定理可得; $A^{+}=\frac{1}{8}\begin{bmatrix}2 & -1 & 2 & 3\\ -2 & 3 & -2 & -1\\ 2 & -3 & 2 & 1\end{bmatrix}$.

10. $X=A_{m}^{-}b=\frac{1}{14}\begin{bmatrix}5 & 4\\ 6 & 2\\ 3 & 8\end{bmatrix}=\frac{1}{14}\begin{bmatrix}13\\ 10\\ 19\end{bmatrix}$.

11. $X=A_{l}^{-}b=\frac{1}{11}\begin{bmatrix}-4\\ 7\end{bmatrix}$.

12. (1) $A^{+}=\frac{1}{30}\begin{bmatrix}17 & 4 & -13\\ 9 & 3 & -6\\ 1 & 2 & 1\\ -7 & 1 & 8\end{bmatrix}$; (2) $A^{+}=\frac{1}{15}\begin{bmatrix}5 & -4 & 1\\ 0 & 3 & 3\\ -5 & 7 & 2\\ 5 & -4 & 1\end{bmatrix}$.

13. 利用正交分解定理与直和的充要条件.

14. 由 Moore – Penrose 广义逆的性质.

15. 利用共轭转置的定义可得.

第 7 章

1. 因为 $\det|A|\neq 0$.

2. 应用盖尔圆定理即可得证.

3. 反证法. 假设 $A+B$ 可约,则存在置换矩阵 P, s. t.

$$P(A+B)P^{\mathrm{T}}=PAP^{\mathrm{T}}+PBP^{\mathrm{T}}=\begin{bmatrix}B & C\\ O & D\end{bmatrix}$$

设 $PAP^{\mathrm{T}}=\begin{bmatrix}B_1 & C_1\\ E_1 & D_1\end{bmatrix}$, $PBP^{\mathrm{T}}=\begin{bmatrix}B_2 & C_2\\ E_2 & D_2\end{bmatrix}$, 则有 $E_1+E_2=O$, 因为 A,B,P 都是非负的,从而 E_1,E_2 也是非负的,因此 $E_1=E_2=O$, 即矩阵 A 与 B 都是可约的,矛盾.

4. 按 M 矩阵定义证明.

5. 是. 假设 $A+B$ 仍然是 Z – 型矩阵,由定理 7.5 可知 AB 为 M 矩阵的等价条件是实特征值为正,从而 $A+B$ 的实特征值也为正,因此 $A+B$ 是 M 矩阵.

6. 由定理 7.5 性质 11, $A^{-1}>0$, 所以 $A^{-1}Ax\geqslant 0$, 即 $x\geqslant 0$.

参考文献

[1] 北京大学数学系. 高等代数[M]. 北京:高等教育出版社,2003.

[2] 张远达. 线性代数原理[M]. 上海:上海教育出版社,1980.

[3] 何旭初. 广义逆矩阵的基本理论和计算方法[M]. 上海:上海科学技术出版社,1985.

[4] 罗家洪. 矩阵分析引论[M]. 广州:华南理工大学出版社,1996.

[5] 卢树铭,郭敏学. 矩阵理论及其应用[M]. 沈阳:辽宁科学技术出版社,1989.

[6] 史荣昌,魏丰. 矩阵分析[M]. 北京:北京理工大学出版社,2010.

[7] 黄有度,朱士信,殷明. 矩阵理论及其应用[M]. 合肥:合肥工业大学出版社,2018.

[8] 张凯院,徐仲. 矩阵论[M]. 西安:西北工业大学出版社,2017.

[9] 陈大新. 矩阵理论[M]. 上海:上海交通大学出版社,1997.

[10] 方宝镕,周继东,李医民. 矩阵论[M]. 北京:清华大学出版社,2004.

[11] 李庆扬,王能超,易达义. 数值分析[M]. 北京:清华大学出版社,2008.

[12] 黄琳. 稳定性理论[M]. 北京:北京大学出版社,1992.

[13] 何正风. MATLAB 在数学方面的应用[M]. 北京:清华大学出版社,2012.